普通高等教育仪器类“十三五”规划教材

智能仪器技术

主　编　付　华　王雨虹　刘伟玲

副主编　徐耀松　阎　馨　卢万杰

電子工業出版社
Publishing House of Electronics Industry
北京 · BEIJING

内 容 简 介

本书全面系统地介绍了以单片机为核心的智能仪器的基本组成、结构和设计方法。全书共分 9 章，包括智能仪器输入/输出通道、人机接口设计、通信接口设计、数据处理技术和抗干扰措施等。书中通过具体的设计实例介绍了智能仪器的设计原则、设计流程和实现方法，设计实例均为工程研发中的实际应用，充分体现了科学性、系统性、工程性和实用性。

本书可作为高等院校测控技术与仪器、自动化、电子信息工程、机电一体化和计算机技术等专业的本科生教材，也可为从事测控技术、电子技术、计算机应用技术等专业的人员提供参考。

图书在版编目（CIP）数据

智能仪器技术/付华，王雨虹，刘伟玲主编. —北京：电子工业出版社，2017.7
普通高等教育仪器类“十三五”规划教材
ISBN 978-7-121-31592-3

Ⅰ. ①智… Ⅱ. ①付… ②王… ③刘… Ⅲ. ①智能仪器－高等学校－教材 Ⅳ. ①TP216

中国版本图书馆 CIP 数据核字（2017）第 116823 号

策划编辑：赵玉山
责任编辑：刘真平
印　　刷：北京虎彩文化传播有限公司
装　　订：北京虎彩文化传播有限公司
出版发行：电子工业出版社
　　　　　北京市海淀区万寿路 173 信箱　邮编　100036
开　　本：787×1 092　1/16　印张：16　字数：409.6 千字
版　　次：2017 年 7 月第 1 版
印　　次：2023 年 1 月第 8 次印刷
定　　价：38.00 元

凡所购买电子工业出版社图书有缺损问题，请向购买书店调换。若书店售缺，请与本社发行部联系，联系及邮购电话：（010）88254888，88258888。

质量投诉请发邮件至 zlts@phei.com.cn，盗版侵权举报请发邮件至 dbqq@phei.com.cn。

本书咨询联系方式：zhaoys@phei.com.cn。

普通高等教育仪器类"十三五"规划教材

编委会

前　　言

智能仪器是测控技术与仪器专业的主干课程之一，课程内容涉及大量的工程应用环节，具有很强的实践性。本书以工程教育为理念，以培养应用创新型工程人才为目标，注重学生动手能力、设计研发能力和解决实际问题能力的培养，循序渐进地介绍了相关的知识点，对相关的内容给出了工程应用实例或应用背景，这些实际案例多来源于熟悉的生活、学习和工作中，有助于学生接受和理解这些内容，让学生带着问题或兴趣进行知识的学习。书中采用二维码技术，对相关知识点进行扩充，可以通过扫描二维码，获取学习相关知识点的更多参考资料，包括相关文字介绍、图片展示或动画演示，以帮助学生更好地理解教材内容，扩充专业视野。

全书共分 9 章。第 1 章介绍了智能仪器的发展概况、智能仪器的特点和智能仪器的组成及基本结构。第 2 章介绍了智能仪器的数据采集与处理技术，包括数据采集原理、数据采集系统的组成、仪用放大器、采样/保持器、多路转换器、A/D 转换器及接口技术，介绍了数据采集通道误差的分配方法。第 3 章介绍了智能仪器输出通道的信号种类、模拟量输出及 D/A 转换、开关量输出的隔离和驱动等。第 4 章介绍智能仪器的人机交换技术，包括键盘、LED、LCD 显示器、触摸屏、打印机、绘图仪和它们的接口。第 5 章介绍智能仪器的通信接口设计，包括 GPIB、RS-232、RS-485、通用串行总线 USB、无线传输等数据通信技术。第 6 章介绍智能仪器可靠性技术，包括自动校准、自检方法和抗干扰技术。第 7 章介绍智能仪器的数据处理方法，包括测量算法、量程的自动转换与标度变换算法。第 8 章介绍智能仪器设计的原则、指导思想、设计步骤，智能仪器的硬件设计、软件设计、调试方法。第 9 章对智能仪器的实例进行介绍。

本书第 1 章由付华、阎馨、卢万杰执笔；第 2～4 章由王雨虹执笔；第 5、6、8、9 章由刘伟玲执笔；第 7 章由徐耀松执笔。全书的写作思路由付华教授提出，全书由付华、王雨虹统稿。孙滨、李猛、董瑞、司南楠、于翔、王治国、郭天驰、程诚、刘雨竹等也参加了本书的编写工作。在此，向对本书的完成给予了热情帮助的同行们表示感谢。

由于作者的水平有限，加上时间仓促，书中的错误和不妥之处，敬请读者批评指正。

编　者
2017 年 2 月

目　录

第1章 智能仪器概述

本章知识点：

- 智能仪器的概念
- 智能仪器的发展历史及趋势
- 智能仪器的组成
- 智能仪器的特点
- 智能仪器的分类
- 智能仪器的应用

基本要求：

- 了解智能仪器的定义及特点
- 掌握智能仪器的基本结构
- 了解智能仪器的分类

能力培养目标：

通过本章的学习，使学生初步了解什么是智能仪器，理解智能仪器的基本分类和基本机构，能够结合智能仪器的相关技术发展，总结出智能仪器的发展趋势。

生活在科学技术高速发展的现今社会，我们恐怕对“智能”这个名词并不陌生，如“智能手机”除了可以进行手机通话外，还具有游戏、导航和无线上网等功能；“智能手表”除了具有手表的基本功能外，还可以实现定位、监测睡眠、记录运动量等诸多功能；还有“智能家居”、“智能穿戴”、“智能汽车”……总之，“智能”的产品在我们的生活、工作、学习中“无处不在”。可你知道什么是“智能”吗？一个普普通通的仪器、设备又是怎么实现“智能”的？未来的智能产品又会是什么样子呢？本章对智能仪器的重要作用、发展过程，以及智能仪器的组成、分类、特点、发展方向做了简要概述。

1.1 智能仪器的作用

智能仪器是认识世界的工具，是人们用来对物质（自然界）实体及其属性进行观察、监视、测定、验证、记录、传输、变换、显示、分析处理与控制的各种器具与系统的总称。智能仪器的功能在于用物理、化学或生物的方法，获取被检测对象运动或变化的信息，并将获取信息转换处理成为易于人们阅读、识别、表达的量化形式，或进一步数字化、图像化，直接进入自动化、智能化控制系统。

智能仪器是集传感器技术、计算机技术、电子技术、现代光学、精密机械等多种高新技术于一身的产品，其用途也从传统仪器单纯数据采集发展为集数据采集、信号传输、信号处理及控制于一体的测控设备。发展国民经济，必须大力发展科学技术，而发展科学技术，除了需要进行理论上的研究外，还必须进行一系列的科学实验，仪器则是科学实验中不可缺少的重要工具。

智能仪器在当今社会具有极为重要的作用。

在工业生产中，智能仪器是“倍增器”。美国商务部国家标准局在20世纪末发布的调查数据表明，美国仪器产业的产值约占工业总产值的 4%，而它拉动的相关经济的产值却达到社会总产值的66%，仪器发挥出“四两拨千斤”的巨大的“倍增”作用。事实上，现代化大生产，如发电、炼油、化工、冶金、飞机和汽车制造，离开了只占企业固定资产大约10%的各种测量与控制装置就不能正常安全生产，更难以创造巨额的产值和利润。专家们形象地把仪器比喻为国民经济中的“卡脖子”产业。

在科学研究中，智能仪器是“先行官”。科学仪器是发展高新技术所必需的基础手段和设备，离开了科学仪器，一切科学研究都无法进行。在重大科技攻关项目中，几乎一半的人力财力都是用于购置、研究和制作测量与控制的仪器设备。诺贝尔奖设立至今，众多获奖者都是借助于先进仪器的诞生才获得重要的科学发现；甚至许多科学家直接因为发明科学仪器而获奖。统计资料显示，近 80 年来获诺贝尔奖同科学仪器有关的达 38 人。1992 年诺贝尔化学奖获得者 R.R.Ernst 说：“现代科学的进步越来越依靠尖端仪器的发展。”基因测量仪器的问世，使世界基因研究计划提前 6 年完成就是最好的证明。要加快科学研究和高技术的发展，智能仪器必须先行。

在军事上，智能仪器是“战斗力”。现代战争中，夺取技术优势已经成为军事战略的根本目标。主要目标是全球监视与通信和精确打击固定及瞬变目标。智能仪器的测量控制精度决定了武器系统的打击精度，智能仪器的测试速度、诊断能力则决定了武器的反应能力。先进的、智能化的仪器已成为精确打击武器装备的重要组成部分。1991 年海湾战争中美国使用的精密制导炸弹和导弹只占 8%，12 年后的伊拉克战争中，美国使用的精密制导炸弹和导弹达到了 90%以上，这些先进武器都是靠一系列先进的测量与控制仪器系统装备并实现其控制功能的。1994 年美国国防部成立了“自动测试系统执行局”，以统一海陆空三军的测试技术、产品与标准，保证立体作战方式的有效实施。现代武器装备，几乎无一不配备相关的智能仪器。

智能仪器还是当今社会的“物化法官”。在检查产品质量、监测环境污染、检查违禁药物服用、识别指纹假钞、侦破刑事案件等方面，无一不依靠仪器进行“判断”。此外，智能仪器在教学实验、气象预报、大地测绘、交通指挥、煤矿安全、探测灾情，尤其是越来越受人们关注的诊治疾病等社会生活诸多领域都有着广泛应用，可以说智能仪器遍及“吃穿用、农轻重、海陆空”，无所不在。

可见，智能仪器的发展水平，是国家科技水平和综合国力的重要体现，智能仪器的制造水平反映出国家的文明程度。为此，世界发达国家都高度重视和支持仪器的发展。美国对发展智能仪器给予高度的重视和支持；日本科学技术厅把测量传感器技术列为 21 世纪首位发展的技术；德国大面积推广应用自动化智能仪器系统，仅在 20 世纪 90 年代的 6 年中就增加了 350%的市场，劳动生产率增长了 1.9%；欧共体制定第三个科技发展总体规划，将测量和检测技术列为 15 个专项之一。我国政府也明确提出“把发展智能仪器放到重要位置”。

1.2 智能仪器的发展过程

智能仪器是计算机技术与测控技术相结合的产物，是含有微计算机或微处理器的测量仪器，由于它拥有对数据的存储、运算、逻辑判断及自动化操作等功能，具有一定智能的作用，因而被称为智能仪器。近年来，智能仪器已开始从较为成熟的数据处理向知识处理发展。它体现为模糊判断、故障诊断、容错技术、传感器信息融合、数据挖掘、知识发现、人工智能、计算智能、机件寿命预测、灾害信息辨识等，使智能仪器的功能向更高的层次发展。我国电磁测量信息处理仪器学会于1984年正式成立“自动测试与智能仪器专业学组”，1986年国际测量联合会（International Measurement Confederation）以“智能仪器”为主题召开了专门的讨论会，1988年国际自动控制联合会（International Federation of Automatic Control）的理事会正式确定“智能元件及仪器”（Intelligent Components and Instruments）为其系列学术委员会之一。1989年5月在我国武汉召开了第一届测试技术与智能仪器国际学术讨论会。如今，在国内外的学术会议上，以智能仪器为内容的研讨已层出不穷。

自从1971年世界上出现了第一种微处理器（美国Intel公司4004型4位微处理器芯片）以来，微计算机技术得到了迅猛发展。智能仪器在它的影响下也取得了新的进步。电子计算机从过去的庞然大物已经缩小到可以置于测量仪器之中，作为仪器的控制器、存储器及运算器，并使其具有智能的作用。概括起来说，智能仪器在测量过程自动化、测量结果的数据处理及一机多用（多功能化）等方面已取得巨大的进展。目前，在高准确度、高性能、多功能的测量仪器中已经很少有不采用微计算机技术的了。

从智能仪器所采用的电路组成来看，仪器则经历了模拟式、数字式和智能化三个发展阶段，如图1-1所示。

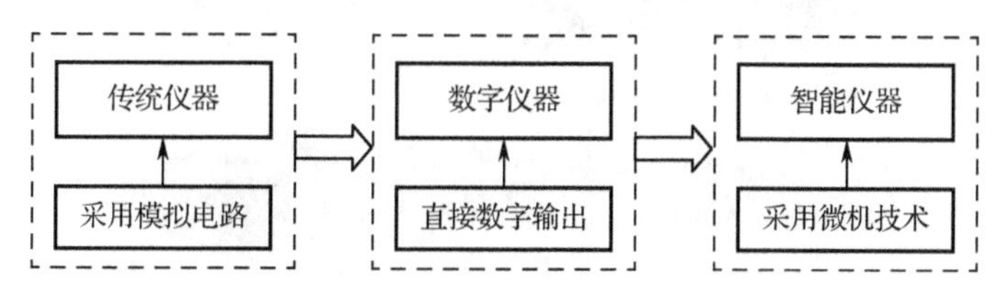

图1-1　智能仪器的发展过程

人们通常把模拟式仪器称为第一代，大量指针式的电压表、电流表、功率表及一些通用的测试仪器均是典型的模拟式仪器，如图1-2（a）所示。模拟式仪器功能简单、精度低、响应速度慢。第二代是数字式仪器，它的基本特点是将待测的模拟信号转换成数字信号进行测量，测量结果以数字形式输出显示并向外传送。数字式万用表、数字式频率计等均是典型的数字式仪器，如图1-2（b）所示。数字式仪器精度高、响应速度快，读数清晰、直观，测量结果可打印输出，也容易与计算机技术相结合。同时因数字信号便于远距离传输，所以数字式仪器也适用于遥测、遥控。智能仪器属于第三代，它是在数字化的基础上发展起来的，是计算机技术与仪器相结合的产物，如图1-2（c）所示。

20世纪50年代初，仪器的发展取得了重大突破。数字技术的出现使各种数字式仪器相继问世，宏观上表现为，模拟式仪器开始逐渐在越来越多的应用场合被数字式仪器及系统所取代。这一阶段，即数字电子技术应用于电测量领域之初，对被测直流对象的测量，是先量化为恒定电压值，再经电压/频率变换后进行计数；而随时间变化的量，则是经过整流、滤波，转化成相应的直流量后再进行处理及显示。这类仪器很普及，如数字电压表、数字功率计、数字频率计等。其基本原理是基于将模拟信号的测量转化为数字信号的测量，并以数字的形式显示或打印最终结果。

(a) 指针式电流表

(b) 数字式万用表

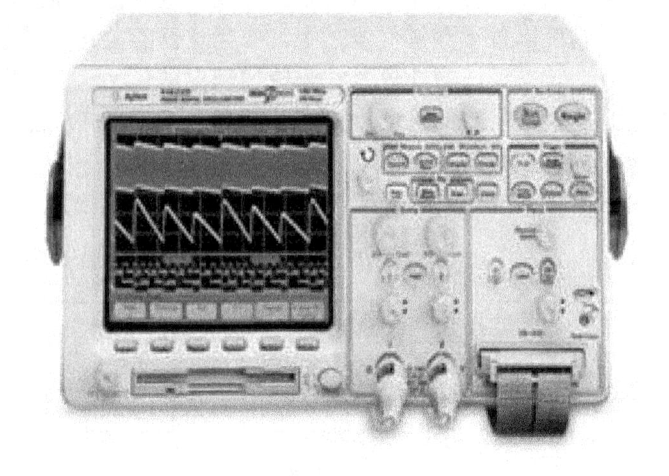

(c) 智能示波器表

图 1-2 仪器仪表发展历程实物图

20 世纪 60 年代中期，仪器技术又一次取得了进展，计算机的引入，使仪器的功能发生了质的变化，从个别参数的测量转变成整个系统特征参数的测量；从单纯的接收显示转变为控制、分析、处理、计算与显示输出；从用单台仪器进行测量转变为用测量系统进行测量；使电子测量仪器在传统的时域与频域之外，又出现了数据域测试。

20 世纪 70 年代以后，随着微处理器的广泛应用，出现了完全突破传统概念的新一代仪器，即目前比较流行的术语——智能仪器（Intelligent Instrument）。这类仪器中含有一单片计算机或体积很小的微型机，有时亦称为内含微处理器的仪器，或称为基于微型机的仪器（Micro-Computer-Based Instrumentation）。这类仪器因为功能丰富又很灵巧，国外书刊中常简称为智能仪器。有时为了避免该名词与人工智能中的“智能”的含义混淆，也可以称为微型机化的测量仪器。内含微型机是仪器的控制中枢。仪器的功能由软件、硬件相结合来完成。1974 年出现的电压、电流波形等时间间隔采样技术，揭开了数字电子技术在仪器技术领域中作用日益增大的序幕，成为仪器技术步入新时期发展阶段的重要标志。这一阶段，以微计算机、独立操作系统、各种标准接口总线式结构为特征，可相互通信、可扩展式仪器和自动测试系统以及相应的测量技术得到了蓬勃发展，并逐渐走向成熟。

智能仪器出现后不久就提出了新的课题：一台智能仪器难以胜任更复杂的多任务测量需求。为解决这样的问题，总线式智能仪器与系统应运而生。人们发明制造出 RS-232C 和 GPIB（又称 IEEE-488 总线）等多种通信接口总线，用于将多台智能仪器连在一起，以形成能完成复杂任务的自动测试系统。

但是，在复杂的 IEEE-488 总线仪器系统中，往往有多个重复的部件或功能电路单元，例如，若一个 IEEE-488 仪器系统中包含逻辑分析仪、数字示波器、数字多用表、频谱分析仪等多台智能仪器以及微计算机的话，显然它们都有 CRT、键盘和存储器等部件。正是在这种背景下，1982 年出现了个人计算机为基础的卡式仪器（Personal Computer Card Instrument，PCCI），也称为个人仪器（Personal Instrument）或 PC 仪器（PCI），它将传统的独立仪器与个人计算机的软/硬件资源融为一体，以较高的性能价格比、较强的灵活性及菜单式操作的方便性等突出特色进入测量测试领域，使仪器领域掀起了一次改进设计的高潮，发展十分迅速。

为了克服 PCCI 的缺点，1987 年，第一个适于模块式仪器标准化的接口总线标准 VXIbus 问世，其仪器系统被称为 VXI 总线仪器（VMEbus Extension for Instrumentation，PC 仪器的一种标准产品，简称 VXI 仪器）。这种仪器适应电子仪器从分立的台式与框架式结构过渡到更紧凑的模块式结构，提供了一种开放式的可靠接口总线。VXI 仪器在 20 世纪 90 年代已得到迅速的发展。

PCCI 或 VXI 均不带前面板，它们都是由显示在计算机 CRT 上的软面板来代替，用户由 CRT 上看到的是一幅由高分辨率图形生成的仪器面板，是物理面板的仿真模拟，用户通过键盘、触摸屏或鼠标来操作软面板上的按键或开关，这种仪器又称为虚拟仪器（Virtual Instrument）。

虚拟仪器是在智能仪器的基础上发展起来的，但在性能特点上又有新的飞跃，特别是近年来由于计算机软件技术（包括面向对象技术）和多媒体技术的迅猛发展，虚拟仪器的应用范围日益扩大，成为现代仪器的一个重要发展方向。

虚拟仪器是以个人计算机为核心，由测量应用软件支持，具有虚拟的仪器操作面板、足够的仪器硬件与（或）通信功能的测量信息处理装置。虚拟仪器具体可分为两种类型。一种是虚拟仪器代替某种传统的实物仪器，不需实物仪器参与即可完成全部仪器功能。这种虚拟仪器通常由微计算机、A/D 和 D/A 变换器等通用硬件、应用软件三部分组成。它常使用一些现代数字信号技术和 DSP（数字信号处理）芯片，有时在数据采集器部分还配有若干传感器和适配器。例如，在微机控制下，只要通过计算或存储得到一系列的数据，再经过 D/A 变换，就可以输出所需的任意波形信号，这就是一台虚拟的信号发生器。又如，只要对模拟信号进行采集和处理，最后以所需的形式显示在屏幕上，这就是虚拟仪器或虚拟示波器，等等。另一种常见的虚拟仪器主要是对实物仪器的映射。严格地说，它实质上是虚拟仪器程序，通常具有类似实物仪器的虚拟面板，并具有可操作性，但是在功能上，这种虚拟仪器只等同于仪器或系统的控制程序。NI 公司有一句著名的口号："软件就是仪器"（The software is the instrument）。由于虚拟仪器的开发环境和仪器驱动程序可以为用户提供自行开发工具，用户可利用这些工具使仪器实现特定的功能（编制程序）。当需要增加新的测量功能时，不用购买一台新仪器，只需编制一段程序即可。

继虚拟仪器之后，美国互换性虚拟仪器（IVI）联盟新近提出一个仪器制造观念：变软件依从硬件为硬件依从软件。设想如能实现，那么，不同结构、不同配置、不同总线体制的仪器和系统将顺利地解决互换性问题。如此，各仪器生产厂家任意生产硬件后再配置驱动软件，结果导致各家仪器间难以互换的现状，将可能彻底改变。

1997 年美国国家仪器公司又推出一类新产品：基于 PC 的、适用于测量仪器的开放式接口总线标准 PXI。相对于 VXI 仪器而言，PXI 仪器的主要优点是成本低，且又具有先进的数字接口与仪器接口功能，适于组建便携式测试系统。

DSP 芯片的大量问世，使智能仪器的数字信号处理功能大大加强；微型机的发展，使智能仪器具有更强的数据处理能力和图像处理功能。现场总线技术是 20 世纪 90 年代迅速发展起来的一种用于各种现场自动化设备与其控制系统的网络通信技术，无线传感器网络技术、Internet 和 Internet 技术也进入到测控仪器领域。软测量（也叫软仪器）技术的应用，使智能仪器在测控功能方面进一步延伸。智能仪器已经向着计算机化、网络化、智能化、多功能化、柔性化、集成化、可视化的方向发展。跨学科的综合设计、高精尖的制造技术使之能更高速、更灵敏、更可靠、更简捷地获取被分析、检测、控制对象的全方位信息。分析仪器正在经历一场革命性的变化，传统的光学、热学、电化学、色谱、波谱类分析技术都已从经典的化学精密机械电子结构、实验室内人工操作应用模式，转化为光、机、电、算（计算机）一体化及自动化的结构，并向更名副其实的智能系统发展。

近年来，智能仪器技术不断发展，开始从较为成熟的数据处理向知识处理发展。模糊判断、故障诊断、容错技术、传感器融合、机件寿命预测等，使智能仪器的功能向更高的层次发展。智能仪器对仪器仪表的发展以及科学实验研究产生了深远影响，是仪器设计的里程碑。

1.3 智能仪器的组成、特点及分类

1.3.1 智能仪器的组成

智能仪器实际上是一个专用的微型计算机系统，它主要由硬件和软件两大部分组成。硬件部分主要包括主机电路、模拟量输入/输出通道、人机联系部件与接口电路、标准通信接口等部分。其中，主机电路通常由微处理器、程序存储器、输入/输出（I/O）接口电路等组成，或者它本身应是一个具有多功能的单片机。模拟量输入/输出通道用来输入/输出模拟量信号，主要由 A/D 转换器、D/A 转换器和有关的模拟信号处理电路等组成。人机联系部件的作用是沟通操作者和仪器之间的联系，它主要由仪器面板中的键盘和显示器等组成。标准通信接口电路用于实现仪器与计算机的联系，以便使仪器可以接受计算机的程控命令，目前生产的智能仪器一般都配有 GPIB、RS-232C、RS-485 等标准的通信接口。

图 1-3 所示为智能仪器的组成示意图。图中虚线框部分为智能仪器的选择组成部分。

软件部分主要包括监控程序、接口管理程序和数据处理程序三大部分。其中监控程序面向仪器面板键盘和显示器，其内容包括人机对话的键盘输入及对仪器进行预定的功能设置，对处理后的数据以数字、字符、图形等形式显示等。接口管理程序主要通过接口电路进行数据采集、输入/输出通道控制、数据的通信及数据的存储等。数据处理程序主要完成数据的滤波、数据的运算、数据的分析等任务。

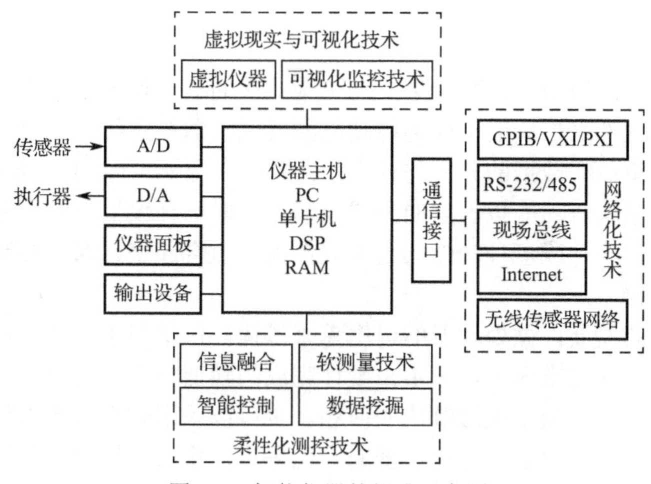

图1-3　智能仪器的组成示意图

1.3.2　智能仪器的特点

与传统的电子仪器相比，智能仪器具有以下特点：

1. 智能仪器功能的多样化

单片机、PC（或工业控制计算机）、DSP、PLC 及嵌入式系统等技术的应用，使智能仪器利用微处理器的运算和逻辑判断功能，按照一定的算法可以方便地消除由于漂移、增益的变化和干扰等因素所引起的误差，从而提高了仪器的测量精度。智能仪器除具有测量功能外，还具有很强的数据处理和控制能力。例如，传统的数字式万用表只能测量电阻，交直流电压、电流等，而智能型的数字式万用表不仅能进行上述测量，而且还具有对测量结果进行诸如零点平移、平均值、极值、统计分析以及更加复杂的数据处理功能，使用户从繁重的数据处理中解放出来。目前，有些智能仪器还运用了专家系统、数据挖掘、融合决策、模糊逻辑、神经网络、混沌控制等技术，使仪器具有更深层次的分析能力，帮助人们思考、解决只有专家才能解决的问题。

智能仪器运用微处理器的控制功能，可以方便地实现量程自动转换、自动调零、触发电平自动调整、自动校准、自诊断等功能，有力地改善了仪器的自动化测量水平。例如，智能型的数字示波器有一个自动分度键，测量时只要一按这个键，智能数字示波器就能根据被测信号的频率及幅度，自动设置好最合理的垂直灵敏度、时基及最佳的触发电平，使信号的波形稳定地显示在屏幕上。又如，智能仪器一般都具有自诊断功能，当仪器发生故障时，可以自动检测出故障的部位并能协助诊断故障的原因，甚至有些智能仪器还具有自动切换备件进行自维修功能，极大地方便了仪器的维护。

2. 智能仪器系统的集成化、模块化

大规模集成电路技术发展到今天，集成电路的密度越来越高，体积越来越小，内部结构越来越复杂，功能也越来越强大，从而大大提高了每个模块进而整个仪器系统的集成度。模块化功能硬件是现代仪器仪表的一个强有力的支持，它使得仪器更加灵活，仪器的硬件组成更加简洁，比如在需要增加某种测试功能时，只需增加相应的模块化功能硬件，再调用相应的软件来使用此硬件即可。

3．智能仪器构成的柔性化

智能仪器强调软件的作用，选配一个或几个带共性的基本仪器硬件来组成一个通用硬件平台，通过调用不同的软件来扩展或组成各种功能的智能仪器或系统。一台仪器大致可分解为三个部分：①数据的采集；②数据的分析与处理；③存储、显示或输出。传统的仪器是由厂家将上述三类功能部件根据仪器功能按固定的方式组建，一般一种仪器只有一种或数种功能。而智能仪器则是将具有上述一种或多种功能的通用硬件模块组合起来，通过编制不同的软件来构成任何一种新功能的仪器。

随着微电子技术的发展，微处理器的速度越来越快，价格越来越低，已被广泛应用于仪器仪表中，使得一些实时性要求很高，原本由硬件完成的功能，可以通过软件来实现。甚至许多原来用硬件电路难以解决或根本无法解决的问题，也可以采用软件技术很好地加以解决。数字信号处理技术的发展和高速数字信号处理器的广泛采用，极大地增强了仪器的信号处理能力。数字滤波、FFT、相关、卷积等是信号处理的常用方法，其共同特点是，算法的主要运算都由迭代式的乘和加组成，这些运算如果在通用微机上用软件完成，运算时间较长，而数字信号处理器通过硬件完成上述乘、加运算，大大提高了仪器性能，推动了数字信号处理技术在仪器仪表领域的广泛应用。特别是智能计算理论的发展，又促进了智能仪器柔性化的进程，软测量、模型化测量、符号化测量、多传感器信息融合等技术的应用，使智能仪器的硬件功能软件化。

4．智能仪器的网络化

智能仪器一般都配有 GPIB、VXI、PXI、RS-232C、RS-485 等通信接口，使智能仪器具有远程操作的能力，可以很方便地与计算机和其他仪器一起组成用户所需要的多种功能的自动测量与控制系统，来完成更复杂的测控任务。网络化智能仪器实质上是采用一台已联网（如与 Ethernet 或 Internet 相连）的计算机作为核心器件。它利用计算机通用资源，加上特殊设计的仪器硬件和专用软件，构成单台智能仪器所没有的特殊功能的新型仪器。它采用的微型计算机（或微处理器）可以是各种不同形式：可以是嵌入式智能仪器测控系统，也可以是以 PC 为测试平台，内插（ISA、PCI 等）数据采集卡，外接普通的测试仪器，就构成所谓的 PC 仪器；一些测试平台自己本身就是一台计算机，如基于 VMEbus 总线的 VXI、基于 CompactPCI 总线的 PXI。它们也通过网络接口卡和通信接口及通信软件与 Ethernet（或 Internet）相连。现场总线技术、无线传感器网络、企业局域网、GPRS（General Packer Radio Service，通用无线分组业务）、蓝牙通信等技术的应用，使智能仪器网络化的特点更加显著。

随着网络技术的飞速发展，信息网络中的新技术、新理论不断地引入到智能仪器测控系统中，带动智能仪器网络的发展。这些信息网络技术包括：

（1）Internet 上流行的 Web/Browser 模式，是分布式应用程序之间通信的一种有效方式，可完成不同平台、不同操作系统之间的通信。它以 HTTP 协议和 HTML 标记语言作为通用标准，以超文本界面的形式查找、提取有用信息。

（2）JDBC（Java Database Connectivity），是执行 SQL 语句的 Java 语言应用程序编程接口 API，它包括了一系列用 Java 语言编写的类和接口，为数据库的应用开发提供了标准的应用程序编程接口。

（3）CORBA（公共对象请求代理结构）规范，是一种面向对象的技术。

5. 智能仪器的可视化

智能仪器可视化的目的就是借助计算机的图形图像处理能力，将智能仪器的测控过程及结果用直观的图形或图像输出代替数字输出，即实现将测控过程中涉及与产生的数字信息转变为以图形或图像表示的物理现象后，呈现在人们面前，使操作者一目了然地获得被测对象的状态、变化规律及分布情况，从而使人们摆脱了只能对测控中的大量数据进行抽象分析的这种情况。智能仪器可视化的内容包括：体可视化、流场可视化、可视化人机交互、医学分析可视化、信号处理的可视化、科学计算可视化的数据建模、可视化基本原理的研究、复杂对象形状的建模和复杂数据集基于模型的可视化等。

智能仪器具有友好的可视化人机交互能力。LabVIEW、Windows/CVI、组态软件以及各种可视化开发平台的应用，使智能仪器可以通过显示屏将仪器的运行情况、工作状态以及对测量数据的处理结果及时告诉使用人员，使人机之间的联系非常密切。

通用的可视化平台、开发工具和虚拟仪器技术在提供图形真实化显示的同时，也应提供更多的人机交互接口。大部分分析软件或虚拟仪器系统都构成自己的图形显示系统，如 MATCOM 公司的 MATLAB、B&K 公司的 PLUS、NI 公司的 LabVIEW 等。LabVIEW 等图形化虚拟仪器编程系统提供了模块化的显示器，能够显示趋势、NY、柱状图、三维图等。

1.3.3 智能仪器的分类

智能仪器种类繁多，应用范围广泛。如在机械制造和仪器制造工业中，产品的静态与动态性能测试、加工过程的控制与监测、故障的诊断等方面，所用到的仪器有各种尺寸测量仪器、加速度计、测力仪、温度测量仪器等。在自动化机床、自动化生产线上，也要用到控制行程和控制生产过程的检测仪器。在电力、化工、石油、煤炭工业中，为保证生产过程能正常、高效运行，要对相关的参数，如压力、流量、流速、温度、浓度、尺寸等进行检测和控制，包括对动力设备进行监测和控制、对压力容器和蒸汽锅炉等进行在线监测、对石油产品质量及成分进行检测。在煤炭工业中，为减少和避免瓦斯爆炸、矿井透水、煤炭自燃等灾害的发生，要对矿井瓦斯浓度、风速、温度、压力、一氧化碳气体浓度等相关参数进行在线实时监测，对矿井通风系统、排水系统等进行监测与控制。在纺织工业中要用到各种张力仪、尺寸测量仪检测产品。在航空、航天领域对产品质量的要求更为严格，如对发动机的转速、转矩、振动、噪声、动力特性等进行测量，对燃烧室和喷管的压力流量进行测量，对构件进行应力、结构无损检测及强度、刚度测量，对控制系统进行控制性能、电流、电压、绝缘强度测量等。

1. 按测量物理量不同分类

智能仪器按测量物理量不同，可划分为如下八种测试计量仪器。

（1）几何量计量仪器：这类仪器包括各种尺寸检测仪器，如长度、角度、形貌、形位、位移、距离测量仪器等。

（2）热工量计量仪器：这类仪器包括温度、湿度、压力、流量测量仪器，如各种气压计、真空计、多波长测温仪器、流量计等。

（3）机械量计量仪器：这类仪器包括各种测力仪、硬度仪、加速度与速度测量仪、力矩测量仪、振动测量仪等。

（4）时间频率计量仪器：这类仪器包括各种计时仪器与钟表、铯原子钟、时间频率测量仪等。

（5）电磁计量仪器：这类仪器主要用于测量各种电量和磁量，如各种交/直流电流表、电压表、功率表、电阻测量仪、电容测量仪、静电仪、磁参数测量仪等。

（6）无线电参数测量仪器：这类仪器包括示波器、信号发生器、相位测量仪、频谱分析仪、动态信号分析仪等。

（7）光学与声学参数测量仪器：这类仪器包括光度计、光谱仪、色度计、激光参数测量仪、光学传递函数测量仪等。

（8）电离辐射计量仪器：这类仪器包括各种放射性、核素计量，X、γ射线及中子计量仪器等。

以上八大类测试计量仪器尽管测试对象不同，但是有共同的测试理论，而且测量的数字化、测量过程的自动化、数据处理的程序化等共性技术都成为现代仪器设计的主要内容。

2. 按应用领域和自身技术特性分类

智能仪器按其应用领域和自身技术特性，可划分为如下六类测量仪器。

（1）工业自动化仪器与控制系统。

（2）科学仪器。

（3）电子与电工测量仪器。

（4）医疗仪器。

（5）各类专用仪器。

（6）传感器与仪器元器件及材料。

工业自动化仪器与控制系统主要指工业，特别是流程产业生产过程中应用的各类检测仪器、执行机构与自动控制系统装置。科学仪器主要指应用于科学研究、教学实验、计量测试、环境监测、质量和安全检查等各个方面的仪器。电子与电工测量仪器主要指低频、高频、超高频、微波等各个频段测试计量专用仪器。医疗仪器主要指用于生命科学研究和临床诊断治疗的仪器。各类专用仪器指农业、气象、水文、地质、海洋、核工业、航空、航天等各个领域应用的专用仪器。对智能仪器虽然做了大致分类，但实际上各类仪器存在着许多交叉。

1.3.4 智能仪器的应用

智能仪器仪表发展现状及未来出路

1. 智能仪器在概念区分设计领域中的应用

在实际的应用中，我们会发现几乎每一台智能仪器以及其他的电气设备都配备了多个不同类型的传感器，并与计算机、控制电路及机械传动部件构成一个综合系统，来达到某种设定的目的。例如，电气 CAD，即用于电气设计领域的 CAD 软件，可以帮助电气工程师提高电气设计的效率、减少重复劳动和降低差错率。电气 CAD 技术的应用，极大地推动了智能仪器设计知识处理的自动化水平，传统的设计中，设计人员需要查阅设计手册、进行各种分析和校验核算、绘制设计图纸等，现在技术人员可以利用数据库技术、计算方法、图形学技术等来辅助智能产品设计知识的处理过程。但是当前 CAD 系统的研究与应用也存在缺点：

（1）有的 CAD 技术不支持产品设计的全过程，并不能保证设计出来的产品符合用户需求；

（2）当前的 CAD 系统是一个定量的、准确的系统，不允许设计知识存在模糊性和不一致性。

解决上述问题的途径之一是在传统的 CAD 系统中加入人工智能和自然语言理解技术。仪器设计的知识丰富、复杂且具有随机性和模糊性，知识表示的主要内容有知识的功能、知识的行为、知识的结构及它们之间的关系。智能仪器的总体设计目标是要明确仪器需实现的功能和需要完成的测量任务等，其设计过程是将智能仪器的参数指标向智能仪器的结构进行映射的过程，具体实施时，由所设计的仪器给出性能指标要求、问题和约束条件。在设计知识的驱动之下，利用自然语言从参数中提取信息，然后选择最佳的设计过程，构思出满足性能要求的对象实体。

2. 智能仪器在检测方面的应用

测量是人们从客观世界中得到信息的方法与手段。测量仪器是人们实现测量过程的工具。测量仪器水平的高低，直接决定着测量结果正确与否，也即控制着获得的信息的真实性。现代工业生产中越来越多的在线性、实时性测量需求，推动了测量技术及仪器指标的迅速提升。如何提高测量准确度和测量仪器的可靠性，成为国内外各大仪器公司和高等院校研究单位的探索热点。根据行业情况，国内外公司都将研究重点放在了测量仪器开发方法的研究上。现代信息技术的迅猛发展，特别是服务于高性能计算的超大规模集成芯片技术的飞速进步，使许多从前无法实现的高性能、便携化的测量仪器得以实现。尤其片上系统的出现，使得仪器开发手段和过程都有了深刻的变化。在测量仪器中，基于嵌入式微处理器的智能测量仪器已经成为主流。

智能仪器是计算机技术与测量技术、仪器仪表技术相结合的产物。它具有传统仪器无法比拟的优点，在测量精度、测量速度、可靠性方面有了根本性改变。智能仪器广泛应用于工业、土木、航天、控制、通信、医学、生物、化学、材料等科学研究的各个方面。近年来随着计算机技术、微电子技术的迅速发展，智能仪器开发过程又发生了巨大的变化，积极推动智能仪器的设计，对设计方法进行探索创新将是非常有意义的。

智能气体检测仪如今已经广泛地应用于油田、气田、煤矿等可能存在危险气体的场合。它不但需要能准确地测量出相关气体的浓度，还要能够在气体超过一定浓度后，及时向外发出报警，告诉相关人员及时撤离。此外，智能气体检测仪需要提供一定的人机界面供技术人员进行设置、标定、调零的工作；如果是固定式的仪表，RS-485 或者 4～20mA 的网络接口也是必须提供的，以达到大规模气体检测和智能化管理的要求。因此这些特点对气体检测仪的智能化提出了更高的要求，不但要求性能可靠，而且要便于管理，这是智能气体检测仪今后的趋势。如今，正逐渐变得更加智能化、网络化和轻型化，从单一的浓度检测，向多功能、多气体、高安全性的方向发展。

3. 自然语言理解技术在智能仪器设计领域的应用

自 20 世纪 70 年代诞生以来，随着计算机技术和微电子技术的迅猛发展，智能仪器技术的发展相当快，新的观念、新的方法、新的器件不断涌现，测试仪器的智能化、软件化（虚拟仪器）、网络化（网络化仪器）已成为现代检测技术发展的主流方向。以往的人工设计过程逐渐不能满足现代仪器设计的需要，计算机辅助仪器设计水平的提高及未来仪器设计的自动化势在必行。这是因为，一方面，仪器设计人员和用户的知识结构不同，设计人员往往不能准确地分析用户的需求并将其转化为实际的设计参数；另一方面，虽然仪器设计越来越标准化和规范化，但在器件选择、电路设计等上又很灵活，设计人员往往不能及时借鉴国内外同类仪器的设计方法，同时也存在着重复设计等问题。具有自然语言处理能力的智能仪器辅助设计专家系统，将有效地帮助仪器设计人员准确分析用户需求、挖掘前沿设计知识，从而缩短设计周期、设计出性能更优的智能仪器。

习题

解读大数据与智能仪器仪表

1. 什么是智能仪器？智能仪器有哪些重要作用？
2. 智能仪器的主要特点是什么？
3. 画出智能仪器基本组成结构框图，简述每一部分的作用。
4. 想一想，你接触过或看过哪些智能仪器？它们都应用在哪些领域？
5. 根据智能仪器的结构、特点，想一想哪些技术与智能仪器的发展紧密相关？

第2章 智能仪器的数据采集电路

本章知识点：

- 数据采集系统的基本组成
- 传感器的类型及应用
- 仪用放大器的工作原理
- 模拟转换开关
- 采样保持器
- A/D 转换器
- 数据采集系统的设计方法

基本要求：

- 了解数据采集电路的基本组成
- 掌握智能仪器数据采集电路的设计方法
- 掌握数据采集系统中不同类型器件的性能及选择原则
- 掌握智能仪器数据采集电路的误差分析方法

能力培养目标：

通过本章的学习，使学生具有设计智能仪器数据采集电路的基本能力。通过信号获取、信号调理、采样、量化、编码、传输等过程的训练，培养学生的动手能力和工程实践能力。通过对传感器、放大器、A/D 转换器等器件的选型，以及对数据采集电路的误差分析与结构优化，培养学生的创新意识和创新能力。

许多仪器仪表在工业现场承担各类参数采集或监测任务，例如，智能温控仪是以微处理器为核心的智能仪表，适用于各种温度测量、显示、控制场合，如电炉、烘箱、食品加工、温室大棚、试验设备等，还可以实现对压力、流量、液位、湿度的精确测量和控制。那么，根据智能温控仪的功能，是否能思考出温控仪应该采集哪些参数？根据采集参数的数量和特点，数据采集的通道又应该如何设计？在设计数据采集通道时，又应该注意哪些问题才能提高数据采集的精度和准确度呢？本章将主要讲解智能仪器数据采集通道的组成及设计方法。

2.1 数据采集系统的基本概念

2.1.1 数据采集系统的组成

智能仪器的数据采集系统是构成智能仪器的基础，它的主要作用是将温度、压力、速度、流量、位移等模拟量进行采集、量化转换成数字量，以便由计算机进行存储、处理、显示和打印。

智能仪器的数据采集系统一般由传感器、模拟信号调理电路、模/数转换电路三部分组成，如图 2-1 所示。

图 2-1 数据采集系统的基本组成框图

传感器：作为智能仪器系统的首要环节，是获取信息的工具。

模拟信号调理电路：传感器的输出信号一般是比较微弱的模拟信号，需要通过滤波、放大、调制解调等模拟信号调理环节，将传感器输出的信号转换成便于传输处理的信号。

数据采样电路：因为微处理器只能接收数字信号，而被测对象常常是一些非电量，所以需要将传感器采集的随时间连续变化的模拟量转换成离散数字量。这一过程包括采样、量化和编码。

（1）采样：将连续变化的模拟信号离散化的过程。数字信号只能以有限的字长表示其幅值，对于小于末位数字所代表的幅值部分只能采取“舍”或“入”的方法。

（2）量化：把采样取得的各点上的幅值与一组离散电平值比较，以最接近于采样幅值的电平值代替该幅值，并使每一个离散电平值对应一个数字量。

（3）编码：把已量化的数字量用一定的代码表示并输出。通常采用二进制代码。经过编码之后，信号的每个采样值对应一组代码。

数字采样电路一般采用集成电路 A/D 转换器实现。

微机系统：对采集的数字信号进行变换、计算和处理。

2.1.2 数据采集系统的工作步骤

根据智能仪器数据采集系统的主要任务，数据采集系统的工作主要分为以下几个步骤：

1）数据采集

被测信号经过放大、滤波、A/D 转换，并将转换后的数字量送入计算机。这里要考虑干扰抑制、带通选择、转换准确度、采样保持及计算机接口等问题。

2）数据处理

由计算机系统根据不同的要求对采集的原始数据进行各种数学运算。

3）处理结果的复现与保存

将处理后的结果在 X-Y 绘图仪、电平记录器或显示器上复现出来，或者将数据存入磁盘形成文件保存起来，或通过线路进行远距离传输。

2.1.3　数据采集系统的结构

实际的数据采集系统往往需要同时测量多种物理量（多参数测量）或同一种物理量的多个测量点（多点巡回测量），多路模拟输入通道更具有普遍性。多路模拟输入通道通常又分为集中采集式和分散采集式两种。

1. 集中式数据采集系统

集中采集式多路模拟输入通道的典型结构又可分为分时采集型和同步采集型两种。分时采集型多路模拟量数据采集系统的一般组成如图 2-2 所示。

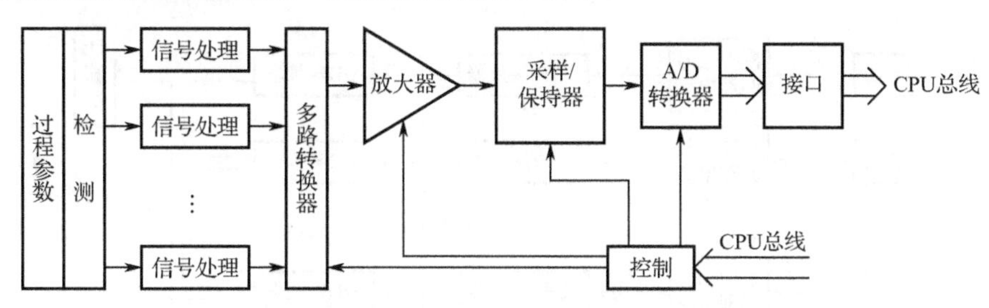

图 2-2　分时采集型多路模拟量数据采集系统的一般组成

来自多个信号源的数据，如果采用分时采集型多路模拟量数据采集系统，共用一个模拟量通道输入微型计算机进行处理，要用模拟多路转换器按某种顺序把输入信号换接到 A/D 转换器。

由图 2-2 可见，多路被测信号分别由各自的传感器和模拟信号调理电路组成的通道经多路转换开关切换，进入共用的采样/保持器和 A/D 转换电路进行数据采集。它的特点是多路信号共用一个采样/保持器和 A/D 电路，简化了电路结构，降低了成本。但是它对信号的采集是模拟多路切换器即多路转换开关分时切换，轮流选通，因而相邻两路信号在时间上是依次被采集的，不能获得同一时刻的数据，这样就产生了时间偏斜误差。尽管这种时间偏差很短，但对于要求多路信号严格同步采集测试的系统来说是不适用的，然而对于多数中速和低速测试系统，仍是一种广泛适用的结构。

改善这种采集系统性能的方法之一是在多路转换开关之前，给每路信号通道各加一个采样/保持器，使多路信号的采样在同一时刻进行，即同步采集。同步采集型多路模拟量数据采集系统的一般组成如图 2-3 所示。

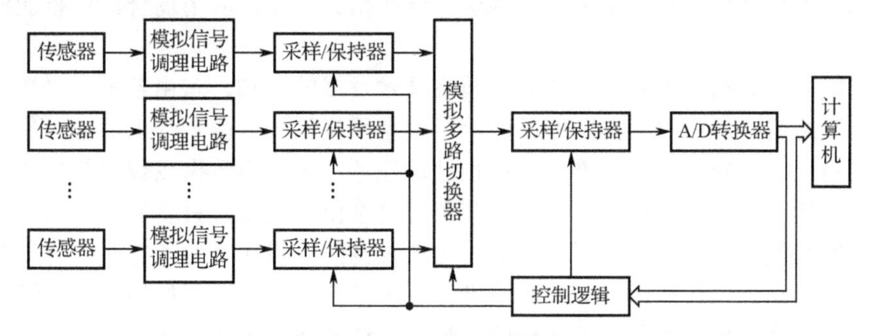

图 2-3　同步采集型多路模拟量数据采集系统的一般组成

由图 2-3 可见，由各自的保持器保持着采样信号幅值，等待多路转换开关分时切换进入共用的 A/D 电路将保持的采样幅值转换成数据输入主机。这样就可以消除分时采集的偏斜误差，这种结构既能满足同步采集的要求，又比较简单。但在被测信号路数较多的情况下，同步采得的信号在保持器中保持的时间会加长，而保持器总会有一些泄漏，使信号有所衰减，由于各路信号保持的时间不同，致使各个保持信号的衰减量不同，严格来说，这种结构还是不能获得真正的同步输入。

2. 分散式数据采集系统

分散采集式多路模拟输入通道的每一路信号一般都有一个采样/保持器和 A/D 转换器，不再需要模拟多路切换器。每一个采样/保持器和 A/D 转换器只对本路模拟信号进行模/数转换，采集的数据按一定的顺序或随机地输入计算机。分散采集式系统根据采集系统中计算机控制结构的差异，又可以分为单机式采集系统和网络式采集系统，分别如图 2-4、图 2-5 所示。

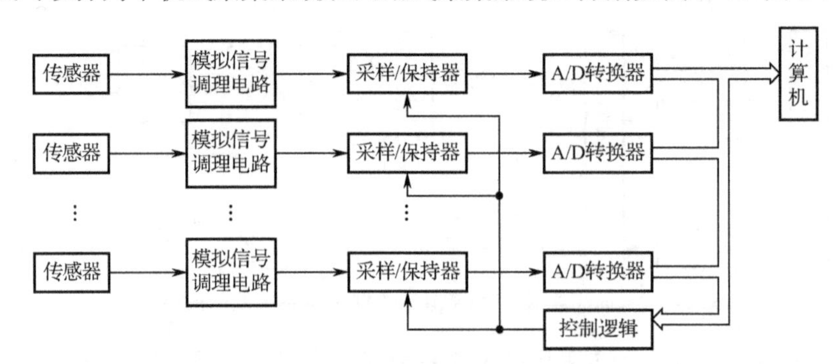

图 2-4　单机式数据采集系统的典型结构

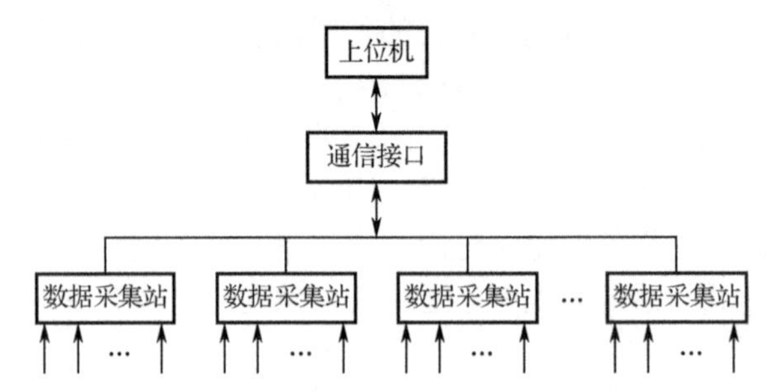

图 2-5　网络式数据采集系统的典型结构

由图 2-4 可见，单机式采集系统由单 CPU 单元实现无相差并行数据采集控制，系统实时响应性好，能满足中小规模并行数据采集的要求，但在稍大规模的应用场合，对智能仪器系统的硬件要求较高。

网络式智能仪器数据采集系统是计算机网络技术发展的产物，它由若干个“数据采集站”和一台上位机及通信接口组成，如图 2-5 所示。数据采集站一般由单片机数据采集装置组成，位于生产设备附近，可独立完成数据采集和预处理任务，还可将数据以数字信号的形式传递给上位机。该系统适应能力强，可靠性高，若某个采集站出现故障，只会影响单向的数据采集，而不会对系统的其他部分造成任何影响。而采用该结构的多机并行处理方式，每一个分机仅完成有限的数据采集和处理任务，故对计算机硬件要求不高，因此可用低档的硬件组成高性能的系统，这是其他数据采集方案所不可比拟的。另外，这种数据采集系统用数字信号传输代替模拟信号传输，有效地避免了模拟信号长线传输过程中的衰减，有利于克服差模干扰和共模干扰，可充分提高采集系统信噪比。因此，该系统特别适合于在恶劣的环境下工作。

2.2 模拟信号调理电路

一般测量系统中信号调理的任务较复杂，除了实现物理信号向电信号的转换、小信号放大、滤波外，还有诸如零点校正、线性化处理、温度补偿、误差修正和量程切换等，这些操作统称为信号调理，相应的执行电路统称为信号调理电路。模拟信号调理电路一般由传感器、小信号放大、信号滤波等组成，典型模拟信号调理电路的组成框图如图2-6所示。

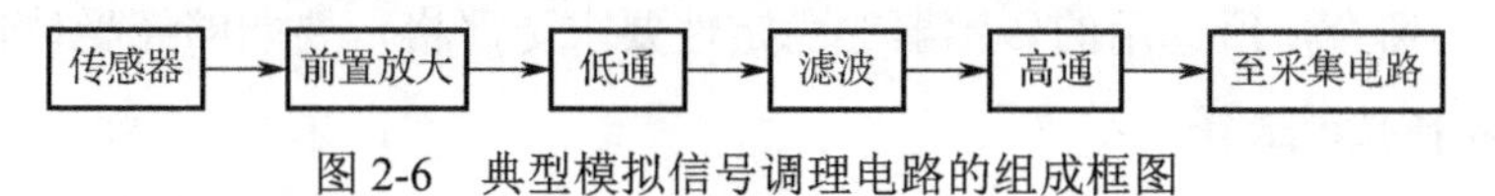

图2-6 典型模拟信号调理电路的组成框图

在智能仪器数据采集电路中，许多原来依靠硬件实现的信号调理任务都可以通过软件来实现，大大简化了数据采集中信号输入通道的结构。例如，模拟滤波电路在滤除噪声信号的同时，有用信号将产生不可避免的损失。随着计算机运算能力的提高和数字信号调理处理技术的发展，数据通道中的去噪处理一般通过软件来解决。

2.2.1 传感器

传感器主要是感受和响应规定的被测量，并按一定规律将其转换成有用的输出，特别是完成从非电量到电量的转换。它是信号输入通道的第一环节，也是决定整个测试系统性能的关键环节之一。随着传感器相关技术的快速发展，各种各样的传感器应运而生，在测试系统设计时，一般根据设计任务要求选用正确的传感器即可，而不必自行研制传感器。

1. 传感器的选用

针对系统总体功能，要选择适用于测量任务的传感器的大小、种类、信息传送方式、装配方式以及同系统其他部分的协调关系。传感器本身的技术参数至关重要，同时还需要将这些传感器按照某种确定的协议来进行分配，以便于实现检测数据的最优化传输和对检测状况的最优控制。

在选用传感器时，主要考虑以下几个方面的要求：

1）类型的选择

根据被测量的特点和传感器的使用条件考虑，包括：量程的大小；被测位置对传感器体积的要求；测量方式为接触式还是非接触式；信号的引出方式是有线还是非接触测量；传感器的来源是国产、进口还是自行研制；价格能否承受等。

2）精度的选择

整个测试系统根据总精度要求而分配给传感器的精度指标（一般应优于系统精度的10倍左右），精度只要满足整个测量系统的精度要求即可，不必选得过高。

3）灵敏度的选择

在传感器的线性范围内，传感器的灵敏度越高越好。传感器的灵敏度高，外界噪声也容易混入，影响测量精度。同时要求传感器本身应具有较高的信噪比，尽量减少从外界引入的干扰信号。

4）线性范围的确定

任何传感器都不能保证绝对的线性，其线性度也是相对的。当所要求的测量精度比较低时，在一定的范围内，可将非线性误差较小的传感器近似看作线性的，这会给测量带来极大的方便。

5）稳定性的选择

在选择传感器之前，应对其使用环境进行调查，并根据具体的使用环境选择合适的传感器，或采取适当的措施，减小环境的影响。传感器的稳定性有定量指标，超过使用期后，在使用前应重新进行标定，以确定传感器的性能是否发生变化。在某些要求传感器能长期使用而又不能轻易更换或标定的场合，所选用的传感器的稳定性要求更严格，要能够经受住长时间的考验。

6）频率响应特性的选择

传感器的频率响应特性决定了被测量的频率范围，必须在允许的频率范围内保持不失真地测量。实际传感器的响应总有一定的延迟，希望延迟时间越短越好。

如果传感器的固有频率高，频带宽，则可测量的信号频率范围就宽。由于受到结构特性的影响，机械系统的惯性也较大。在动态测量中，应保证传感器对被测信号的动态响应特性满足要求，以免产生过大的误差。

除此之外，还要充分考虑用户对可靠性和可维护性的要求。

2．传感器的类型

近年来，随着传感器相关技术的发展，新型传感器层出不穷，对微机化测控系统有了较大的影响。

1）大信号输出传感器

为了与A/D转换的输入要求相适应，传感器厂家开始设计、制造一些专门与A/D转换器相配套的大信号输出传感器。通常是把放大电路与传感器做成一体，使传感器能直接输出0～5V、0～10V或4～20mA的信号。信号输入通道中应尽可能选用大信号传感器或变送器，这样可以省去小信号放大环节，如图2-7所示，采用大信号输出传感器的两路数据采集电路，要比采用小信号输出传感器的简洁得多。对于大电流输出，只要经过简单的*I*/*V*转换，即可变为大信号电压输出。对于大信号电压，可以经过A/D转换，也可以经过*V*/*F*转换送入微机。

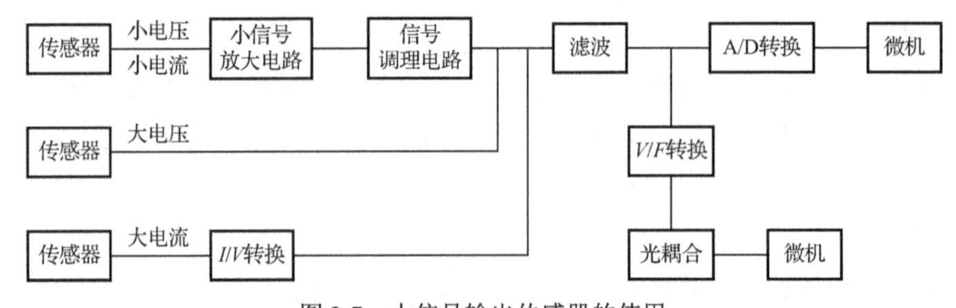

图2-7 大信号输出传感器的使用

2）数字式传感器

数字式传感器一般采用频率敏感器件，也可以是R、L、C构成的振荡器，或模拟电压输入经*V*/*F*转换等。数字式传感器一般都是输出频率参量（或开关量），具有测量精度高、抗干扰能力强、便于远距离传送等特点。此外，采用数字量传感器时，传感器的输出如果满足TTL电平标准，则可直接接入微处理器的 I/O 接口或中断入口。当传感器的输出不是 TTL 电平时，则需经电平转换或放大整形。一般信号进入单片机的 I/O 接口或扩展 I/O 接口时，还需要通过光电耦合器隔离，如图 2-8 所示。

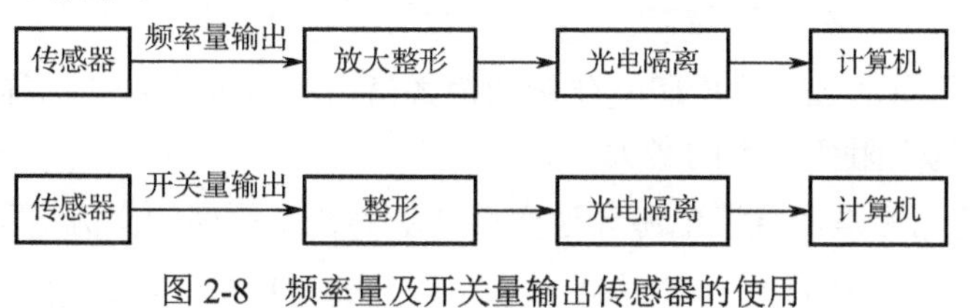

图 2-8　频率量及开关量输出传感器的使用

3）集成传感器

集成传感器是将传感器与信号调理电路做成一体。例如，将应变片、应变电桥、线性化处理、电桥放大等做成一体，构成集成压力传感器。采用集成传感器，可以减轻输入通道的信号调理任务，简化通道结构。

在某些特殊的使用场合，如果无法选到合适的传感器，则需自行设计制作传感器。自制传感器的性能应满足使用要求。

4）网络传感器

1997 年 9 月，国际电气电子工程师协会（The Institute of Electrical and Electronics Engineers，IEEE）颁布了通用智能化变送器标准，即 IEEE1451.2。对于智能网络化传感器接口内部标准和软硬件结构，IEEE1451 标准中都做出了详细的规定。该标准的通过，将大大简化由传感器/执行器构成的各种网络控制系统，并能够最终实现各个传感器/执行器厂家的产品相互之间的互换性。IEEE1451.4 就是一个混合型的智能传感器接口标准，它使得工程师们在选择传感器时不用考虑网络结构，这就减轻了制造商要生产支持多网络的传感器的负担，也使得用户在需要把传感器移到另一个不同的网络标准上时可减少开销。IEEE1451.4 标准通过定义不依赖于特定控制网络的硬件和软件模块来简化网络化传感器的设计，这也推动了含有传感器的即插即用系统的开发。

2.2.2　放大器

根据图 2-6 所示，在数据采集电路中，根据设计的需要，一般需要设置前向放大器和主放大器。被测信号一般不会与后续电路的工作范围直接吻合，多数可能是比较微弱的信号，因此先送入前置放大器初步放大到后续电路的工作范围。主放大器的主要作用是可将滤波后的信号进一步放大到合适范围，便于后续 A/D 转换器的工作。

1. 放大器的类型

各类传感器输出信号的形式各不相同，因此需要的放大电路也有所不同。下面根据各类传感器的输出信号，说明应采用的信号放大器的类型。

1）电压输出型

此种类型的传感器有对称结构，也有非对称结构。对称结构中又以交直流电桥输出居多，如应变电桥、热敏元件、霍尔电桥等效电路等，一般都要求接电压放大器电路。电压放大器包括交流电桥输出型放大器和直流电桥输出型放大器。

（1）交流电桥输出型放大电路。典型的交流电桥输出型放大电路如图 2-9 所示，假定 $R(1+x)$

为应变片电阻，而 $R(1-x)$ 为补偿应变电阻，它们共同检测低频率 ω_1 的正弦变化动态应变，其电阻变化率为

$$X=\frac{\Delta R}{R}=\frac{\Delta R_{\mathrm{m}}}{R}\cdot\sin\omega_1 t=X_{\mathrm{m}}\cdot\sin\omega_1 t \tag{2-1}$$

式中，ΔR 为电阻变化量；ΔR_{m} 为电阻变化量的最大值；R 为应变片的标称阻值；ω_1 为动态应变的变化频率；X_{m} 为电阻变化率的最大值。

供给电桥的交流电源是由直流电源经逆变后产生的较高频率的交流电压，其表达式为

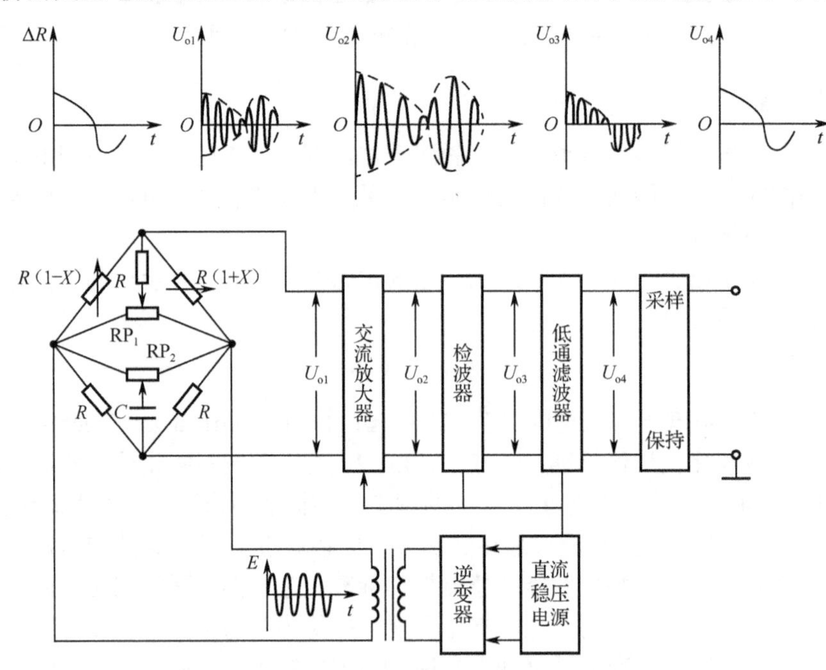

图 2-9 典型的交流电桥输出型放大电路

$$E=E_{\mathrm{m}}\cdot\sin\omega_2 t \tag{2-2}$$

式中，E_{m} 表示供给电桥交流电源电压的最大值；ω_2 表示供给电桥交流电源电压的频率。

由于交流电桥的工作原理是对输入信号的调制，其中 ω_2 为载波频率，应选择 $\omega_2>$（7～10）ω_1。其电桥输出的电压为

$$\begin{aligned}U_{\mathrm{o1}}&=\frac{1}{2}E\cdot X=\frac{1}{2}E_{\mathrm{m}}\cdot\sin\omega_2 t\cdot\frac{\Delta R_{\mathrm{m}}}{R}\cdot\sin\omega_1 t\\&=\frac{1}{4}X_{\mathrm{m}}E_{\mathrm{m}}[\cos(\omega_2-\omega_1)t-\cos(\omega_1+\omega_1)t]\end{aligned} \tag{2-3}$$

因此，电桥输出为调幅波是两个角频率分别为（$\omega_2-\omega_1$）和（$\omega_2+\omega_1$）的分量的叠加。对于这种信号，可使用一般的交流窄带型放大器，此种放大器易于实现良好的稳定性和较高的增益。

对于上述的测量电桥，由于分布电容的影响，其调零不仅要设置直流调零电位器 $\mathrm{RP_1}$，还要设置交流调零电位器 $\mathrm{RP_2}$，以提高零点的稳定性。

（2）直流电桥输出型放大电路。直流电桥输出型放大电路的典型结构如图 2-10 所示，它由三部分组成，即直流激励电源、惠斯通电桥及仪用放大器。当然在惠斯通电桥和仪用放大器之间根据需要可插入滤波器。直流电桥的供电直流电源有时需要恒流源，如霍尔元件构成的电桥；有时需要恒压源，如热敏电阻等构成的电桥。图 2-10 中采用的恒压源，其稳定度应高于传感器

的精度。电桥激励电源有时可以和后面的仪用放大器供电电源共用，但要求系统允许共地。若传感器与仪用放大器因为其他原因不允许共地，则二者的电源不能共用。

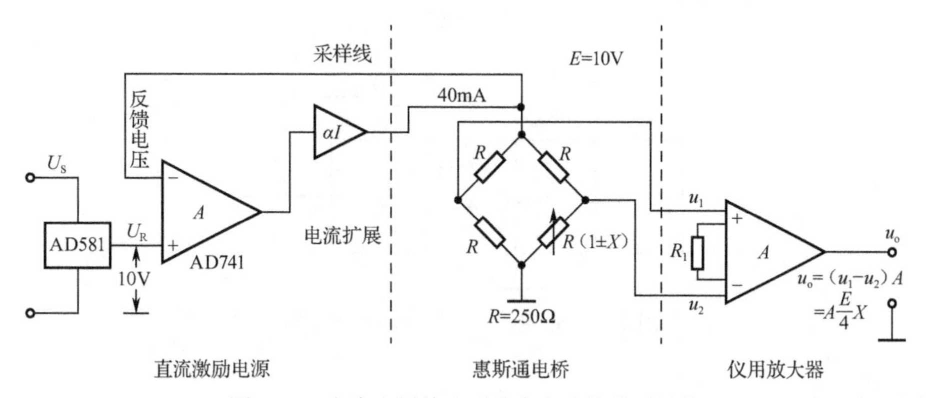

图 2-10　直流电桥输出型放大电路的典型结构

2）电流电荷输出型

如压电式传感器、光电探测器等。此种类型的传感器需要带有电流（或电荷）到电压变换的放大电路。

（1）带电流－电压变换放大电路。对于把物理量变换为电流的传感器，需要经过电流到电压的变换后再进行放大。因为不能提供足够大的驱动能力，所以仅用电阻来构成电流－电压变换是不切实际的，比较实用的办法是用运放和高阻值反馈电阻构成转换电路，如图 2-11 所示。在忽略放大器静态偏流的情况下，有

$$U_o = -I_i \cdot R_f \tag{2-4}$$

式中　I_i——输入电流；

R_f——反馈电阻阻值。

为减小输入偏流的影响，最好选用输入级为场效应晶体管的混合型运放，如 AD515。

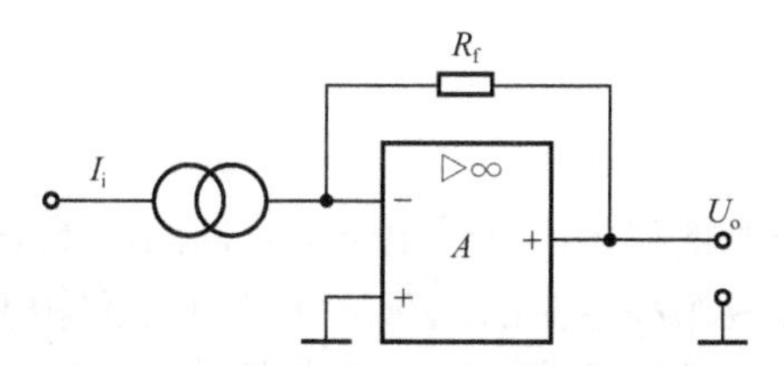

图 2-11　带电流—电压变换放大电路

（2）带电荷－电压变换放大电路。压电传感器将被测量转换成电荷输出或电压输出。由于压电传感器本身输出阻抗很高，内阻抗为串联的小容值电容，因此必须配用高输入阻抗电压放大器，否则电荷通过传感器晶体电容 C_{ab} 及放大器输入阻抗 R_f 放电而不能保存。在远距离电缆传送或物理量变化极为缓慢时，压电传感器应配用电荷放大器。

带电荷－电压变换放大器由电荷放大器和仪用放大器两部分组成，如图 2-12 所示，它将电荷变换成电压，然后再经过仪用放大器放大。图中忽略所有的漏阻，C_{ab} 为晶体固有电容，C_i 为传输电缆电容，C_f 为反馈电容。由于放大器开环增益极高，形成了虚地，输入电荷 Q 几乎只对 C_f 充电，因此 C_f 上充电电压 U_C 即为输出电压 U_o，即

$$U_o = U_C = \frac{-AQ}{C_{ab} + C_i + (1+A)C_f} \tag{2-5}$$

式中，A 为运放开环增益，$A>>1$，而$(1+A)\ C_f$又远大于 C_{ab}和 C_i，所以

$$U_o = -\frac{Q}{C_f} \tag{2-6}$$

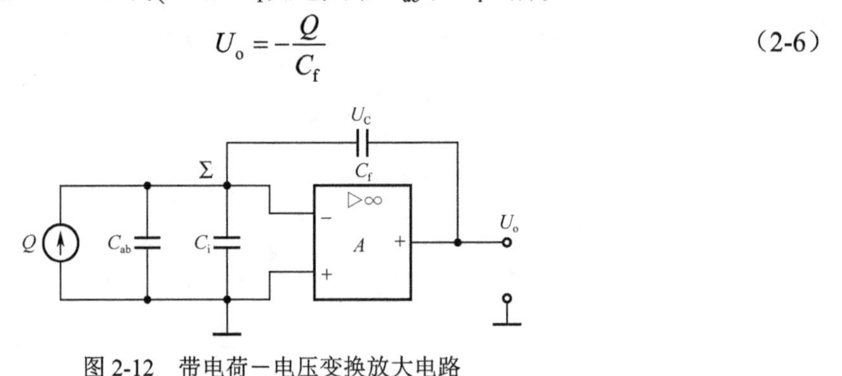

图 2-12　带电荷－电压变换放大电路

3）阻抗输出型

此种类型的传感器需要有对频率或脉冲宽度进行调制的放大器。

2. 放大器的设置原则

如果是简单信号，采用一级放大或衰减电路将信号调整到适合后续电路工作的电压范围内即可，这种情况下放大或衰减的倍数根据信号的自身特点很容易计算得到，可以直接将电路的参数调整到设计值。

对于工作信号复杂一些的，需要考虑抗干扰等因素，将其设计成多级放大电路，在各级放大电路之间加入必要的滤波电路进行信号调理。对于多级放大电路，需要将放大倍数分解到各级当中，由于运算放大器的种类较多，根据信号的特点，一般需要对其工作频带、动态范围、放大倍数进行选择。

比较微弱的信号，要求运算放大器具有低噪声、低漂移、低输入偏置电流、非线性度小等特点，避免在放大过程中引入干扰。

3. 常用的放大器及其应用

1）仪用放大器

通用运算放大器对微弱信号的放大，仅适用于信号回路不受干扰等较为理想的情况。而实际传感器的工作环境往往是较复杂和恶劣的，在传感器的两条输出线上经常产生较大的干扰信号，有时是完全相同的干扰，称共模干扰。运算放大器对直接输入到差动端的共模信号也有较强的抑制能力，共模干扰信号一路直接加到同相端，另一路则加到反相端，这样会表现为不平衡的输入阻抗。因此，通用运算放大器对共模干扰信号不能起到很好的抑制作用，不适合在精密测量场合下运用。

仪用放大器是一种高性能的放大器，除了完成对低电平信号进行线性放大外，还担负着阻抗匹配和抗共模干扰的任务。仪用放大器的内部基本结构如图 2-13 所示，它由三个通用的放大器组成，第一级为两个对称的同相放大器，第二级是一个差动放大器。其对称性结构可同时满足对放大器的抗共模干扰能力、输入阻抗、闭环增益的时间和温度稳定性等不同的性能要求。因此，仪用放大器广泛用于传感器的信号放大，特别是微弱信号及具有较大共模干扰的场合，其中包括工频、静电和电磁耦合等共模干扰。

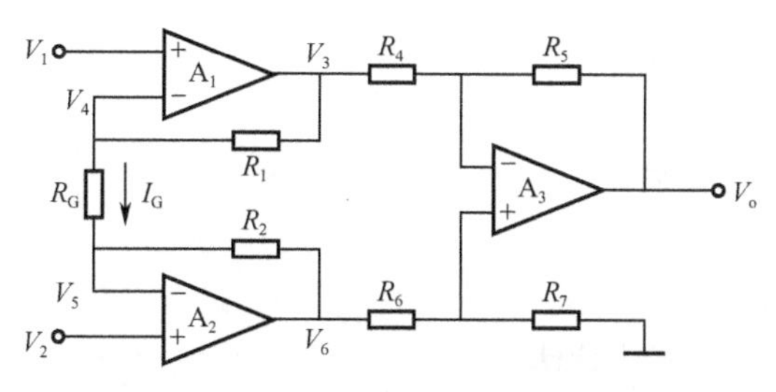

图 2-13　仪用放大器的内部基本结构

仪用放大器上下对称，即图中的 $R_1 = R_2$， $R_4 = R_6$， $R_5 = R_7$ 。可以推出仪用放大器闭环增益为

$$A_f = -(1 + 2R_1 / R_G)\ R_5 / R_4 \tag{2-7}$$

假设 $R_4 = R_5$，即第二级运算放大器的增益为 1，则可以推出仪用放大器闭环增益为

$$A_f = -(1 + 2R_1 / R_G) \tag{2-8}$$

由上式可知，通过调节电阻 R_G，可以很方便地改动仪用放大器的闭环增益。通常可使放大倍数在 1～1000 的范围内调节。当采用集成仪用放大器时， R_G 一般为外接电阻。

目前，市场上可供选择的仪用放大器较多，在实际的设计过程中，可根据模拟信号调理通道的设计要求，并结合仪用放大器的以下主要性能指标确定具体的放大电路。

（1）非线性度：指放大器的实际输出/输入关系曲线与理想直线的偏差。在选择仪用放大器时，一定要选择非线性偏差比较小的仪用放大器。

（2）温漂：指仪用放大器的输出电压随温度变化而变化的程度。通常仪用放大器的输出电压会随温度的变化而发生（1～50）μV/℃的变化，这与仪用放大器的增益有关。例如，一个温漂为 2μV/℃的仪用放大器，当其增益为 1000 时，仪用放大器的输出电压产生约 20mV 的变化。这个数字相当于 12 位 A/D 转换器在满量程为 10V 时的 8 个 LSB 值。所以在选用仪用放大器时，要根据所选 A/D 转换器的绝对精度尽量选择温漂小的仪用放大器。

（3）建立时间：指从阶跃信号驱动瞬间至仪用放大器输出电压达到保持在给定误差范围内所需的时间。

（4）恢复时间：指放大器撤除驱动信号瞬间至放大器由饱和状态恢复到最终值所需的时间。显然，放大器的建立时间和恢复时间直接影响采集系统的采样速率。

（5）电源引起的失调：指电源电压每变化 1%，引起放大器的漂移电压值。仪用放大器一般用作数据采集系统的前置放大器，对于共电源系统，该指标则是设计系统稳压电源的主要依据之一。

（6）共模抑制比：放大器的差模电压增益与共模电压增益之比叫共模抑制比，即

$$\text{CMRR} = 20\lg\frac{A_{\text{def}}}{A_{\text{com}}} \tag{2-9}$$

国产放大器的共模抑制比一般在 60～120dB 之间。

AD620 是低价格、低功耗仪用放大器，它只需要一只外部电阻就可设置 1～1000 倍的放大增益。由于其输入端采用了超β处理技术，使 AD620 有较低的输入偏置电流、较高的建立时间和较高的精度，所以，把它用于高精确的数据采集系统是较理想的。同时，由于 AD620 具有低噪声、低输入偏置电流和低功耗的特性，使它非常适合医疗仪器的应用系统（如 ECG 检测和血压监视）、多路转换器及干电池供电的前置放大器使用。

① AD620 的主要性能参数如下：

- 失调电压：<250mV
- 最大非线性：40×10^{-6} 左右
- 差分输入电压：<±25V
- 温度漂移：<3μV/℃
- 输入电压噪声：9nV 左右（1kHz）
- 输入阻抗：>10GΩ
- 输入偏置电流：20nA 左右
- 带宽：120kHz（G=100）
- 建立时间：15ms（0.01%）
- 共模抑制比：>73dB（G=1）；>110dB（G=1000）
- 静态电流：>1.3mA
- 电源范围：±2.3～±18V

AD620 的内部电路是由 OP-07S 组成的三运放结构。图 2-14（a）是其引脚封装形式，图 2-14（b）是其基本接法。AD620 的增益由式 $G=1+\dfrac{49.4\text{k}\Omega}{R_{\text{g}}}$ 确定。

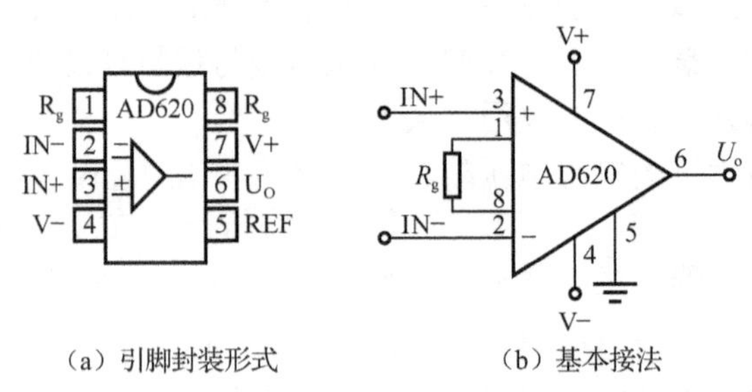

（a）引脚封装形式　　（b）基本接法

图 2-14　AD620 的引脚封装形式及基本接法

② 仪用放大器 AD620 的实际应用。图 2-15 是由 AD620 与热电偶组成的测温放大电路。其中，R_1、C_1 及 R_2、C_2 是进行噪声滤除的低通滤波器。它的截止频率可由实际测量电路确定，一般取 240Hz 以下。作为前置放大器，AD620 的增益可取 100 倍左右，且热电偶的参考端、AD620 的 REF 端应与负载地共地，以免高频干扰。图 2-16 是交流信号放大电路，考虑到 AD620 的输入阻抗较大，应接入 C_1、C_2 隔直电容及 R_1、R_2 直流偏置电阻，并注意电源去耦。

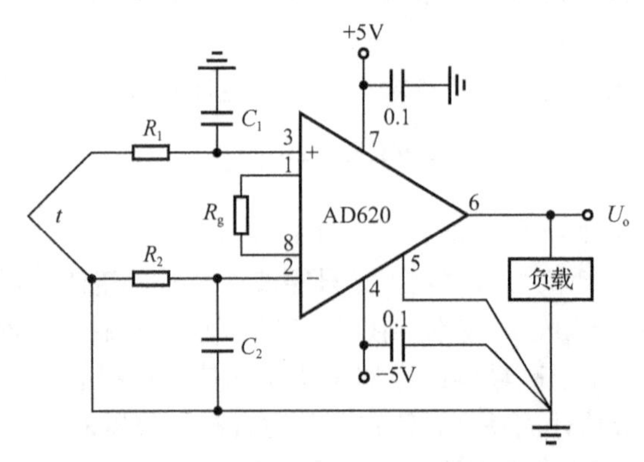

图 2-15　用 AD620 构成的热电偶测温放大电路

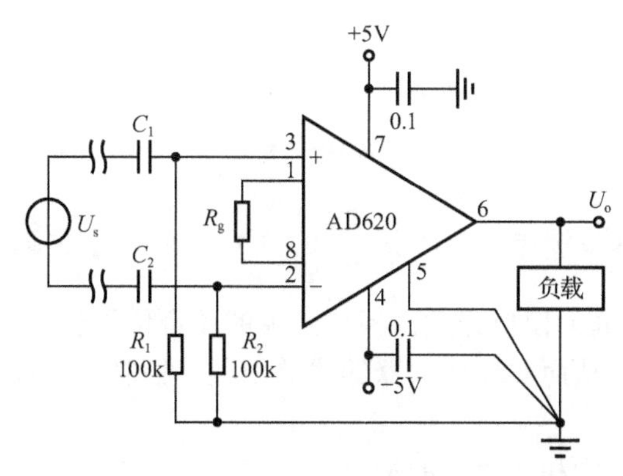

图 2-16　用 AD620 构成的交流信号放大电路

图 2-17 是用 AD620A 设计的人体心电（ECG）信号检测电路。电路通过 R_2、R_3 取 Rg 上的共模信号，由 AD705J 运放、R_1、R_4、C_1 组成“浮地”驱动电路，去激励人体的右腿（RL），使电路对 50Hz 交流干扰具有很强的消除能力。输入信号分别取自人体的右臂（RA）和左臂（LA），是典型的差分放大结构。

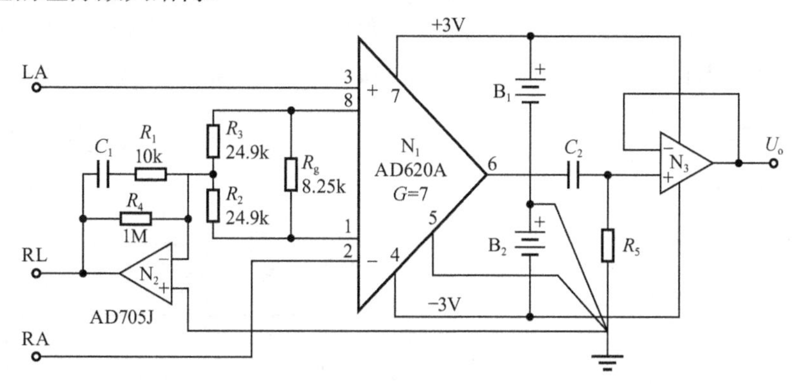

图 2-17　用 AD620 组成的人体心电信号检测电路

该电路采用干电池供电，输出应接高通滤波器及进一步的电压放大电路。若是交流供电，前置放大电源应由隔离电源提供，而后级还需要增加隔离电路，以防人体触电。

2）程控放大器

在许多实际应用中，特别是在通用测量仪器中，为了在整个测量范围内获取合适的分辨力，常采用可变增益放大器。在智能仪器中，可变增益放大器的增益由仪器内置计算机的程序控制。这种由程序控制增益的放大器，称为程控放大器。

程控放大器一般由放大器、可变反馈电阻网络和控制接口三部分组成，其原理框图如图 2-18 所示。

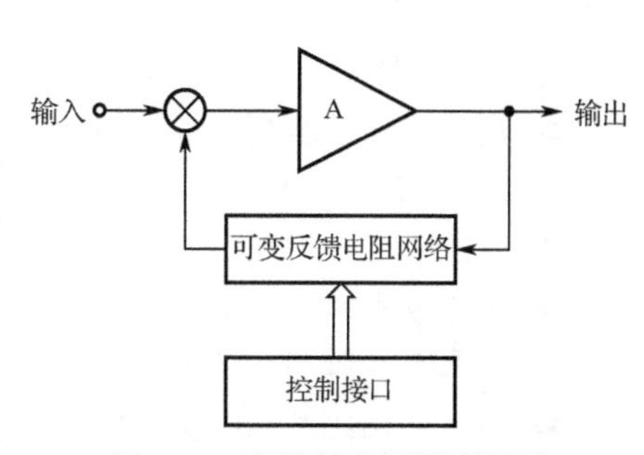

图 2-18　程控放大器原理框图

程控放大器与普通放大器的差别在于反馈电阻网络可变且受控于控制接口的输出信号。不同的控制信号，将产生不同的反馈系数，从而改变放大器的闭环增益。使用程控增益放大可以减少放大器的数量，降低成本，且通用性很好。

由于可变反馈有许多不同形式，由此也决定了程控放大器也存在不同形式，下面具体分析几种常用程控放大器的形式。

（1）程控反相放大器。由理想运放条件，有

$$k=\frac{v_o}{v_i}=-\frac{R_f}{R_1} \tag{2-10}$$

式中，k 为闭环增益；R_f 为反馈电阻，改变 $\frac{R_f}{R_1}$ 的值可以改变闭环增益 k。

如图 2-19 所示，虚线框为模拟开关，模拟开关的闭合位置受控制信号 C_1、C_2 的控制，反馈电阻又随开关位置而变，从而实现放大器的增益由程序控制。当放大倍数小于 1 时，程控反相放大器构成程控衰减器。

（2）程控同相放大器。同相放大器的增益

$$k=1+\frac{R_f}{R_1} \tag{2-11}$$

改变 R_f 或 R_1，同样可改变放大器的增益，但同相放大器只能构成增益放大器，不能构成衰减放大器。

利用 8 选 1 集成模拟开关 CD4051 构成程控同相放大器。图 2-20 中，C、B、A 为通道选择输入端，其状态由程序（D_2、D_1、D_0 的状态）控制，C、B、A 不同的编码组合决定开关与哪一通道接通，从而选择 R_0～R_7 之间的某个电阻接入电路，实现程控增益的功能。

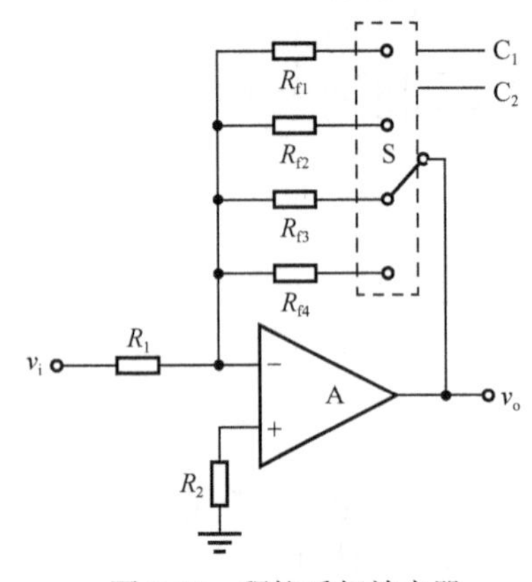

图 2-19　程控反相放大器

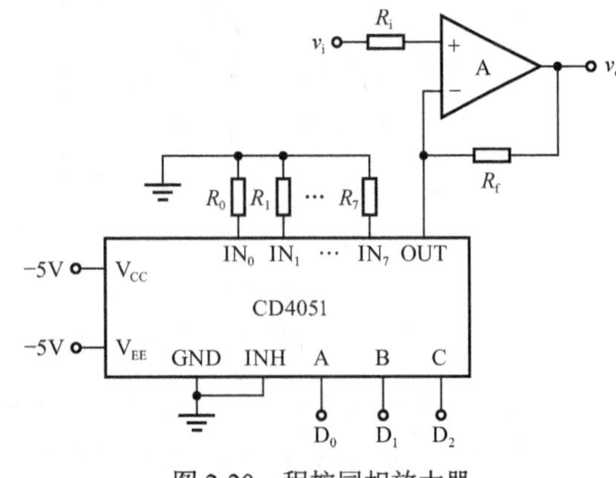

图 2-20　程控同相放大器

（3）集成程控放大器。集成程控放大器种类繁多，如单端输入的 PGA100、PGA103，差分输入的 PGA202、PGA203、PGA204、PGA205 等。下面以美国 BURR-BROWN 公司（以下简称 BB 公司）PGA202 为例说明，PGA202 与 PGA203 级联使用可组成 1～8000 倍的 16 种程控增益。

主要性能特点：

- 数字可编程控制增益：PGA202 的增益倍数为 1、10、100、1000；PGA203 的增益倍数为 1、2、4、8。
- 增益误差：增益倍数 $G<1000$ 时，为 0.05%～0.15%；$G=1000$ 时，为 0.08%～0.1%。
- 非线性失真：增益倍数 $G=1000$ 时，为 0.02%～0.06%。
- 快速建立时间：2μs。
- 共模抑制比：80～94dB。
- 频率响应：$G<1000$ 时，为 1MHz；$G=1000$ 时，为 250kHz。

● 电源供电范围：±6～18V。

① 内部结构与外部引脚。PGA202/203采用双列直插封装，根据使用温度范围不同，分为陶瓷封装（25～85℃）和塑料封装（0～70℃）。PGA202引脚图如图2-21所示，内部结构如图2-22所示。

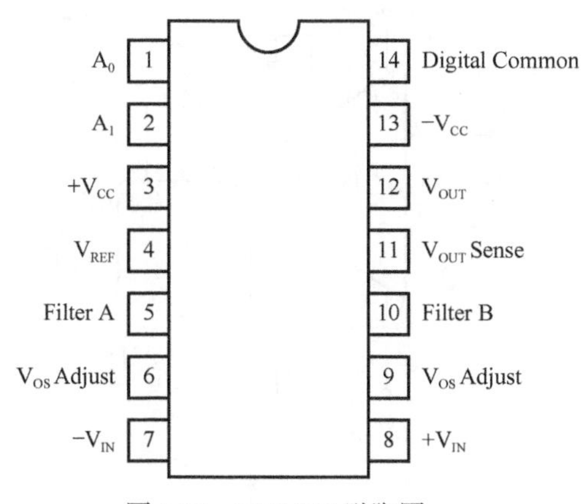

图2-21　PGA202引脚图

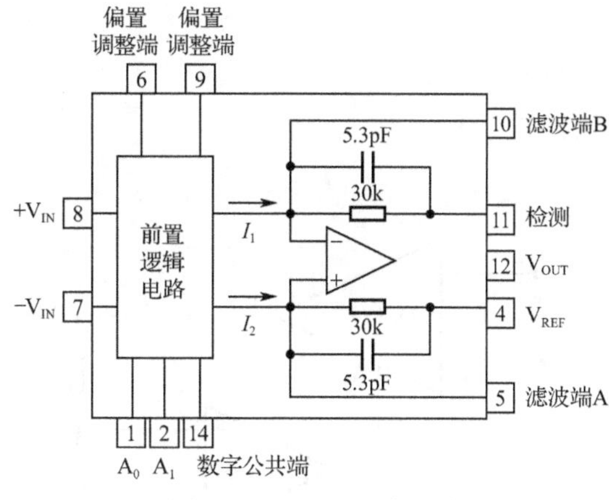

图2-22　PGA202内部结构

$+V_{CC}$、$-V_{CC}$：供电电源端；

V_{OS}Adjust：偏置调整端；

Filter A和Filter B：输出滤波端，在该两端各连接一个电容，可获得不同的截止频率；

V_{OUT}Sense：输出检测端，与接负载的输出端相连，可提高精度；

A_0和A_1：增益数字选择输入端，与TTL、CMOS电平兼容，可以和任何单片机的I/O口直接相连。

PGA202和PGA203的增益选择及其增益误差如表2-1所示。

表2-1　PGA202和PGA203的增益选择及其增益误差

数控输入端		PGA202		PGA203	
A_1	A_0	增益	误差	增益	误差
0	0	1	0.05%	1	0.05%
0	1	10	0.05%	2	0.05%
1	0	100	0.05%	4	0.05%
1	1	1000	0.1%	8	0.05%

除表2-1中提供的几种增益外，PGA202/203外接如图2-23所示的缓冲器及衰减电阻，改变电阻R_1和R_2的比值，可获得更多不同的增益，增益与电阻关系为

$$k = 1 + \frac{R_2}{R_1} \tag{2-12}$$

② PGA202/203基本用法。PGA202不需要任何外部调整元件就能可靠工作。但为了保证效果更好，在正、负电源端分别连接一个1μF的旁路钽电容到模拟地，且尽可能靠近放大器的电源引脚，如图2-24所示。由于11脚、4脚的连线电阻都会引起增益误差，所以11脚和4脚连线尽可能短。

PGA202/203与比较器、二进制加/减计数器连接可以构成自动增益控制电路，如图2-25所

示。图中，PGA202 的输出信号反馈给双比较器，进行上、下限比较。当输出信号大于上限或小于下限时，通过比较器的输出端，调整二进制加/减计数器的计数状态，从而控制 PGA202 的增益选择端 A_1 和 A_0，进行放大倍数的自动调整，实现增益自动控制。在一个采样系统中，使用单片机控制 A/D 采样，单片机通过比较采样值的大小可方便地进行自动增益控制。

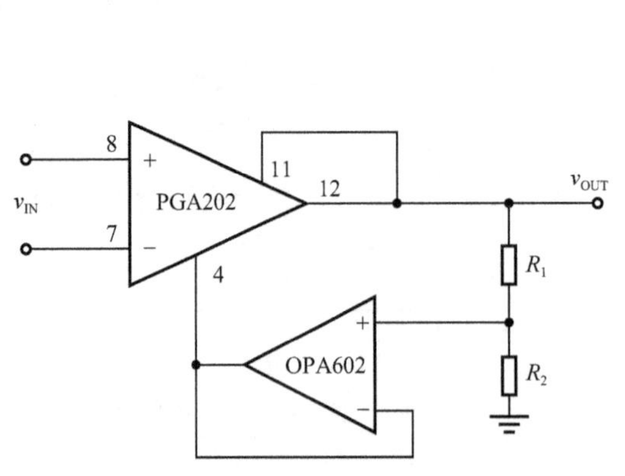

图 2-23 改变外接电阻获得可变增益原理图

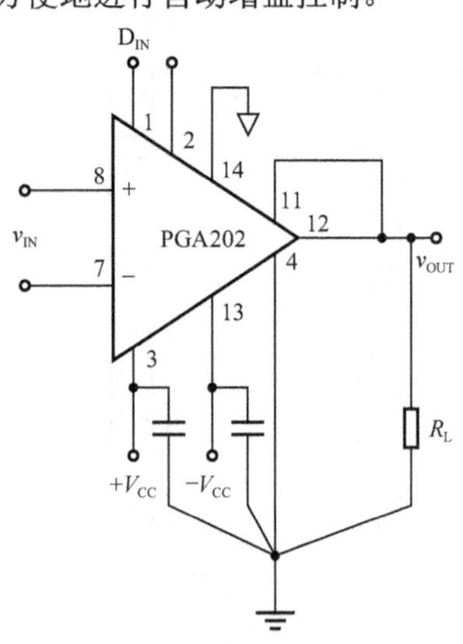

图 2-24 PGA202 的基本用法

将 PGA202 和 PGA203 两片级联，如图 2-26 所示，A_3、A_2、A_1、A_0 组合可有 16 种状态，可在 1～8000 范围内选择 16 种增益。

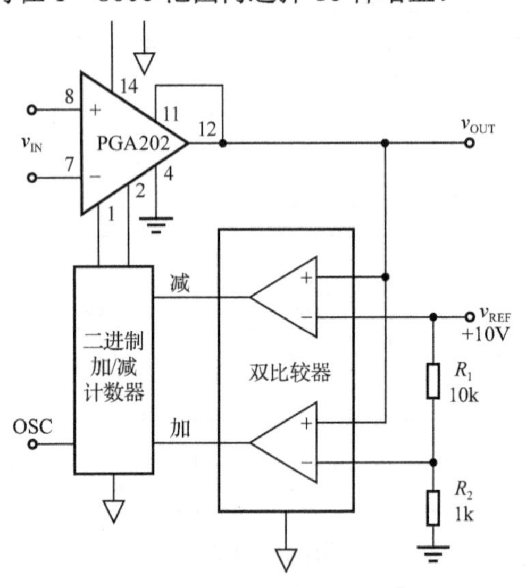

图 2-25 利用 PGA202 构成自动增益控制电路

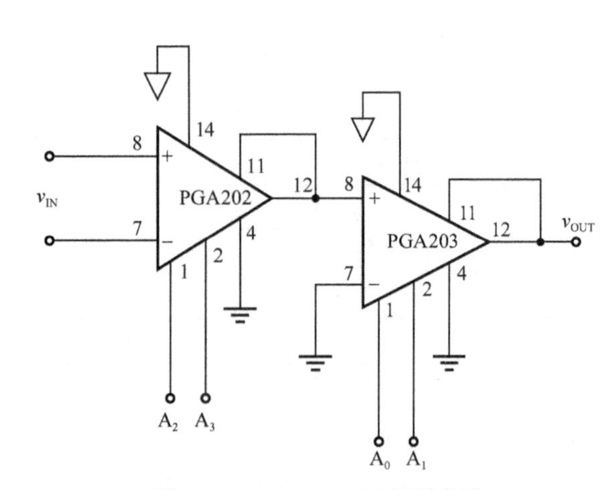

图 2-26 PGA202/203 级联电路

3）隔离放大器

隔离放大器可应用于高共模电压环境下的小信号测量，例如，输入数据采集系统的模拟信号较微弱，而测试现场的干扰比较大，对信号的传递精度要求又高，这时可以考虑在模拟信号进入系统前用隔离放大器进行隔离，保证系统的可靠性。在有强电或强电磁干扰等环境中，为了防止电网电压对测量回路的损坏，其信号输入通道采用隔离技术；在生物医疗仪器中，为防止漏电流、高电压等对人体的意外伤害，也常采用隔离放大技术，确保患者安全。

隔离放大器通过使用磁、光或电容等耦合技术，可将信号发生源与测量设备的输入端隔离，除切断接地回路之外，也阻隔了高压浪涌及较高的共模电压，同时保护电子仪器设备和人身安全。根据隔离放大器耦合方式的不同，可分为变压器耦合、电容耦合和光电耦合三种。

（1）变压器耦合隔离放大器。变压器耦合隔离放大器的输入部分和输出部分采用变压器耦合，信息传送通过磁路实现。

如图2-27所示，输入级将传感器送来的信号滤波和放大，并调制成交流信号，通过隔离变压器耦合到输出级；输出级把交流信号解调成直流信号，再经滤波和放大，输出直流电压。放大器的两个输入端浮空，能够有效地起测量放大器的作用。

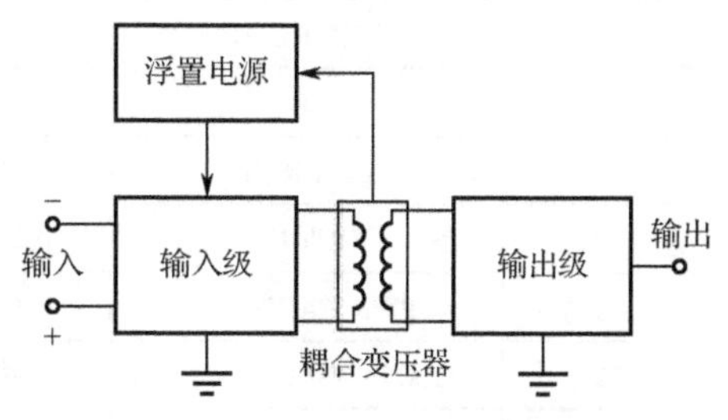

图2-27　典型的隔离放大器原理图

变压器耦合实现载波调制，通常具有较高的线性度和隔离性能，其共模抑制比高，技术较为成熟，但是带宽一般在1kHz以下，且体积大、工艺复杂、成本高、应用不方便。

常见的变压器耦合的隔离放大器产品：BB公司的ISO212、3656；AD公司的AD202、AD204、AD210、AD215等。其中AD202、AD204是一种微型封装的精密隔离放大器，具有精度高、功耗低、共模性能好、体积小和价格低等特点。AD202功能框图如图2-28所示，芯片由放大器、调制器、解调器、整流和滤波、电源变换器等组成。

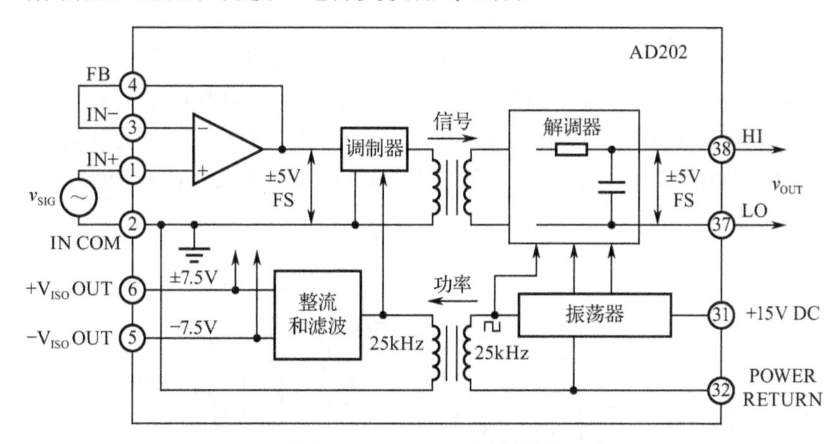

图2-28　AD202功能框图

AD202引脚功能如表2-2所示。

表2-2　AD202引脚功能

引　脚	符　号	功　能
1、3	IN+、IN−	输入信号正、负引脚。IN−和FB相连，为单位增益电路；当IN−用分压电阻分别与INCOM相连时，为增益可调（大于1）电路
2	IN COM	输入参考地线引脚
6	$+V_{ISO}$OUT	隔离正电源输出引脚，+7.5V/2mA
5	$-V_{ISO}$OUT	隔离负电源输出引脚。−7.5V/2mA，5、6引脚输出端的电源除供给芯片内部电源外，还可作为外围电路（如传感器、放大器等）的电源

续表

引　脚	符　号	功　能
38、37	HI、LO	隔离放大器输出高端和低端引脚，输出电压为±5V。输出电压跟随输入电压变化，即具有 rail-to-rail 功能
31、33	+15 VDC	芯片电源输入引脚。由直流电源提供+15V 电源
32	POWER RETURN	电源参考端输入引脚
4	FB	输入反馈引脚
18	OUT RTN	负输出引脚
19	OUT HI	正输出引脚
20	PWR（AD202）	正电源输入（+15V）引脚
21	CLOCK IN（AD204）	时钟输入引脚
22	PWR COM	时钟/电源公共引脚

（2）光电耦合隔离放大器。光电耦合隔离放大器以光为耦合媒介，输入与输出在电气上完全隔离，通过光信号的传递实现电信号的传递。光电耦合隔离放大器的原理图如图 2-29 所示，输入级激励发光管，由光电管将光信号耦合到输出级，实现信号的传输，保证了输入和输出间的电气隔离。

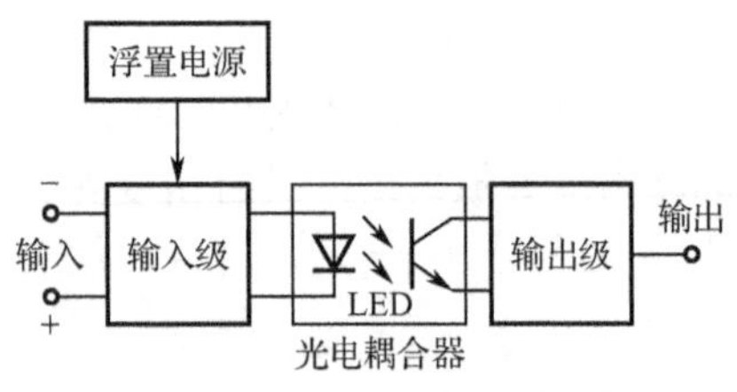

图 2-29　光电耦合隔离放大器的原理图

光电耦合器因具有体积小、使用寿命长、工作温度范围宽、抗干扰性能强、无触点且输入与输出在电气上完全隔离的特点而得到广泛的应用。

采用光电耦合原理的隔离放大器有 BB 公司的 ISO100、ISO130、3650、3652，惠普公司（HP）的 HCPL7800/7800A/7800B 等。如图 2-30 所示为光电隔离放大器 3650 的内部结构图。

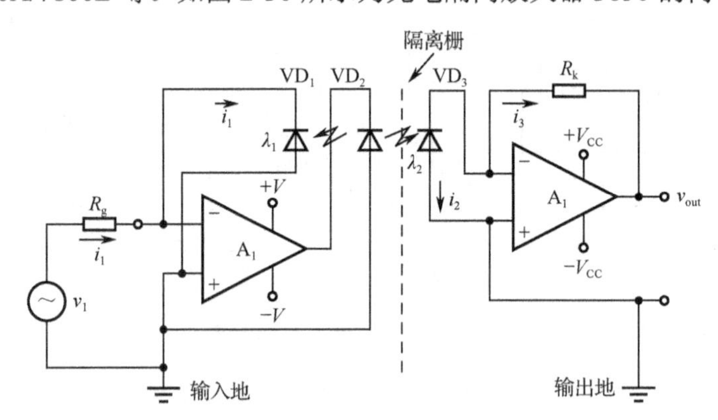

图 2-30　光电隔离放大器 3650 的内部结构图

理想运算放大器 A_1 和光电二极管 VD_1、VD_2 构成负反馈回路，用于减小非线性和时间温度的不稳定性。VD_1、VD_3 分别为输入端和输出端的两个性能匹配的光电管，它们从发光二极管 VD_2 接收到的光量相等，即 $\lambda_1=\lambda_2$，有 $i_1=i_2$；由于 $i_1=i_2=\dfrac{V_i}{R_g}$，则 $i_2=i_1=\dfrac{V_i}{R_g}$，输出回路中，放大器 A_2 与内置电阻 R_k（$R_k=1\text{M}\Omega$）构成 I/V 转换电路，有

$$V_{out}=-i_3R_k=i_2R_k=\frac{V_1}{R_g}R_k=\frac{R_k}{R_g}V_i \tag{2-13}$$

可见，输出与输入成线性关系。只要 VD_1、VD_3 的一致性得到保证，信号的耦合就不会受光电器件的影响。

（3）电容耦合隔离放大器。利用电容器的电荷感应现象，同样可以达到传递信号，实现电气隔离的目的。电容耦合的特点是借助于数字调制技术，可以保证有很好的线性度和较宽的带宽。每一级都要有各自独立分离的电源电压及接地，以确保彼此没有共接。简化的电容耦合隔离放大器的框图如图 2-31 所示。

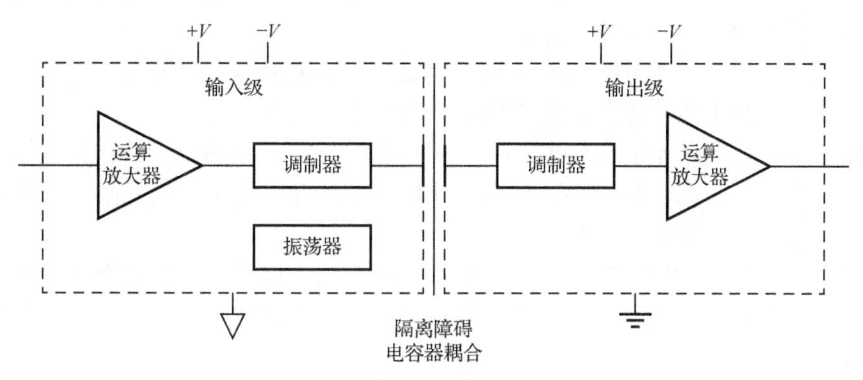

图 2-31　典型的隔离放大器框图

在图 2-31 中，输入级包含一个放大器、一个振荡器及一个调制器，调制是指允许一个包含信息的信号，用以修饰另一个信号的某一个特性，如幅度、频率或脉冲宽度等。如此，第一级的信息依旧被包含在第二级，在这个例子中，调制使用一个高频的方波振荡器修饰原先的信号。在隔离障碍中使用一个电容值较小的电容器，用以耦合从输入到输出之间的低频调制信号或 DC 电压。但若没有调制，则原本禁止的高电容值电容器就势必需要，而导致级与级之间的隔离效果降低。输出级包括一个解调制器，以便从被调制过的信号中取出原输入级的信号，使原先从输入级来的信号回到其原有的形式。

常用的电容耦合隔离放大器有 BB 公司的 ISO102、 ISO103、 ISO106、 ISO107、ISO113、ISO120、150121、150122、ISO175 等。

2.3　模拟开关

多路开关

2.3.1　模拟开关的功能

在智能仪器设计过程中，经常需要有多路和多参数的采集和控制，如果每一路都单独采用各自的输入回路，即每一路都采用放大、采样/保持、A/D 等环节，不仅成本比单路成倍增加，而且会导致系统体积庞大，且由于模拟器件、阻容元件参数特性不一致，对系统的校准带来很大困难；并且对于多路巡检，如 128 路信号采集情况，每路单独采用一个回路几乎是不可能的。因此，除特殊情况下采用多路独立的放大、A/D 和 D/A 外，通常采用共用的采样/保持及 A/D 转换电路（有时甚至可将某些放大电路共用），而实现这种设计，往往采用多路模拟开关。

多路开关的主要用途是把模拟信号分时地送入 A/D 转换器，或者把计算机处理后的数据转换成模拟信号，按一定的顺序输出到不同的控制回路中去。前者称为多路开关，完成多到一的转换，后者称为反多路开关或多路分配器，完成一到多的转换。

根据应用需求不同，模拟开关可以分为音频模拟开关、视频模拟开关、数字开关、通用模拟开关等。

2.3.2 模拟开关的性能指标

模拟开关是由集成MOS管作为开关的器件实现开关的功能，由于MOS管自身的物理特性，在使用的时候需要注意以下几个性能指标：

（1）通道数量：集成模拟开关通常包括多个通道，通道数量对传输信号的精度和开关切换速率有直接的影响，通道数量越多，寄生电容和泄漏电流越大。

（2）泄漏电流：指开关断开时流过模拟开关的电流。一个理想的开关要求导通时电阻为零，断开时电阻趋于无限大，漏电流为零。但由于实际开关断开时电阻不为无限大，导致泄漏电流不为零。一般希望泄漏电流越小越好。

（3）导通电阻：指开关闭合时的电阻。导通电阻会损失信号，使精度降低，尤其是当开关串联的负载为低阻抗时损失会更大。因此，导通电阻的一致性越好，系统在采集各路信号时由开关引起的误差越小。

（4）开关速度：指开关接通或断开的速度。对于频率较高的信号，要求模拟开关的切换速度快，同时还应考虑与后级采样保持器、A/D 转换器的速度相适应。除上述指标外，芯片的电源电压范围也是一个重要参数，它与开关的导通电阻和切换速度等有直接关系。电源电压越高，切换速度越快，导通电阻越小。反之，导通电阻越大。

2.3.3 集成模拟多路转换开关

智能仪器大多采用半导体多路开关。半导体多路开关种类很多，如 CD4051（双向 8 路）、CD4066（4 路双向）、CD7501（单向 8 路）、CD4052（单向、差动、4 路）等。所谓双向，就是既可以实现多到一的转换，也可以实现一到多的转换。而单向则只能完成多到一的转换。差动即可同时有两个开关动作，从而完成差动信号的传输。下面以 CD4051 为例，说明多路开关在数据采集系统中的使用方法。

CD4051 是双向 8 通道多路开关，其内部结构图如图 2-32 所示。它由电平转换、译码、驱动开关电路三部分组成，其中电平转换可实现 CMOS 到 TTL 逻辑电平的转换，因此，加到通道选择输入端的控制信号的电平幅度可为 3～20V。同时，最大模拟量信号的峰值可达 20V。CD4051 带有三个通道选择输入端 A、B、C 和一个禁止端 $\overline{\mathrm{INH}}$ 。当 CBA 为 000～111B 时，可产生 8 选 1 控制信号，使 8 路通道中的某一通道的输入与输出接通。当 $\overline{\mathrm{INH}}$ 为 0 时，允许通道接通；当 $\overline{\mathrm{INH}}$ 为 1 时，禁止通道接通。其真值表如表 2-3 所示。改变 CD4051 的 $\mathrm{IN/OUT}_{0\sim7}$ 及 $\mathrm{OUT_C/IN_C}$ 的传递方向，可用作多路开关和反多路开关。

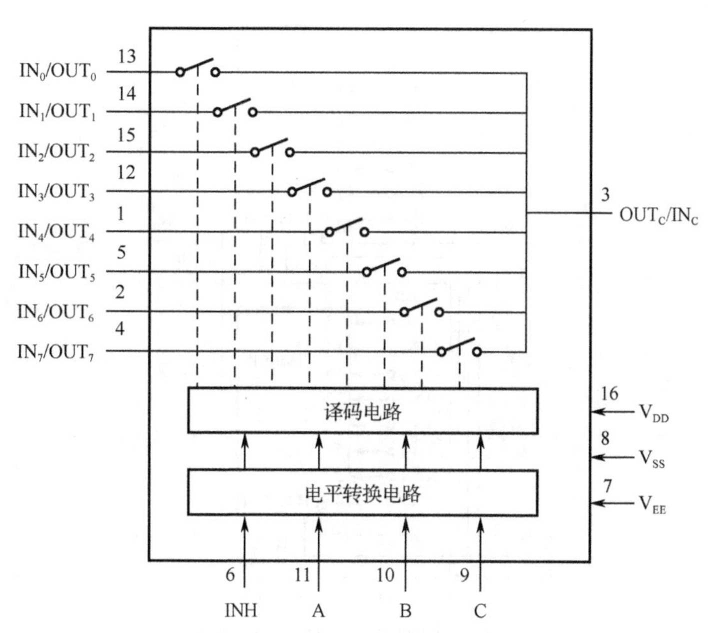

图 2-32　多路开关 CD4051 内部结构图

表 2-3　CD4051 真值表

$\overline{\text{INH}}$	C　B　A	接通通道号
0	0　0　0	IN_0
0	0　0　1	IN_1
0	0　1　0	IN_2
0	0　1　1	IN_3
0	1　0　0	IN_4
0	1　0　1	IN_5
0	1　1　0	IN_6
0	1　1　1	IN_7
1	×　×　×	无

使用禁止端 $\overline{\text{INH}}$，可以很方便地实现通道数的扩展。例如，使用两片 CD4051 可以组成 16 路的多路开关。其连接方法如图 2-33 所示。当通道选择码 $D_3D_2D_1D_0$ 取 0000～1111B 之一时，便唯一地选中这 16 路通道中的某一通道。

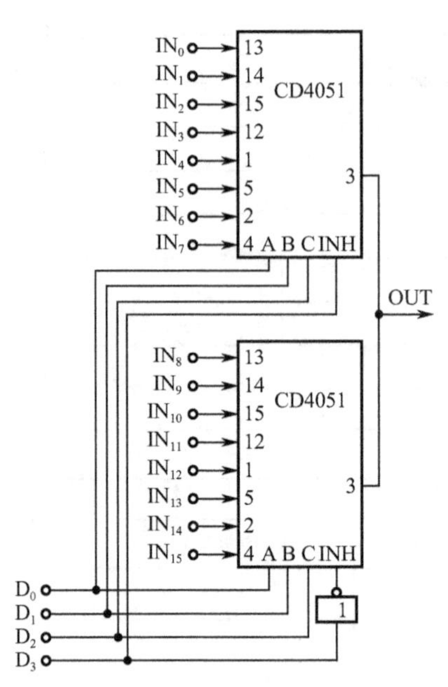

图 2-33　CD4051 多路开关组成的 16 路模拟开关原理图

2.4　采样/保持器

2.4.1　采样/保持器的功能

模拟信号进行 A/D 转换时，从启动转换到转换结束输出数字量，需要一定的转换时间。在这个转换时间内，模拟信号要基本保持不变。否则转换精度没有保证，特别当输入信号频率较高时，会造成很大的转换误差。要防止这种误差的产生，必须在 A/D 转换开始时将输入信号的电平保持住，而在 A/D 转换结束后又能跟踪输入信号的变化。能完成这种功能的器件叫采样/保持器。采样/保持器在保持阶段相当于一个“模拟信号存储器”。

2.4.2　采样/保持器的工作原理

采样/保持器是一种用逻辑电平控制其工作状态的器件，具有两个稳定的工作状态。

（1）采样状态：在此期间它尽可能快地接收模拟输入信号，并精确地跟踪模拟输入信号的变化，一直到接到保持指令为止。

（2）保持状态：对接收到保持指令前一瞬间的模拟信号进行采样。

采样/保持器是一种具有信号输入、信号输出以及由外部指令控制的模拟门电路。它主要由模拟开关 S、电容 C_h 和缓冲放大器 A 组成，它的一般结构形式如图 2-34 所示。

以图 2-34（b）所示反馈型采样/保持器电路原理图为例。

当 V_k 为高电平（$V_k=1$）时：开关 K 导通，输入模拟信号 V_{in} 对保持电容 C_h 充电，当 $V_k=1$ 的持续时间 t_W 远远大于电容 C_h 的充电时间常数时，在 t_W 时间内，C_h 上的电压 V_c 跟随输入电压 V_{in} 的变化，使输出电压 $V_{out}=V_{in}=V_c$，这段状态为采样状态。

当 V_k 为低电平（$V_k=0$）时：开关 K 断开，由于运算放大器的输入阻抗很高，存储在 C_h 上的电荷不会泄漏，C_h 上的电压 V_c 保持不变，使输出电压 V_{out} 能保持采样结束瞬时的电压值，这段状态为保持状态。图 2-35 为采样和保持电路输出随输入变化波形图。

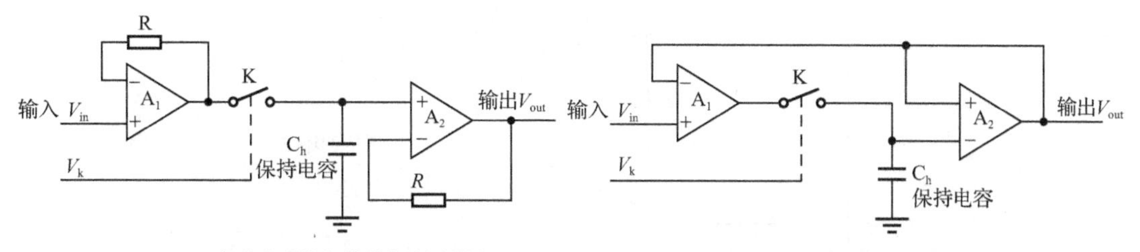

（a）串联型采样/保持器电路原理图　　（b）反馈型采样/保持器电路原理图

图 2-34　采样/保持器电路原理图

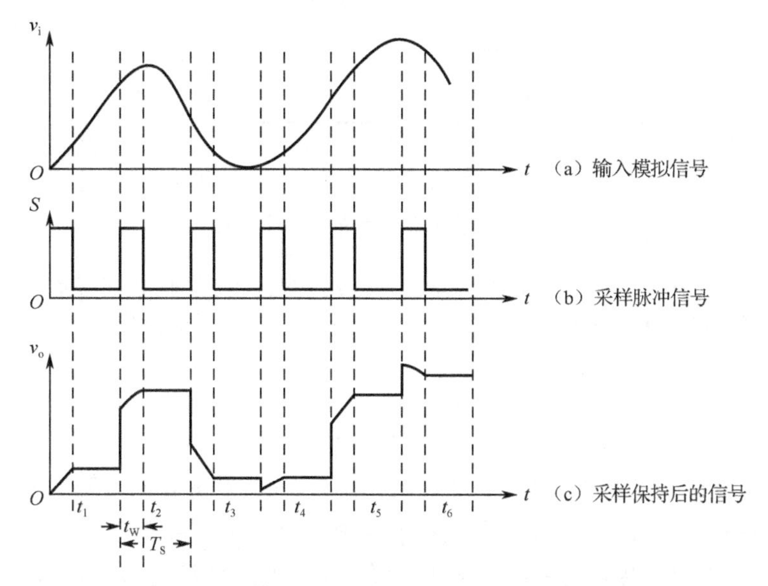

图 2-35　采样和保持电路输出随输入变化波形图

2.4.3　采样/保持器的主要参数

（1）采样时间（获取时间）t_{ac}：它是指采样/保持器从保持状态转换到采样后，采样/保持器的输出从所保持的电平值达到当前输入信号的电平值所需要的时间。采样时间包含逻辑输入控制开关的延时时间、采样信号建立时间及达到采样值的跟踪时间。它与电容器的充电时间常数、放大器的响应及保持电压的变化幅值有关。当 K 开关闭合后，A_1 给 C_h 提供一个足够大的快速激励，使 C_h 充电，从而使 V_O 很好地跟随 V_I 充到终值（K 开关具有理想开关特性）。因此采样时间反映电路的快速性参数。

（2）孔径时间（t_{ap}）及孔径时间的抖动（Δt_{ap}）：孔径时间是指接到保持信号后，模拟开关 K 由通变为断所需要的时间。由孔径时间的不定性所形成孔径时间的变化范围，称为孔径时间的抖动。在孔径时间内将会产生一个与采样信号的变化有关的幅度误差。在 t_1 时刻采样信号结束，但由于电路的延时模拟开关 K 要到 t_2 时刻才能关断，使实际保持电压与希望的保持电压之间产生误差。另外，由于采样/保持电路受温度的影响，电路的分布参数发生变化及信号的不定性，使孔径时间变化。这样就引起了孔径的抖动。因此孔径时间及孔径时间的抖动是反映采样保持电路精度的重要参数。

采样/保持器的工作全过程如图 2-36 所示。

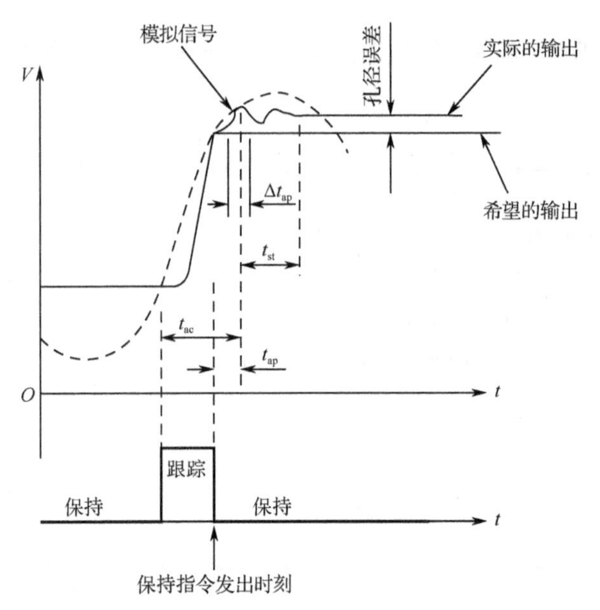

图 2-36 采样/保持器的工作全过程

（3）保持电压的下降率：保持状态要完成 A/D 转换的全过程，所以希望在 A/D 转换期间内，电压保持恒定。保持电容 C_h 通过 A_2 运算放大器的输入电阻引起保持电压下跌，不能维持恒定。其下跌的速率由下式计算：

$$\frac{\Delta U}{\Delta T}=\frac{I}{C_h} \tag{2-14}$$

式中，I 为放电电流，常称为旁路电流。I 与 A_2 的输入偏流及电容漏电流有关，要减小电压的下降率，应适当增加 C_h 值，但 C_h 的增加又会使采样时间增加，故在选 $\Delta U/\Delta T$ 和 C_h 时要权衡利弊。此外，在选 C_h 时应尽量选用漏电流小、吸附效应小（泄漏电阻大）的电容器。

在多通道的采样中，共用了一个 S/H 放大器输出的电压，要实现无交叉的最小采样间隔时间 $T_{s\min}$，由式（2-15）决定

$$T_{s\min}=(t_T+t_H+t_f)\geqslant(t_{ac}+t_{ap}+t_{onv}+t_f) \tag{2-15}$$

式中，t_T 为信号上升时间，t_H 为保持时间，t_f 为信号的下降时间，t_{onv} 为保持建立时间。当 $T_{s\min}$ 一定时，也就限制了采样频率的上限。为降低相邻通道间的影响，除适当降低采样速度外，还可在采样保持器的输入及输出端并联可控模拟开关，使在两路信号的间隔时间内开关导通，则采样器中存储电荷通过开关短路放电，这样可使放大器输出信号的后沿快速强制降到零电平，以加速放大器的恢复。若各路采用单独的采样/保持电路，可以降低交叉干扰的影响。

2.4.4 采样/保持器的选择

设置采样/保持器的原则如下。

A/D 转换器把模拟量转换成数字量需一定的转换时间，在这个转换时间内，被转换的模拟量应基本维持不变，否则转换精度没有保证，甚至失去转换的意义。

假设待转换信号为 $U_i=U_m\cos\omega t$

这一信号的最大变化率为

$$\left.\frac{dU_i}{dt}\right|_{max}=\omega U_m=2\pi f U_m \tag{2-16}$$

又假设信号的正负峰正好达到 A/D 的正负满量程，而 A/D 的位数（不含符号位）为 m，则 A/D 最低有效位 LSB 代表的量化电平为

$$q=\frac{U_{\mathrm{m}}}{2^m} \tag{2-17}$$

如果 A/D 的转换时间为 t_{c}，为保证 1LSB 的转换精度，在转换时间 t_{c} 内，被转换信号的最大变化量不应超过一个量化单位，即

$$2\pi f U_{\mathrm{m}} t_{\mathrm{c}} \leqslant q=\frac{U_{\mathrm{m}}}{2^m} \tag{2-18}$$

则不加采样/保持器时，待转换信号允许的最高频率为

$$f_{\max}=\frac{1}{2^{m+1}\pi t_{\mathrm{c}}} \tag{2-19}$$

一个 12 位的 A/D，$t_{\mathrm{c}}=25\mu\mathrm{s}$，用它来直接转换一个正弦信号要求精度优于 1LSB，则信号频率不超过 1.5Hz。由此可见，除了被测信号是直流电压或缓慢变化量，可以用 A/D 转换器直接转换不必在 A/D 转换器之前加设采样/保持器外，凡是频率不低于式（2-19）确定的 $f_{\max}$ 的被转换信号，都必须设置采样/保持器把采样幅值保持下来，以便 A/D 转换器在采样/保持器的保持期间把保持的采样幅值转换成相应的数码。

在 A/D 转换器之前设采样/保持器后，虽然再不会因 A/D 转换信号变化而出现误差，但是因采样转到保持状态需要一段的孔径时间 t_{ap} 使采样/保持电路实际保持信号的幅值并不是原来预期要保持的信号，两者之差成为孔径误差，最大孔径误差为

$$\Delta U_{\mathrm{o,max}}=2\pi f U_{\mathrm{m}} t_{\mathrm{ap}} \tag{2-20}$$

在数据采集系统中，若要求最大孔径误差不超过 q，则由此限定的被转换信号的最高频率为

$$f_{\max}=\frac{1}{2^{m+1}\pi t_{\mathrm{ap}}} \tag{2-21}$$

由于采样/保持器的孔径时间 t_{ap} 远远小于 A/D 的转换时间 t_{c}，因此限定的频率远远高于

$$f_{\max}=\frac{1}{2^{m+1}\pi t_{\mathrm{c}}} \tag{2-22}$$

这就说明在 A/D 转换器前加设采样/保持器后大大扩展了被测转换信号频率的允许范围。

2.5　A/D 转换器

在数据采集和过程控制中，被采集对象往往是连续变化的物理量（如温度、压力、声波等），由于计算机只能处理离散的数字量，需要将连续变化的物理量转换为数字量，这一操作过程就是 A/D 转换。

2.5.1　A/D 转换器的分类

A/D 转换器采样原理另类解读

1. 按分辨率分

- 二进制——4 位、6 位、8 位、10 位、14 位、16 位。
- BCD 码——$3\frac{1}{2}$ 位、$5\frac{1}{2}$ 位。

2. 按转换速度分

- 超高速——转换时间≤330ns
- 次超高速——转换时间≤330ns～3.3μs
- 高速——转换时间≤3.3～330μs
- 低速——转换时间≥330μs

3. 按转换原理分

- 直接 A/D 转换器——将模拟信号直接转换成数字信号。
- 间接 A/D 转换器——先将模拟量转换成中间量，然后再转换成数字量，如电压/时间转换型、电压/频率转换型、电压/脉宽转换型等。

2.5.2 A/D 转换器的性能指标

A/D 转换器的功能是把模拟量转换为数字量，其主要参数有：

（1）分辨率：指 A/D 转换器可转换成数字量的最小电压，反映 A/D 转换器对最小模拟输入值的敏感度。

分辨率通常用 A/D 的位数来表示，比如 8 位、10 位、12 位等。所以，A/D 转换器的输出数字量越多，其分辨率越高。例如，8 位 A/D 转换器满量程为 5V，则分辨率为 $5000\text{mV}/2^8 \approx 20\text{mV}$，也就是说当模拟电压小于 20mV 时，A/D 转换器就不能转换了。所以 n 位 A/D 转换器的分辨率一般表示式为

$$分辨率=V_{\text{ref}}/2^n \quad （单极性）$$

或

$$分辨率=(V_{+\text{ref}}-V_{-\text{ref}})/2^n \quad （双极性）$$

（2）转换时间：A/D 转换器完成一次转换所需的时间定义为 A/D 转换时间。转换时间与实现转换所采用的电路技术有关。采用同种电路技术的 A/D 转换器的转换时间与分辨率有关，分辨率越高，转换时间越长。

如果采集对象是动态连续信号，要求 $f_{采} \geqslant 2f$，也就是说必须在信号的一个周期内采集 2 个以上的数据，才能保证信号形态被还原（避免出现“假频”），这就是“最小采样”原理。若 $f_{信}=20\text{kHz}$，则 $f_{采} \geqslant 40\text{kHz}$，其转换时间要求≤25μs。

（3）精度：有绝对精度和相对精度。

绝对精度——一个给定的数字量的实际模拟量输入与理论模拟量输入之差。

相对精度——在整个转换范围内任一数字量所对应的模拟量实际值与理论值之差。通常也用最小有效位的分数表示。例如，对于一个 8 位 0～+5V 的 A/D 转换器，如果其相对误差为 1LSB，则其绝对误差为 19.5mV，相对误差为 0.39%。

（4）线性度：线性度有时又称为非线性度（Non Linearity），它是指转换器实际的输入/输出特性与理想的输入/输出特性的最大偏移量与满刻度输出之比。

与线性度误差直接关联的一个 A/D 转换的常用术语是失码（Missing Code）或跳码（Skipped Code），也叫作非单调性。所谓失码，就是有些数字码不可能在 A/D 转换器的输出端出现，即被丢失（或跳过）。

A/D 转换的线性度误差的来源及特性与转换器采用的电路技术有关，它们是难以用外电路加以补偿的。

（5）量程：指能够转换的电压的范围，有 0～5V、0～10V 等。

（6）转换误差：通常以输出误差的最大值形式给出，表示实际输出的数字量与理论上应该输出的数字量之间的差别，并以最低有效位的倍数表示。例如，转换误差<±1/2LSB，表示实际输出的数字量与理论应得到的输出数字量之间的误差小于最低有效位的半个字。转换误差综合地反映了在一定使用条件下总的偏差(不包含量化误差,因为量化误差是必然存在不可消除的)，是通常手册中给出的。但也有些厂家以分项误差形式给出。

（7）量化误差：在 A/D 转换中由于整量化产生的固有误差。量化误差在±1/2LSB（最低有效位）之间。

例如，一个 8 位的 A/D转换器，它把输入电压信号分成 2^8=256 层，若它的量程为 0～5V，那么，量化单位 q≈0.0195V=19.5mV。

q 正好是 A/D 输出的数字量中最低位 LSB=1 时所对应的电压值。因而，这个量化误差的绝对值是转换器的分辨率和满量程范围的函数。

2.5.3 A/D 转换器的选用

如何选择适合自己的 A/D 转换器

1. A/D 转换位数的确定

A/D 转换器的位数不仅决定采集电路所能转换的模拟电压动态范围，也在很大程度上影响采集电路的转换精度。因此，应根据对采集电路转换范围与转换精度两方面的要求选择 A/D 转换器的位数。

若需要转换成有效数码（除 0 以外）的模拟输入电压的最大值和最小值分别为 $U_{i,max}$ 和 $U_{i,min}$，A/D 转换器前放大器增益为 K_g，m 位 A/D 转换器满量程为 E，则应使

$$V_{i,min}K_g \geqslant \frac{E}{2^m}$$ （小信号不被量化噪声淹没）

$$V_{i,max}K_g \leqslant E$$ （大信号不使 A/D 转换器溢出）

所以，须使

$$\frac{V_{i,max}}{V_{i,min}} \leqslant 2^m$$

通常称量程范围上限与下限之比的分贝数为动态范围，即

$$L_1 = 20\lg\frac{V_{i,max}}{V_{i,min}} \tag{2-23}$$

若已知被测模拟电压动态范围为 L_1，则可按式（2-25）确定 A/D 转换器的位数 m，即

$$m \geqslant \frac{L_1}{6} \tag{2-24}$$

由于多路开关、采样/保持器、A/D 转换器组成的数据采集电路的总误差是这三个组成部分的分项误差的综合值，因此选择元器件精度的一般规则是：每个元器件的精度指标应优于系统精度的 10 倍左右。例如，要构成一个误差为 0.1%的数据采集系统，所用的 A/D 转换器、采样/保持器和模拟开关组件的线性误差都应小于 0.01%，A/D 转换器的量化误差也应小于 0.01%。已知 A/D 转换器的量化误差为±(1/2)LSB，即满度值的 $1/2^{m+1}$，因此可根据系统精度指标δ，按下式估算所需 A/D 转换器的位数 m：

$$\frac{10}{2^{m+1}} \leqslant \delta \tag{2-25}$$

2. A/D 转换速度的确定

用不同原理实现的 A/D 转换器转换时间是大不相同的。总的来说，积分型、电荷平衡型和跟踪比较型 A/D 转换器转换速度较慢，转换时间从几十毫秒到几毫秒不等。这种形式只能构成低速 A/D 转换器，一般适用于对温度、压力、流量等缓变参量的检测和控制。逐次比较型 A/D 转换器的转换时间可从几微秒到几百微秒不等，属中速 A/D 转换器，常用于工业多通道单片机检测系统和声频数字转换系统等。转换时间最短的高速 A/D 转换器是那些用双极型或 CMOS 工艺制成的全并行型、串并行型和电压转移函数型 A/D 转换器，转换时间仅 20～100ns。高速 A/D 转换器适用于雷达、数字通信、实时光谱分析、实时瞬态记录、视频数字转换系统等。

A/D 转换器不仅从启动转换到转换结束需要一段时间（即转换时间，记为 t_c），而且从转换结束到下一次再启动转换也需要一段休止时间（或称复位时间、恢复时间、准备时间等，记为 t_o）。这段时间除了使 A/D 转换器内部电路复原到转换前的状态外，最主要的是等待 CPU 读取 A/D 转换结果和再次发出启动转换的指令。对于一般的微处理机而言，通常需要几十微秒到几毫秒的时间才能完成 A/D 转换器转换以外的工作，如读数据、再启动、存数据、循环计数等。因此，A/D 转换器的转换速率 n（单位时间内所能完成的转换次数）应由转换时间 t_c 和休止时间 t_o 二者共同决定，即

$$n=\frac{1}{t_o+t_c}$$

转换速率的倒数称为转换周期，记为 $T_{A/D}$，即

$$T_{A/D}=t_o+t_c$$

若 A/D 转换器在一个采样周期 T_s 内依次完成 N 路模拟信号采样值的 A/D 转换，则

$$T_s=N\times T_{A/D} \tag{2-26}$$

对于集中采集式测试系统，N 即为模拟输入通道数；对于单路测试系统或分散采集测试系统，则 N=1。

若需要测量的模拟信号的最高频率为 f_{max}，则抗混叠低通滤波器截止频率 f_h 应选取为

$$f_h=f_{max}$$

由于 $f_h=\dfrac{1}{CT_s}=\dfrac{f_s}{C}$（其中 C 为设定的截频系数，一般 C>2），则

$$T_s=\frac{1}{Cf_{max}}=\frac{1}{Cf_h} \tag{2-27}$$

将式（2-26）代入式（2-27）得

$$T_{A/D}=\frac{1}{NCf_{max}}=t_o+t_c \tag{2-28}$$

大的高频（或高速）测试系统，应该采取以下措施：

（1）减小通道数 N，最好采用分散采集方式，即 N=1。

（2）减小截频系数 C，增大抗混叠低通滤波器的陡度。

（3）选用转换时间 t_c 短的 A/D 转换器芯片。

（4）将由 CPU 读取数据改为由存储器直接存取，以大大缩短休止时间 t_o。

3. 根据环境条件选择 A/D 转换器

对于工作温度、功耗、可靠性等级等性能参数，要根据环境条件来选择 A/D 转换器。

4. 选择 A/D 转换器的输出状态

根据微处理器接口特征，考虑如何选择 A/D 转换器的输出状态。例如，A/D 转换器是并行输出还是串行输出（串行输出便于远距离传输）；是二进制码还是 BCD 码输出（BCD）；是用外部时钟、内部时钟还是不用时钟；有无转换结束状态信号；有无三态输出缓冲器；有无与 TIL、CMOS 及 ECL 电路的兼容性等。

2.6 数据采集系统设计

2.6.1 数据采集系统的误差分析

数据采集系统直接影响到整机的测量精度、分辨率、输入阻抗、测量速度及抗干扰能力等重要指标。在总体设计中，应首先对各单元电路进行精度分析和误差分配，再根据上述指标确定各种主要集成电路（如 A/D 转换器等）的重要技术参数，合理地设计数据采集系统。数据采集系统的误差主要包括模拟电路误差、采样误差和 A/D 转换器的误差。

1. 采样误差

1）采样频率引起的误差

奈奎斯特采样定理指出：在对连续时间信号进行采样时，为保证采样不失真，应使得采样频率 f_s 不小于信号最高有效频率 f_H 的两倍。如果不满足奈奎斯特采样定理，将产生混叠误差。为了避免输入信号中杂散频率分量的影响，在采样预处理之前，用截止频率为 f_H 的低通滤波器，即抗混叠滤波器进行滤波。

另外，可以通过提高采样频率的方法消除混叠误差。在智能仪器或自动化系统中，如有可能，往往选取高于信号最高频率十倍甚至几十倍的采样频率。

2）系统的通过速率与采样误差

多路数据采集系统在工作过程中，需要不断地切换模拟开关，采样/保持器也交替地工作在采样和保持状态下，采样是个动态过程。

采样/保持器接收到采样命令后，保持电容从原来的状态跟踪新的输入信号，直到经过捕获时间 t_{ac} 后，输出电压才接近输入电压值。

控制器发出保持命令后，保持开关需要延时一段时间 t_{ap}（孔径时间）才能真正断开，这时保持电容才开始起保持作用。如果在孔径时间内输入信号发生变化，则产生孔径误差。只要信号变化速率不太快、孔径时间不太长、孔径误差一般可以忽略。采样/保持器进入保持状态后，需要经过保持建立时间 t_s，输出才能达到稳定。可见，发出采样命令后，必须延迟捕获时间 t_{ac} 再发保持命令，才可以使采样/保持器捕获到输入信号。发出保持命令后，经过孔径时间 t_{ap} 和保持建立时间 t_s 延迟后再进行 A/D 转换，可以消除由于信号不稳定引起的误差。

多路模拟开关的切换也需要时间，这一时间是本路模拟开关的接通时间 t_{on} 和前一路开关的断开时间 t_{off} 之和。如果采样过程不满足这个时间要求，就会产生误差。

另外，A/D 转换需要时间，即信号的转换时间 t_c 和数据输出时间 t_o。系统的通过速率的倒数为吞吐时间，它包括模拟开关切换时间（接通时间 t_{on} 和断开时间 t_{off}）、采样/保持器的捕获

时间 t_{ac}、孔径时间 t_{ap} 和保持建立时间 t_s、A/D 转换时间 t_c 和数据输出时间 t_o。

系统通过周期（吞吐时间）t_{TH} 可用下式表示：

$$t_{TH} = t_{on} + t_{off} + t_{ac} + t_{ap} + t_s + t_c + t_o \tag{2-29}$$

为了保证系统正常工作，消除系统在转换过程中的动态误差，模拟开关对 N 路信号顺序进行等速率切换时，采样周期至少为 Nt_{TH}，每通道的吞吐率为

$$f_{TH} \leqslant \frac{1}{Nt_{TH}} \tag{2-30}$$

如果使用重叠采样方式，在 A/D 转换器的转换和数据输出的同时，切换模拟开关采集下一路信号，则可提高每个通道的吞吐率。

设计数据采集系统及选择器件时，必须使器件的速度指标满足系统通过速率（吞吐时间）的要求，模拟开关、采样/保持器和 A/D 转换器的动态参数必须满足式（2-29），否则在数据采集的过程中，由于模拟开关的切换未完成，或者采样保持器的信号未稳定，或者 A/D 转换器的转换、数据输出未结束，从而造成采集、转换的数据误差很大。

如果使用数据采集系统芯片，特别要注意芯片的采样速率，这一指标已综合了数据采集系统各部分电路的动态参数。

2．模拟电路误差

1）模拟开关导通电阻 R_{on} 的误差

模拟开关存在一定的导通电阻，信号经过模拟开关会产生压降。模拟开关的负载一般是采样/保持器或放大器。显然，开关的导通电阻 R_{on} 越大，信号在开关上的压降越大，产生的误差也越大。另外，导通电阻的变化会使放大器或采样/保持器的输入信号波动，引起误差。误差的大小和开关负载的输入阻抗有关。一般模拟开关的导通电阻为 100～300Ω，放大器、采样/保持器的输入阻抗为 10^6～10^{12}kΩ，由导通电阻引起的误差为输入信号的 $1/(10^3$～$10^9)$左右，可以忽略不计。

如果负载的输入阻抗较低，为了减小误差，可以选择低阻开关，有的模拟开关的电阻小于 100Ω，如 MAX312～314 的导通电阻仅为 10Ω。

2）多路模拟开关泄漏电流 I_s 引起的误差

模拟开关断开时的泄漏电流 I_s 一般在 1nA 左右，当某一路接通时，其余各路均断开，它们的泄漏电流 I_s 都经过导通的开关和这一路的信号源流入参考地，在信号源的内阻上产生电压降，引起误差。例如，一个 8 路模拟开关泄漏电流 I_s 为 1nA，信号源内阻为 50Ω，断开的 7 路泄漏电流 I_s 在导通这一路的信号源内阻上产生的压降为

$$1 \times 10^{-9} \times 7 \times 50\text{V} = 0.35\mu\text{V}$$

可见，如果信号源的内阻小，泄漏电流影响不大，有时可以忽略。如果信号源内阻很大，而且信号源输出的信号电平较低，就需要考虑模拟开关的泄漏电流的影响。一般希望泄漏电流越小越好。

3．采样/保持器衰减率引起的误差

在保持阶段，保持电容的漏电流会使保持电压不断地衰减，衰减率为

$$\frac{\mathrm{d}U}{\mathrm{d}t}=\frac{I_{\mathrm{D}}}{C_{\mathrm{h}}} \tag{2-31}$$

式中　I_{D}——流入保持电容 C_{h} 的总泄漏电流；

C_{h}——保持电容容值。

4. 放大器的误差

数据采集系统往往需要使用放大器对信号进行放大并归一化。如果数据采集系统采用分散式，则给每路设置一个放大器，将信号放大后再传输。如果采用集中式，且不要求同步采样，多路信号可共用一个程控放大器。由于多路信号幅值的差异可能很大，为了充分发挥 A/D 转换器的分辨率，又不使其过载，可以针对不同信号的幅度，调节程控放大器的增益，使加到 A/D 转换器输入端的模拟电压幅值满足 $U_{\mathrm{FS}}/2 \leqslant U_{\mathrm{i}} \leqslant U_{\mathrm{FS}}$（$U_{\mathrm{FS}}$ 表示 A/D 转换器允许输入的最大模拟电压幅值）。

放大器是系统的主要误差源之一，其中放大器的非线性误差、增益误差、零位误差等，在计算系统误差时必须把它们考虑进去。

5. A/D 转换器的误差

1）A/D 转换器的静态误差

量化误差：由 A/D 转换器的有限分辨率产生的数字输出量与等效模拟输入量之间的偏差。对于一个 N 位 A/D 转换器，连续模拟信号被量化为 2^N 个模拟量，具有最低有效位（Least Significant Bit，LSB）的不确定性，使量化误差最大达到 1LSB。

失调误差：又称为零点误差，是指 A/D 转换器在零输入时的输出数码值。

增益误差：指 A/D 转换器的实际传输特性曲线斜率与理想传输特性曲线斜率之间的偏差。

非线性误差：指 A/D 转换器的实际传输特性曲线与平均传输特性曲线之间的最大偏差。

A/D 转换器的误差 $\varepsilon_{\mathrm{ADC}}$ 为上述各主要误差分量的组合。对于不同的元器件及不同的使用环境，其数值是不一样的。在工程应用上，取 $\varepsilon_{\mathrm{ADC}}$=（2～3）LSB 是比较合理的。

2）A/D 转换器的速度对误差的影响

A/D 转换器的速度用转换时间来表示。在数据采集系统的通过速率（吞吐时间）中，A/D 转换器的转换时间占有相当大的比重。选用 A/D 转换器时必须考虑到转换时间是否满足系统通过率的要求，否则会产生较大的采样误差。

6. 数据采集系统误差的计算

在分析数据采集系统的误差时，必须对各部分电路进行仔细分析，找出主要矛盾，忽略次要的因素，分别计算各部分的相对误差，然后进行误差综合。如果误差项在五项以上，按均方根形式综合为宜；如果误差项在五项以下，则按绝对值和的方式综合为宜。

按均方根形式综合误差的表达式为

$$\varepsilon=\sqrt{\varepsilon_{\mathrm{MUX}}^2+\varepsilon_{\mathrm{AMP}}^2+\varepsilon_{\mathrm{SH}}^2+\varepsilon_{\mathrm{ADC}}^2} \tag{2-32}$$

按绝对值和方式综合误差的表达式为

$$\varepsilon=(|\varepsilon_{\mathrm{MUX}}|+|\varepsilon_{\mathrm{AMP}}|+|\varepsilon_{\mathrm{SH}}|+|\varepsilon_{\mathrm{ADC}}|) \tag{2-33}$$

式中　$\varepsilon_{\mathrm{MUX}}$——多路模拟开关的误差；

$\varepsilon_{\mathrm{AMP}}$——放大器的误差；

ε_{SH}——采样/保持器的误差；

ε_{ADC}——A/D 转换器的误差。

2.6.2 数据采集系统的误差分配实例

1. 方案选择

鉴于温度的变化一般很缓慢，故可以选择多通道共享采样/保持器和 A/D 转换器的通道结构方案，温度传感器及信号放大电路的结构方案如图 2-37 所示。

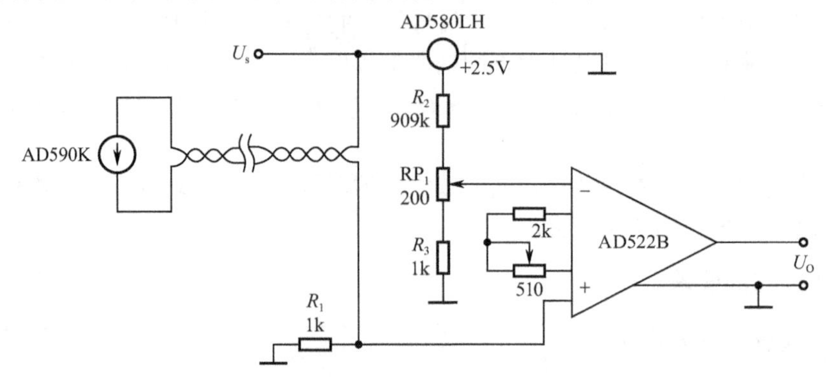

图 2-37 温度传感器及信号放大电路的结构方案

2. 误差分配

由于传感器和信号放大电路是整个通道总误差的主要部分，故将总误差的 90%（即±0.9℃的误差）分配至该部分。该部分的相对误差为 0.9%，数据采集、转换部分和其他环节的相对误差为 0.1%。

3. 初选元器件与误差估算

1）传感器的选择与误差估算

由于是远距离测量，且测量范围不大，故选择电流输出型集成温度传感器 AD590K。由技术手册可查出：

（1）AD590K 的线性误差为 0.20℃。

（2）AD590K 的电源抑制误差：当 $+5V \leqslant U_s \leqslant +15V$ 时，AD590K 的电源抑制系数为 0.2℃/V。现设供电电压为 10V，U_s 的变化为 0.1%，则由此引起的误差为 0.02℃。

（3）电流电压变换电阻的温度系数引入的误差：AD590K 的电流输出传至采集系统放大电路，需先经电阻变为电压信号。电阻值为 1kΩ，该电阻误差选为 0.1%，电阻温度系数为 10×10^{-6}/℃，AD590K 的灵敏度为 1μA/℃，在 0℃时的输出电流为 273.2μA。所以，当环境温度变化 15℃时，它所产生的最大误差电压（当所测量温度为 100℃时）为

$$(273.2\times10^{-6})\times(10\times10^{-6})\times15\times10^{3}\,\text{V}=4.0\times10^{-5}\,\text{V}=0.04\text{mV}$$

相当于 0.4℃。

2）信号放大电路的误差估算

AD590K 的电流输出经电阻转换成最大量程为 100mV 的电压，而 AD590K 的满量程输入电压为 10V，故需加一级放大电路，现选用仪用放大电路 AD522B，在放大器输入端加一偏置

电路。将传感器AD590K在0℃时的输出值273.2mV进行偏移，以使0℃时的输出电压为零。为此，尚需一个偏置电源和一个分压网络，由AD580LH以及R_2、RP_1、R_3构成的电路如图2-37所示。偏置后，100℃时AD522B的输出信号为10V，显然放大器的增益为100。

（1）参考电源的温度系数引起的误差：AD580LH用来产生273.2mV的偏置电压，其电压温度系数为25×10^{-6}/℃，当温度变化±15℃时，偏置电压出现的误差为

$$(273.2\times10^{-3})\times(25\times10^{-6})\times15\text{V}=1.0\times10^{-4}\text{V}=0.1\text{mV}$$

相当于0.1℃。

（2）电阻电压引入的误差：电阻R_2和R_3的温度系数为$\pm10\times10^{-6}$/℃，±15℃温度变化引起的偏置电压的变化为

$$(273.2\times10^{-3})\times(10\times10^{-6})\times15\text{V}=4.0\times10^{-5}\text{V}=0.04\text{mV}$$

相当于0.04℃。

（3）仪用放大器AD522B的共模误差：其增益为100，此时的共模抑制比的最小值为100dB，共模电压为273.2mV，故产生的共模误差为

$$(273.2\times10^{-3})\times10^{-5}\text{V}=2.7\times10^{-6}\text{V}=2.7\mu\text{V}$$

该误差可以忽略。

（4）AD522B的失调电压温漂引起的误差：它的失调电压温度系数为±2μV/℃，输出失调电压温度系数为±25μV/℃，折合到输入端，总的失调电压温度系数为±2.5μV/℃。温度变化为±15℃时，输入端出现的失调漂移为

$$(2.5\times10^{-6})\times15\text{V}=3\times10^{-5}\text{V}=0.03\text{mV}$$

相当于0.03℃。

（5）AD522B的增益温度系数产生的误差：它的增益为1000时的最大温度系数等于$\pm25\times10^{-6}$/℃，增益为100时，温度系数要小于这一数值，如仍取这一数值，且设所用增益电阻温度系数为$\pm10\times10^{-6}$/℃，则最大温度增益误差（环境温度变化为±15℃）为

$$(25+10)\times10^{-6}\times15\times100=0.05$$

在100℃时，该误差折合到放大器输入端为0.05mV，相当于0.05℃。

（6）AD522B线性误差：其非线性在增益为100时近似等于0.002%，输出10V摆动范围产生的线性误差为

$$10\times0.002\%\text{V}=2\times10^{-4}\text{V}=0.2\text{mV}$$

相当于0.2℃。

现按绝对值和的方式进行误差综合，则传感器、信号放大电路的总误差为

$$(0.20+0.02+0.04+0.10+0.04+0.03+0.05+0.20)℃=0.68℃$$

若用方根和综合方式，这两部分的总误差为

$$\sqrt{0.2^2+0.02^2+0.04^2+0.1^2+0.04^2+0.03^2+0.05^2+0.2^2}℃=0.31℃$$

估算结果表明，传感器和信号放大电路部分满足误差分配的要求。

3）A/D转换器、采样/保持器和多路开关的误差估算

因为分配给该部分的总误差不能大于0.1%，所以A/D转换器、采样/保持器、多路开关的线性误差一般应小于0.01%。为了能正确地做出误差估算，需要了解这部分器件的技术特性。

（1）A/D转换器为AD5420BD，其有关技术特性如下：

线性误差为0.012%（FSR）；微分线性误差为±0.5LSB；增益温度系数（max）为$\pm25\times10^{-6}$/℃；

失调温度系数（max）为$\pm7\times10^{-6}$/℃；电压灵敏度在±15V 时为±0.004%，在±5V 时为±0.001%；输入模拟电压范围为±10V；转换时间为 5μs。

A/D 转换器的误差估算：线性误差为±0.012%；量化误差为$\pm1/2^{13}\times100\%\approx0.012\%$；滤波器的混叠误差取为 0.01%。采样/保持器和 A/D 转换器的增益和失调误差，均可通过零点和增益调整来消除。

按绝对值和的方式进行误差综合，系统总误差为混叠误差、采样/保持的线性误差及 A/D 转换器的线性误差与量化误差之和，即

$$\pm(0.01+0.01+0.012+0.012)\%=\pm0.044\%$$

按均方根形式综合，总误差为

$$\pm(\sqrt{2\times0.01^2+2\times0.012^2})\%=\pm0.022\%$$

（2）采样/保持器为 ADSHC-85，其有关技术特性如下：

增益非线性为±0.01%；增益误差为±0.01%；增益温度系数为$\pm10\times10^{-6}$/℃；输入失调温度系数为±100μV/℃；输入电阻为 $10^{11}\Omega$；电源抑制为 200μA/V；输入偏置电流为 0.5nA；捕获时间（10V 阶跃输入、输出为输入值的 0.01%）为 4.5μs；保持状态稳定时间为 0.5μs；衰变速率（max）为 0.5mV/ms；衰变速率随温度的变化为温度每升高 10℃，衰变数值加倍。

采样/保持器的线性误差为±0.01%。输入偏置电流在开关导通电阻和信号源内阻上所产生的压降为

$$(300+10)\times0.5\times10^{-9}\,\text{V}=1.6\times10^{-7}\,\text{V}=0.16\mu\text{V}$$

可以忽略。

（3）多路开关为 AD7501 或 AD7503，其主要技术特性如下：

导通电阻为 300Ω；输出截止漏电流为 10nA（在整个工作温度范围内不超过 250nA）。

常温（25℃）下的误差估算：常温下的误差估算包括多路开关误差、采集器误差和 A/D 转换器误差的估算。

多路开关误差估算：设信号源内阻为 10Ω，则 8 个开关截止漏电流在信号源内阻上的压降为

$$10\times10^{-9}\times8\text{V}=8\times10^{-8}\,\text{V}=0.08\mu\text{V}$$

可以忽略。

开关导通电阻和采样/保持器输入电阻的比值，决定了开关导通电阻上输入信号压降所占的比例，即

$$\frac{300}{10^{11}}=3\times10^{-9}$$

可以忽略。

4）工作温度变化引起的误差

（1）采样/保持器的漂移误差：

失调漂移误差为$\pm100\times10^{-6}\times15=\pm1.5\times10^{-3}$V；相对误差为$\pm(1.5\times10^{-3})/10=0.015\%$；增益漂移误差为$\pm10\times10^{-6}\times15=0.015\%$。±15V 电源电压变化所产生的失调误差（设电源电压变化为 1%）为

$$200\times10^{-6}\times15\times1\%\times2\text{V}=6\times10^{-5}\,\text{V}=60\mu\text{V}$$

可以忽略。

（2）A/D 转换器的漂移误差：

增益漂移误差为$(\pm25\times10^{-6})\times15\times100\%=\pm0.037\%$；

失调漂移误差为$(\pm7\times10^{-6})\times15\times100\%=\pm0.010\%$；

电源电压变化的失调误差（包括±15V 和+5V 的影响）为$\pm(0.004\times2+0.001)\%=\pm0.009\%$。

按绝对值和的方式综合，工作温度范围内系统的总误差为

$$\pm(0.015+0.015+0.037+0.010+0.009)\%=\pm0.086\%$$

按均方根方式综合，系统总误差则为

$$\pm(\sqrt{2\times0.015^2+0.037^2+0.010^2+0.009^2})\%=\pm0.045\%$$

习题

1．智能仪器的数据采集系统实现的功能是什么？

2．典型的智能仪器的数据采集系统由哪些基本部分组成？每部分的作用是什么？

3．智能仪器的数据采集电路中为什么要对采样/保持器进行设计？

4．仪用放大器、隔离放大器和程控增益放大器的特点是什么？都适用于什么样的场合？

5．智能仪器数据采集系统中，选择 A/D 转换器应该考虑哪些因素？怎样选择？

6．智能仪器数据采集系统中，采样/保持器选择有哪些原则可以遵循？

7．采样误差由哪些因素引起？模拟电路中的误差由哪些因素引起？

8．已知一个系统中有 8 路模拟量输入（交变信号，f=100Hz），电压范围为 0～10V，转换时间小于 50μs，分辨率为 5mV（满量程的 0.05%），通道误差小于 0.1%。请对该数据采集中的 A/D 转换器、多路开关和采样/保持器进行选择和设计。

9．设计一个温度采集系统，被测温度范围为 0～500℃，被测点为 4 个，要求测控的温度分辨率为 0.5℃，每 2s 测量一次。请问：系统可选用哪种类型的温度传感器？选择哪种 A/D 转换器？需不需要设计采样/保持器？并说明每个器件选择的具体原因。

10．一个温湿度检测系统，要求测量精度为±1℃和±3%相对误差，每 10min 采集一次数据，应选择哪一种 A/D 转换器和通道设计方案？

第3章

智能仪器输出通道

本章知识点：

- 输出通道信号的种类
- 模拟量输出通道的组成及结构
- D/A 转换器接口及应用
- 开关量输出隔离
- 开关量输出驱动

基本要求：

- 了解智能仪器输出通道信号种类
- 掌握智能仪器 D/A 的接口设计方法
- 掌握智能仪器开关量输出隔离和驱动电路的设计方法

能力培养目标：

通过本章的学习，使学生具有设计智能仪器输出通道的基本能力。通过信号转换电路设计、输出信号隔离电路设计、信号驱动电路设计等过程的训练，培养学生的动手能力、工程实践能力、创新意识和创新能力。

智能仪器是一个测控系统，它不仅要解决信息的获取、信息的传输和信息的处理问题，而且要将处理后的信息传送给执行机构。例如，当智能温度控制仪检测到被测物体温度与设定温度产生偏差后，会自动启动执行机构（继电器、晶闸管、固态继电器等）工作，进行加热或降温处理。

将智能仪器处理后的数字信号用于控制执行机构时，还需要考虑输出信号的形式。实际的工程应用中，根据不同的受控对象和具体要求，信号输出可以有多种，如模拟量、开关量、数字量等。例如，某款智能温度控制仪的技术参数中关于输出信号的设置如下。

控制输出：继电器常开触点，AC 250V/3A
逻辑电平，驱动单相或三相固态继电器
晶闸管过零触发，驱动单相晶闸管
模拟信号：4～20mA，0～10V

报警输出：继电器常开触点，AC 250V/3A

变送输出：4～20mA，0～10V 等

那么，这些输出信号都有什么含义？每种信号有哪些适用条件？智能仪器与执行装置之间的接口应该如何设计以实现信号转换、参数匹配及功率放大等功能？本章将介绍智能仪器输出通道的信号种类、模拟量输出及 D/A 转换、开关量输出等相关知识。

3.1　输出通道的信号种类

开关量、数字量和模拟量

智能仪器的信号输出可分为模拟量输出信号、开关量输出信号和数字量输出信号。

3.1.1　模拟量输出信号

模拟量输出信号是最常见的输出信号方式，根据不同的要求可以是直流电流或直流电压的输出。

1. 直流电流信号

当智能仪器的输出模拟信号需要传输较远的距离时，一般采用电流信号。因为电流信号抗干扰能力强，信号线电阻不会导致信号的损失。当智能仪器与常规仪器相配合组成显示或控制系统时，各个单元之间的信号应规范化。标准直流电流信号分为两种，一种是 4～20mA（负载电阻 250～750Ω），另一种是 0～10mA（负载电阻 0～3000Ω）。在采用 4～20mA 的信号标准时，零毫安值表示信号电路或供电故障。

2. 直流电压信号

当智能仪器输出的模拟信号需要传输给多个其他仪器时，智能仪器的输出一般都采用直流电压信号，且多个接收信号的设备互相并联起来以获得同样的信号。为了避免导线电阻形成压降而使信号改变，接收设备的输入阻抗必须足够高。但过高的输入阻抗很容易引入电场耦合干扰。所以直流电压信号一般只适用于传输距离较近的场合。

此外，对于采用 4～20mA 直流电流信号的系统，只需采用 250Ω 电阻就可将其变换为 1～5V 的直流电压信号。所以 1～5V 直流电压信号是常用的模拟信号形式之一。在采用 1～5V 信号标准时，1V 以下的电压值表示信号电路或供电故障。

由于容易判别断线和电源故障，直流 4～20mA 电流信号及 1～5V 电压信号受到国际的推荐和普遍的采用。

3.1.2　开关量输出信号

开关量实质上是一种二值型的输出量，即表征“开”与“关”，或者“是”与“非”等两种状态。智能仪器系统中的开关量输出信号具有以下几种基本的表现形式。

1. 开关量控制

某些被控对象的自动控制采用位式执行机构或开关式器件，它们的动作是由开关信号控制的，如各种按键、电磁阀、电磁离合器、继电器或接触器、双向晶闸管等，它们只有“开”和“关”两种工作状态，可以表示为二进制的“1”和“0”。因此，利用一位二进制数的输出就可以控制这些开关式器件的运行状态。

用于控制的开关信号的电气接口形式又分为有源和无源两类。无源是指智能仪器只提供输出电路的通、断状态，负载电源由外电路提供。例如，智能仪器控制继电器线圈的得电或失电时，继电器的触点本身只是一个无源的开关，是由用户安排的。有源的开关量输出信号往往表示为电平的高低或电流的有无，由智能仪器为负载提供全部或部分的电源。

有源和无源各有利弊，无源的开关量输出容易实现智能仪器与执行机构之间的电路隔离，两者既不共用电源也不共用接地，这有利于克服地电位差及电磁场干扰的不利影响。有源的开关量输出，根据输出电压或电流的实际数值，智能仪器就有可能判断出负载断线等故障。

2. 越限报警

将被测参数的数值与人为预先设定的参考值进行比较，比较的结果以开关量的形式输出，就可以驱动声光报警装置来实现越限报警，或者输出给控制设备采取措施。例如，锅炉水位测量值低于设定的低限值时，必须立即报警或启动供水泵进水。

3. 反映智能仪器本身的工作状态

智能仪器的工作状态，如“投入”或“后备”状态、“自动”或“手动”状态、“正常”或“故障”状态等，都可以用开关量输出信号来表征，使操作人员及时了解智能仪器本身的工作状态。

3.1.3 数字量输出信号

数字量的输出方式是计算机控制系统中重要的信号输出形式。数字量输出信号分为串行和并行两种。串行输出用于较远距离的数据传输和信息交换，例如，智能仪器与上位计算机之间的通信多为串行输出。并行方式传输速度快，但所需导线条数多，只适合于较短距离的传输，如智能仪器与周围的其他智能设备之间的数据交换。

数字量的输出与数字量的输入共同构成数据通信，是智能仪器必不可少的信息传递形式，这一内容将在第 5 章中进行介绍。

3.2 模拟量输出及 D/A 转换

模拟量输出通道是智能仪器的数据分配系统，其任务是把 CPU 处理后的数字量转换成模拟量（即连续变化的电流或电压），实现智能仪器这一重要功能的主要器件是 D/A 转换器。对模拟量输出通道的要求，除了可靠性高、满足一定的精度要求外，输出还必须具有保持的功能，以保证被控制对象可靠地工作。

3.2.1 模拟量输出通道的组成及结构形式

1. 单路模拟量输出通道的组成

一般来说，单通道模拟量输出通道有 D/A 转换器、多路模拟开关、采样/保持器等组成部分。单路模拟量输出通道组成框图如图 3-1 所示。

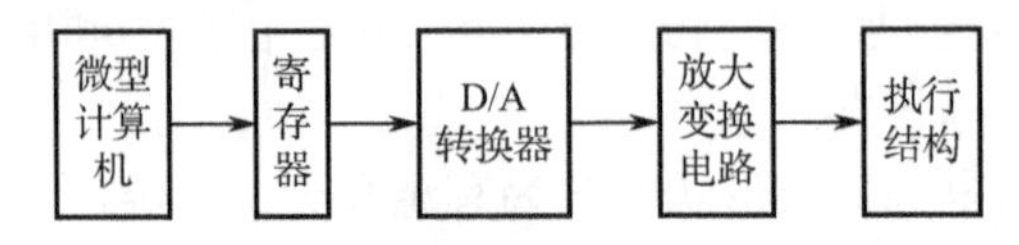

图 3-1 单路模拟量输出通道组成框图

寄存器用于保存计算机输出的数字量。D/A 转换器用于将计算机输出的数字量转换为模拟量。D/A 转换器输出的模拟量信号往往无法直接驱动执行机构，需要放大/变换电路进行适当的放大或变换。

2. 多路模拟量输出通道的结构形式

多路模拟量输出通道的结构形式主要取决于输出保持器的构成方式。输出保持器的作用主要是在新的控制信号到来之前，使本次控制信号维持不变。保持器一般有数字保持方案和模拟保持方案两种，这就决定了模拟量输出通道的两种基本结构形式。

1）一个通路设置一个 D/A 转换器的形式

如图 3-2 所示，微处理器和通路之间通过独立的接口缓冲器传送信息，这是一种数字保持的方案。它的优点是转换速度快，工作可靠，即使某一路 D/A 转换器有故障，也不会影响其他通路的工作。缺点是使用了较多的 D/A 转换器。但随着大规模集成电路技术的发展，这个缺点正在逐步得到克服，这种方案较易实现。

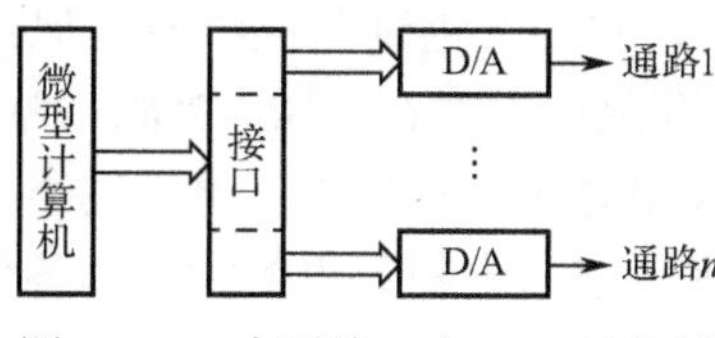

图 3-2　一个通路一个 D/A 转换器

2）多个通路共用一个 D/A 转换器的形式

如图 3-3 所示，因为共用一个 D/A 转换器，故它必须在 CPU 控制下分时工作，依次把 D/A 转换器转换成的模拟电压（或电流），通过多路模拟开关传送给采样/保持器。这种结构形式的优点是节省了 D/A 转换器，但因为分时工作，只适用于通路数量多且速率要求不高的场合。它还要用多路模拟开关，且要求输出采样/保持器的保持时间与采样时间之比较大。这种方案工作可靠性较差。

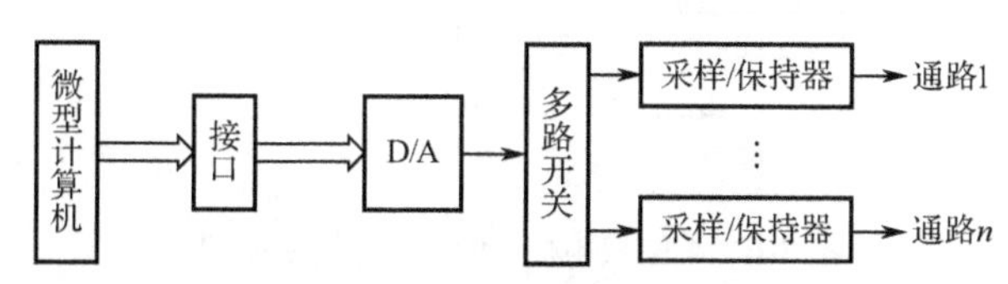

图 3-3　共用 D/A 转换器

模拟量输出通道不论采用哪一种结构形式，都要解决 D/A 转换器与微处理器的接口问题。

3.2.2　D/A 转换器及接口

1. D/A 转换器的工作原理

D/A 转换器的基本功能是将数字量转换为与其大小成正比的模拟量。D/A 转换器是将输入的二进制数字信号转换成模拟信号，以电压（或电流）的形式输出。一般常用的线性 D/A 转换器，其输出的模拟电压 V 和数字量 D 成正比关系。D/A 转换示意图如图 3-4 所示。

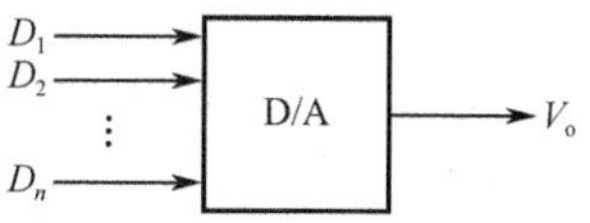

图 3-4　D/A 转换示意图

$$V_o(i_o) = k\sum_{i=0}^{n-1} D_i 2^i \qquad (3\text{-}1)$$

式中，$0 \leqslant D \leqslant 1$，$i = 0,1,2,\cdots,n-1$；$k$ 为比例系数。可见，输出模拟电压（或模拟电流）与输入

数字量成正比关系。

为完成这种转换功能，D/A 转换器要有如下几个组成部分：基准电压（电流）、模拟二进制数的位切换开关、产生二进制权电流（电压）的精密电阻网络和提供电流（电压）相加输出的运算放大器，目前基本都已集成于一块芯片上。D/A 转换器内部结构示意图如图 3-5 所示。

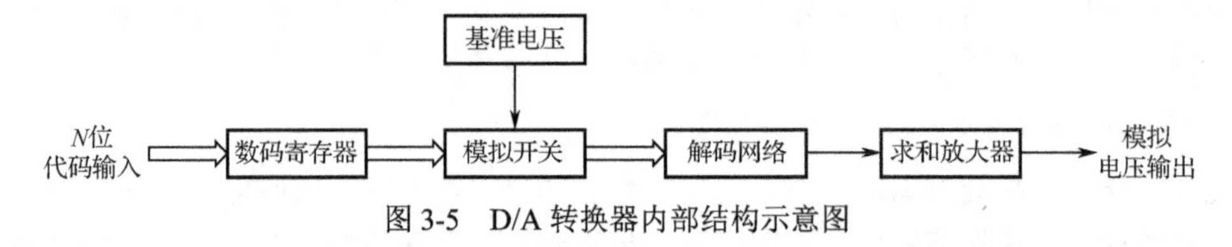

图 3-5　D/A 转换器内部结构示意图

为了便于接口，有些 D/A 芯片内还含有锁存器。D/A 转换器的组成原理有多种，采用最多的是 *R*-2*R* 梯形网络 D/A 转换器，如图 3-6 所示为 4 位权电阻 D/A 转换器的原理图。基准电压为 *E*，S_1～S_4为晶体管位切换开关，它受二进制各位状态控制。当相应的二进制位为“0”时，开关接地；为“1”时，开关接基准电压。2^0R、2^1R、2^2R、2^3R 为二进制权电阻网络，它们的电阻值与相应的二进制数每位的权相对应，权越大，电阻越小，以保证一定权的数字信号产生相应的模拟电流。运算放大器的虚地按二进制数权的大小和各位开关的状态对电流求和，然后转换成相应的输出电压 *U*。

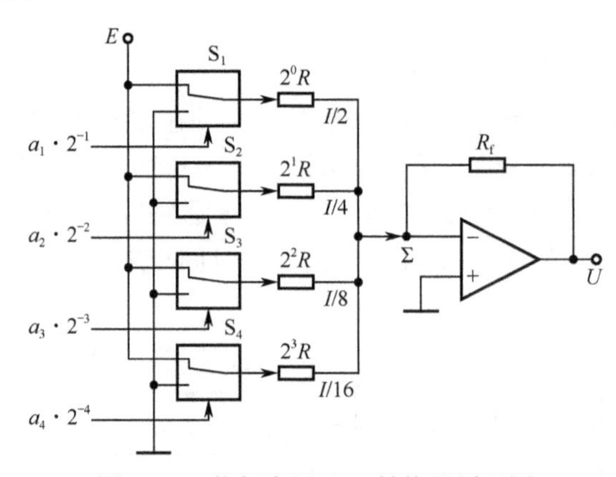

图 3-6　4 位权电阻 D/A 转换器原理图

设输入数字量为 *D*，采用定点二进制小数编码时，*D* 可以表示为

$$D = a_1 \cdot 2^{-1} + a_2 \cdot 2^{-2} + \cdots + a_n \cdot 2^{-n} = \sum_{i=1}^{n} a_i \cdot 2^{-i} \tag{3-2}$$

式中，a_i 可以是 0 或 1，根据 *D* 的数值而定；*n* 为正整数。当 a_i 为“1”时，开关接标准电源 *E*，相应支路产生的电流 $I_i = E/R = 2^{-i} \cdot I$；当 a_i 为“0”时，开关接地，相应支路中没有电流

$$I_i = I \cdot a_i \cdot 2^{-i}$$

这里

$$I = 2 \cdot E / R$$

运算放大器输出的模拟电压

$$\begin{aligned} u &= -\sum_{i=1}^{n} I_i \cdot R_\mathrm{f} = -I \cdot R_\mathrm{f} \cdot (a_1 \cdot 2^{-1} + a_2 \cdot 2^{-2} + \cdots + a_n \cdot 2^{-n}) \\ &= -2E \cdot \frac{R_\mathrm{f}}{R}(a_1 \cdot 2^{-1} + a_2 \cdot 2^{-2} + \cdots + a_n \cdot 2^{-n}) \end{aligned} \tag{3-3}$$

可见，由于 D/A 转换器的输出电压正比于输入的数字量，从而实现了数字到模拟的转换，但这种权电阻网络中的电阻值各不相同，当位数越多时，电阻差异就越大，这是很大的缺点。

单片集成的 D/A 转换器多采用电流相加型的 R-2R 双电阻网络。图 3-7 示出了 4 位 R-2R 电阻网络电流相加型 D/A 转换器原理图。

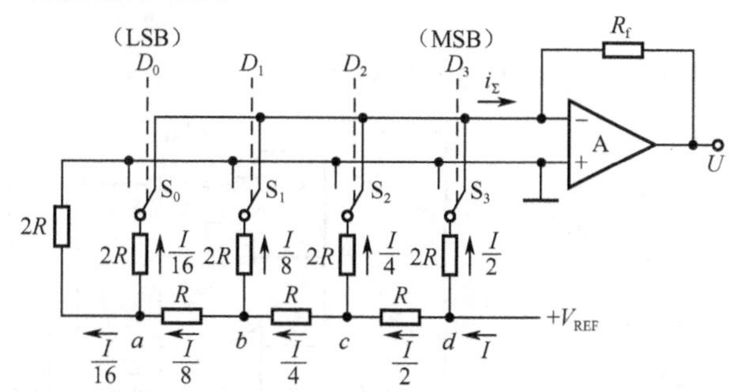

图 3-7　4 位 R-2R 电阻网络电流相加型 D/A 转换器原理图

图 3-7 中晶体管位切换开关 S_0～S_3 在运算放大器电流求和点虚地与地之间进行切换，切换时开关端点的电压几乎没有变化，切换的是电流，从而提高了开关速度。位切换开关 S_0～S_3 受相应的二进制代码控制，码位为“1”时，开关接运算放大器虚地；码位为“0”时，开关接地，所以 2R 支路上端的电位相同。因此，各 2R 支路下端 a、b、c、d 诸点的电压是按 1/2 系数进行分配的，相应各支路的电流也按 1/2 系数进行分配。这种网络的特点是：任何一个节点向左看的二端等效电阻都是 R。因此，流过每个 2R 的电流都从高位到低位按 2 的整数倍递减。设基准电压为 V_{REF}，则总电流为 $I=V_{REF}/R$，流过各开关支路（从右向左）的电流分别为 $I/2$、$I/4$、$I/8$ 和 $I/16$。

于是得到各支路总电流

$$I_\Sigma=\frac{V_{REF}}{R}\left(\frac{D_0}{2^4}+\frac{D_1}{2^3}+\frac{D_2}{2^2}+\frac{D_3}{2^1}\right)=\frac{V_{REF}}{2^4\times R}\sum_{i=0}^{3}D_i\cdot 2^i$$

输出电压为

$$V_o=-i_\Sigma R_f=-\frac{R_f}{R}\cdot\frac{V_{REF}}{2^4}\sum_{i=0}^{3}D_i\cdot 2^i \tag{3-4}$$

对于图 3-7 中输入的每个二进制数，均能在其输出端得到与之成正比的模拟电压。

当增加电阻网络位数时，只增加低位量化的次数。所以对 n 位 D/A 转换器而言，其输出电压

$$V_o=-\frac{R_f}{R}\frac{V_{REF}}{2^n}\sum_{i=0}^{n-1}D_i\cdot 2^i \tag{3-5}$$

R-2R 倒 T 型电阻网络 D/A 转换器的优点是电阻种类少，只有 R、2R 两种。电路电流直接流入运算放大器的输入端，它们之间不存在传输上的时间差，提高了转换速度，减少了输出端可能出现的尖峰脉冲。

2. D/A 转换器输入、输出形式

D/A 转换器的数字量输入端有三种情况：不含数据锁存器；含单个数据锁存器；含双数据锁存器。如果 D/A 转换器的输入端无数据锁存器，则为了维持 D/A 转换输出的稳定，在与 CPU 接口时，要另加上数据锁存器。在应用多个 D/A 转换器进行转换的场合，使用具有双数据锁存器的 D/A 转换器芯片是较为方便的。

D/A 转换器的输出有单极性和双极性之分，前两种输出电路的连接示意图如图 3-8 所示。其中，单极性和双极性输出、输入关系式分别用下式表示（式中 n 为 D/A 转换器数字量的位数，D 为输入数字量）：

单极性
$$U_{\text{out}} = -\frac{D}{2^n} \cdot V_{\text{REF}}$$

双极性
$$U_{\text{out}} = -2U_1 - V_{\text{REF}}$$

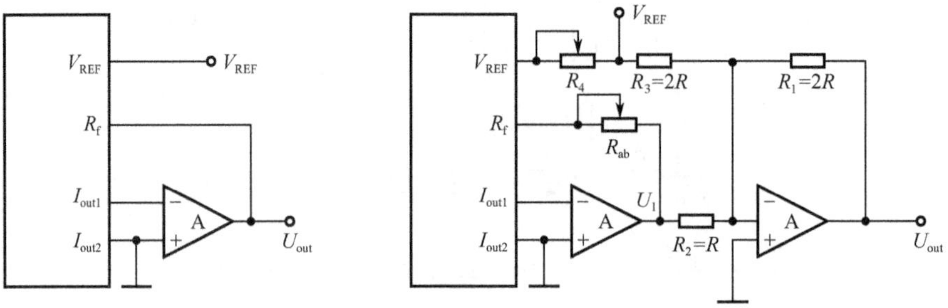

（a）单极性输出　　（b）双极性输出

图 3-8　D/A 转换器输出电路示意图

电压输出型 D/A 转换器均为单极性输出方式。对于电流输出型 D/A 转换器，需要外接一个运算放大器作为电流-电压变换电路，此时输出也为单极性输出。从图 3-8 中可以看到，输出电压的极性是由参考电压 V_{REF} 的极性决定的，当运算放大器为反相放大器时，输出电压的极性与参考电压的极性相反。

双极性输出方式是在单极性输出的基础上加上一个运算放大器所构成的。单极性输出的最低有效位 1 LSB=$V_{\text{REF}}/2^n$，双极性输出的最低有效位 1 LSB=$V_{\text{REF}}/2^{n-1}$。可见单极性输出比双极性输出在灵敏度上要高一倍。

3．D/A 转换器的主要技术指标

1）分辨率

分辨率是指输入数字量最低有效位为 1 时，对应输出可分辨的电压变化量ΔV 与最大输出电压 V_{m}之比：

$$分辨率 = \frac{\Delta V}{V_{\text{m}}} = \frac{1}{2^n - 1} \tag{3-6}$$

分辨率说明了 D/A 转换器对输入信号的分辨能力。分辨率越高，转换时对输入量的微小变化的反应越灵敏。分辨率与输入数字量的位数有关，n 越大，分辨率越高。

2）转换误差

转换误差是D/A转换器输入端加上给定的数字代码时所测得的模拟输出值与理想输出值之间的差值。有绝对误差表示法和相对误差表示法两种表示法。

绝对误差表示法：实际值对理论值之间的最大差值，通常用最小输出值 LSB 的倍数表示。例如，转换误差为 0.5LSB，表明输出信号的实际值和理论值之间的最大差值不超过最小输出值的一半。

相对误差表示法：绝对误差与 D/A 转换器满量程输出值 FSR 的比值，以 FSR 的百分比来表示。例如，转换误差为 0.02%FSR，表示输出信号的实际值与理论值之间的最大差值是满量

程输出的 0.02%。

由于 D/A 转换器中各元件参数的偏差，基准电压的波动和运放的零点漂移都可以影响 D/A 的转换精度。转换误差产生的主要原因有以下几个方面。

非线性误差：是指一种没有一定变化规律的误差，它既不是常数也不与输入数字量成比例，通常用偏离理想转换特性的最大值来表示。这种误差使得 D/A 转换器理想的线性转换特性变为非线性，如图 3-9 所示。造成这种误差的原因很多，如模拟开关的导通电阻和导通压降不可能绝对为零，而且各个模拟开关的导通电阻也未必相同；再如，电阻网络中的电阻阻值存在偏差，各个电阻支路的电阻偏差以及对输出电压的影响也不一定相同，这些都会导致模拟电压的非线性误差。

比例系数误差：是指由于 D/A 转换器实际比例系数与理想的比例系数之间存在的偏差，而引起的输出模拟信号的误差，也称为增益误差或斜率误差，如图 3-10 所示。这种误差使得 D/A 转换器的每一个模拟输出值与相应的理论输出值相差同一百分比，即输入的数字量越大，输出模拟信号的误差也就越大。根据以上几种 D/A 转换器电路的分析可知，参考电压 V_{REF} 的波动和运算放大器的闭环增益偏离理论值是引起这种误差的主要原因。

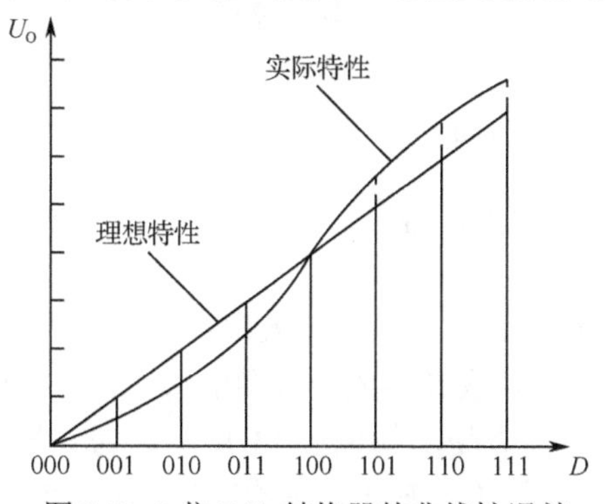

图 3-9　3 位 D/A 转换器的非线性误差

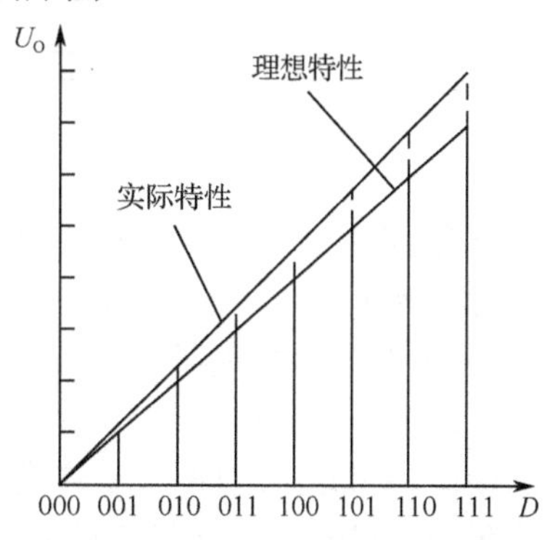

图 3-10　3 位 D/A 转换器的比例系数误差

零点误差或平移误差：它是指当输入数字量的所有位都为 0 时，D/A 转换器的输出电压与理想情况下的输出电压（应为 0）之差。造成这种误差的原因是运算放大器的零点漂移，它与输入的数字量无关。这种误差使得 D/A 转换器实际的转换特性曲线相对于理想的转换特性曲线发生了平移（向上或向下），如图 3-11 所示。

从数字信号输入 D/A 转换器起，到输出电流（或电压）达到稳定值所需的时间称为建立时间。建立时间的大小决定了转换速度的快慢。目前 10～12 位单片集成 D/A 转换器（不包括运放）的建立时间可以在 1μs 以内。

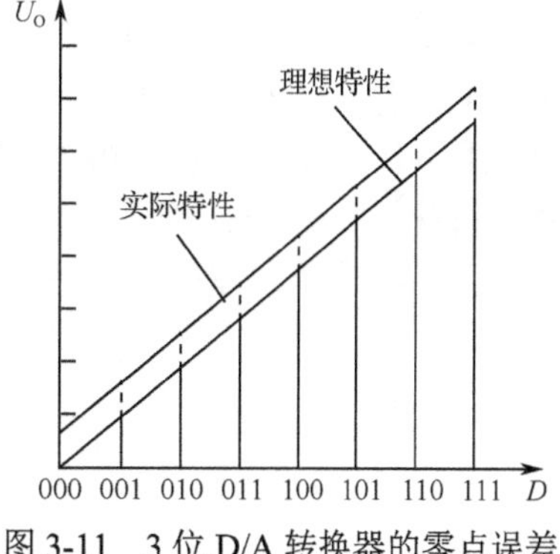

图 3-11　3 位 D/A 转换器的零点误差

4. D/A 转换器与微机的接口

在智能仪器设计中，必须解决好 CPU 与 D/A 转换器的接口电路问题。常用的接口元件有：D 触发器、单稳态触发器、译码器、选择器、多路模拟开关、锁存器、三态缓冲器等。

D/A 转换器与 CPU 的接口电路有两种基本形式，一种是通过 I/O 接口（输入/输出接口或锁存器）与 CPU 的数据总线相连；另一种是与数据总线直接连接。采用哪一种接口电路主要取决于 D/A 转换器芯片内部是否设置了数据锁存器。对于内部已有锁存器的芯片，可采用直接连接，也可用并行接口或锁存器连接，应用较灵活。

1）8 位 D/A 转换器与 CPU 的接口

DAC0832 是一个具有两级数据缓冲器的 8 位 D/A 芯片（20 个引脚）。这种芯片适用于系统中多个模拟量同时输出的系统，它可以与各种微处理器直接接口。其内部还有 *R*-2*R* 梯形电阻解码网络，实现 D/A 转换。DAC0832 的功能框图如图 3-12 所示。

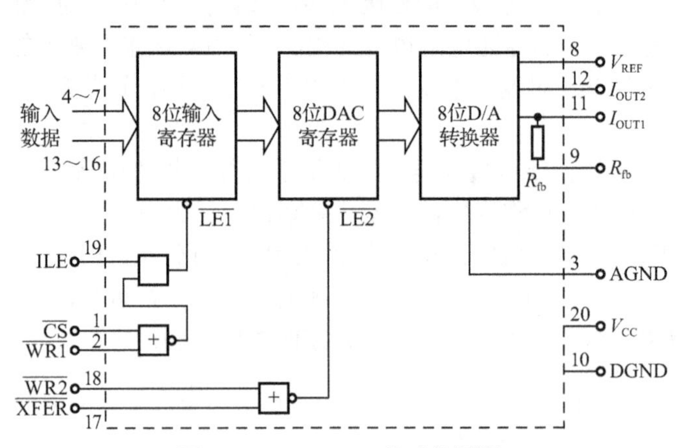

图 3-12　DAC0832 的功能框图

DAC0832 的主要特性为：输入电平与 TTL 兼容，基准电压 V_{REF} 工作范围为-10～+10V，电流稳定时间为 1μs，功耗为 20mW，电源电压 V_{CC} 范围为+5～+15V。

DAC0832 在与微处理器接口时，可以采用双缓冲方式（即两级输入锁存方式），也可以采用单缓冲方式（即只用一级输入锁存，另一级始终直通），或者接成全直通的形式，再外加锁存器与微机接口，因此，这种 D/A 转换器的使用非常灵活方便。如图 3-13 所示，为其与单片机连接成单缓冲方式的接口电路。它主要应用于只有一路模拟量输出，或有几路模拟量输出但不需要同步的场合。在这种接口方式下，二级寄存器的控制信号并接，即将 $\overline{WR_1}$ 与 $\overline{WR_2}$ 同时与 AT89S52 单片机的 $\overline{WR}$ 端口相接，$\overline{CS}$ 和 $\overline{XFER}$ 相连接到 $P_{2.0}$，使 DAC0832 作为单片机的一个外部 I/O 装置，口地址为#0FEFFH。这样，单片机对它进行一次写操作，输入数据便在控制信号的作用下，直接打入 DAC0832 内部的 DAC 寄存器中，并由 D/A 转换成输出电压。其相应的程序段如下：

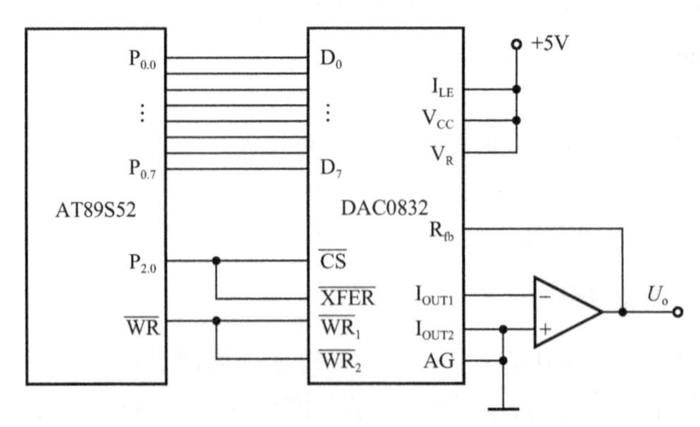

图 3-13　DAC0832 与单片机的接口电路

```
…
MOV    DPTR，#0FEFFH                ；给出 DAC0832 的地址
```

```
MOV    A，#DATA              ；欲输出的数据装入 A
MOVX   @DPTR，A              ；数据装入 DAC0832 并启动 D/A 转换
```

2）12 位 D/A 转换器与微机的接口

与 A/D 转换器一样，在数据输出中为了提高精度，也会用到 10 位、12 位、16 位等高精度的 D/A 转换器。下面以 DAC1208 系列为例，说明 12 位 D/A 转换器的原理及接口技术。

DAC1208 系列是与 12 位微处理器相兼容的双缓冲乘法 D/A 转换器，包括 DAC1208、DAC1209、DAC1210 等各种型号的产品。DAC1208 系列带有两级缓冲器，第一级缓冲器由高 8 位输入寄存器和低 4 位输入寄存器构成；第二级缓冲器即 12 位 DAC 寄存器。此外，还有一个 12 位的 D/A 转换器。

DAC1208 控制信号与 DAC0832 极其相似，所不同的是增加了一个字节控制信号端 $BYTE_1/\overline{BYTE_2}$。当此控制信号端的输入为高电平时，12 位数字量同时送入输入寄存器；而当此端输入为低电平时，只将 12 位数字中的低 4 位送到对应的 4 位输入寄存器。其他控制信号 $\overline{CS}$、$\overline{WR_2}$ 及 $\overline{XFER}$ 与 DAC0832 的用法类似。DAC1208 与单片机的接口电路如图 3-14 所示。

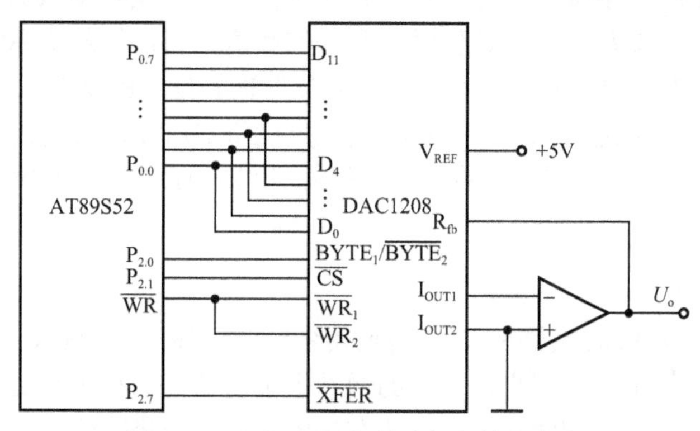

图 3-14　DAC1208 与单片机的接口电路

从图 3-14 中可以知道，该片 DAC1208 的口地址为#0FDFFH。对这 12 位数据的分时传送顺序是这样的：先将高 8 位和低 4 位的数据分别送入 DAC1208 的两个输入寄存器中，再将 12 位数据同时送入 DAC 寄存器。

假设有一个 12 位的待转换的数据存放单元分别是 DATA 和 DATA+1，存放顺序为：（DATA）存放高 8 位数据，（DATA+1）的低半字节存放低 4 位数据，则把这个数据送往 D/A 转换器的程序段为：

```
…
MOV    DPTR，#0FDFFH
MOV    A，#DATA1
MOVX   @DPTR，A              ；输出高 8 位数据
DEC    DPH                   ；（DPTR）=#0FCEEH
MOV    A，#DATA+1
MOVX   @DPTR，A              ；输出低 4 位数据
MOV    DPTR，#7FFFH
MOVX   @DPTR，A              ；将 12 位数据同时送达 DAC 寄存器
```

5. D/A 转换器的选择

1）确定线性度

通常用非线性误差的大小来表示 D/A 转换器的线性度，而非线性误差等于理想输入/输出特性的偏差与满刻度输出之比的百分数，比如 AD7541 的线性度（非线性误差）≤±0.02%FSR。

2）确定转换精度

转换精度以最大的静态转换误差的形式给出。这个转换误差应该包含非线性误差、比例系数误差及漂移误差等综合误差。但是有的 D/A 转换器技术手册只给出个别误差，而不是给出综合误差。需要注意的是，精度和分辨率是两个不同的概念。精度是指转换后所得的实际值对于理想值的接近程度，而分辨率是指能够对转换结果发生影响的最小输入量，对于分辨率很高的 D/A 转换器不一定有较高的精度。

3）确定建立时间

对于一个理想的 D/A 转换器，其数字输入信号从一个二进制数变成另一个二进制数时，其输出模拟信号电压应该立即从原来的数值跳变到新的数值上来，但是实际的 DAC 内部因为有电容、电感等结构而引起器件响应的延迟。所谓建立时间，指的就是 D/A 转换器的数字输入信号进行满刻度变化时，其输出模拟信号电压达到满刻度值±1/2LSB 时所需要的时间。不同型的 D/A 转换器建立时间不同，一般从几纳秒到几微秒。比如 AD7541，其输出达到与满刻度值差 0.01%时建立时间≤1μs。

4）按参数条件选择

世界上一些主要的 A/D 转换器和 D/A 转换器生产商，如 AD、NS、TI 等都有相当数量器件型号供开发时选择。为了方便用户，它们的网站上都有器件的技术手册、应用介绍等文档供参考。有的厂商网站还有参数搜索功能，只要在搜索参数中选择或输入相应的参数，单击“搜索”按钮，就可以得到符合用户搜索条件的产品。

3.2.3 D/A 转换器的应用

1. 波形发生器

D/A 转换器的模拟电压或电流输出值取决于 D/A 转换器的输入数字量的大小，即模拟输出信号的变化可以用程序控制的方法不断地给 D/A 转换器输入不同的数字量来实现。数字波形合成是 D/A 转换器的典型应用之一。

利用 D/A 转换器可以完成诸如三角波、梯形波、正弦波等任意波形的合成。下面以锯齿波和正弦波的合成为例，简要说明数字波合成原理的典型电路。

1）锯齿波的合成

CRT 中电子束的扫描、模拟式双坐标记录仪的控制等，都会用到锯齿波电压。采用图 3-13 所示的 DAC0832 与单片机的单缓冲接口电路，可以非常方便地得到图 3-15 所示的波形，而且波形的各项参数又是能通过软件中的参数修改来实现的。

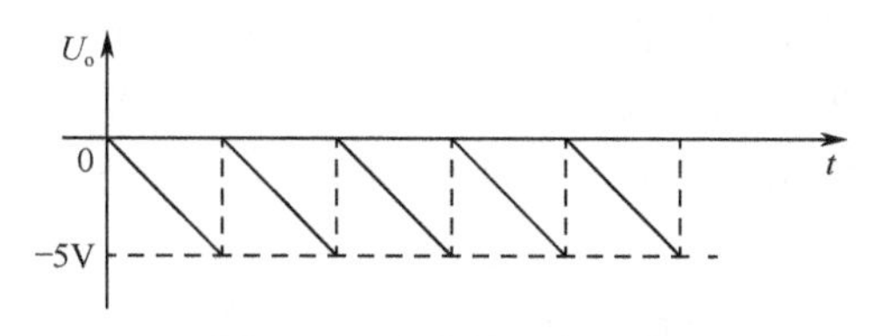

图 3-15　合成的锯齿波形

完成图中锯齿波输出的程序如下：

```
        MOV     DPTR，#0FEFFH           ；DAC0832 的口地址
        MOV     A，#00H
LOOP1： MOVX    @DPTR，A
        INC     A                       ；数码增 1
        MOV     R0，#DATA               ；延时参数
LOOP2： DJNZ    R0，LOOP2               ；延时
        SJMP    LOOP1                   ；循环
        END
```

程序执行后，放大器的输出信号在一个周期内，从 0 到最大输出电压（2^8=256 级台阶）连续变化，宏观上看到的是线性增长的锯齿波形。程序中延时参数的改变可以调整输出波形的斜率及周期。

2）正弦波的合成

在实际的工程应用中，常常需要任意时间函数波形的输出。通常可以采用先存储数据，形成编码表，然后顺序输出的方式来实现。实践证明，利用 D/A 转换器实现数字波形的合成，要比运算法速度快，而且对波形曲线的形状修改也较灵活、简单。

对于无偏置的正弦波，首先要解决正负电压的输出问题。可以采用双极性输出的电路来获得正负电压的输出，图 3-16 所示为 DAC0832 双极性输出接口电路。

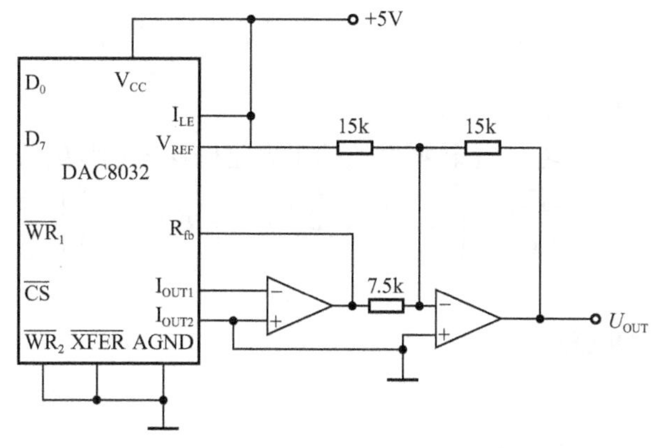

图 3-16　DAC0832 双极性输出接口电路

制作编码表时，可将波形的一个周期分成 N 个点，然后计算出对应于各个点的数字值，形成 N 个连续的数值编入程序中，并存入 N 个连续的地址单元中。实际计算可以利用正弦波的对称性，使计算得以简化，即先计算出 0°～90° 的 $N/4$ 个离散的值，因对称关系就可以复制出 90°～180° 区间的值，而 180°～360° 区间的值可由 0°～180° 区间各数值求补来生成。

结合图 3-16 所示的电路，将正弦信号一个周期分成 256 份，即最小间隔约为 1.4°。D/A

转换器满量程输入（FFH）时对应的是波峰，曲线过零点时对应的 D/A 转换器输入为 80H，而正弦波谷底对应的输入为 00H。上述几个位置的点是整个波形的特征点，在此基础上分别计算出其他点所对应的输入值。当循环地输出编码表中的数值到 D/A 转换器时，就可以在其输出端得到正弦波。

2. 数字可编程的电压源和电流源

将 D/A 转换器与运放相结合，可以为电压源或电流源实现精密的数字设定。数字设定可用拨盘开关，也可以在微处理器控制下自动实现。

电压输出的 D/A 转换器本身就是数字控制电压源。输出电流正比于 D/A 转换器的参考电压和数字输入/输出端的二进制数码乘积，选择 D/A 转换器中输出运算放大器的反馈电阻，就可以确定输出电压的大小。要获得双极性电压源，可以将 D/A 转换器的输出偏移满量程的一半，原理如图 3-17 所示。

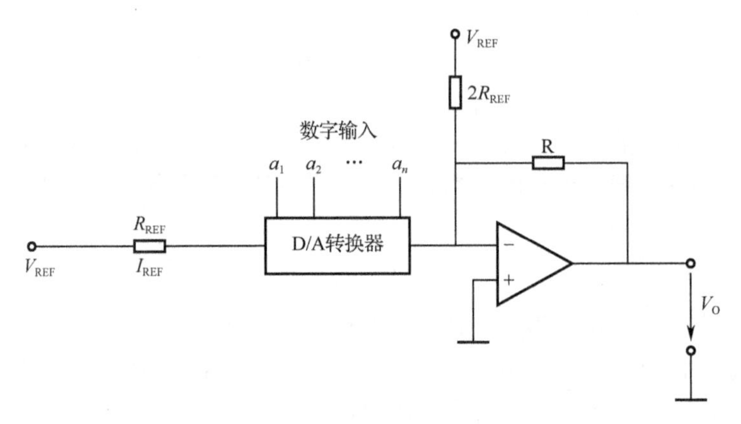

图 3-17 数字可编程的电压源和电流源

对于单极性电压输出，输出电压幅度由下式决定：

$$V_o = \frac{V_{REF}}{R_{REF}} R(a_1 2^{-1} + a_2 2^{-2} + \cdots + a_n 2^{-n})$$

此处数字码值 a_i 为“0”或“1”。

对于双极性电压输出，可将 D/A 转换器的输出电压偏移满量程的一半，此时

$$V_o = \frac{V_{REF}}{R_{REF}} R\left[(a_1 2^{-1} + a_2 2^{-2} + \cdots + a_n 2^{-n}) - \frac{1}{2}\right]$$

3.3 开关量输出

开关信号的电气接口形式可能是多种多样的，如 TTL 电平、非 TTL 电平、开关或继电器的触点信号。某些情况下，输出信号还必须具备大功率的驱动能力。智能仪器开关量输出通道一般都采取如图 3-18 所示的结构。

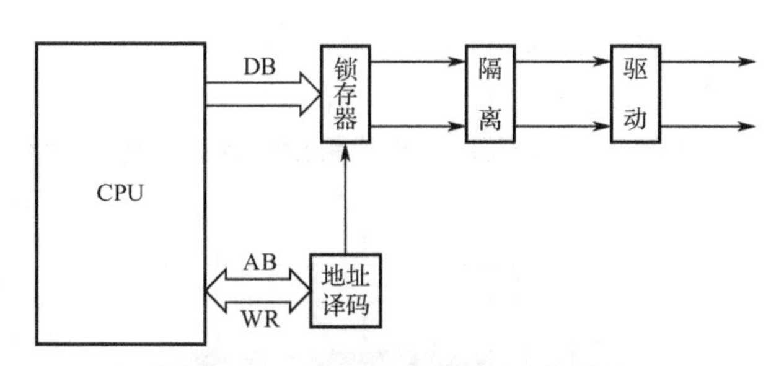

图 3-18　开关量输出通道的一般结构

3.3.1　开关量输出隔离

在工业现场，执行机构与智能仪器之间有可能相距较远，两处的接地点之间往往存在较大的地电位差。例如，在没有统一接地设施的工厂车间内及不同车间之间，这个地电位差可能达到几伏至几十伏。如果没有输出隔离电路，这样高的电压就可能直接施加在连接智能仪器到执行机构之间的电路上，造成较大的地电流回路，从而导致误动作或器件的损坏。此外，长距离的电气连线与大地之间也形成了一个面积很大的感应回路，这个回路对外界电磁场干扰是很敏感的，如果没有隔离电路，外界电磁场的变化就会在回路中感应出感生电流，造成各种不利的影响。执行机构一般具有独立的电源，这个电源系统有可能是直流的，也有可能是交流的，电压数值也千变万化。例如，控制电动机启停的接触器线圈往往使用 220V 或 380V 的交流电源，如果不加隔离地直接驱动，在意外情况下执行机构电源也有可能串入其他电路中，造成严重的损坏或故障。继电器和光电耦合器件是常用的开关量输出隔离器件。

1. 继电器隔离

1）继电器工作原理

继电器是一种电控制器件，是当输入量的变化达到规定要求时，在电气输出电路中使被控量发生预定的阶跃变换的电器。它具有控制系统（又称输入回路）和被控制系统（又称输出回路）之间的互动关系。

在控制电路中，它实际上是用较小的电流去控制大电流的一种“自动开关”，如图 3-19 所示。继电器的线圈和触点间没有电气上的联系，因此，可利用继电器的线圈接收电气信号，利用触点发送和输出信号，从而隔离强电和弱电信号之间的直接接触，实现抗干扰隔离。

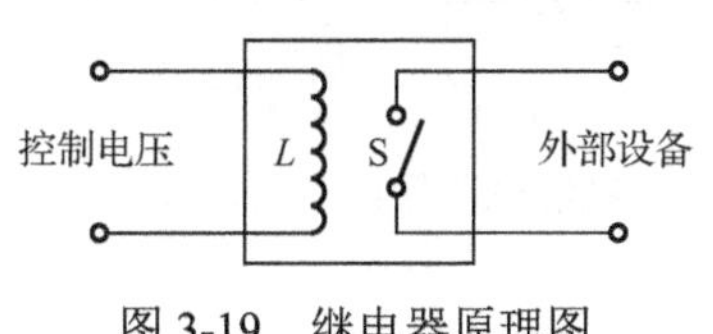

图 3-19　继电器原理图

继电器的作用有哪些？

2）电磁继电器工作原理

电磁继电器是利用输入电路内电磁铁铁芯与衔铁间产生的吸力作用而工作的一种电气继电器，是一种由小电流的通断来控制大电流通断的常用开关控制器件。

如图 3-20 所示，电磁继电器一般由铁芯、线圈、衔铁、触点、簧片等组成。它是利用改变金属触点位置而使动触点与定触点闭合或分开的，所以具有接触电阻小、流过电流大、耐压高等优点，适用于用小电流（小电压）控制大电流的场合。

当电磁铁线圈两端加上一定的电压时，线圈中就会通过一定数值的电流，从而产生电磁效应，产生的电磁吸力大于簧片的反作用力，衔铁动作，使输出回路中的常开触点闭合，常闭触点打开。当通过线圈的电流小于释放电流时，簧片将衔铁弹回，输出回路各触点恢复原态。

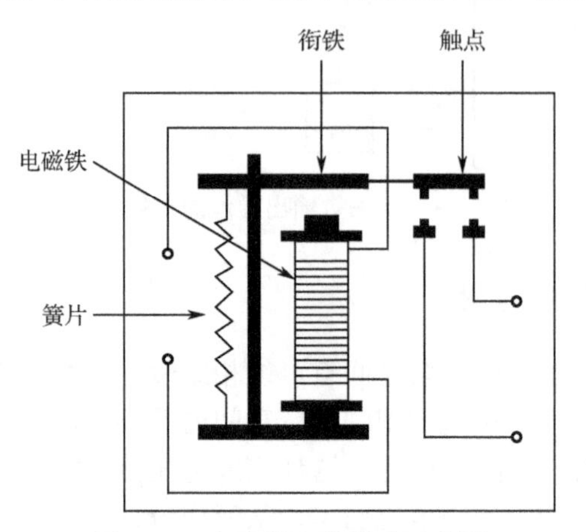

图 3-20 电磁继电器组成示意图

你的压敏电阻都用对了吗？

3）电磁继电器的保护电路

电磁继电器线圈的驱动电源可能是直流的，也可能是交流的，输出触点的电流、电压等也有很多种规格，作为产品有相应的规范。当输出回路包含有感性负载而且导通电流较大时，在触点断开的瞬间有可能在触点间造成高压电弧，烧坏触点或降低触点寿命。为了防止这种情况发生，如果负载电源是直流的，可以在触点间并联续流二极管，如图 3-21（a）所示；如果负载电源是交流的，可以在触点间并联压敏电阻，如图 3-21（b）所示。压敏电阻在正常情况下相当于断路，而当其两端电压超过导通阈值时，压敏电阻阻值下降，从而构成一个续流通路，避免了高压电弧的产生；若感性负载的工作电压为交流电压，在触点间并联阻容电路，如图 3-21（c）所示。图中阻容支路与继电器触点并联，在触点断开时，通过开关的电流由阻容支路分流，减缓了负载中电流的变化，使负载产生的感应电动势变小，有利于继电器触点分断。

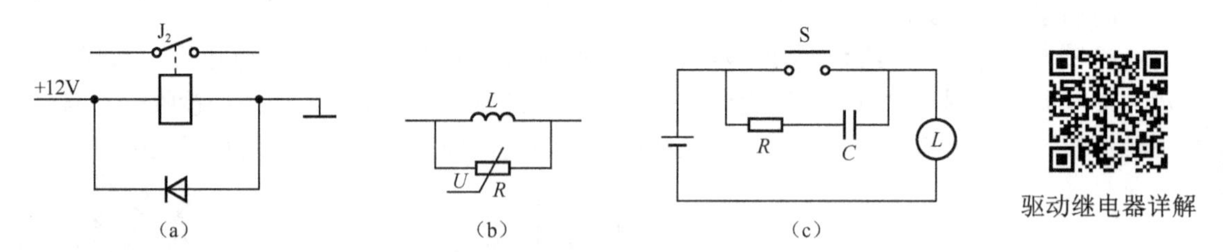

图 3-21 电磁继电器保护电路

4）电磁继电器的隔离电路

电磁继电器的线圈和触点可以使用各自独立的电源，两者之间互相绝缘，耐压可达千伏以上。电磁继电器触点对外电路的极性无要求，负载电源可用直流或交流。一个电磁线圈可以带动多组常开、常闭触点，它们之间相互绝缘，这些都有利于外电路的灵活设计。而且，它还有很大的电流放大作用。因此，电磁继电器是一种很好的开关量输出隔离及驱动器件。控制系统采用的可编程序控制器的开关量输出大都设有继电器输出。

5）电磁继电器的主要技术参数

（1）线圈电源和功率：确定继电器线圈电源是直流还是交流，以及线圈消耗的额定功率。一般用于电子控制系统的继电器线圈常用直流型的电源。

（2）额定工作电压或电流：继电器正常工作时，线圈需要的电压或者电流值。同一类型的继电器通常有不同的额定工作电压和工作电流。

（3）线圈电阻：线圈的电阻值，利用该值和额定工作电压就可以知道额定工作电流，反之亦然。

（4）吸合电压或电流：使继电器产生吸合动作的最小电压或电流，其值一般为额定电压或电流值的75%。

（5）释放电压或电流：继电器线圈两端的电压减小到一定数值时，继电器就从吸合状态转到释放状态，释放电压或电流是指产生释放动作的临界电压或电流，其值往往比吸合电压或电流小得多。

（6）接点负荷：继电器接点的负载能力，即接点允许的最大承受电压和电流。当继电器工作时，其负载电压和电流不应超过此指标。

6）电磁继电器选用的基本原则

（1）继电器额定工作电压的选择。其值应等于或小于继电器线圈控制电路的电压。在继电器驱动时还要考虑其额定电流是否在所设计的驱动电路输出电流的范围之内，必要时可以增加一级驱动。

（2）接点负荷的选择。根据电路所需驱动的外设选择适当的负荷，主要从被驱动设备的工作电压的类型、大小和工作电流的大小来考虑。

（3）接点数量的选择。继电器的接点类型有单刀单掷、单刀双掷、双刀单掷、双刀双掷等，可根据需要选择，以充分利用各组节点，简化控制线路。

2. 光电耦合器隔离

1）光电耦合器的工作原理

光电耦合器是以光为媒介传输信号的集成化器件，典型的光电耦合器由封装在同一个管壳内的发光二极管和光敏三极管组成，如图3-22所示。

当V_i为低电平时，流过发光二极管的电流为零，光敏三极管截止，V_o输出高电平；当V_i为高电平时，电流I_i经R_1流经发光二极管使其发光，光敏三极管因光信号作用而饱和导通，V_o输出为低电平，所以光电耦合器兼有反相及电平转换的作用。R_1为限流电阻，其阻值决定了发光二极管的导通电流I_i，I_i一般选为数毫安。R_2的取值要保证V_o输出的高、低电平要求。

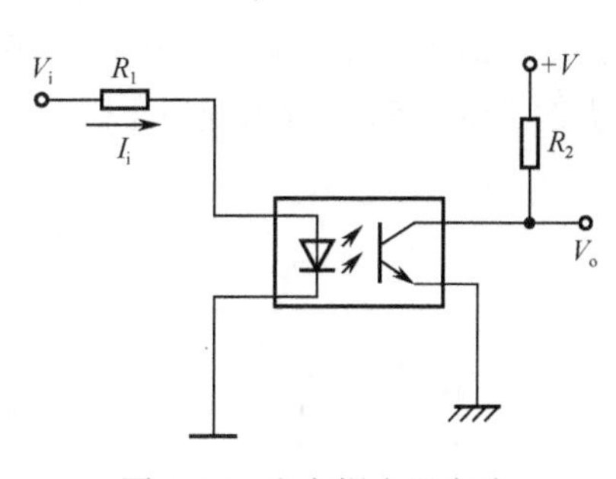

图3-22 光电耦合器电路

2）光电耦合器的主要参数

（1）导通电流和截止电流：当发光二极管通以一定电流时，光电隔离器输出端处于导通状态，该电流称为导通电流；通过发光二极管的电流小于某一电流值时，光电隔离器输出端处于截止状态，该电流称为截止电流。

（2）数据传输速率：不失真地传输开关量信号的最高速率，通常以 Kbps 或 Mbps 表示。

（3）电流传输比（CRT）：集电极输出电流 I_C 与发光二极管输入电流之比，常用百分比表示。这是光电耦合器的一个重要参数。当 V_i 为高电平时，须使 $R_2 > V/(I_1 \times \mathrm{CTR})$，才能保证 V_o 为低电平。如果 R_2 选得太大，则 V_o 带动电流负载的能力将被减弱。此外，光敏三极管的暗电流也可能对 V_o 的输出电压造成不利的影响。在实际电路参数选择时，应结合多方面的因素来确定。

（4）输出端工作电流：当光电耦合器处于导通状态时，允许通过光敏三极管的最大电流。该值表示了光电隔离器的驱动能力。

（5）输出端暗电流：当光电耦合器处于截止状态时，通过光敏三极管的电流。这个电流越小越好。

（6）输入/输出压降：分别指发光二极管和光敏三极管导通时的管压降。设计电路时，要注意这种压降造成的影响。

（7）隔离电压：表示光电隔离器对输入、输出端之间电压的隔离能力。

3）光电耦合器隔离电路

光电耦合器的输出信号与输入信号（包括电源、地线）在电气上完全隔离，抗干扰能力强，隔离电压可达千伏以上；光电耦合器无触点，耐冲击，寿命长，可靠性高；其响应速度快，易与逻辑电路配合。因此，采用光电隔离技术是开关量输入/输出中最有效、最常用的措施，常常用于解决智能仪器的测量、控制部分与其他独立设备之间的接口，以实现完全的电气隔离。

3.3.2 开关量输出驱动

开关量和数字量输出驱动电路有多种类型，其主要类型有以下几种。

1. 直流负载驱动电路

小功率直流负载主要有发光二极管、LED 数码显示器、小功率继电器和晶闸管等器件，要求提供 5～40mA 的驱动电流。通常采用小功率三极管（如 9013、9014、8550 和 8050 等）、集成电路（如 75451、74LS245 和 SN75466 等）作为驱动电路。

图 3-23 是采用小功率三极管的驱动电路，图中 9013 三极管作开关用，驱动电流在 100mA 以下，适用于驱动要求负载电流不大的场合。图 3-24 是采用驱动器 75451 的驱动电路，当单片机的 P1.0、P1.1 输出低电平时，LED 指示灯被点亮。

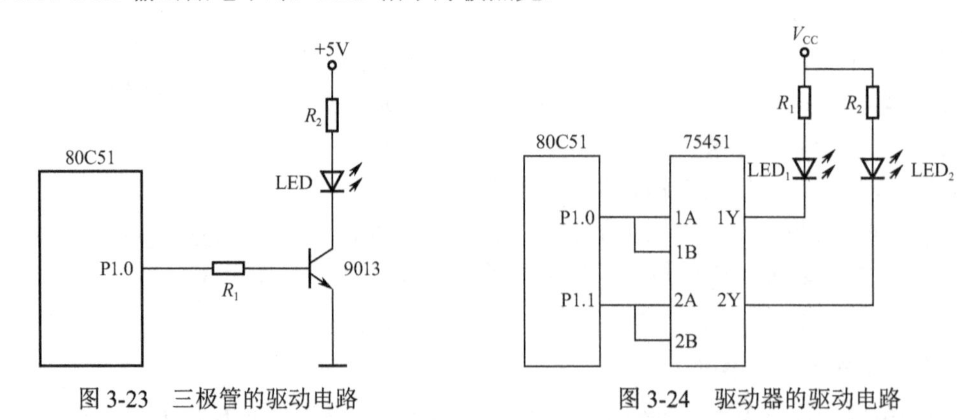

图 3-23　三极管的驱动电路　　图 3-24　驱动器的驱动电路

这类电路主要采用常用的缓冲器，如 74LS245、74LS244、74LS240 等。当输出电路和外部接口时，常常将其输出端经上拉电阻接至+5V，以提高输出电平的幅度，如图 3-25 所示。这种电路的输出负载常常是电压型负载，也可以用来驱动诸如小功率晶体管等负载。

中功率直流负载驱动电路主要用于驱动功率较大的继电器和电磁开关等控制对象，要求能提供 50～500mA 的电流驱动能力，可以采用达林顿管、中功率三极管来驱动，如图 3-26 所示。

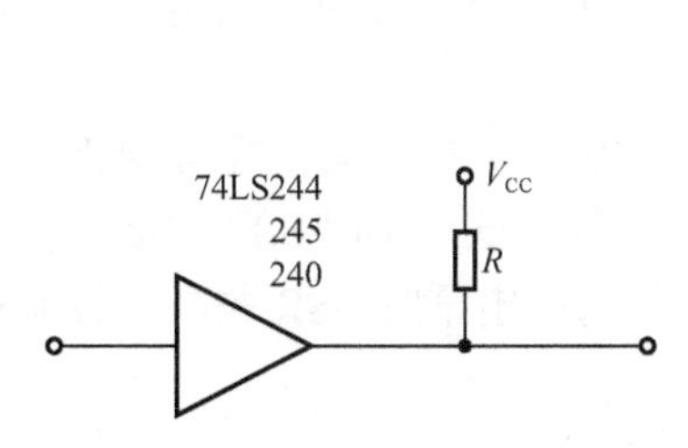

图 3-25　TTL 电平三态门输出电路

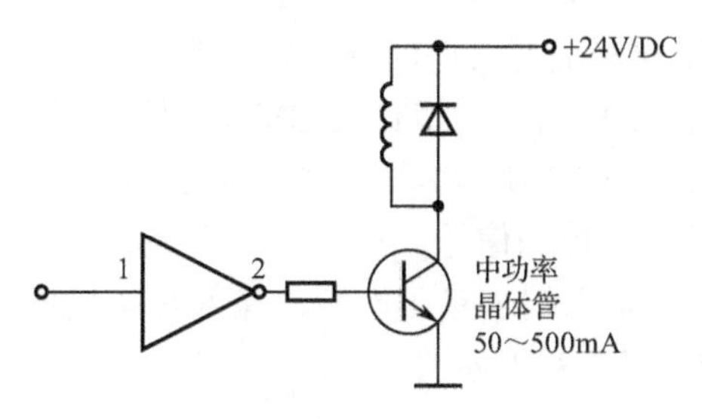

图 3-26　门电路外加功率驱动级电路

采用开关晶体管作为驱动电路时，必须增大输入驱动电流，以保证有足够大的输出电流，否则晶体管会因为管压降的增加而限制负载电流。这样有可能使晶体管超过允许功耗而损坏。

达林顿管的特点是高输入阻抗、极高的增益和大功率输出，只需较小的输入电流就能获得较大的功率输出。常用的达林顿管有 MC1412、MC1413 和 MC1416 等，其集电极电流可达 500mA，输出端的耐压可达 100V，很适合驱动继电器和接触器。图 3-27 是采用达林顿管驱动继电器。

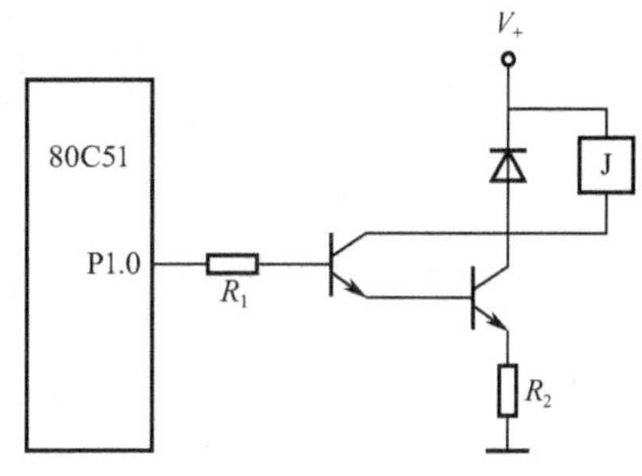

图 3-27　采用达林顿管驱动继电器

2. 固态继电器

1）固态继电器的原理

固态继电器（Solid State Relay，SSR）是一种四端有源器件，两端为输入控制端，另外两端是输出端。固态继电器是一种全部由固态电子元件组成的新型无触点功率型电子开关，其结构框图如图 3-28 所示。

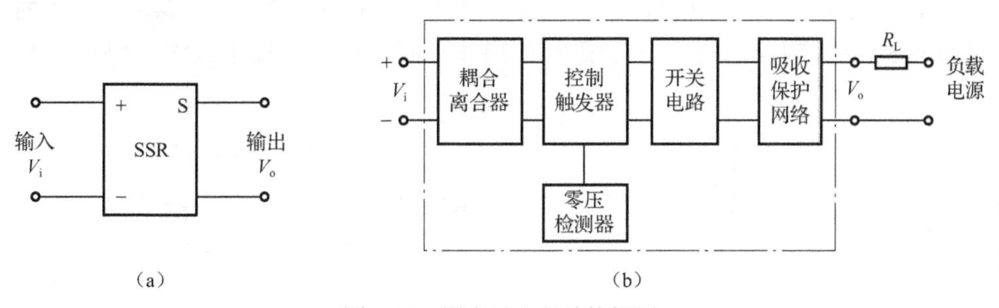

图 3-28　固态继电器结构框图

用开关三极管、晶闸管等半导体器件的开关特性制作，利用光电隔离技术实现了控制端（输入端）与负载回路（输出端）之间的电气隔离，又能控制电子开关的动作。与电磁继电器相比，其可靠性更高，且无触点、寿命长、抗干扰能力强、速度快，对外界的干扰也小，已被广泛地应用。

固态继电器分为与直流负载适配的单向直流固态继电器（DC SSR）和与交流负载适配的双向交流固态继电器（AC SSR），其中交流固态继电器按触发方式的不同又分为过零触发型和调相型（随机开启型）两种。

2）固态继电器的输入端驱动

由于SSR的输入电路与TTL、CMOS电路相兼容，所以其输入控制十分方便。任何可以给出TTL电平的开关电路都可以用来驱动SSR。例如，晶体管开关电路、按钮开关电路及各种采用+5V工作电源的TTL或CMOS数字逻辑芯片等。

如图3-29所示为固态继电器的两种输入控制电路。图3-29（a）中，输入端4接地电平，输入端3接控制信号，控制信号为高电平时SSR导通，控制信号为低电平时SSR关断。图3-29（b）中，输入端3接正电源，输入端4接控制信号，控制信号为高电平时SSR关断，控制信号为低电平时SSR导通。

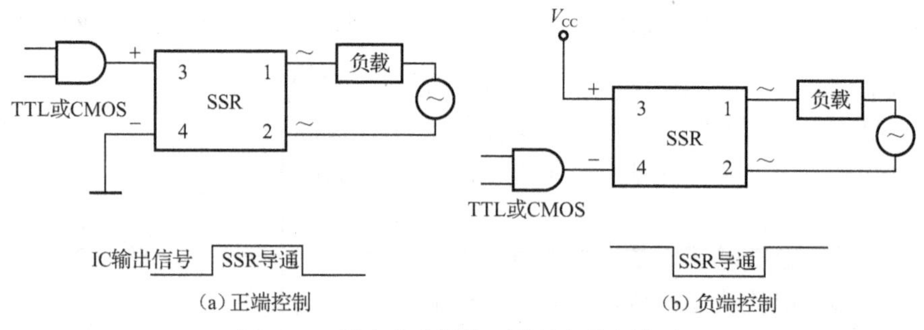

图3-29　固态继电器的两种输入控制电路

3）固态继电器的输出负载

用于低容量的负载时，要注意固态继电器的两个特点：①最小负载电流；②关断状态下电流。固态继电器小电流负载用法如图3-30所示，SSR的内部除输入电路外，所有其他电路都由输出端供电，即使在输出端关断的状态下，SSR仍然会维持一个关断状态电流。所以，为使负载有效地关断，一般固态继电器的开启电流至少为关断状态电流的10倍。如果负载电流低于这个值，负载上需要并联一个电阻，以提高继电器的开启电流。

用于直流感应负载时，负载两端必须并联续流二极管，否则直流固态继电器可能被烧坏。这是由于SSR在关闭的瞬间，通过电感式负载的电流不可能发生突变，电感两端产生的感应电压可能超过直流SSR的最大耐压值，使SSR损坏。固态继电器用于直流感应负载的电路如图3-31所示。

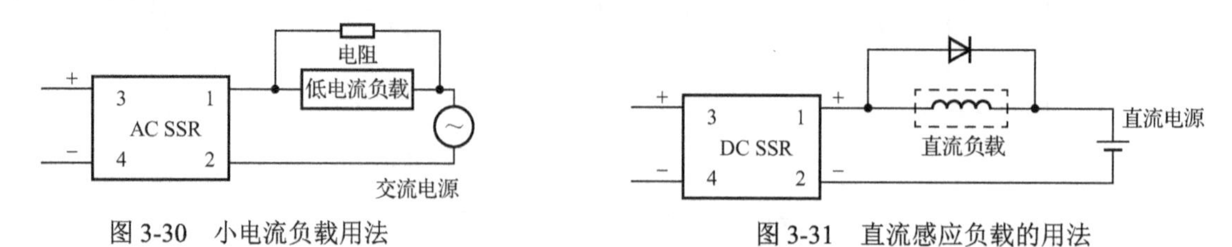

图3-30　小电流负载用法

图3-31　直流感应负载的用法

用于交流负载时，必须采用 AC SSR。此时同样存在电感式负载在关断时出现的感应电压过大，而可能烧坏SSR的问题。所以，在其输出端要并联一个压敏电阻，以保护SSR的安全，如图3-32所示。压敏电阻的阈值电压可以按电源电压有效值的1.6～1.9倍选取，它不但为电感式负载的感应电流提供了一个通道，而且可以避免工频市电电源夹杂的尖峰电压施加在固态继电器的输出端上。因为工频交流电中常常夹杂着很频繁的尖峰电压，若尖峰电压的幅度超过了

SSR 的阻断电压，或尖峰的变化速度超过了 SSR 在关闭状态下的 d*v*/d*t* 特性，就会造成 SSR 在并没有被选通的情况下开启，导致智能仪器系统误动作。

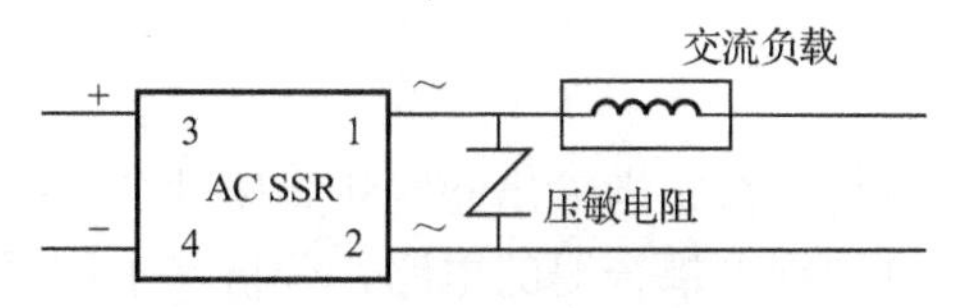

图 3-32　交流感应负载及尖峰电压保护

4）固态继电器的应用实例

图 3-33 是一个由固态继电器作为路灯通断控制的实际电路。当光照较强时，光敏电阻 R_1 的阻值很小（几十千欧），晶体管 VT 基极回路有电流流过，VT 导通。此时，SSR 控制输入端为低电平，使固态继电器关断，路灯熄灭。当光照很弱时，光敏电阻 R_1 的阻值很大（几十兆欧），VT 的基极回路几乎无电流通过，晶体管截止。此时，SSR 控制电压输入端为 V_{CC}（+9V），使固态继电器接通，路灯点亮。

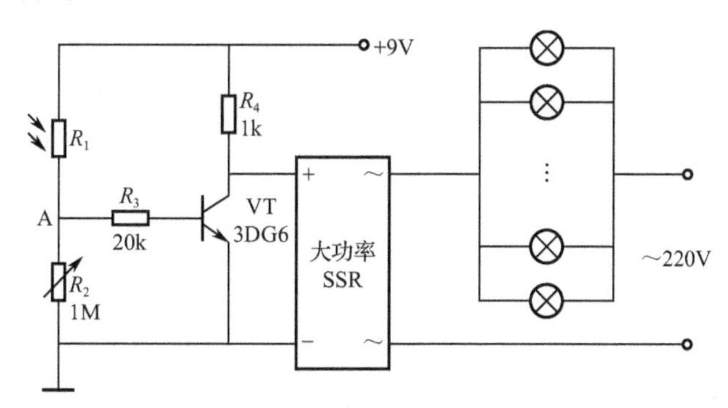

图 3-33　光控开关路灯示意图

图 3-34 是利用固态继电器实现高温箱、烘干箱的温度控制电路。将炉内温度的变化反馈给温度控制器，控制固态继电器的输入端，则可不断调节温度。固态继电器负载为电阻性负载，选取固态继电器输出额定电压参数值为所用线路电压的 1.5～2 倍。

图 3-35 为固态继电器驱动电动机工作的示意图。依靠控制信号不断使固态继电器导通与切断来驱动电动机正常工作，固态继电器驱动感性负载，其输出端的额定电压参数值应为所用线路电压的 2～3 倍。如图 3-32 所示，可在固态继电器输出端并联一个压敏电阻作为瞬态抑制电路。

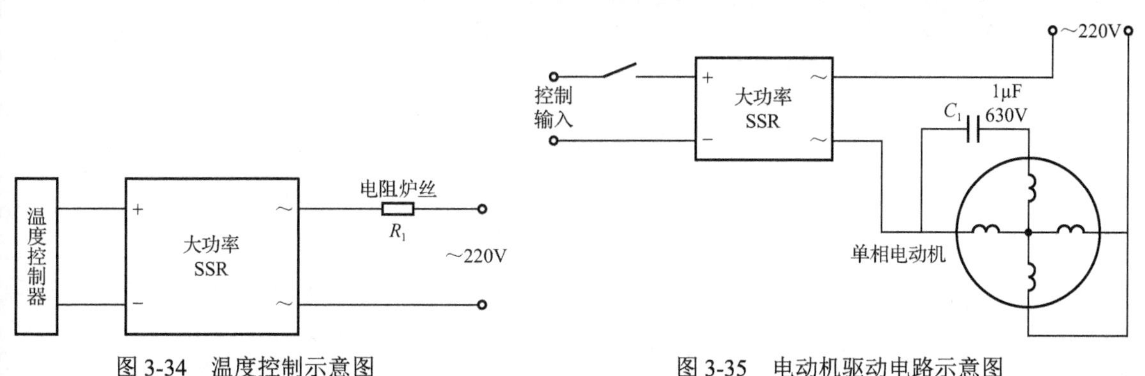

图 3-34　温度控制示意图

图 3-35　电动机驱动电路示意图

习题

1．电磁继电器的工作原理是什么？当输出回路包含感性负载时为什么要加续流二极管？

2．设计一个用数字输出口控制光耦合器的电路，分析其工作原理。

3．某仪器面板上有 5 个指示灯，3.8V/0.15A，电源 5V，输入信号为 TTL 电平，低电平有效（灯亮），用最简单的形式设计其隔离驱动电路。

4．利用 DAC0832 和 51 单片机组成一个系统产生等腰三角形的波形，要求周期为 1s，幅值为+5V，试画出 DAC0832 与 51 单片机的接口电路，并编写相关程序。

5．从输出方式、响应时间、输入信号、输出特性、使用寿命及对供电系统影响等几个方面，分析一下固态继电器和电磁继电器的区别之处。

第 4 章

智能仪器的人机接口

本章知识点：

- 键盘接口设计
- LED 及点阵式 LED
- LCD 显示
- 触摸屏
- 微型打印机及绘图仪接口设计

基本要求：

- 掌握键盘的去抖方法及识键方法
- 掌握非编码式键盘和编码式键盘的接口设计方法
- 掌握 LED 显示和点阵式 LED 接口设计
- 掌握字符式 LCD 的接口设计
- 了解触摸屏、打印机和绘图仪的接口设计方法

能力培养目标：

通过本章的学习和训练，学生能够根据设计或系统要求，设计正确的键盘接口方式，选择合适的显示方式并进行接口设计，使学生具备智能仪器人机接口的设计能力。

智能仪器的输入设备是向智能仪器输入数据和信息的设备，主要包括键盘、鼠标、扫描仪、麦克等，其中键盘是最常用的输入设备。智能仪器的输出设备可用于接收智能仪器数据的输出显示、打印、声音、控制外围设备操作等，最常见的有显示器、打印机等。从市面上大量的智能温控仪来看，输入设备多采用按键设计，但按键的数量、方式都有各自的特点。输出设备多采用显示器，显示方式有 LED、LCD、触摸屏；还有的温控仪采用微型打印机组成数据记录系统用于打印温湿度数据或曲线。

通过各类输入/输出设备与外界进行联系，接收各种命令及数据，并且给出运算和处理结果的就是人机接口。人机接口技术是智能仪器仪表和操作者进行连线并得到实际应用的关键之一。本章将详细介绍几种典型的人机接口电路。

4.1 键盘接口设计

键盘是最常见的输入设备。如图 4-1 所示是一个与系统电路板连接的键盘，在这个键盘上，有 16 个按钮开关按 4 行×4 列方式进行排列。从结构上看，键盘就是一个由多个按钮或开关有

机连接形成的功能器件。键盘一般由数据线与微机的I/O口相连，操作者可以通过键盘向CPU输入数据或命令。

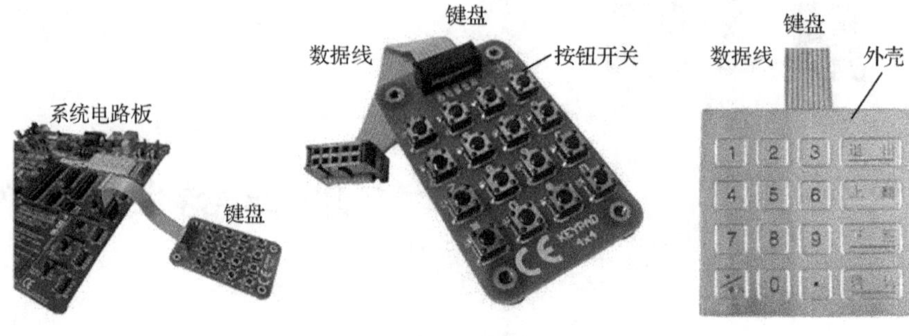

图 4-1　键盘

4.1.1　键盘处理步骤

无论键盘系统采用何种组织形式和工作方式，键盘处理都应该包括以下内容：

（1）判断是否有键被按下。若有，进行下一步工作；若无，则等待或转做其他工作。

（2）识别按键。键盘上的每一个按键都有各自的编号，这个编号称为按键的键号或键值，CPU通过接收到的键值就可以判断出哪一个按键被按下。当有键按下时，对该键进行译码，获得其键值。

（3）实现按键的功能。单义键情况下，CPU只需根据键码执行相应的键盘处理程序；多义键情况下，应根据键码和具体键序执行相应的键盘处理程序。

4.1.2　键盘常见问题处理

1．键的抖动处理

由于触点的弹性作用，进行一次按键动作时，从开始按到闭合稳定，或者从闭合到完全打开，总要有数毫秒（一般为5～10ms）的弹跳时间，即抖动，如图4-2所示。弹跳将引起按一次键而被多次输入的误动作。为此，当有键被按下时，需要消除抖动，避免误动作。

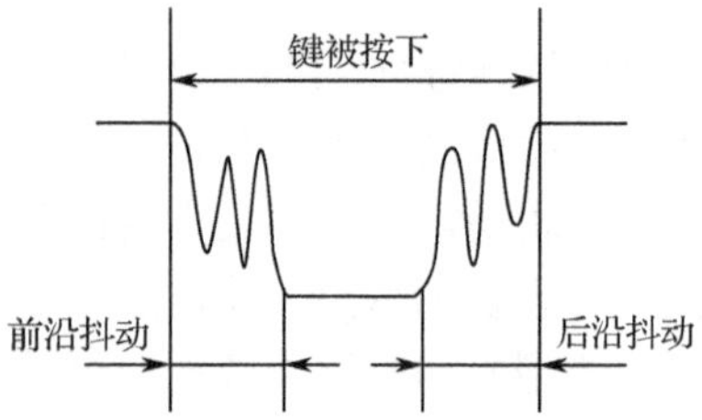

键被按下

前沿抖动　　后沿抖动

图 4-2　按键抖动

消除抖动的方法有硬件消抖和软件消抖两种。硬件消抖就是采用专门的硬件消抖电路来消除抖动的影响，当键盘数量较少时，可以考虑采用这种方法，如图4-3所示。软件消抖就是在键盘处理程序中，当监测到有键按下时，执行一个10～20ms延时子程序，等待抖动消失后，如果再次监测到该键仍为闭合，才确认该键已按下并进行相应的处理。同样，键松开时应采取相同的措施。流程图如图4-4所示。

2．键的连击处理

一次按键操作过程的时间为秒级，而CPU即使考虑延时去抖的时间，处理按键操作的速度也很快，这样会造成单次按键而CPU多次响应的问题，理论上相当于多次按键的结果。这种现象称为键的连击。键的连击处理方法是：当某键被按下时，首先进行去抖动处理，确定键被按下时，执行相应的处理功能，执行完之后不是立即返回，而是等待闭合键释放之后再返回。流程图如图 4-5 所示。

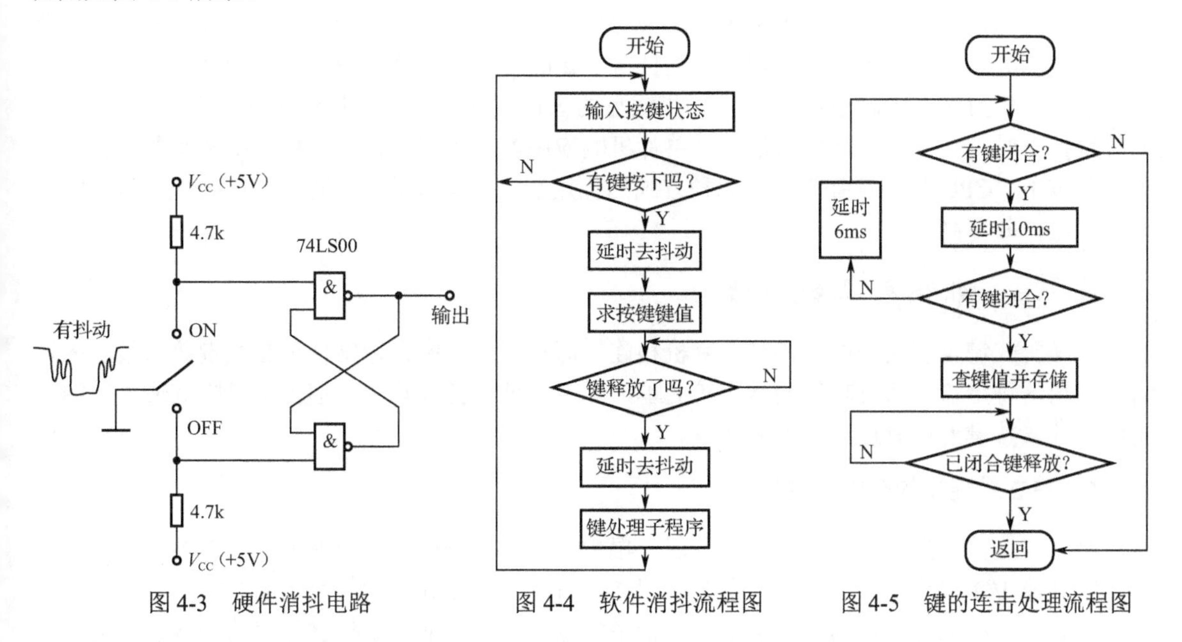

图 4-3　硬件消抖电路　　图 4-4　软件消抖流程图　　图 4-5　键的连击处理流程图

键连击现象可以合理地加以利用。例如，通常情况下按键较少的仪器通过多次按键实现有关参数加 1 或减 1 操作，如果允许出现连击现象，只要按住调整键不放，参数就会连续加 1 或减 1，给操作者带来方便。另外，利用键连击现象可以将单一按键赋予“短按”和“长键”双重功能，可以有效提高按键的利用率。

3．键的串键处理

两个或多个按键同时按下的情况称为串键，可以采用不同的方法来处理。最常用的方法为 *n* 键锁定技术，即只处理一个键，对任何其他按下又松开的键不进行处理。*n* 键锁定技术又分为“先入有效”和“后留有效”两种处理方法。“先入有效”的方法是，当两个或多个按键被按下时，只有第一个按下的键是有效的，其余均无效；“后留有效”的方法是，当多个按键被按下时，只有最后松开的键是有效的，其余均无效。

4.1.3　键盘的组织形式及工作方式

上述键盘接口的任务可由硬件或软件来完成，相应地出现两类键盘：编码式键盘和非编码式键盘。

编码式键盘内部设有键盘编码器，被按下键的键值由编码器直接给出，同时具有防抖和解决连击的功能，具有速度快的特点。非编码式键盘的组织形式主要有独立式键盘和非独立式键盘，通常采用软件的方法，逐行逐列检查键盘状态，当发现有键按下时，用计算或查表的方式获得该键的键值。

键盘工作方式有三种，即编程扫描、定时扫描和中断扫描。

（1）编程扫描方式，也称查询方式，利用 CPU 空闲时，调用键盘扫描子程序，反复扫描键盘。如果 CPU 的查询频率过高，虽能及时响应键盘的输入，但也会影响其他任务的进行。若查询的频率过低，可能会出现键盘输入漏判。

所以要根据 CPU 系统的繁忙程度和键盘的操作频率，来调整键盘扫描的频率。

（2）定时扫描方式，每隔一定的时间对键盘扫描一次。在这种方式中，通常利用 CPU 内的定时器产生的定时中断，进入中断子程序来对键盘进行扫描，在有键按下时识别出该键，并执行相应键的处理程序。为了不漏判有效的按键，定时中断的周期一般应小于 100ms。

（3）中断扫描方式，为提高 CPU 扫描键盘的工作效率，可采用中断扫描方式。只有在键盘有按键按下时，才发出中断请求信号，单片机响应中断，执行键盘扫描程序中断服务子程序。如无键按下，CPU 将不理睬键盘。此种方式的优点是，只有按键按下时才进行处理，所以实时性强，工作效率高。

4.1.4 非编码式键盘接口

非编码式键盘利用按键直接与单片机相连接而成，这种键盘通常使用在按键数量较少的场合。使用这种键盘，系统功能通常比较简单，需要处理的任务较少，但是可以降低成本、简化电路设计。按键的信息通过软件来获取。

1. 独立式连接的非编码键盘

独立式连接是指每一个按键单独占用一根 I/O 口线，每根 I/O 口线上的按键的工作状态不会影响其他 I/O 口线的工作状态，电路如图 4-6 所示。独立式键盘的优点为结构简单，各检测线相对独立，按键容易识别；缺点是占用较多的输入口线，适用于按键较少的场合，不适合组成大型键盘。

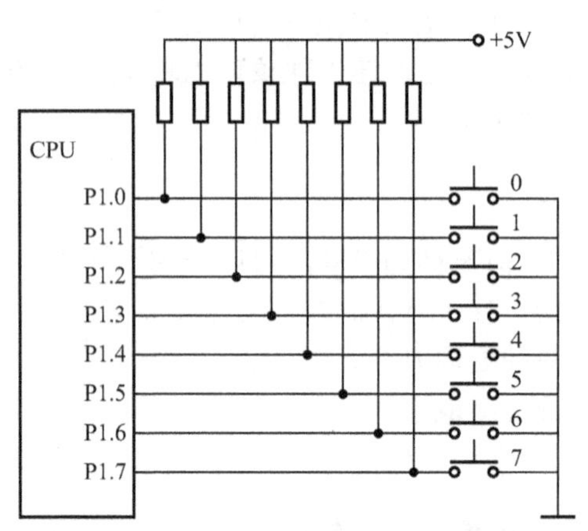

图 4-6　独立式连接的非编码键盘

图 4-6 中，单片机 P1 口的 8 根 I/O 口线连接 8 个按键。当没有键按下时，P1 口状态均为 1（高电平）；当有某个键被按下时，与之相连的输入线 P1.x 变成 0（低电平）。CPU 通过查询 P1 口的状态，判断哪根口线为低电平，然后执行按键前沿去抖操作，如果该口线仍为低电平，则说明该口线对应的按键已经稳定按下，进而获取该键键码；CPU 执行相应的键处理程序；执行按键后沿去抖操作，确认闭合键释放后返回。

对于包含少量功能键的键盘，为了提高单片机的利用率，通常采用硬件中断、软件查询的办法。设某个系统需要 8 个功能键，连接电路图如图 4-7 所示。当无键按下时，经 8 输入与非门及反相器后，$\overline{\text{INT0}}$ 为高电平，因此不会产生中断。当其中某一键被按下时，$\overline{\text{INT0}}$ 端变为低电平，向 CPU 申请中断。CPU 响应中断后，不是采用扫描法求得键值，而是通过软件查询的方法查找功能键的入口地址。

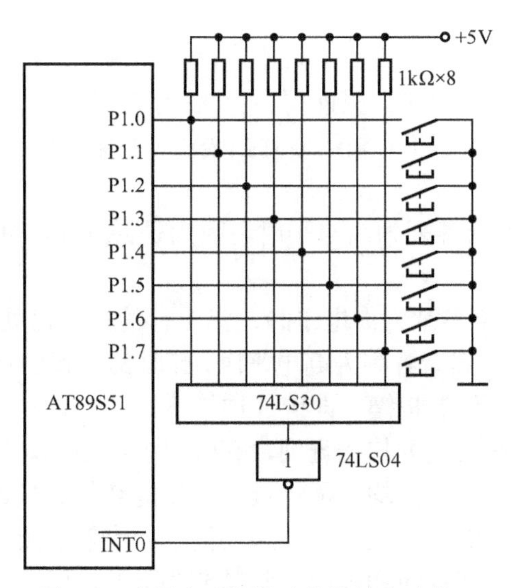

图 4-7　中断方式扩展功能按键电路接口

2. 矩阵式非编码键盘

矩阵式连接的非编码键盘又称为行列式键盘，用 I/O 口线组成行、列结构，行、列线不相通，而是通过一个按键设置在行、列交叉点上来连通。若需要设置 $N \times M$ 个按键，则需要 $N+M$ 根 I/O 口线。在按键数量较多时，这种连接方式可以减少占用 I/O 口线。

这里以 4 行×4 列键盘为例，阐述矩阵式连接的非编码键盘的工作原理。如图 4-8 所示的 4×4 键盘，16 个键分成两部分：10 个数字键 0～9、6 个功能键 A～F。对按键的识别由程序完成。用两个并行 I/O 接口电路，CPU 通过扫描 I/O 接口线的状态来识别按键是否闭合。

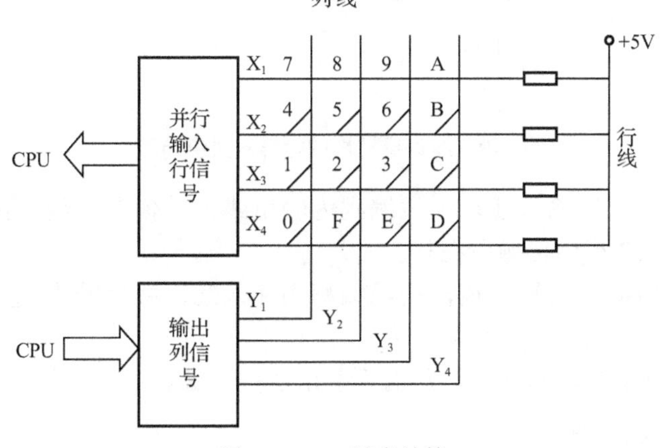

图 4-8　4×4 键盘结构

对矩阵式连接的非编码键盘进行扫描可以采用两种方法：扫描法和线路反转法。

（1）扫描法：先把某一列置为低电平，其余各列置为高电平，检查各行线电平的变化，如果某行线电平为低电平，则可确定此行此列交叉点处的按键被按下。下面以图 4-8 中“3”键被按下为例，分析扫描法识键过程。

第一步：识别键盘有无键按下。先把所有列线均置为 0，然后检查各行线电平是否都为高，如果不全为高，说明有键按下，否则无键被按下。

例如，当键 3 按下时，第 X_3 行线为低，还不能确定是键 3 被按下，因为如果同一行的键 2、1 或 C 之一被按下，行线也为低电平。只能得出第 X_3 行有键被按下的结论。

第二步：识别出哪个按键被按下。采用逐列扫描法，在某一时刻只让 1 根列线处于低电平，其余所有列线处于高电平。

当第 Y_1 列为低电平，其余各列为高电平时，因为是键 3 被按下，第 1 行的行线仍处于高电平；

当第 Y_2 列为低电平，其余各列为高电平时，第 1 行的行线仍处于高电平；

直到让第 Y_3 列为低电平，其余各列为高电平时，此时第 1 行的行线电平变为低电平，据此，可判断第 X_3 行第 Y_3 列交叉点处的按键，即键 3 被按下。

（2）线路反转法：扫描法要逐列扫描查询，有时要多次扫描。线路反转法则很简单，无论被按键是处于第一列还是最后一列，均只需经过两步便能获得此按键所在的行、列值。下面以图 4-9 所示的利用线路反转法的矩阵式键盘电路为例进行讲解。反转法要求连接矩阵键盘行线和列线的接口为双向口，而且在行线和列线上都需要接上拉电阻，以保证无键按下时行线或列线处于稳定的高电平状态。

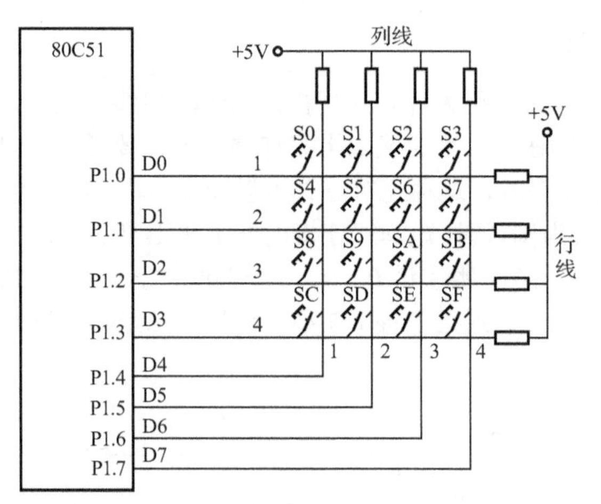

图 4-9 线路反转法的矩阵式键盘电路

第一步：让行线编程为输入线，列线编程为输出线，并使输出线输出为全低电平，则行线中电平由高变低的所在行为按键所在行。

第二步：再把行线编程为输出线，列线编程为输入线，并使输出线输出为全低电平，则列线中电平由高变低的所在列为按键所在列。

两步即可确定按键所在的行和列，从而识别出所按的键。

3. 串行接口非编码键盘

利用串行接口也可以实现非编码键盘的扫描，其原理电路如图 4-10 所示。它由移位寄存器 74LS164 和 3×8 矩阵键盘组成，0～F 为 16 个数字键，10～17 为 8 个功能键，其功能可由用户定义。74LS164 是一个 14 引脚的移位寄存器集成电路芯片，由单片机串行口的 RXD 端输出列扫描信号到 74LS164 的 1、2 引脚，由 Q_1～Q_7 输出至键盘。键闭合信号则由端口 P3.3、P3.4、P3.5 输入到单片机，由单片机的 TXD 引脚输出移位时钟脉冲到 74LS164 的时钟输入端 CLK。

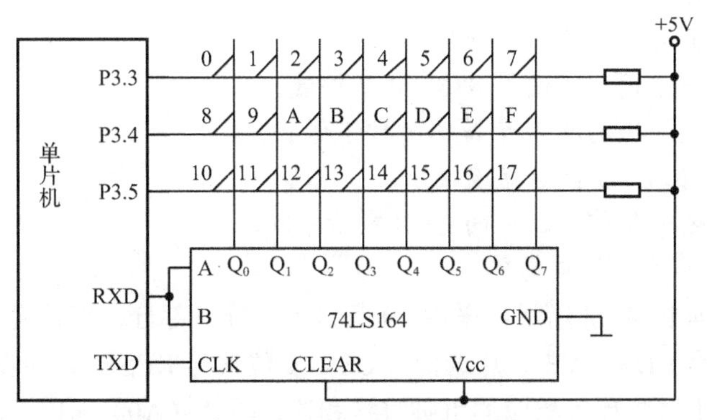

图 4-10　具有串行接口的非编码键盘

串行接口键盘扫描程序

当单片机复位后，其串行口控制寄存器 SCON 为全 0，故串行口已置成方式 0，因此不需要设置工作方式。

4.1.5　编码式键盘接口

非编码式键盘采用软件方法对键盘进行扫描，不但程序比较复杂，而且实时性差。编码式键盘可以简化键盘编码所需的软件和减少占用 CPU 的时间，减轻 CPU 用软件扫描键盘的负担，提高 CPU 的利用率。

编码式键盘由硬件实现按键的识别、消除抖动及处理同时按键等功能。目前，已经有用 LSI（Large Scale Integrate）技术制成的专用芯片来与键盘接口，实现键盘编码功能。

1. 编码器实现编码式键盘接口

最简单的编码键盘接口采用普通编码器，如图 4-11（a）所示，采用 8-3 线优先编码器（74LS148）作为键盘编码器的静态编码键盘接口电路。每按下一个键，在 A_0、A_1、A_2 端输出相应的按键读数，经反相器输出到 A'_0、A'_1、A'_2，真值表如图 4-11（b）所示。这种编码键盘不进行扫描，因而称为静态编码器，缺点是一个按键需要占用一个端口引线，当按键增多时，引线将很复杂。

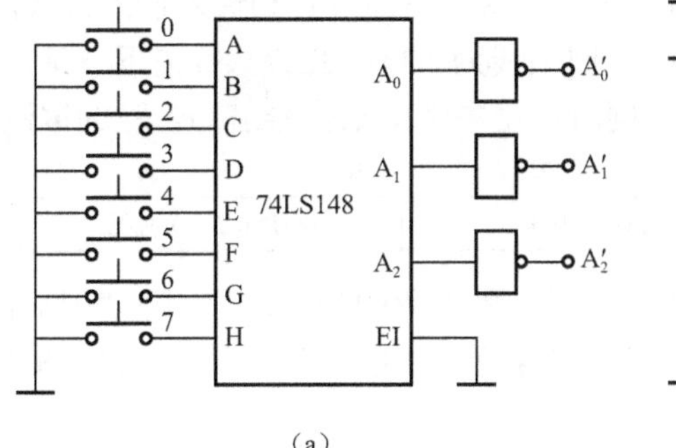

（a）

键	A'_0	A'_1	A'_2
0	0	0	0
1	0	0	1
2	0	1	0
3	0	1	1
4	1	0	0
5	1	0	1
6	1	1	0
7	1	1	1

（b）

图 4-11　静态式编码键盘接口

2. 键盘/显示器接口芯片 8279

集成芯片 8279 是一种可编程键盘/显示器通用接口芯片。8279 作为通用接口电路，一方面接收来自键盘的输入数据并进行预处理，另一方面还能够实现对显示数据的管理和对数码显示器的控制。其主要特性如下：

- 能同时执行键盘与显示器的管理操作。
- 扫描式键盘工作方式，可设置 8×8=64 个按键。
- 能自动消除按键去抖动及 N 个键同时按下保护。
- 可与 8 位或 16 位 LED 显示器连接。
- 由键盘输入产生中断信号，可向 CPU 申请中断。
- 和 8 位、16 位单片机接口简单。

8279 的引脚功能如图 4-12 所示，采用 40 条引脚，分三部分：连接键盘、连接显示器、连接 CPU。它的读写信号 $\overline{RD}$、$\overline{WR}$，片选信号 $\overline{CS}$，复位信号 RESET，同步时钟信号 CLK 以及数据总线 D0～D7 均能与单片机相应的引脚直接相连，C/$\overline{D}$（A0）端用于区别数据总线上所传递的信息是数据还是命令字。IRQ 为中断请求端，通常在键盘有数据输入或传感器（通断）状态改变时通过本端口产生中断请求信号。SL0～SL3 是扫描信号输入线，RL0～RL7 是回馈信号线。SHIFT、CNTL/STB 为控制键功能输入线，一般应用时可接地。OUTB0～OUTB3、OUTA0～OUTA3 是显示数据的输出线。$\overline{BD}$ 为消隐端，在更换数据时，其输出信号可使显示器熄灭。本节主要针对 8279 的键盘接口功能进行介绍。

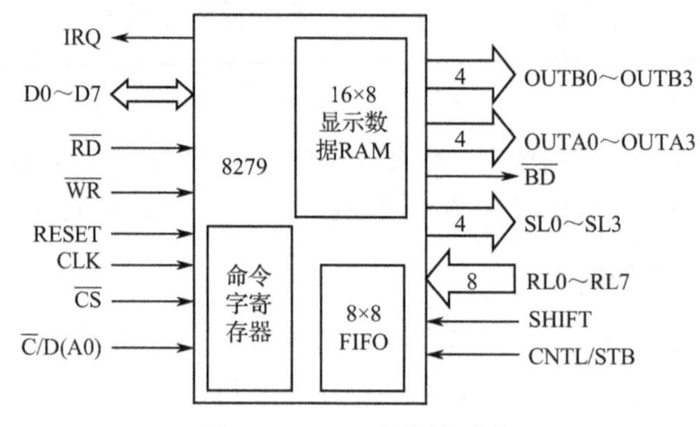

图 4-12　8279 的引脚功能

1）8279 的数据输入

数据输入有三种方式可供选用：键扫描方式、传感器扫描方式和选通输入方式。

采用键扫描方式时，扫描线为 SL0～SL3，回馈线为 RL0～RL7。每按下一键，便由 8279 自动编码，并送入先进先出 FIFO 存储空间，同时产生中断请求信号 IRQ。键的编码格式为：

D7	D6	D5　D3	D2　D0
CNTL	SHIFT	扫描行序号	回馈线（列）序号

如果芯片的控制端 CNTL 和换挡端 SHIFT 接地，则编码的最高两位均取“0”。例如，被按下键的位置在第 2 行（扫描行序号为 010），且与第 4 列回馈线（列序号为 100）相交，则该键所对应的代码为 00010100，为 14H。

8279 的扫描输出有两种方式：译码扫描和编码扫描。所谓译码扫描，即 4 条扫描线在同一时刻只有一条是低电平，并且以一定的频率轮流更换。如果用户键盘的扫描线多于 4 条，则可以采用编码输出方式。此时 SL0～SL3 输出的是 0000～1111 的二进制计数代码。在编码扫描时，扫描输出线不能直接用于键盘扫描，而必须经过低电平有效输出的译码器。例如，将 SL0～SL3 输入到通用的 3-8 译码器（如 74LS138），即可得到直接可用的扫描线。

暂存于 FIFO 存储空间中的按键代码，在 CPU 执行中断处理子程序时取出，数据取走后，中断请求信号 IRQ 将自动撤销。在中断子程序读取数据前，下一个键被按下，则该键代码自动进入 FIFO 存储。FIFO 存储空间由 8 个 8 位的存储单元组成，它允许依次暂存 8 个键的代码。这个存储空间的特点是先进先出，因此由中断子程序读取的代码顺序与键被按下的次序相一致。在 FIFO 存储空间中的暂存数多于一个时，只有在读完所有数据时，IRQ 信号才会撤销。因为键的代码暂存于 8279 的内部存储单元，CPU 从其存储单元中读取数据时可以用“输入”或“取数”指令。

在传感器扫描方式工作时，将对开关列阵（常用 8×8 位）中每一个开关（传感器）的通断状态（称为传感器状态）进行扫描，并且当列阵中的任何一位发生状态变化时，便自动产生中断信号 IRQ。此时，FIFO 的 8 个存储单元用于寄存传感器的当前状态，称状态存储器。其中存储器的地址编号与扫描线的顺序一致。中断处理子程序将状态存储器的内容读入 CPU，并与原有的状态比较后，便可由软件判断哪一个传感器的状态发生了变化。所以 8279 工作于传感器扫描方式时用来检测开关的通断状态是非常方便的。

键扫描方式和传感器扫描方式的主要区别在于前者每按键一次产生一个中断，而后者则会产生两次中断。

在选通输入方式工作时，RL0～RL7 为并行输入端口。此时，CNTL 端作为选通信号 STB 的输入端，STB 为高电平有效。

此外，在使用 8279 时，不必考虑按键的抖动和串键问题。因为在芯片内部已经设置了消除触点抖动和串键的逻辑电路，这给实际应用带来了很大方便。

2）用于键盘的命令字格式及含义

8279 的工作方式是由各种控制命令决定的。CPU 通过数据总线 D0～D7 向芯片传送命令时，应使 $\overline{WR}=0$，$\overline{CS}=0$ 及 $C/\overline{D}=1$。

（1）工作模式设置命令。编码格式为：

D7	D6	D5	D4	D3	D2	D1	D0
0	0	0	X	X	K2	K1	K0

命令字的最高 3 位 000 是本命令的特征码（操作码）。K2、K1、K0 用于设置键盘的工作方式，定义如表 4-1 所示。

表 4-1　K2、K1、K0 的工作方式

K2	K1	K0	数据输入及扫描方式
0	0	0	编码扫描，键盘输入，两键互锁
0	0	1	译码扫描，键盘输入，两键互锁
0	1	0	编码扫描，键盘输入，多键有效
0	1	1	译码扫描，键盘输入，多键有效
1	0	0	编码扫描，传感器列阵检测
1	0	1	译码扫描，传感器列阵检测
1	1	0	选通输入，编码扫描显示器
1	1	1	选通输入，译码扫描显示器

键盘扫描方式中，两键互锁是指当被按下键释放前，第二键又被同时按下，此时，FIFO 存储空间仅接收第一键的代码，第二键作为无效键处理。如果两个键同时按下，则后释放的键为有效键，而先释放的键作为无效键处理。多键有效方式是指当多个键同时按下时，所有键依扫

描顺序被识别，其代码依次写入 FIFO 存储空间。虽然 8279 具有两种处理串键的方式，但通常选用两键互锁方式，以消除多余的被按下键所带来的错误输入信息。

RESET 引脚有效时，会使 8279 自动设置为编码扫描、键盘输入为两键互锁。

（2）扫描频率设置命令。编码格式为：

D7	D6	D5	D4	D3	D2	D1	D0
0	0	1	P4	P3	P2	P1	P0

最高 3 位 001 是本命令的特征码。P4P3P2P1P0 取值 2～31，它是外接时钟的分频系数，经分频后得到内部时钟频率。在接收到 RESET 送来的信号后，如果不发送本命令，分频系数取默认值 31。

（3）读 FIFO 存储空间命令。编码格式为：

D7	D6	D5	D4	D3	D2	D1	D0
0	1	0	AI	X	A2	A1	A0

最高 3 位 010 是本命令的特征码。在读 FIFO 之前，CPU 必须先输出这条命令。只有当 8279 接收到本命令后，CPU 才能通过执行输入指令从 FIFO 中读取数据，读取数据的地址由 A2A1A0 决定。例如，A2A1A0=000H，则输入指令执行的结果是将 FIFO 中最先进入（或传感器列阵状态存储器）的数据（地址为 000H）读入 CPU 的累加器。AI 是自动增 1 标志，当 AI=1 时，每执行一次输入指令，地址 A2A1A0 自动加 1。显然，键盘输入数据时，每次只需读取数据 FIFO 中最先进入的数据，AI 应取“1”。如果数据输入方式为检测传感器列阵的状态，则 AI 取“1”，执行 8 次输入指令，依次把 FIFO 的内容读入 CPU。利用 AI 标志位可省去每次读取数据前都要设置读取地址的操作。

（4）状态字。8279 的状态字用于数据输入方式，指出 FIFO 中的字符个数以及是否出错。状态字格式为：

D7	D6	D5	D4	D3	D2	D1	D0
X	S/E	O	U	F	N2	N1	N0

N2N1N0 表示 FIFO 中数据的个数。

F=1 时，表示 FIFO 已满（存有 8 个输入数据）。

在 FIFO 中没有输入字符时，CPU 读 FIFO，则置 U 为“1”。

当 FIFO 已满时，再输入一个字符就会发生溢出，则置 O 为“1”。

S/E 用于传感器扫描方式，几个传感器同时闭合时置“1”。

3）键盘与 8279 的接口及程序设计

如图 4-13 所示为键盘与 8279 的接口逻辑图。由图可知，8279 的命令/状态口地址为 7FFFH，数据口地址为 7FFEH。键盘的行线接 8279 的 RL0～RL3，SL0～SL2 经 74LS138 译码，输出键盘的 8 条列线。在连接 32 键以内的简单键盘时，CNTL、SHIFT 输入端可接地。

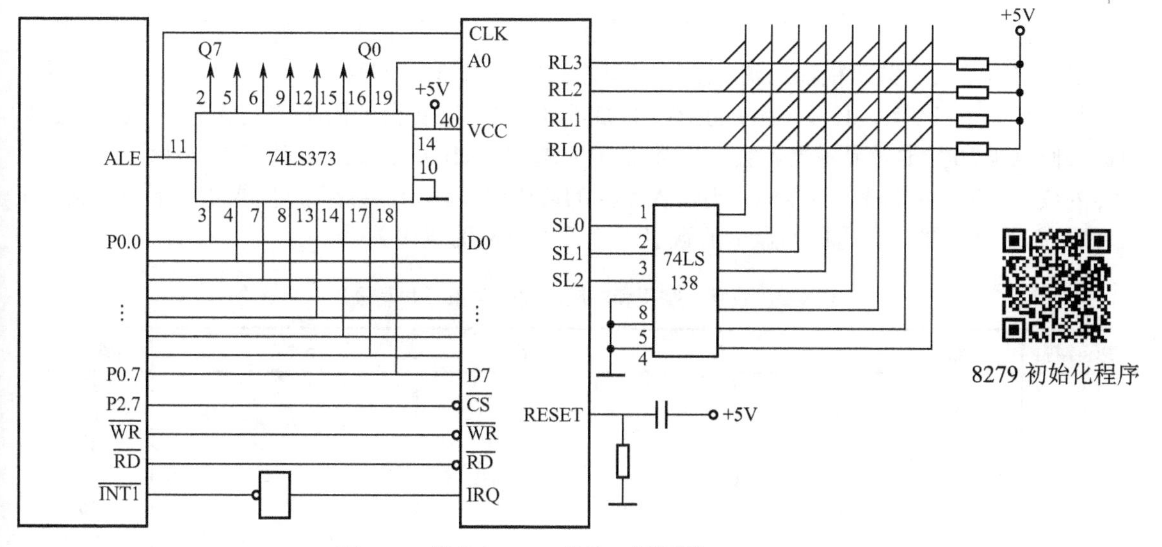

图 4-13　键盘与 8279 的接口逻辑图

4.2　显示器接口设计

显示器是智能仪器中常用的信息输出设备，它可以把 CPU 的响应、运算结果等用字符或图形方式输出。常用的显示器有 LED（Light Emitting Diode，发光二极管）、LCD（Liquid Crystal Display，液晶显示器）、CRT（Cathode Ray Tube，阴极射线管）三种。

4.2.1　LED 显示器接口

LED 显示器是一种简单而常用的输出设备，在智能仪器中应用最为广泛，常用来指示状态或显示数据。

1. LED 显示器的结构

LED 显示器由若干个发光二极管组成。发光二极管导通时便会发亮，控制不同组合的二极管导通，就可以显示出不同的字符。

常用的七段 LED 显示器的结构如图 4-14 所示。将发光二极管的阳极连在一起的称为共阳极显示器，将发光二极管的阴极连在一起的称为共阴极显示器。其中 a、b、c、d、e、f、g 分别对应 7 个段，dp 对应小数点，这 8 条线又称为段选线。

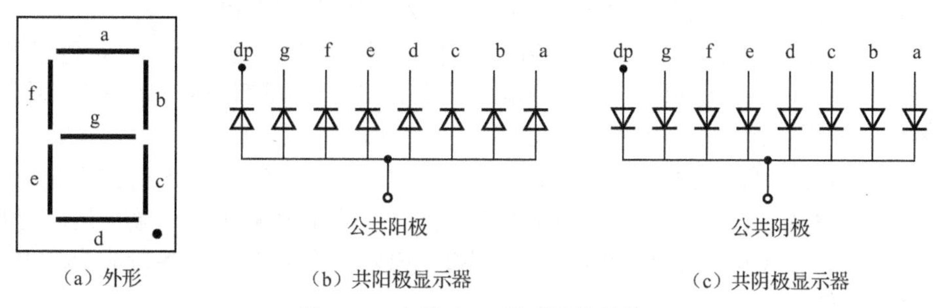

（a）外形　（b）共阳极显示器　（c）共阴极显示器

图 4-14　七段 LED 显示器的结构

当为各发光二极管加上不同的电平，使有的段亮而有的段不亮时，就可以显示出数字及一些特定的字符了。以共阴极显示器为例，当显示数字“0”时，只要使 a、b、c、d、e、f 段亮，g 段不亮，即 a、b、c、d、e、f 段的阳极上加高电平“1”，g 段的阳极加上低电平“0”，公共阴极接低电平“0”，七段显示器就会显示数字“0”。这样，a、b、c、d、e、f、g 就可以写成“1111110”，这称为数字“0”的段码。同样地，当输入不同的段码时，显示器会显示不同的字符。表 4-2 列出七段 LED 显示器（共阴极）显示的数字、字符和对应的段码关系。

表 4-2　数字、字符和对应的段码关系（共阴极）

表示字符	dp	g	f	e	d	c	b	a	段码（H）
0	0	0	1	1	1	1	1	1	3F
1	0	0	0	0	0	1	1	0	06
2	0	1	0	1	1	0	1	1	5B
3	0	1	0	0	1	1	1	1	4F
4	0	1	1	0	0	1	1	0	66
5	0	1	1	0	1	1	0	1	6D
6	0	1	1	1	1	1	0	1	7D
7	0	0	0	0	0	1	1	1	07
8	0	1	1	1	1	1	1	1	7F
9	0	1	1	0	1	1	1	1	6F
A	0	1	1	1	0	1	1	1	77
b	0	1	1	1	1	1	0	0	7C
c	0	0	1	1	1	0	0	1	39
d	0	1	0	1	1	1	1	0	5E
E	0	1	1	1	1	0	0	1	79
F	0	1	1	1	0	0	0	1	71
P	0	1	1	1	0	0	1	1	73
.	1	0	0	0	0	0	0	0	80
空格	0	0	0	0	0	0	0	0	00

共阳极 LED 显示器的段码与共阴极 LED 显示器的段码是逻辑非的关系。所以对表 4-2 中的共阴极 LED 显示器的段码求反，即可得到共阳极显示器的段码。

2. LED 显示器显示方式

LED 显示器的显示方式有静态显示和动态显示两种。下面以共阴极显示器为例说明。

1）静态显示方式

所谓静态显示方式，是将共阴极 LED 显示器的阴极接地，将其 8 位段选线与一个 8 位并行口相连。8 位并行口输出一次电信号后就保持不变，使相应的发光二极管恒定地导通或截止，显示内容也就会保持不变。如图 4-15 所示为 4 位静态 LED 显示器电路。

由于每一位 LED 由一个 8 位并行口控制，故在同一时间里每一位显示的字符可以各不相同。这种显示方式占用机时少，显示可靠；缺点是每一位 LED 显示器都需要一个 8 位并行口，当显示位数较多时，使用的元件多，且线路比较复杂，因而成本比较高。

利用单片机串行口设计的静态显示电路如图 4-16 所示。74LS164 是 8 位并行输出串行移位寄存器，可实现串行输入、并行输出。此处的功能是将单片机串行通信口输出的串行数据译码并在其并口线上输出，Q0～Q7 并行输出端分别接 LED 显示器的 g～a 各段对应的引脚，从而驱动 LED 数码管显示。

单片机通过 TXD 端向 74LS164 发送脉冲信号，通过 RXD 端发出所要显示字形的段码，这个段码是串行输出的。经过 74LS164 译码成并行输出，送到 LED 显示器显示。当发送多个段码时，由 74LS164 的移位功能后一个段码会把前一个段码通过 Q7 进位到下一个 74LS164 中，从而实现多位显示。每一位显示器需要一个 74LS164。

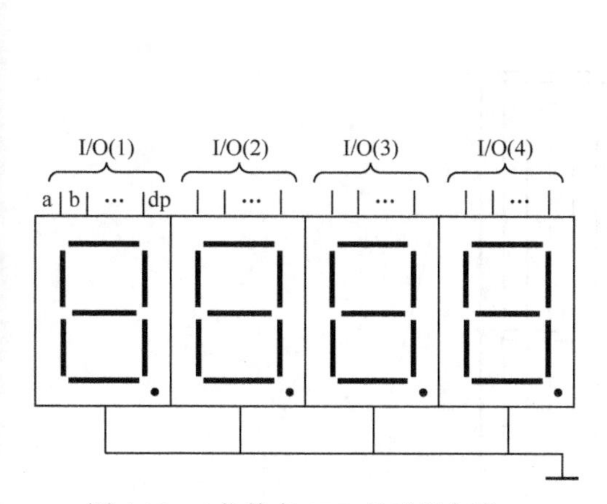

图 4-15　4 位静态 LED 显示器电路

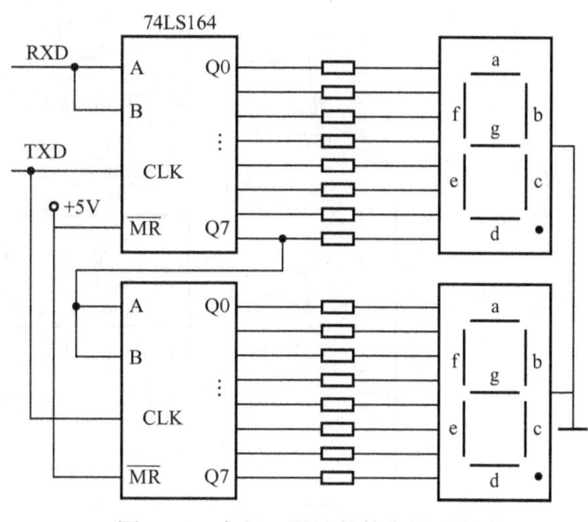

图 4-16　串行口设计的静态显示电路

2）动态显示方式

动态显示方式是用扫描的方式，一位一位地轮流点亮 LED 显示器。在实际电路中，将多位 LED 显示器的 8 位段选线连在一起，只用一个 8 位并行口控制显示内容。而每一位 LED 显示器的共阴极分别由各自的控制线控制是否可以进行显示，如果有 *N* 个 LED 显示器，就需要 *N* 条控制线。如图 4-17 所示为 8 位 LED 动态显示电路，称 8 位并行口输出为段选码，而控制每个 LED 显示器是否显示的代码称为位选码。

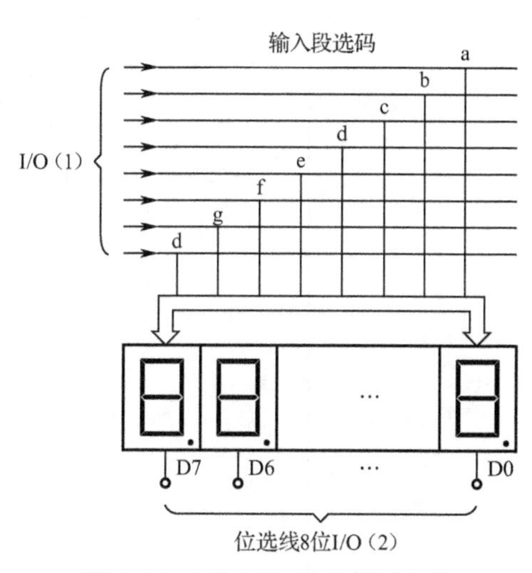

图 4-17　8 位 LED 动态显示电路

这种显示方式中，显示器分时工作。进行扫描时，某一时刻只允许一位 LED 显示器显示，也就是使其控制线（分别与 D0～D7 相对应）信号为 0，同时 8 位并行 I/O 口输出该位 LED 显示内容的段码。下一时刻允许下一位 LED 显示，8 位并行口再输出其显示内容的段码，依次类推。如果扫描速度非常快，由于人的视觉的暂留现象，会感觉到所有的 LED 显示器都在“同时”显示。

这种显示方法的优点是使用硬件少，但占用 CPU 的机时多，而且动态显示需要较大的驱动电流，在输出口之后还需要加接驱动器，如 74L47、75451 等。如图 4-18 所示，首先单片机的 P2.0～P2.3 共 4 个 I/O 口与译码器 74L47 相连，而 74L47 的输出与 4 位七段数码管 SD0～SD3 的亮段控制端 a～g 相连，且 SD0～SD3 的亮段控制端 a～g 是并联在一起的。

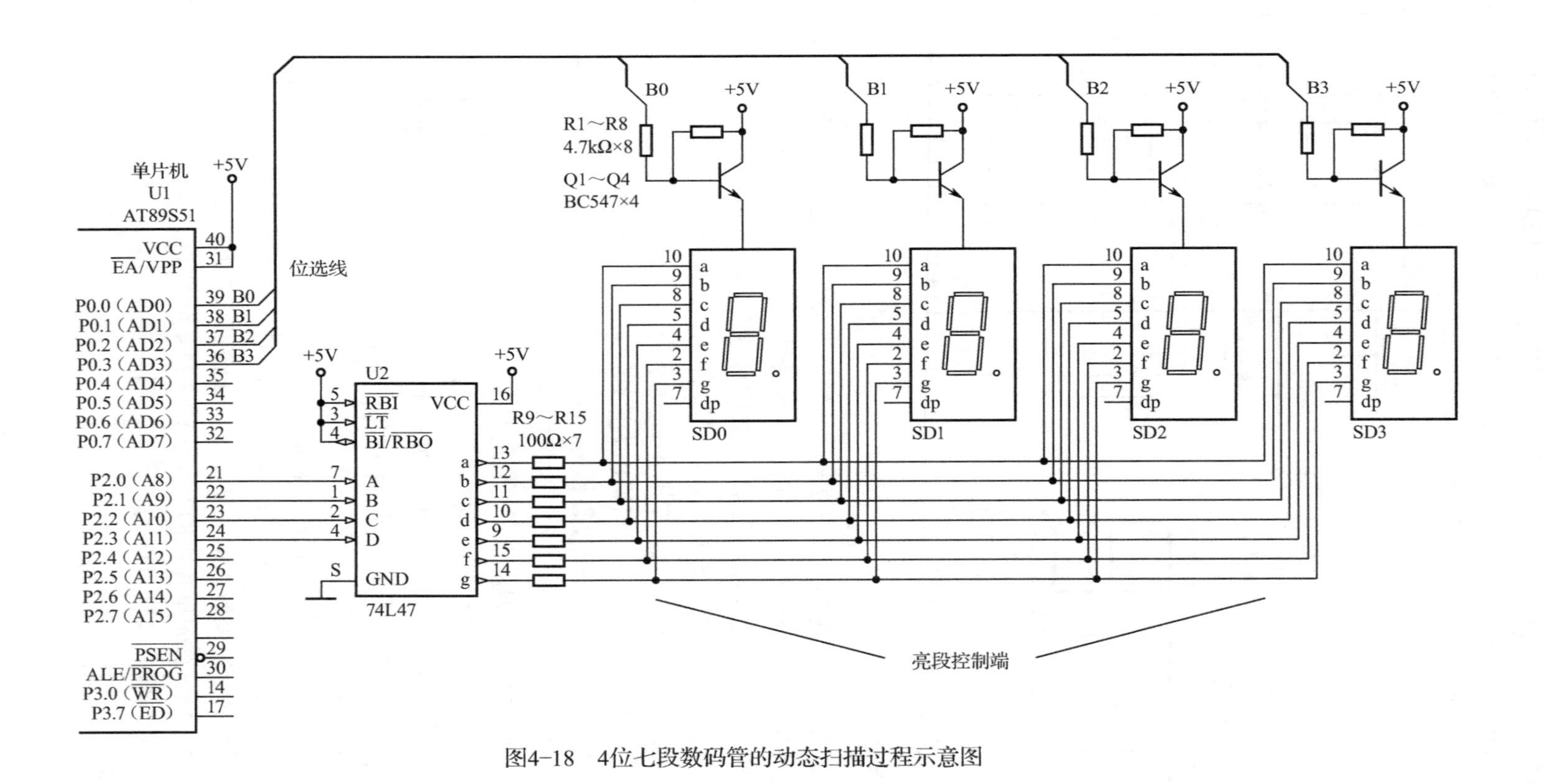

图4-18　4位七段数码管的动态扫描过程示意图

4 位七段数码管的共阳端分别被三极管开关控制着，4 个三极管开关又被单片机的 P0.0～P0.3 控制着。把这 4 个控制线称为位选线 B0、B1、B2、B3。比如 B0=1 时，也就是 P0.0 口输出 1，第一位七段数码管 SD0 共阳端上的三极管开关导通，SD0 获得电流而发光，此时显示的数字由单片机的 P2.0～P2.3 状态来决定。某时刻 P0=0000 0001B，P2=0000 0001B，则七段数码管 SD0 共阳端的三极管开关唯一导通，或者说 SD0 被唯一选通，且显示数据为数字“1”，所以此时只有 SD0 显示 1。其他七段数码管不亮。

动态扫描概括起来就是选通一位、送一位数据。采用动态显示时需要注意以下几点问题：

（1）由于每一位七段数码管的点亮时间很短，扫描过程中要保证每一位七段数码管得到足够的工作电流，从而确保亮度，通常取限流电阻阻值为 20～100Ω。

（2）在选通下一位七段数码管时，应把上一位熄灭，再将下一位显示数据送出，防止显示数据出现残影。

（3）点亮一遍所有数码管的时间应尽量小于 0.1s，以保证足够短的时间，使眼睛产生各位七段数码管同时显示的错觉，一般点亮一遍所有七段数码管的时间以小于 60ms 为宜。

4.2.2　点阵式 LED 显示

1．显示原理

如果把许多独立的发光二极管整齐排列在一起，就形成了发光二极管点阵。点阵中每一个发光二极管都好比一个像素，这样可以通过控制相应位置的发光二极管群发光而其他熄灭来呈现出文字、图形、表格，而且能产生各种动画效果。点阵式 LED 显示已经成为新闻媒介和广告宣传的有力工具，其应用也越来越广泛。图 4-19 是阵列式 LED 的实物图。

图 4-19　阵列式 LED 的实物图

1 个发光二极管构成一个“点”，64 个发光二极管构成“8×8 点阵”，在器件的正面有 64 个白色的圆点，这些圆点可以通过背面的引脚控制点亮。显示信息也正是通过点亮发光二极管组合实现的，如图 4-20 所示。如果点阵器件增多构成如 64×8、128×128 等点阵显示器，则显示的信息量、灵活性、复杂度会更高。

2．发光二极管点阵器件的结构

发光二极管点阵器件内部实际上就是整齐排列的独立式发光二极管，如图 4-21 所示。点阵中每一个发光二极管在行、列的交点上，只要行、列之间通过电流，则交点的发光二极管就会发光。比如，列 P0.5 和行 P2.2 之间有电流通过（P0.5 为正，P2.2 为负），则交点上的发光二极管被点亮。

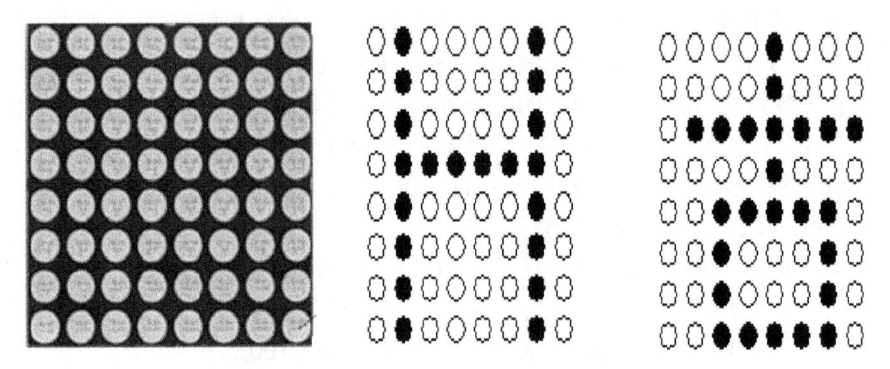

图 4-20　点阵式 LED 实物图及显示信息

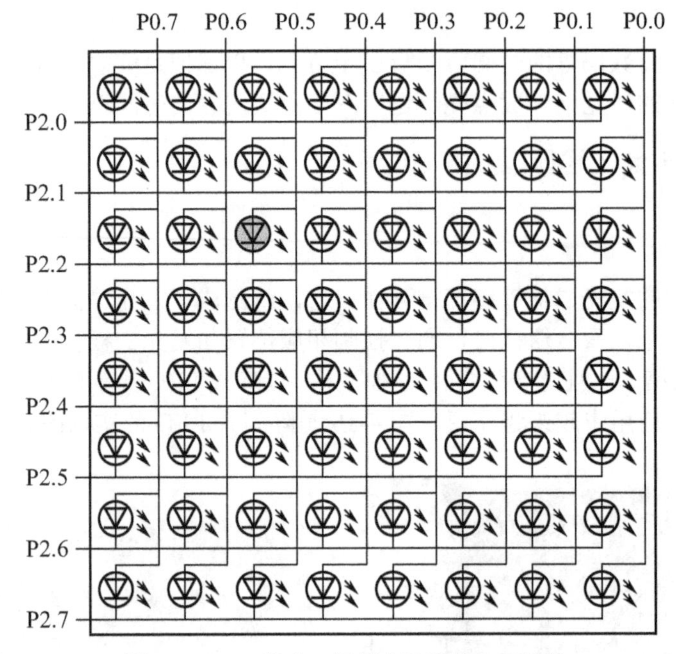

图 4-21　8×8 发光二极管点阵器件内部结构

比如要在 8×8 发光二极管点阵上显示字母“H”，如图 4-22 所示，需要点亮的交点上的发光二极管为：P2.0—P0.6、P2.0—P0.1、P2.1—P0.6、P2.1—P0.1、P2.2—P0.6、P2.2—P0.1、P2.3—P0.6、P2.3—P0.5、P2.3—P0.4、P2.3—P0.3、P2.3—P0.2、P2.3—P0.1、P2.4—P0.6、P2.4—P0.1、P2.5—P0.6、P2.5—P0.1、P2.6—P0.6、P2.6—P0.1、P2.7—P0.6、P2.7—P0.1。

	P0.7	P0.6	P0.5	P0.4	P0.3	P0.2	P0.1	P0.0
P2.0		●					●	
P2.1		●					●	
P2.2		●					●	
P2.3		●	●	●	●	●	●	
P2.4		●					●	
P2.5		●					●	
P2.6		●					●	
P2.7		●					●	

0	1	0	0	0	0	1	0	→ 01000010	42H
0	1	0	0	0	0	1	0	→ 01000010	42H
0	1	0	0	0	0	1	0	→ 01000010	42H
0	1	1	1	1	1	1	0	→ 01111110	7EH
0	1	0	0	0	0	1	0	→ 01000010	42H
0	1	0	0	0	0	1	0	→ 01000010	42H
0	1	0	0	0	0	1	0	→ 01000010	42H
0	1	0	0	0	0	1	0	→ 01000010	42H

图 4-22　点阵示意图

点亮的发光二极管用 1 代表，熄灭的用 0 代表，可得到字母“H”的编码（从横向上进行编码），每一行的编码用十六进制数表示为：42H、42H、42H、7EH、42H、42H、42H、42H。如果发光二极管点阵与单片机的 I/O 口相连，则从 I/O 口依次输出这些编码，就会在器件上显示出字母“H”来。

4.2.3 LCD 液晶显示

LCD 基本用语

日常生活中，越来越多地使用液晶显示屏，如图 4-23 所示。汽车的液晶显示屏可以显示时间、里程、油耗等信息；电子字典可以显示用户查询的词义信息；刷卡机的液晶显示屏可以与用户交互，提示输入刷卡金额和密码等信息。

图 4-23　液晶显示屏的应用

液晶显示器由于具有功耗极低、抗干扰能力强、显示信息清晰、寿命长等优点，在低功耗的智能仪器系统中大量使用。

液晶是一种介于固体和液体之间的特殊物质，它是一种有机化合物，常态下呈液态，但是它的分子排列却和固体晶体一样非常规则。液晶显示器是利用液晶的扭曲-向列效应原理制成的。液晶显示器有多种结构，一般由偏光片、玻璃基板、配向膜、电极、反射板及填充在上下配向膜之间的液晶构成。如果给液晶施加一个电场，会改变它的分子排列，这时如果给它配合偏振光片，它就具有阻止光线通过的作用（在不施加电场时，光线可以顺利透过）；如果再配合彩色滤光片，改变加给液晶的电压大小，就能改变某一颜色透光量的多少，也可以形象地说改变液晶两端的电压就能改变它的透光度。根据需要，将电极做成字段、点阵式形式，就可以构成段码式、字符点阵式和图形点阵式 LCD 显示器，但是控制方法非常类似。接下来我们看看字符液晶显示屏的结构和控制方法。

图 4-24 所示是一款 16×2 的字符液晶屏 LCD1602，表示该液晶屏每行最多显示 16 个字符，且能显示 2 行。显示的字符可以是英文大小写字母、数字、标点符号、常用符号等。如图中显示区域中的内容“Active Robots”和“Supply = 4.97V”就包括了字母、数字、符号等信息。

图 4-24（a）所示的液晶显示屏器件的正面能看到显示屏（玻璃材质）被一个金属外罩镶在电路板上，电路板的背面会看到许多电子元器件，如图 4-24（b）所示，它们构成了液晶屏驱动电路。在液晶屏的一侧有整齐排列的过孔，这就是液晶屏的引脚。引脚由驱动电路发出，只要我们用单片机对引脚进行控制并送入显示数据，显示屏就能显示各种字符。在液晶屏显示区域中还安装有光源器件，称为液晶屏的背光，它通过 2 个引脚供电发光，从而照亮原本不会发光的显示屏。

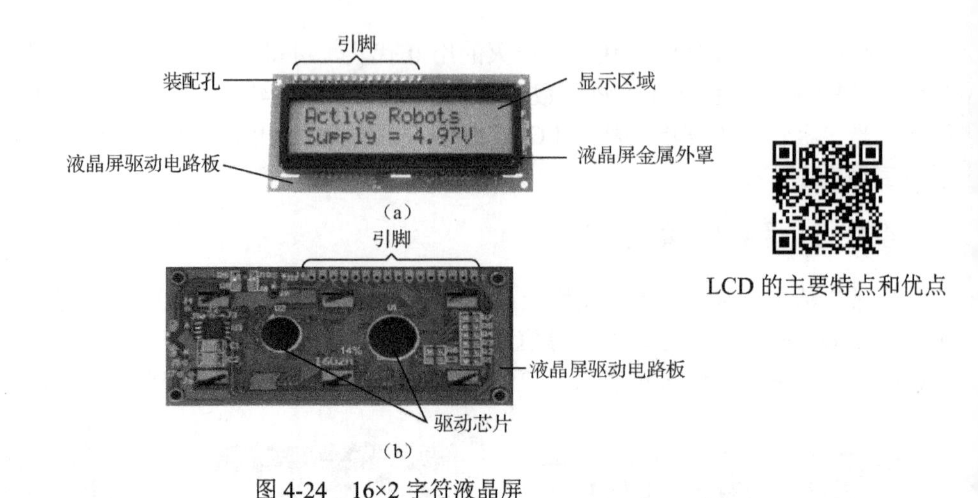

图 4-24　16×2 字符液晶屏

除了 16×2 字符液晶屏外，还有 8×1、8×2、12×2、16×1、16×4、20×2、20×4、24×2、40×2、40×4、定制型、超薄型等液晶屏可选用。液晶屏的显示控制方法与七段数码管有本质的不同，液晶屏中由一个个点阵块显示。20×4 字符液晶屏每行可显示 20 个字符，最多显示 4 行。而每个字符的显示都由点阵块实现，所以 20×4 字符液晶屏有 80 个点阵块。

如图 4-25 所示的点阵块有点像发光二极管点阵，字符的显示都通过“打点”的形式实现。图中显示了字母“N”和“e”在点阵块通过点亮某些像素来实现。每一个点阵块一般由 5×7、5×8 或 5×11 的点阵组成，点阵块之间由一个很小的距离分开相邻的显示内容，如果不留这一个小的空隙，则字符与字符之间会因为贴得太紧而影响美观。关于 LCD 的驱动及显示控制可以扫描二维码了解。

图 4-25　字符液晶屏中的点阵块

4.2.4　触摸屏

触摸屏由于其坚固耐用、反应速度快、节省空间、易于交流、便于携带等诸多优点得到大众的认同。如图 4-26 所示，触摸屏在手机、计算机等消费电子产品中日益普及。用手指或其他物体触摸安装在显示器前端的触摸屏时，所触摸的位置（以坐标形式）由触摸屏控制器检测，并通过接口从而确定输入的信息。

触摸屏系统包括触摸屏控制器和触摸检测装置。触摸屏控制器从触摸点检测装置上接收触摸信息，并将它转换成触点坐标，再送给 CPU，它同时能接收 CPU 发来的命令并加以执行；触摸检测装置一般安装在显示器的前端，主要作用是检测用户的触摸位置，并把信息传送给触摸屏控制器。

目前主要有几种类型的触摸屏，它们分别是：电阻式（双层）、表面电容式和感应电容式、表面声波式、红外式，以及弯曲波式、有源数字转换器式和光学成像式。它们又可以分为两类，一类需要 ITO，比如前三种触摸屏；另一类的结构中不需要 ITO，比如后面几种屏。目前 ITO 材料的电阻式触摸屏和电容式触摸屏应用最为广泛。

图 4-26　触摸屏的应用

1．电阻式触摸屏

ITO 是铟锡氧化物的英文缩写，它是一种透明的导电体。通过调整铟和锡的比例、沉积方法、氧化程度以及晶粒的大小，可以调整这种物质的性能。薄的 ITO 材料透明性好，但阻抗高；厚的 ITO 材料阻抗低，但是透明性会变差。在 PET 聚酯薄膜上沉积时，反应温度要下降到 150℃以下，这会导致 ITO 氧化不完全，之后的应用中 ITO 会暴露在空气或空气隔层里，它单位面积阻抗因为自氧化而随时间变化。这使得电阻式触摸屏需要经常校正。

图 4-27 中，手指触摸的表面是一个硬涂层，用以保护下面的 PET 层。PET 层是很薄的有弹性的 PET 薄膜，当表面被触摸时它会向下弯曲，并使得下面的两层 ITO 涂层能够相互接触并在该点连通电路。两个 ITO 层之间是约千分之一英寸厚的一些隔离支点使两层分开。最下面是一个透明的硬底层用来支撑上面的结构，通常是玻璃或者塑料。

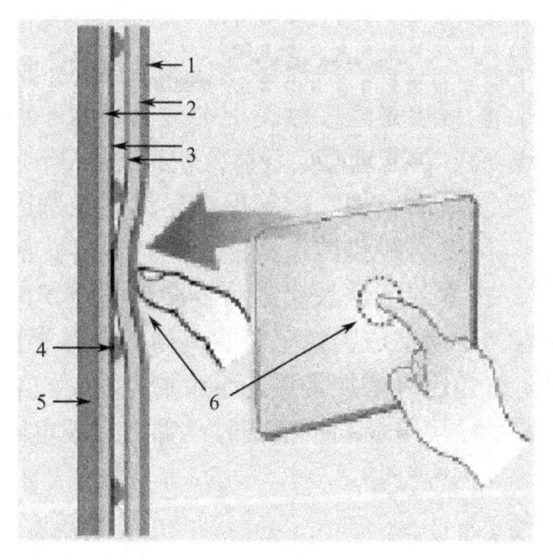

1—表面硬涂层；2—聚酯薄膜（PET）；3—ITO 陶瓷层；4—间隔点；5—玻璃底层；6—压力触摸点

图 4-27　电阻触摸屏结构图

电阻触摸屏的多层结构会导致很大的光损失，对于手持设备通常需要加大背光源来弥补透光性不好的问题，但这样也会增加电池的消耗。电阻式触摸屏的优点是它的屏和控制系统都比较便宜，反应灵敏度也很好。

2. 电容式触摸屏

电容式触摸屏也需要使用ITO材料，而且它的功耗低、寿命长，但是较高的成本使它之前不太受关注。Apple公司推出的iPhone提供的友好人机界面、流畅操作性能使电容式触摸屏受到了市场的追捧，各种电容式触摸屏产品纷纷面世。而且随着工艺的进步和批量化，它的成本不断下降，开始显现逐步取代电阻式触摸屏的趋势。电容式触摸屏大致分成三个部分，从上到下分别是保护玻璃、触摸屏、显示屏。

当手指触摸在金属层上时，由于人体电场，用户和触摸屏表面形成一个耦合电容，对于高频电流来说，电容是直接导体，会影响整体电容特性。简单说，就是利用人体的电流感应进行工作，如图4-28所示。

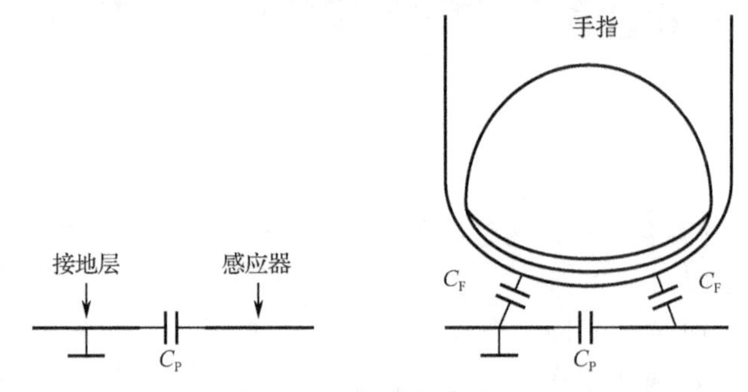

图4-28 检测电容原理

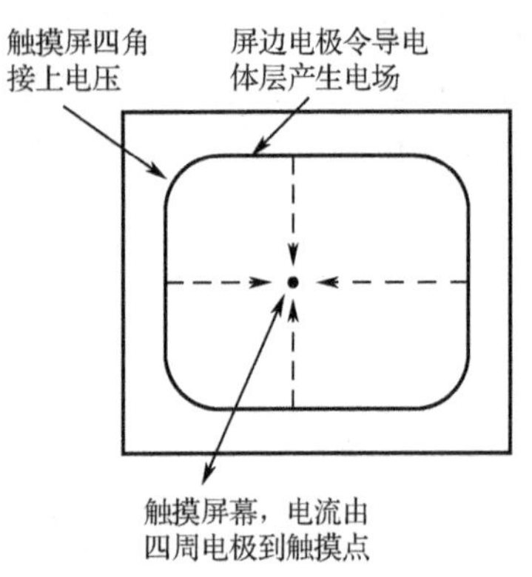

图4-29 电容式触摸屏原理

触摸屏四边均镀上狭长的电极，手指从接触点吸走一个很小的电流，这个电流分别从触摸屏的四角上的电极中流出并且流经这四个电极的电流与手指到四角的距离成正比，控制器通过对这四个电流比例的精确计算，得出触摸点的位置，如图4-29所示。

电容式触摸屏是众多触摸屏中最可靠、最精确的一种，但价钱也是众多触摸屏中最昂贵的一种。电容式触摸屏感应度极高，能准确感应轻微且快速（约3ms）的触碰。电容式触摸屏的双玻璃结构不但能保护导体层及感应器，而且能有效防止环境因素给触摸屏造成的影响。电容式触摸屏反光严重，而且电容技术的复合触摸屏对各波长的透光率不均匀，存在色彩失真的问题。由于光线在各层间反射，还易造成图像字符的模糊；电容式触摸屏用戴手套的手指或不导电的工具触摸时没有反应，这是因为增加了更为绝缘的介质。电容式触摸屏更主要的缺点是漂移，当温度、湿度改变，或者环境电场发生改变时，都会引起电容式触摸屏的漂移，造成不准确。

3. 红外线式触摸屏

红外线式触摸屏以光束阻断技术为基本原理，不需要在原来的显示器表面覆盖任何材料，而是在显示屏的四周安放一个光点距离框。光点距离框是一个印制电路板，框架的一边含有光源或发光二极管，对面则有光传感器，这些红外线发射管及接收管，在屏幕表面形成红外线网格，如图 4-30 所示。当任何物体触摸屏幕时，便会挡住经过该位置的横竖两条红外线，因此红外光被切断，导致光传感器接收的信号中断，计算机便可即时算出触摸点的位置。

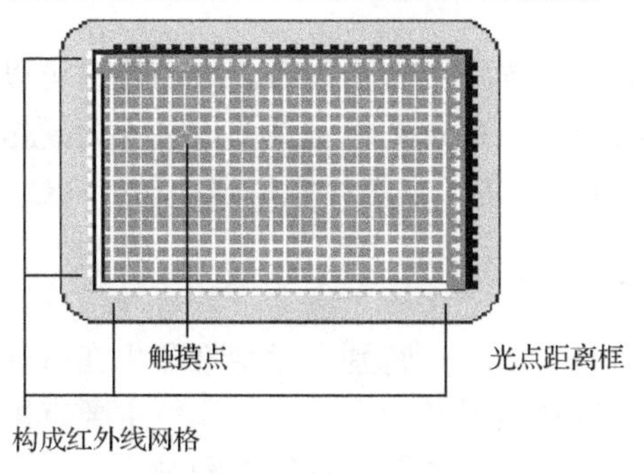

图 4-30　红外线式触摸屏

红外线式触摸屏的主要优点是价格低廉、安装方便，可以用在各档次的计算机上。另外，它完全透光，不影响显示器的清晰度。而且由于没有电容的充放电过程，响应速度比电容快。红外线式触摸屏的主要缺点是：由于发射、接收管排列有限，因此分辨率不高；由于发光二极管寿命比较短，影响了整个触摸屏的寿命；由于依靠感应红外线工作，外界光线的变化，如阳光强弱或室内射灯的开、关均会影响其准确度；红外线触摸屏不防水、防尘，甚至细小的外来物也会导致误差。

4．表面声波触摸屏

表面声波触摸屏是在显示器屏幕的前面安装一块玻璃平板（玻璃屏），玻璃屏的左上角和右下角各固定了竖直和水平方向的超声波发射换能器，右上角则固定了两个相应的超声波接收换能器。玻璃屏的四个周边刻有呈 45° 角由疏到密间隔非常精密的反射条纹。当发射换能器发射一个窄脉冲后，声波能量历经不同途径到达接收换能器，走最右边的最早到达，走最左边的最晚到达，早到达的和晚到达的这些声波能量叠加成一个较宽的波形信号。

发射换能器把控制器通过触摸屏电缆送来的电信号转化为声波能量向左方表面传递，然后由玻璃板下边的一组精密反射条纹把声波能量反射成向上的均匀面传递，声波能量经过屏体表面，再由上边的反射条纹聚成向右的线传播给 X 轴的接收换能器，接收换能器将返回的表面声波能量变为电信号。发射信号与接收信号波形在没有触摸的时候，接收信号的波形与参照波形完全一样。当手指或其他能够吸收或阻挡声波能量的物体触摸屏幕时，X 轴途经手指部位向上走的声波能量被部分吸收，反映在接收波形上即某一时刻位置上波形有一个衰减缺口。接收波形对应手指挡住部位信号衰减了一个缺口，计算缺口位置即得触摸坐标，控制器分析到接收信号的衰减并由缺口的位置判定 X 坐标之后，Y 轴通过同样的过程判定出触摸。

表面声波触摸屏不受温度、湿度等环境因素影响，分辨率极高，有极好的防刮性，寿命长（5000 万次无故障）；透光率高（92%），能保持清晰透亮的图像质量；没有漂移，最适合公共场所使用。但表面感应系统的感应转换器在长时间运作下，会因声能所产生的压力而受到损坏。一般羊毛或皮革手套都会接收部分声波，对感应的准确度也有一定的影响。屏幕表面或接触屏幕的手指如沾有水渍、油渍、污物或尘埃，也会影响其性能，甚至令系统停止运作。

4.3 打印机与绘图仪接口

打印机与绘图仪是测控系统中常用的输出设备。打印输出可以将信息打印在纸上，使信息长期保存，所以我们又将这种可以产生永久性记录的设备称为硬拷贝设备（显示器称为软拷贝设备）。绘图仪是输出图形的重要设备，也是计算机辅助设计（CAD）的重要输出工具。

4.3.1 打印机接口

各种微型打印机优缺点分析

打印机是常用的人机接口设备之一，特别是微型打印机在智能仪器系统中应用甚广。目前智能仪器系统中采用的打印机主要有微型点阵式打印机和普通点阵式打印机、喷墨式打印机和激光式打印机等，如图 4-31 所示。

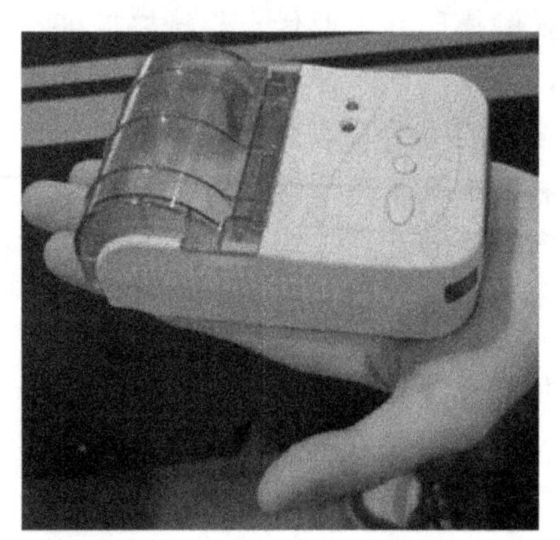

图 4-31　常见打印机

按印字原理，打印机可以分为击打式打印机和非击打式打印机两类。击打式打印机利用机械作用使印字机构（打印头）与色带和纸相撞击而打印出字符，如针式打印机；非击打式打印机采用电、磁、光、喷墨等物理、化学方法印刷字符，常见的有激光、喷墨、热敏等打印机。

微型打印机主要用于基于单片机的测控系统，可打印简单的数字、字符或小型的简略图形，但打印速度慢，噪声大，且驱动电路复杂，占用 CPU 时间，效率低。由于可采用的微型打印机种类不同，通信信号的形式和要求也不一样，因此，驱动电路也各不相同。目前国内流行的微型打印机主要有 GP-16、TPmP-40A/16A、PP40 等。本书主要讲解 GP-16 微型打印机及其接口。

GP-16 为智能微型打印机，机芯为 model-150II 16 行微型针打。它与 CPU 的接口信号见表 4-3。

表 4-3　GP-16 打印机接口信号

序号	1	2	3	4	5	6	7	8
信号	+5V	+5V	IO.0	IO.1	IO.2	IO.3	IO.4	IO.5
序号	9	10	11	12	13	14	15	16
信号	IO.6	IO.7	$\overline{CS}$	$\overline{WR}$	$\overline{RD}$	BUSY	GND	GND

其中，IO.0～IO.7 为双向三态数据总线，这是 CPU 和 GP-16 之间命令、状态和数据信息的

传输线；$\overline{\text{CS}}$为设备选择线；$\overline{\text{RD}}$、$\overline{\text{WR}}$为读、写控制线；BUSY 为状态输出线，高电平时表示 GP-16 处于忙状态，不能接收 CPU 的命令或数据。BUSY 既可作为中断请求线，也可以供 CPU 查询。

GP-16 的命令字占两个字节，其格式如下：

第一字节：

D7～D4	D3～D0
操作码	点行数n

第二字节：

D7～D0
打印行数N

GP-16 命令字格式编码如表 4-4 所示。

表 4-4　GP-16 命令字格式编码

D7	D6	D5	D4	命令功能
1	0	0	0	空走纸
1	0	0	1	字符串打印
1	0	1	0	十六进制数据打印
1	0	1	1	图形打印

字符行本身占 7 个点行，命令字中的点行数 n 是选择字符行之间行距的参数，例如，要求行距为 3，则应设 n=10。命令字的第二字节为本条命令打印（或空走纸）的字符行行数。

空走纸命令为 8nNNH，执行此命令时，打印机自动空走纸 NN×n 点行，其间忙状态 BUSY 置位，执行完后清零。

打印字符串命令为 9nNNH，执行此命令时，打印机等待 CPU 写入字符数据，当接收完 16 个字符（一行）后，转入打印。打印一行需时约 1s。若收到非法字符做空格处理。若收到换行（0AH），做停机处理，打完本行即停止打印。当打印完规定的 NNH 行数后，忙状态 BUSY 清零。GP-16 打印机符号编码如表 4-5 所示。

表 4-5　GP-16 打印机符号编码

代码表			代码的低半字节（十六进制）															
			0	1	2	3	4	5	6	7	8	9	A	B	C	D	E	F
ASCII 代码	代码的高半字节（十六进制）	0																
		1																
		2		!	"	#	$	%	&	'	(	)	*	+	,	-	.	/
		3	0	1	2	3	4	5	6	7	8	9	:	;	<	=	>	?
		4	@	A	B	C	D	E	F	G	H	I	J	K	L	M	N	O
		5	P	Q	R	S	T	U	V	W	X	Y	Z	[	\	]	↑	←
		6		a	b	c	d	e	f	g	h	i	j	k	l	m	n	o
		7	p	q	r	s	t	u	v	w	x	y	z	{	|	}	～	※
		8	O	一	二	三	四	五	六	七	八	九	十	¥	甲	乙	丙	丁
非 ASCII 代码		9	个	百	千	万	元	分	年	月	日	共	┘	┌	|	¯	_	3
		A	2	0	Φ	<	…	±	×									

十六进制数据打印的命令为 AnNNH，本指令通常用来直接打印内存数据。当 GP-16 接收

到数据打印命令后，把 CPU 写入的数据字节分两次打印，先打印高 4 位，后打印低 4 位。一行打印 4 个字节数据。行首为相对地址，其格式如下：

```
00H: ××  ××  ××  ××
04H: ××  ××  ××  ××
08H：××  ××  ××  ××
0CH：××  ××  ××  ××
10H：××  ××  ××  ××
…
```

图形打印的命令为 BnNNH，GP-16 接收到 CPU 的图形打印命令后，接收完一行图形信息（96 个字节）便转入打印，把这些数据所表示的图形直接打印出来，然后再接收下一行的图形信息，进行打印直至规定的行数打印完为止。图形信息结构示例如图 4-32 所示。打印的点为 1，空白点为 0。

行	数位	1	2	3	4	5	6	7	8	9	10	11	12	13	14	15	16	17	18	19	20		96
1	D0					■	■																
	D1				■			■															
	D2			■					■														
	D3																						
	D4																						
	D5		■							■													
	D6																						
	D7	■									■												
2	D0											■									■		
	D1																						
	D2												■							■			
	D3																						
	D4																						
	D5													■					■				
	D6														■			■					
	D7															■	■						

图 4-32 图形信息结构示例

假设正弦波分两行打印，先打印正半周，后打印负半周，则两行数据的前 20 个字节分别为：

第一行：80H，20H，04H，02H，01H，01H，02H，04H，20H，80H，
00H，00H，00H，00H，00H，00H，00H，00H，00H，00H，

第二行：00H，00H，00H，00H，00H，00H，00H，00H，00H，00H，
01H，04H，20H，40H，80H，80H，40H，20H，04H，01H，

1）状态字

GP-16 有一个状态字供主机查询，其格式如下：

D7	D6	D5	D4	D3	D2	D1	D0
错	×	×	×	×	×	×	忙

D0 为忙位。主机写入的命令或数据在没有处理完时置“1”，GP-16 处于自检状态时，忙位也为“1”。

D7 为错误位。GP-16 接收到非法命令时置“1”，接收到正确命令后复位。

2）GP-16 与单片机的接口

由于 GP-16 的控制电路中有三态锁存器，在 $\overline{CS}$ 和 $\overline{WR}$ 控制下能锁存 CPU 总线数据，三态门又能与 CPU 实现隔离，故 GP-16 可以直接与 51 单片机的数据总线相连而无须外加锁存器。如图 4-33 所示为 GP-16 与 8051 单片机数据总线的接口方法。

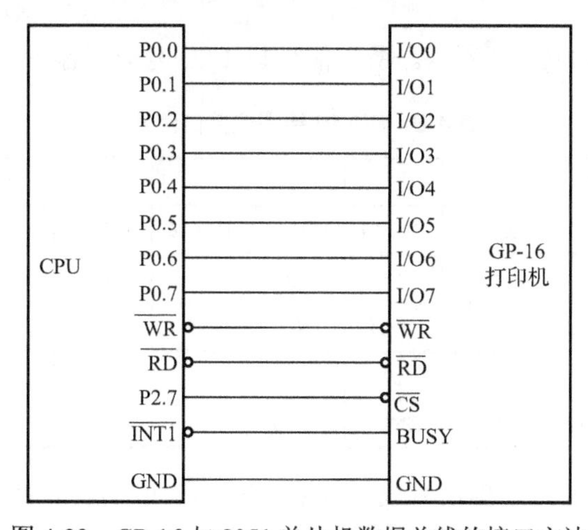

图 4-33　GP-16 与 8051 单片机数据总线的接口方法

图中，BUSY 接 $\overline{INT1}$（P3.3），因此，不改变连接方法即能用于中断方式（$\overline{INT1}$）或查询方式（P3.3）。

如果使用其他 I/O 口或扩展 I/O 口，只须将 P0 口线换成其他 I/O 口或扩展 I/O 口即可。

按照图中连接方法，GP-16 打印机的地址为 7FFFH，读取 GP-16 状态字时，单片机执行下列程序段：

```
MOV        DPTR，#7FFFH
MOVX       A，@DPTR
```

将命令或数据写入 GP-16 时，单片机执行下列程序段：

```
MOV        DPTR，#7FFFH
MOV        A，#DATA/CON           ；数据或命令
MOVX       @DPTR，A
```

4.3.2　绘图仪接口

打印机一般只能打印文件和表格，它不适合打印图形。绘图仪是输出图形的重要设备，也是计算机辅助设计（CAD）的重要输出工具，它可以在纸上或其他材料上画出图形。

绘图仪上一般装有一支或几支不同颜色的绘图笔，绘图笔由电动机带动在水平和垂直方向上移动，而且根据需要抬起或者降低，从而在纸上画出图形。常见的绘图仪有两种：平板式绘

图仪和滚筒式绘图仪。

绘图仪的性能指标主要有绘图笔数、图纸尺寸、分辨率、灰度、色度及接口形式等。彩色绘图仪由四种基本颜色组成，即红、蓝、黄、黑，通过自动调和，可形成不同的色彩。一般而言，分辨率越高，绘制出的灰度越均匀，色调越柔和。

绘图仪在绘图时必须接受主机发来的命令，这些命令放在一个存储器中，由控制器根据命令发出水平方向、垂直方向、抬笔或者落笔等动作命令。与其他设备一样，绘图仪也越来越多地采用微处理器进行控制，以提高绘图的速度、效率和精度。

LASER PP-40 是在智能仪器中经常使用的 40 行小型彩色绘图仪，采用四个不同颜色的圆珠笔头作为打印头，能打印 ASCII 字符和描绘精度较高的彩色图表。

1. PP-40 接口信号

PP-40 和主机的接口如表 4-6 所示。所有信号与 TTL 电平兼容。

表 4-6 PP-40 绘图仪接口信号

序号	1	2	3	4	5	6	7	8	9	10	11	12
信号	$\overline{\text{STROBE}}$	DATA1	DATA2	DATA3	DATA4	DATA5	DATA6	DATA7	DATA8	$\overline{\text{ACK}}$	BUSY	GND
序号	13	14	15	16	17	18	19	20	21	22	23	24
信号	NC	GND	GND	GND	GND	NC	GND*	GND*	GND*	GND*	GND*	GND*
序号	25	26	27	28	29	30	31	32	33	34	35	36
信号	GND*	GND*	GND*	GND*	GND*	GND	NC	NC	GND	NC	NC	NC

其中，DATA1～DATA8 为数据信号线；$\overline{\text{STROBE}}$ 为选通输入信号线，它将 DATA1～DATA8 数据打入 PP-40，并启动 PP-40；BUSY 为状态输出线，PP-40 正在绘图时，BUSY 输出高电平，空闲时输出低电平，BUSY 可作为中断请求线或供 CPU 查询；$\overline{\text{ACK}}$ 为相应输出线，当 PP-40 接收并处理完主机的命令和数据时，$\overline{\text{ACK}}$ 输出一个负脉冲。

PP-40 具有文本模式和图案模式两种操作方式。初始加电后为文本模式状态，用于打印字符串。图案模式状态时，提供多种绘图操作命令，供用户编制程序使用，以便绘制出各种图形。

2. PP-40 与单片机的接口

PP-40 与单片机（8051）的接口如图 4-34 所示。对 PP-40 的输出控制可以采用查询方式，也可以采用中断方式。现以中断方式为例，说明文本模式打印驱动程序的设计方法。假设要打印的 ASCII 字符存在 40H～4FH 连续单元中。

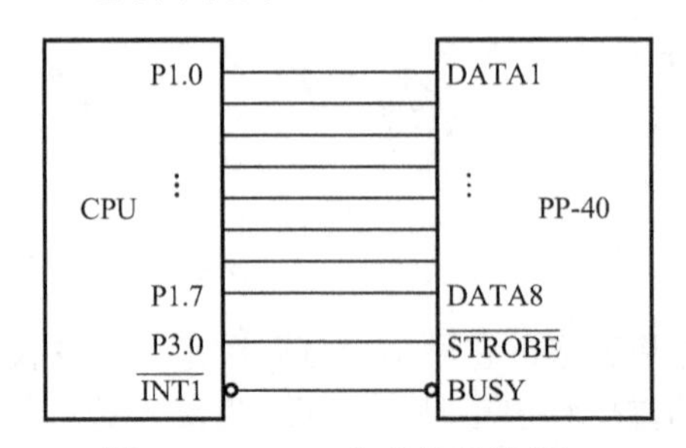

图 4-34 PP-40 与单片机的接口

打印程序及中断服务程序如下：

打印程序：

```
MOV     R0，#40H        ；置打印缓冲区指针初值
MOV     R7，@10
MOV     P1，#20H        ；输出 20H（空格）
SETB    P3.0            ；产生选通脉冲
CLR     P3.0
CLR     P3.0
SETB    P3.0
SETB    IT1             ；置外中断 1 为边沿触发方式
MOV     IE，#84H        ；允许外中断 1 请求中断
…
```

中断服务程序：

```
PRINT:  PUSH    ACC         ；现场保护
        PUSH    PSW
        JPUSH   DPH
        PUSH    DPL
        MOV     A，@R0      ；取打印字符
        MOV     P1，A       ；输出
        CLR     P3.0        ；产生选通脉冲
        SETB    P3.0
        INC     R0
        DJNZ    R7，PR1
        MOV     A，@0FFH    ；置打印完成标志
        CLR     EX1         ；关外中断 1
        POP     DPL
        POP     DPH
        POP     PSW
        POP     ACC
        RETI
```

习题

1．键盘接口设计的主要任务是什么？
2．键盘有哪几类？简述各自的实现方法。
3．键盘扫描方法有几种？如何实现？
4．智能仪器中常用的显示器有哪些？
5．LED 显示器的显示原理是什么？如何确定显示内容的段码？
6．LED 显示器的显示方法有几种？编程中需要注意哪些问题？
7．简述 LCD 显示器的显示原理。
8．常用的 LCD 驱动接口有哪些？如何实现？
9．智能仪器中打印机有什么特点？
10．什么是绘图仪？常用的绘图仪有哪些？

第 5 章

智能仪器通信接口

本章知识点：

- 数据通信的基础知识
- I^2C 总线接口时序及接口外围器件的扩展
- SPI 总线接口时序及接口外围器件的扩展
- GPIB 并行总线
- 串口通信接口
- 蓝牙技术
- GPRS 技术
- 智能仪器中常用的标准总线、串行总线及各种总线的应用

基本要求：

- 了解数据通信的常用总线类型及通信基本原理
- 掌握 I^2C 及 SPI 总线协议及通信接口设计
- 掌握通用接口总线 GPIB 接口标准，了解单片机实现 GPIB 接口的扩展技术
- 了解串行通信接口标准，掌握基于单片机串行口实现仪表之间的相互通信；掌握通过串行接口实现与上位机之间的通信
- 了解蓝牙及 GPRS 通信的原理及应用方式

能力培养目标：

通过本章的学习，使学生了解当代智能仪器的多种总线接口方式，通过总线协议及总线接口芯片的扩展方式训练，培养学生对微处理器及其相关外设的硬件接口设计与软件开发实践能力。同时，结合不同通信接口总线的区别与选用，培养学生在智能仪器设计中的创新意识和创新能力。

在智能仪器中，不同的模块或各台仪器之间需要不断地进行各种信息的交换和传输，这种信息的交换和传输是通过通信接口，按照一定的协议进行的。通信接口是各台仪器之间或者是仪器与计算机之间进行信息交换和传输的联络装置，是进行信息交换的中转站，提供信息交换的环境和条件。而通信协议（通信规程）是通信双方约定的一些规则。

数据通信是指不同设备之间进行的数字量传输和交换，例如，计算机与计算机之间、计算机与智能仪器之间、智能仪器与智能仪器之间，经常需要传输各种不同的数据。数据通信是计算机及智能设备联成网络必不可少的手段。在数据通信中常用到接口（Interface）和端口（Port）两个不同的概念。端口是指接口电路中的一些寄存器，这些寄存器分别用来存放数据信息、控制信息和状态信息，与其相对应的就是数据端口、控制端口和状态端口。若干个端口加上相应

的控制逻辑才能组成接口。CPU通过输入指令，从端口读入信息，通过输出指令，可将信息写入端口中。

在数据通信中，数据的传输离不开相应的总线，总线是智能仪器中的公共数字传输通道。总线按照连接范围的不同，可划分为芯片总线、内部总线、系统总线与外部总线。

（1）芯片总线，也称片间总线或局部总线，位于集成电路内部，是集成电路内部各功能单元之间的连线，芯片总线通过集成电路的引脚延伸到外部与系统相连。

（2）内部总线，又称前端总线或系统总线，是控制器与其他一些部件之间直接连接而进行数据通信的总线，用于芯片一级的连接。常用内部总线：I^2C、SPI、UART、SCI等。系统总线用于控制器与接口卡的连接，使各种接口卡能够在各种系统中实现“即插即用”。常见总线标准有ISA总线、EISA总线、VESA总线、PCI总线、AGP总线等。

（3）外部总线，又称通信总线，是计算机之间或计算机与外围设备之间进行数据通信的连接线，用于设备一级的互连，如RS-232C总线、RS-485总线、IEEE-488总线和USB总线。

按不同的数据传输方式，数据通信可分为并行通信、串行通信。并行通信指利用多条数据传输线将一个数据的各位同时传送。通常以8位、16 位或32位的数据宽度同时进行传输。每一位都要有自己的数据传输线和发送接收器件，在时钟脉冲的作用下数据从一端送往另一端。并行通信的特点是传输速度快，适用于短距离通信。串行通信指利用一条传输线将二进制数据一位位地顺序传送或在两个站（点对点）之间进行传送。串行通信的特点是通信线路简单，利用电话或电报线路就可实现通信，成本较低，适用于远距离通信，但传输速度慢。

5.1　内总线

历史悠久的I^2C总线

5.1.1　I^2C总线

为了提高硬件的效率和简化电路的设计，PHILIPS（飞利浦）开发了一种用于内部IC控制的简单的双向两线串行总线I^2C，它通过SDA（串行数据线）及SCL（串行时钟线）两根线在连到总线上的器件之间传送信息，并根据地址识别每个器件（可以是微控制器、存储器、时钟或LCD驱动器等），所有连接于总线的I^2C器件都可以工作于发送方式或接收方式。I^2C总线支持任何一种IC制造工艺，并且PHILIPS和其他厂商提供了种类非常丰富的I^2C兼容芯片。

1. I^2C总线的结构特点

任何I^2C器件都可以连接到I^2C总线上，而每个总线上的器件也能和任何一个主控端沟通互相传送信息，在总线上至少必须有一个主控端，如微控器或DSP，每个主控端拥有相同的优先权，且在I^2C总线上加入或移除器件都非常简便。每个器件都有一个唯一的地址，而且可以是单接收的器件（如LCD驱动器），或者是既可以接收也可以发送的器件（如存储器）。发送器或接收器可以在主模式或从模式下操作，这取决于芯片是否必须启动数据的传输还是仅仅被寻址。I^2C是一个多主总线，如图5-1所示，即它可以由多个连接的器件控制。

器件之间通过SDA及SCL两根线进行通信。连接到总线的器件的输出级必须是集电极或漏极开路，通过上拉电阻接正电源，以便完成“线与”功能。器件与I^2C总线的连接如图5-2所示。SDA和SCL均为双向I/O线，当总线空闲时，两条线均为高电平。

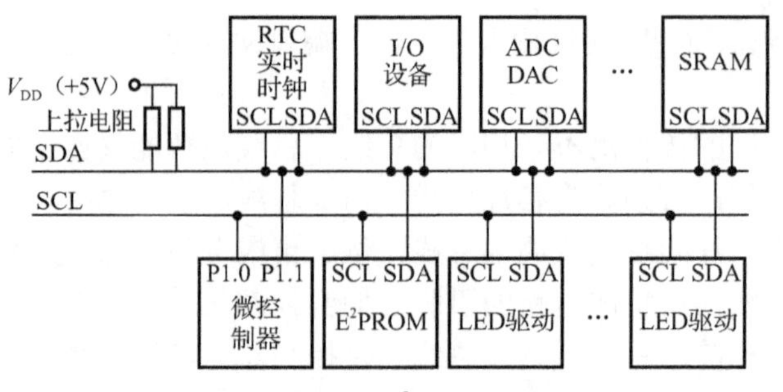

图 5-1　器件与 I²C 总线的连接

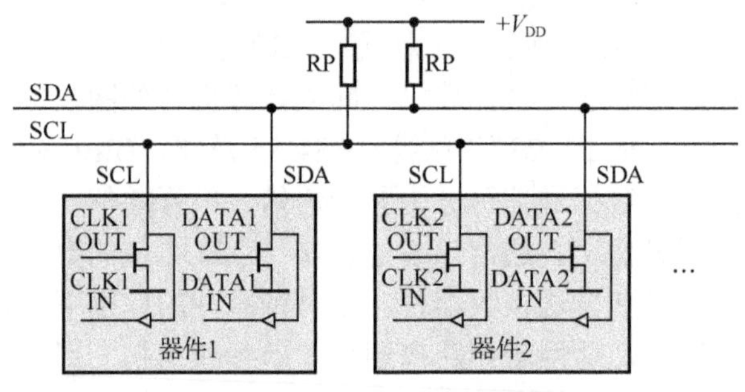

图 5-2　器件与 I²C 总线的连接

采用 I²C 总线标准的单片机或 IC 器件，其内部不仅有 I²C 接口电路，而且将内部各单元电路按功能划分为若干相对独立的模块，通过软件寻址实现片选，减少了器件片选线的连接。CPU 不仅能通过指令将某个功能单元电路挂靠或摘离总线，还可对该单元的工作状况进行检测，从而实现对硬件系统的既简单又灵活的扩展与控制。总线的电容总和必须低于 400pF，20～30 个器件或 10m 的传输长度，以符合上升与下降时间的要求，每个器件必须驱动 3mA 形成逻辑低位，并在开漏极总线内置 2～10kΩ的提升电阻与 0.4mA 的电流，并同时具有双向 I²C 总线缓冲器，可以用来隔离总线上不同接线的电容，以带来更大（2000pF）与更长（2000m）的总线结构。

传统的单片机串行接口的发送和接收一般都各用一条线，而 I²C 总线则根据器件的功能通过软件程序使其可工作于发送或接收方式。当某个器件向总线上发送信息时，它就是发送器（也称主器件），而当其从总线上接收信息时，又成为接收器（也称从器件）。主器件用于启动总线上传送数据并产生时钟以开放传送的器件，此时任何被寻址的器件均被认为是从器件。I²C 总线的控制完全由挂接在总线上的主器件送出的地址和数据决定。在总线上，既没有中心机，也没有优先机。

总线上主和从（即发送和接收）的关系取决于此时数据传送的方向。SDA 和 SCL 均为双向 I/O 线，通过上拉电阻接正电源。当总线空闲时，两根线都是高电平。连接总线的器件的输出级必须是集电极或漏极开路，以具有线“与”功能。

基本的 I²C 总线规范于 1992 年首次发布，其数据传输速率最高为 100Kbps，采用 7 位寻址。但是由于数据传输速率和应用功能的迅速增加，I²C 总线也增强为快速模式（400Kbps）和 10 位寻址，以满足更高速度和更大寻址空间的需求。I²C 总线始终和先进技术保持同步，但仍然保持其向下兼容性。并且最近还增加了高速模式，其数据传输速率可达 3.4Mbps。它使得 I²C 总线能够支持现有以及将来的高速串行传输应用，如 EPROM 和 Flash 存储器。

2. I^2C 总线的传输

I^2C 总线为同步传输总线，总线数据与时钟完全同步。I^2C 总线规定时钟线 SCL 上一个时钟周期只能传送一位数据。当时钟 SCL 线为高电平时，对应数据线 SDA 线上的电平即为有效数据位（高电平为 1，低电平为 0）；在数据传送开始后，SCL 为高电平的时候，SDA 的数据必须保持稳定，只有当 SCL 为低电平的时候，才允许 SDA 上的数据改变。当 SCL 发出重复的时钟脉冲，每次为高电平时，SDA 线上对应的电平就是一位一位传送的数据，其中最先传输的是字节的最高位数据，其时序如图 5-3 所示。

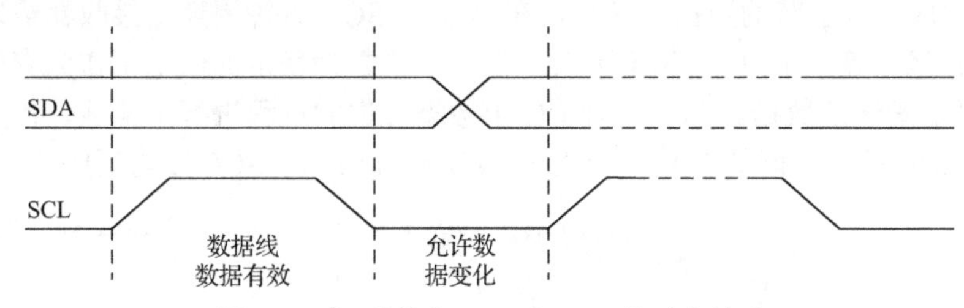

图 5-3　I^2C 总线上 SDA 和 SCL 的时序关系

1）起始条件和停止条件

起始条件：当 SCL 线为高电平时，SDA 线由高到低地转换。出现起始信号以后，总线被认为“忙”。

停止条件：当 SCL 线为高电平时，SDA 线由低到高地转换。出现停止信号后，总线被认为“空闲”。也就是 SCL 和 SDA 都保持高电平，总线就是空闲的。

在连续读写时，如收到一个“停止条件”，则所有读写操作将终止，芯片将进入等待模式。起始条件和停止条件一般由主机产生。

2）应答信号

接收数据的芯片在接收到 8 位数据后，向发送数据的芯片发出特定的低电平脉冲，表示已收到数据。应答位的时钟脉冲也由主机产生。发送器在应答时钟脉冲高电平期间，将 SDA 线拉为高电平，即释放 SDA 线，转由接收器控制。接收器在应答时钟脉冲的高电平期间必须拉低 SDA 线，以使之为稳定的低电平作为有效应答，如图 5-4 所示。若接收器不能拉低 SDA 线，则为非应答信号。

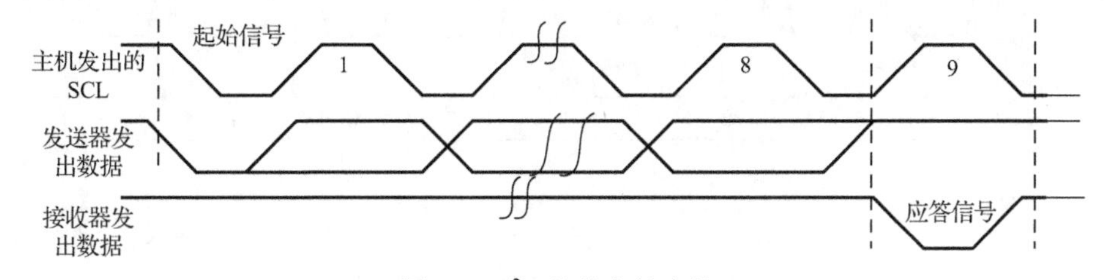

图 5-4　I^2C 总线上的应答

发送器向接收器发出一个字节的数据后，等待接收器发出一个应答信号，发送器接收到应答信号后，根据实际情况做出是否继续传递信号的判断。若未收到应答信号，则判断为接收器出现故障。

3）数据字节的传送

发送到 SDA 线上的每个字节必须为 8 位。每次传输可以发送的字节数量不受限制，但每个字节后必须跟一个应答位，数据传输的顺序是首先传输数据的最高位 MSB，然后在每一个 SCL 线的时钟周期内，传送一位数据，在 8 个 SCL 时钟周期后，SDA 线上完成一个字节的数据传送。在传输时，若 SCL 线为高电平，SDA 线上电平需保持稳定不变，只有 SCL 线为低电平时，SDA 线上的电平才能改变。否则，若 SCL 线为高电平，而 SDA 线上的电平由高跳变到低，则为起始信号；由低跳变到高，则为停止信号。

SDA 线上完成一个字节的数据传送后，在第 9 个 SCL 时钟周期，接收器需发出一个应答信号，即在 SCL 线为高电平时，将 SDA 线拉低，以使之为稳定的低电平作为有效应答，表明正确收到了发送器发送的数据。图 5-5 对 I^2C 上数据传送的过程进行了描述，需要指出的是，此处的 SDA 和 SCL 是发送器的 SDA、SCL 与接收器的 SDA、SCL 线与后的结果。

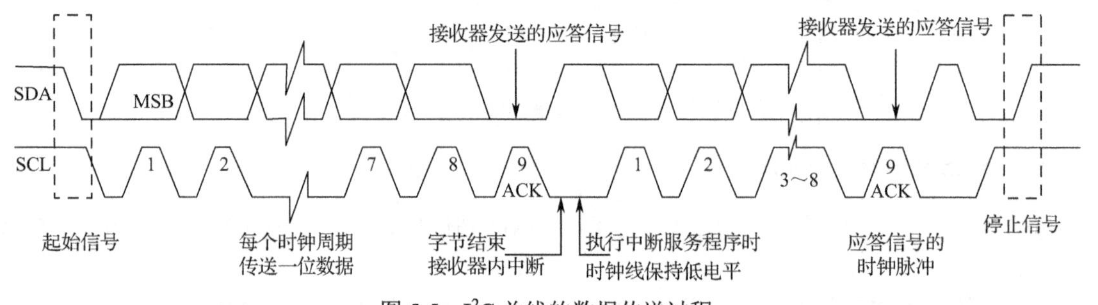

图 5-5 I^2C 总线的数据传送过程

4）一帧完整数据的传送

一次典型的 I^2C 总线数据传输包括一个起始条件（START）、一个地址字节（位 7～1：7 位从机地址；位 0：R/W 方向位）、一个或多个字节的数据和一个停止条件（STOP）。每个地址字节和每个数据字节后面都必须用 SCL 高电平期间的 SDA 低电平（见图 5-6）来应答（ACKNOWLEDGE，简写为 ACK）。如果在数据传输了一段时间后，接收器件不能接收更多的数据字节，接收器件将发出一个“非应答”（NACK）信号，这用 SCL 高电平期间的 SDA 高电平表示，发送器件读到“非应答”信号后终止传输。

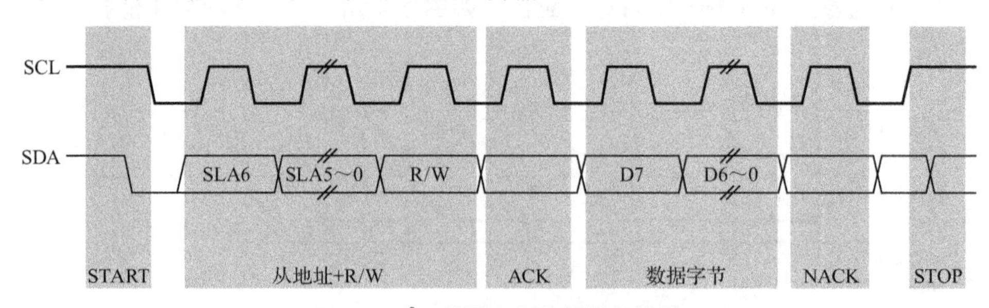

图 5-6 I^2C 总线上完整数据的传送

方向位占据地址字节的最低位。方向位被设置为逻辑 1 表示这是一个“读”（READ）操作，即主机接收从机发送的数据；方向位为逻辑 0 表示这是一个“写”（WRITE）操作，即从机接收主机发送的数据。所有的数据传输都由主器件启动，可以寻址一个或多个目标从机。

5.1.2 I²C 总线应用实例

I^2C 总线是各种总线中使用信号线最少，并具有自动寻址，多主机时钟同步和仲裁等功能很强的总线，广泛应用于系统内部模块或芯片之间，在智能仪器系统中应用广泛，并且有一系列的具有 I^2C 总线接口的外围器件可供选用。用带有 I^2C 总线的器件，如 A/D、D/A、E^2PROM、各种传感器、变送器及微处理器等设计智能仪器系统十分方便、灵活，体积也小。本节以 Atmel 公司生产的 AT24LC02 芯片（存储容量为 2KB）为例，介绍具有 I^2C 总线 E^2PROM 的具体应用。

1. AT24LC02 介绍

AT24LC02 为 8 脚双列直插式封装，如图 5-7 所示，各引脚功能如下：SCL 串行时钟，SDA 串行数据/地址，A0、A1、A2 器件地址输入端，WP 写保护，V_{CC} +1.8～6.0V 工作电压，Vss 地。如果 WP 引脚连接到 V_{CC}，所有的内容都被写保护，只能读而不能写。

2. AT24LC02 的读写操作

1）字节写

在字节写模式下，主机发送起始信号和从机地址信息，R/W 位置零。在从机产生应答信号后，主机发送 AT24LC02 的内部字节地址，该地址表明一个字节的数据要写入 AT24LC02 的哪一个字节。主机在收到从机的另一个应答信号后，再发送数据到 AT24LC02 内部字节地址表明的存储单元。AT24LC02 再次应答，并在主机产生停止信号后开始内部数据的擦写。在内部擦写过程中，AT24LC02 不再应答主机的任何请求。字节写时序如图 5-8 所示。

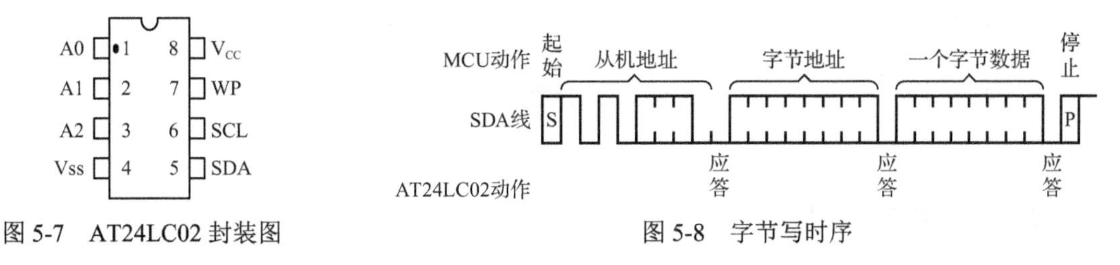

图 5-7　AT24LC02 封装图

图 5-8　字节写时序

2）页写

用页写 AT24LC02 可以一次写入 8 个字节的数据。图 5-9 所示为页写时序。页写操作的启动和字节写一样，不同在于传送了一个字节数据后并不产生停止信号。主机被允许再发送 7 个额外的字节，每发送一个字节数据后，AT24LC02 产生一个应答信号，并将内部字节地址自动加 1。如果写到此页的最后一个字节，即发送完 8 个字节数据后，主机继续发送数据，数据将从该页的首地址写入，先前写入的数据将被覆盖，造成数据丢失。

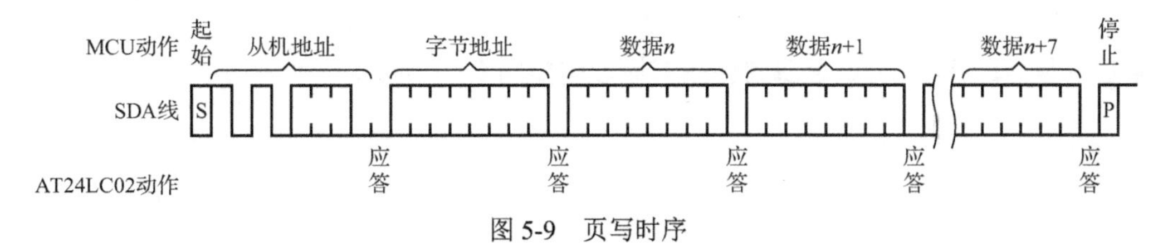

图 5-9　页写时序

AT24LC02 的读操作可分为立即地址读、选择性读和连续读。

3）立即地址读

立即地址读时序如图 5-10 所示。

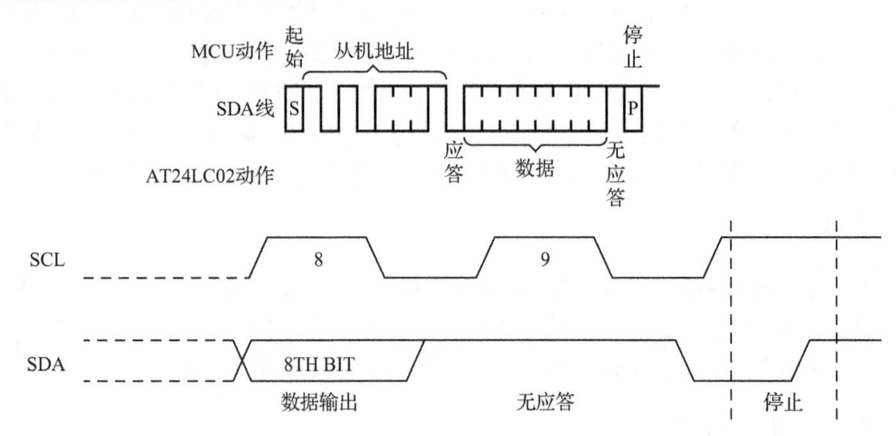

图 5-10 立即地址读时序

4）选择性读

选择性读时序如图 5-11 所示。

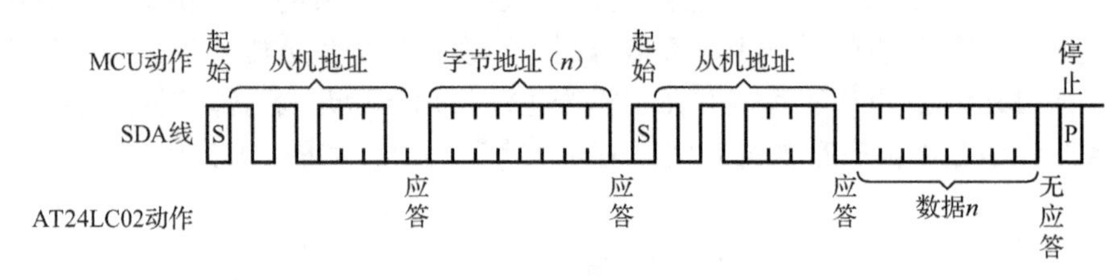

图 5-11 选择性读时序

5）连续读

连续读时序如图 5-12 所示。

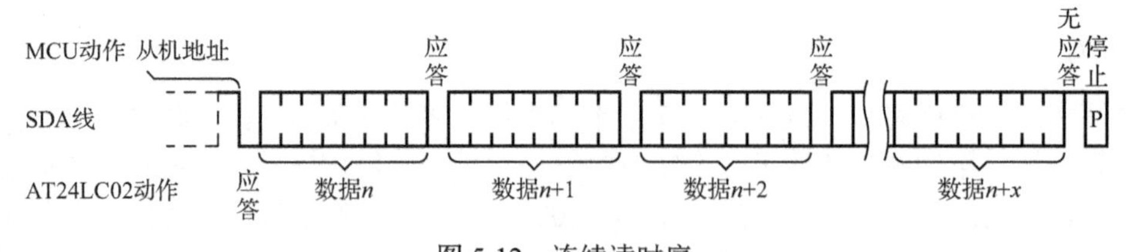

图 5-12 连续读时序

3. 硬件设计

单片机和 AT24LC02 I^2C 总线硬件接线原理图如图 5-13 所示。

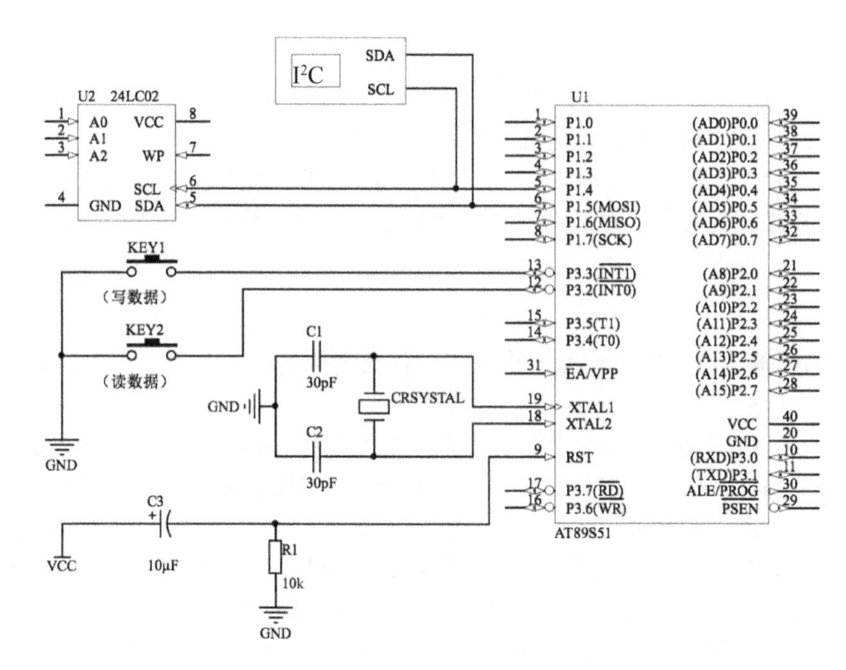

图 5-13 单片机和 AT24C01C I²C 总线硬件接线原理图

AT24C01C I²C 软件设计

5.1.3 SPI 总线及应用

细谈 I²C 和 SPI 总线协议

串行外围设备接口 SPI（Serial Peripheral Interface）总线技术是 Motorola 公司推出的一种同步串行接口。SPI 总线是一种三线同步总线，允许 MCU 与各种外围设备以串行方式进行通信。SPI 是一种高速的、全双工、同步的通信总线，并且在芯片的引脚上只占用四根线，节约了芯片的引脚，同时为 PCB 的布局节省空间，提供方便。正是出于这种简单易用的特性，现在越来越多的芯片集成了这种通信协议。

一个完整的 SPI 系统有如下的特性：①全双工、三线同步传送；②主、从机工作方式；③可程控的主机位传送频率、时钟极性和相位；④发送完成中断标志；⑤写冲突保护标志。在大多数场合，使用一个 MCU 作为主机，控制数据向一个或多个从机（外围器件）的传送。

1. SPI 总线结构

SPI 是一个环形总线结构，由 ss（cs）、sck、sdi、sdo 构成，其时序其实很简单，主要是在 sck 的控制下，两个双向移位寄存器进行数据交换。上升沿发送、下降沿接收、高位先发送。上升沿到来的时候，sdo 上的电平将被发送到从设备的寄存器中。下降沿到来的时候，sdi 上的电平将被接收到主设备的寄存器中。

一般 SPI 系统使用四个 I/O 引脚。

1）串行数据线（MISO、MOSI）

主机输入/从机输出数据线（MISO）和主机输出/从机输入数据线（MOSI），用于串行数据的发送和接收。数据发送时，先传送 MSB（高位），后传送 LSB（低位）。

在 SPI 设置为主机方式时，MISO 是主机数据输入线，MOSI 是主机数据输出线；在 SPI 设置为从机方式时，MISO 是从机数据输出线，MOSI 是从机数据输入线。

2）串行时钟线（SCLK）

串行时钟线（SCLK）用于同步从 MISO 和 MOSI 引脚输入和输出数据的传送。在 SPI 设置为主机方式时，SCLK 为输出；在 SPI 设置为从机方式时，SCLK 为输入。

在 SPI 设置为主机方式时，主机启动一次传送，自动在 SCLK 脚产生 8 个时钟周期。在主机和从机 SPI 器件中，在 SCLK 信号的一个跳变时进行数据移位，数据稳定后的另一个跳变时进行采样。

3）从机选择（SS）

在从机方式时，SS 脚是输入端，用于使能 SPI 从机进行数据传送；在主机方式时，SS 一般由外部置为高电平。

通过 SPI 可以扩展各种 I/O 功能，包括：A/D、D/A、实时时钟、RAM、E^2PROM 及并行输入/输出接口等。在把 SPI 与一片或几片串行扩展芯片相连时，只需按要求连接 SPI 的 SCLK、MOSI 及 MISO 三根线即可。对于有些 I/O 扩展芯片，它们有 CS 端。这时，这些片选输入端一般有同步串行通信的功能：无效时，为复位芯片的串行接口；有效时，初始化串行传送。有些芯片的 CS 端，将其上从低到高的跳变当作把移位数据打入并行寄存器或操作启动的脉冲信号。因此，对于这些芯片，应该用一根 I/O 口线来控制它们的片选端 CS。图 5-14 所示为 SPI 主/从 CPU 内部连接图。

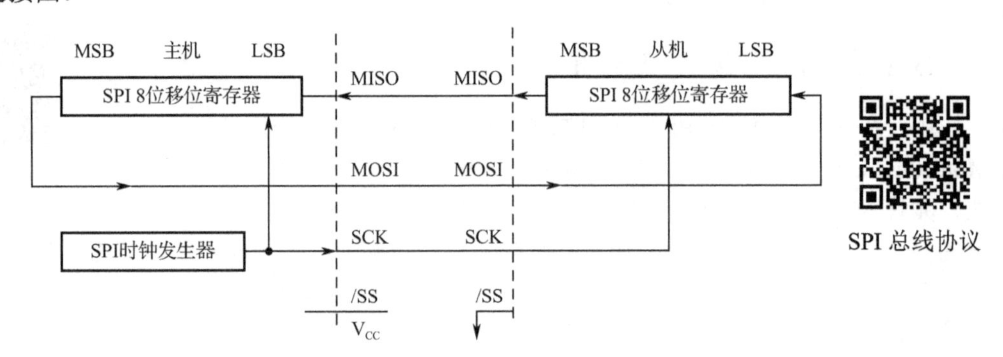

图 5-14　SPI 主/从 CPU 内部连接图

2. SPI 应用

以下举例说明利用模拟 SPI 扩展串行 E^2PROM。

1）串行 E^2PROM 93C46 的特点及引脚

93C46 是 64×16（1024）位串行存取的电擦除可编程的只读存储器。具有如下特点：在线改写数据和自动擦除功能；电源关闭，数据也不丢失；输入、输出口与 TTL 兼容；片内有编程电压发生器，可以产生擦除和写入操作时所需的电压；片内有控制和定时发生器，擦除和写入操作均由此定时电路自动控制；具有整体编程允许和禁止功能，以增强数据的保护能力；+5V 单电源供电；处于等待状态时，电流为 1.5～3mA。

93C46 有两种封装形式，如图 5-15（a）、（b）所示，分别为 8 脚双列直插式塑料封装、14 脚扁平式塑料封装。各引脚的功能如下：

CS：片选信号。当 CS 置高电平时，片选有效。用 CS 信号的下降沿启动片内定时器，开始擦写操作。启动之后，CS 信号上电平的高低不影响芯片内部的擦写操作。

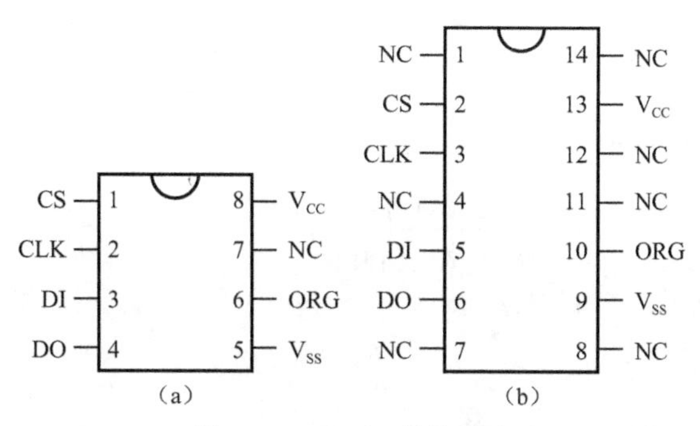

图 5-15　93C46 封装形式

CLK：串行数据时钟信号输入端。输入时钟频率为 0～250 kHz。

DI：串行数据输入端。

DO：串行数据输出端（读操作时）。擦除操作时，DO 引脚可作为擦写状态指示，相当于 READY/BUSY 信号，即忙/闲指示信号。其他状态时，DO 引脚呈高阻态。

ORG：结构端。当 ORG 连接到 V_{CC} 或悬空时，芯片为 16 位存储器结构；当 ORG 连接到 V_{SS} 时，则选择 8 位存储器结构。在时钟频率低于 1MHz 时，ORG 端才能悬空，构成 16 位存储器结构。

在不对芯片操作时，最好将 **CS** 置为低电平，使芯片处于等待状态，以降低功耗。利用软件仿真时的硬件电路原理图如图 5-16 所示。

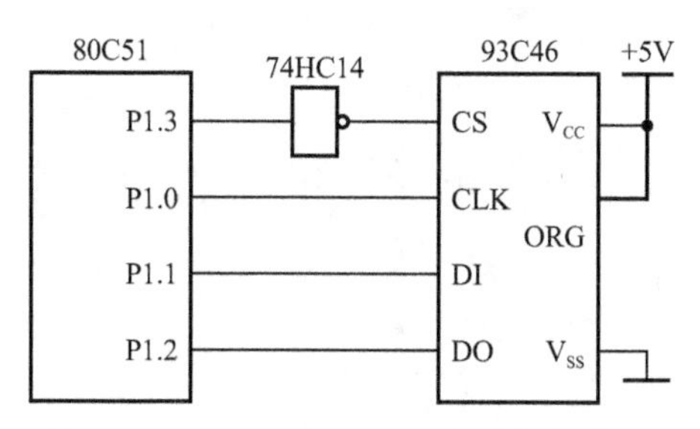

图 5-16　93C46 与 80C51 单片机的接口

图 5-16 电路中使用斯密特触发器 74HC14，是为了对时钟脉冲进行整形，提高抗噪声干扰的能力。

2）程序设计

（1）送起始位（“1”）子程序 INSB。

功能：80C51 向 93C46 送出“1”。

入口参数：无。

出口参数：无。

```
CS      EQU     P1.3
CLK     EQU     P1.0
DI      EQU     P1.1
DO      EQU     P1.2
```

（2）送 8 位数据子程序 WRI。

功能：80C51 向 93C46 送出 8 位数据，这 8 位数据可能是两位操作码和 6 位地址码，也可能是 8 位数据，若是 16 位数据可分两次送。

入口参数：8 位数据在 A 中。

出口参数：无。

80C51 向 93C46 送出“1”：

```
INSB:   SETB    CS          ; 置片选无效（CS）
        CLR     CLK         ; 时钟置低（CLK）
        SETB    DI          ; 置位 DI
        NOP
        NOP
        CLR     CS          ; 置片选有效
        NOP
        NOP
        SETB    CLK         ; 时钟置高，移入数据
        NOP
        NOP
        CLR     CLK         ; 时钟置低
        RET
```

80C51 向 93C46 送出 8 位数据：

```
WRI:    MOV     R4，#8      ; 写入数据的位数
W10:    RLC     A
        MOV     DI，C       ; 将 CY 送 DI
        NOP
        NOP
        SETB    CLK         ; 时钟置高，移入数据
        NOP
        NOP
        CLR     CLK         ; 时钟置低
        DJNZ    R4，W10     ; 未完，继续
        RET
```

（3）读取 8 位数据子程序 RDI。

功能：80C51 从 93C46 的 DO 引脚读取 8 位数据。

入口参数：无

出口参数：读出的 8 位数据在 A 中。

```
RDI:    MOV R4，#8          ; 读取数据位数
        RI0:NOP
        NOP
        SETB CLK            ; 时钟置高，移出数据
        NOP
        NOP
        CLR CLK             ; 时钟置低
        MOV C，DO           ; 数据从 DO 读入 Cy
        RLC A
        DJNZ R4，RI0        ; 未完，待续
        RET
```

（4）向 93C46 写入 16 位数据 WRITE。

功能：80C51 向 93C46 送出 16 位数据。

入口参数：

B 寄存器：8 位指令，2 位操作码，6 位地址码；

R2：存放要写入的数据高 8 位；

R3：存放要写入的数据低 8 位。

出口参数：无。

```
WRITE:  LCALL INSB        ；送起始位“1”
        MOV A，#30H       ；擦/写允许指令
        LCALL WRI         ；调写入 8 位子程序
        LCALL INSB        ；送起始位
        MOVA，B           ；写入指令
        LCALL WRI         ；调写入 8 位子程序
        MOV A，R2         ；写入高 8 位
        LCALL WRI         ；调写入 8 位子程序
        MOV A，R3         ；写入低 8 位
        LCALL WRI         ；调写入 8 位子程序
        SETB CS           ；置片选位无效
        NOP
        NOP
        CLR CS            ；置片选为有效
WAIT:   JNB  DO，WAIT     ；DO 指示结束否？编程未完等待
        LCALL INSB        ；送起始位
        MOV A，#00H       ；擦/写禁止指令
        LCALL WRI         ；写入 8 位指令
        SETB CS           ；置片选为无效
        RET               ；返回
```

（5）从 93C46 读取 16 位数据 READ。

功能：80C51 从 93C46 的 DO 引脚读取 16 位数据。

入口参数：

B 寄存器：8 位指令，2 位操作码，6 位地址码。

出口参数：

R2：存放要读出的数据高 8 位；

R3：存放要读出的数据低 8 位。

```
RDI:    MOV    R4，#8      ；读取的数据位数
R10:    NOP
        NOP
        SETB   CLK         ；时钟置高，移出数据
        NOP
        NOP
        CLR    CLK         ；时钟置低
        MOV    C，DI       ；数据从 DI 读入 CY
        RLC    A
        DJNZ   R4，R10     ；未读完，继续
```

```
        RET
WRITE：
        LCALL   INSB            ；擦/写允许指令
        MOV     A，#30H
        LCALL   WRI
        LCALL   INSB            ；写入指令
        MOV     A，B
        LCALL   WRI
        MOV     A，R2           ；写入高 8 位
        LCALL   WRI
        MOV     A，R3           ；写入低 8 位
        LCALL   WRI
        SETB    CS              ；置片选为无效
        NOP
        NOP
        CLR     CS              ；片选有效
WAIT:
        JNB     DO，WAIT        ；编程未完，等待
        LCALL INSB              ；擦/写禁止指令
        MOV   A，#00H
        LCALL   WRI
        SETB    CS              ；置片选为无效
        RET                     ；返回
READ:
        LCALL   INSB            ；写读出指令
        MOV     A，B
        LCALL   WRI
        NOP
        NOP
        LCALL   RDI
        MOV     R2，A           ；读出高 8 位
        LCALL   RDI
        MOV     R3，A           ；读出低 8 位
        SETB    CS              ；置片选为无效
        RET
```

5.2 GPIB 并行总线

GPIB 接口

GPIB 即通用接口总线（General Purpose Interface Bus）是国际上通用的仪器接口标准。目前生产的智能仪器几乎无一例外地配有 GPIB 标准接口。

国际通用的仪器接口标准最初由美国 Hewlett Packard 公司研制，称为 HP-IB 标准，1975 年 IEEE 在此基础上加以改进，将其规范化为 IEEE-488 标准予以推荐。1977 年 IEC 又通过国际合作命名为 IEC-625 国际标准。此后，这同一标准便在文献资料中使用了 HP-IB、IEEE-488、GPIB、IEC-IB 等多种称谓，但日渐普遍使用的名称是 GPIB。GPIB 总线的基本特性如下：

● 可以用一条总线互相连接若干台装置，以组成一个自动测试系统。系统中装置的数目最

多不超过 15 台，互连总线的长度不超过 20m。

- 数据传输采用并行、串行、三线联锁挂钩技术、双向异步传输方式，其最大传输率不超过 1Mbps。
- 总线上传输的消息采用负逻辑。低电平（≤+0.8V）为逻辑 1，高电平（≥+2.0V）为逻辑 0。
- 一般适用于电气干扰轻微的实验室和生产现场。
- 采用单字节地址时可有 31 个讲地址和 31 个听地址，采用双字节地址时可有 961 个讲地址和 961 个听地址。

5.2.1　相关术语

1. 讲者、听者、控者

讲者是通过总线发送仪器消息的仪器装置，如测量仪器、数据采集器、计算机等。一个系统中可有两个以上的讲者，但每个时刻只能有一个讲者起作用，若有多个讲者同时将数据放于总线上，会引起数据传输的混乱。

听者是通过总线接收由讲者发出消息的装置，如打印机、信号源等。一个系统内可同时有多个听者工作，同时接收总线上的数据。

控者是数据传输过程中的组织者和控制者，如计算机。控者能对总线进行接口管理，规定每台仪器的具体操作。一个系统可有多个控者，但每个时刻只能有一个控者起作用。

控者、讲者、听者被称为系统功能的三要素，对于系统中的某一台装置可以具有三要素中的一个、两个或全部。GPIB 系统中的计算机一般同时兼有讲者、听者与控者的功能。

2. 消息

总线上传递的各种信息称为消息。仪器之间的通信就是发送和接收消息的过程。

消息按使用信号的条数可分为单线消息和多线消息。单线消息指用一条信号线传送消息，多线消息指用两条以上的信号线传送消息。多线消息分为多线仪器消息和多线接口消息。

消息按来源可分为远地消息和本地消息。远地消息指经总线传送的消息，规定用三个大写字母表示；本地消息指由设备本身产生的只能在设备内部传递、不能传送到总线的消息，用小写字母表示。

消息按用途可分为接口消息和仪器消息。

接口消息：是指用于管理接口部分完成各种接口功能的信息，它由控者发出而只被接口部分所接收和使用。

仪器消息：是与仪器自身工作密切相关的信息，它只被仪器部分所接收和使用，虽然仪器消息通过接口功能进行传递，但它不改变接口功能的状态。

接口消息和仪器消息的传递范围如图 5-17 所示。

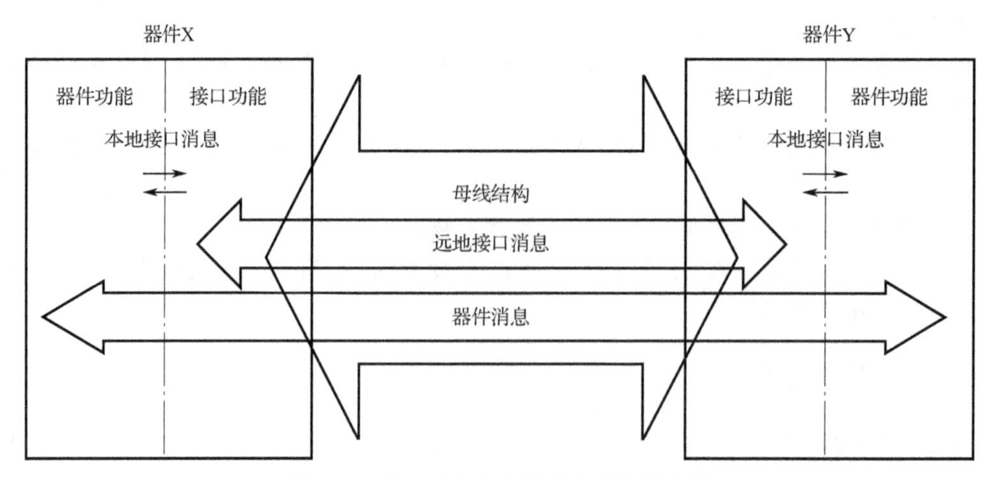

图 5-17　接口消息和仪器消息的传递范围

5.2.2 仪器功能及接口功能

任何一个仪器装置都分为两部分：一是仪器设备本身，它产生该仪器装置所具备的仪器功能；二是接口部分，它产生该仪器装置所需要的接口功能。

仪器功能的任务：把收到的控制信息变成仪器设备的实际动作，如调节频率、调节信号电平、改变仪器的工作方式等，这与常规仪器设备的功能基本相同，不同测量仪器的仪器功能存在很大差异。

接口功能的任务：完成系统中各仪器设备之间的通信，确保系统正常工作。

为保证接口系统的标准化和相容性，各仪器设备接口的设计必须遵照 GPIB 标准的各项有关规定，不能自行规定标准以外的任何新的接口功能。GPIB 标准把全部逻辑功能概括为十种接口功能。

前述的控者功能（C）、讲者功能（T）和听者功能（L）是一个仪器系统中必不可少的三种最基本的功能。

为使系统可靠进行三线挂钩，又设置了源挂钩功能（SH）和受者挂钩功能（AH）。源挂钩功能为讲者功能和控者功能服务，它利用 DAV 控制线向受者挂钩功能表示发送的数据是否有效；受者挂钩功能主要为听者功能服务，它利用 NRFD 和 NDAC 控制线向源挂钩功能表示是否已经接收到数据。

以上五种基本接口功能为系统提供了在正常工作期间使数据准确可靠传输的能力。但仅此还是不够的，为了处理测试过程中可能遇到的各种问题，GPIB 又增加了五种具有相应管理能力的接口功能。

服务请求功能（SR）：当系统中某一装置在运行时遇到某些情况时（如测量已完毕、出现故障等），能向系统控者提出服务请求的能力。

并行点名功能（PP）：系统控者为快速查询请求服务装置而设置的并行点名能力。只有配备 PP 功能的装置才能对控者的并行点名做出响应。

远控本控功能（R/L）：选择远地和本地两个工作状态的能力。

装置触发功能（DT）：使装置能从总线接收到触发信息，以便进行触发操作。在一些要进行触发操作或同步操作装置的接口中，必须设置 DT 功能。

装置清除功能（DC）：能使仪器装置接收清除信息并返回到初始状态。系统控者通过总线命令使那些配置有 DC 功能的装置同时或有选择地被清除而回到初始状态。

并非每台装置都必须具有十种接口功能。例如，一台数字电压表要接收程控命令，也发送测量数据，因而一般应配置除控者之外的其他九种功能；一台信号源或打印机只需“听”，所以通常只需配置 AH、L、R/L 和 DT 等接口功能。很显然，除了控者的其他所有装置都无须配置 C 功能。

5.2.3 GPIB 接口系统结构

GPIB 标准接口系统包括接口和总线两部分。接口部分由各种逻辑电路组成，与各仪器装置安装在一起，用于对传输的信息进行发送、接收、编码和译码；GPIB 总线是一条 24 芯的无源电缆线，其中 16 条为信号线，其余用作逻辑地或外屏蔽。GPIB 接口系统结构如图 5-18 所示。24 条线中包含 8 条数据线、3 条挂钩联络线及 5 条接口管理线，共 16 条信号线，其余为地线及屏蔽线。各信号线的定义如下。

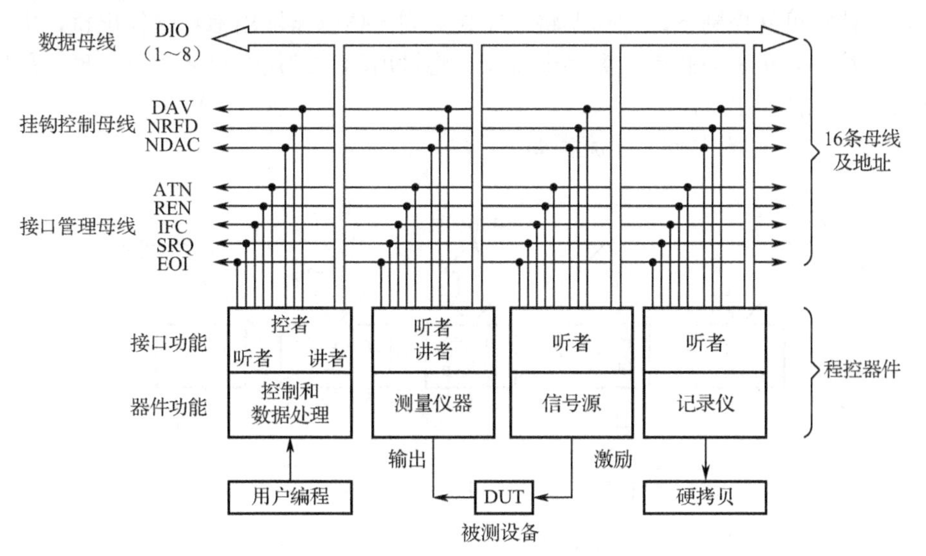

图 5-18　GPIB 接口系统结构

（1）数据母线：DIO1～DIO8 传送接口消息与器件消息，并行传送 8 比特数据。用 ATN 线来标志传送的是哪类消息。

（2）挂钩控制母线：执行三线联锁挂钩协议，实现对 DIO 线的多线消息传递的挂钩控制。控制数据总线的时序，保证数据总线能正确传输信息。

DAV（Data Valid）数据有效线，低电平表示有效。当数据线上出现有效数据时，讲者置其为低电平，示意听者从数据线上接收数据。

NRFD（Not Ready for Data）数据未就绪线。被指定的听者中只要有一个未准备好接收数据，NRFD 就为低，示意讲者暂不要发出信息。

NDAC（Not Data Accepted）数据未收到线。被指定的听者中只要有一个听者未从数据总线上收到数据，NDAC 就为低，示意讲者保持数据线上的信息。

（3）5 条接口管理母线：控制总线接口的状态。

ATN（Attention）注意线，由控者使用，区分 DIO 线上所传消息类别。

EOI（End Or Identify）结束或识别线，与 ATN 线联合共同表示两种不同的含义，表示结束或识别。在 EOI 为低、ATN 为高时，表示讲者已传完一组数据；在 EOI 为低、ATN 为低时，表示控者要进行识别操作，要求设备将其状态放在数据线上。

SRQ（Service Request）服务请求，任何一个器件都可通过该线向控者请求服务。

IFC（Interface Clear）接口清除线，系统控者利用该线发出接口清除消息。

REN（Remote Enable）远程控制线，由控者使用。测试初期，REN=0，受控者控制，使程控器件一律回到本地操作方式；当 REN=1 时，器件并不能立刻进入远地程控方式，由控者任命听者后，被任命为听者的器件才能进入程控方式。

5.2.4 GPIB 接口工作过程

当多个设备通过 GPIB 接口相连组成一个自动测试系统时，一般控者为带计算机的设备，控者规定讲者和听者。在控者的控制下，执行用户预先编好的程序，在数据线上通过接口消息协调各仪器的接口操作，从而完成仪器信息的传送。

系统的测试任务是测试火箭上若干部位上的压力。数百个压力传感器安置在被测火箭的各测试点上，在计算机的控制下，扫描器将顺序采集到的传感器输出信号送往电桥，电桥将输出的模拟量送给数字电压表去测量，数字电压表又将输出的数字量送给计算机处理，最后由打印机将处理后的结果打印出来。

图 5-19 中系统运行的大致工作流程如下：

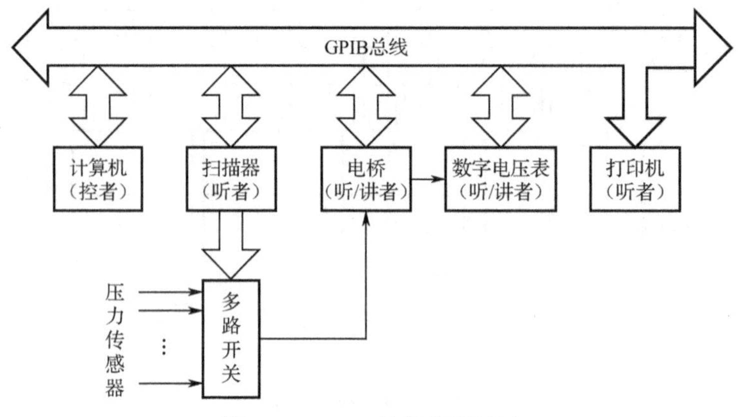

图 5-19 GPIB 总线应用示例

（1）控制器通过 C 功能发出 REN，使系统中所有装置都处于控者控制之下。

（2）控制器通过 C 功能发出 IFC，使系统中所有装置都处于初始状态。

（3）控制器发出扫描器的听地址，扫描器接收寻址后成为听者。

（4）控制器通过 T 功能向扫描器发命令，使扫描器选择一个指定的传感器。

（5）控制器发出通令 UNL，取消扫描器的听受命状态。

（6）控制器发出电桥的听地址，电桥接收寻址成为听者后，接收选定传感器送来的数据。

（7）控制器发出通令 UNL，取消电桥的听受命状态。

（8）控制器发出电桥的讲地址，使电桥成为讲者；又发出数字电压表的听地址，使数字电压表成为听者。于是数字电压表便测量电桥送来的测量信号。

（9）控制器又发出通令 UNL，取消听受命状态。

（10）控制器发出数字电压表的讲地址，电桥讲者资格被自动取消，数字电压表成为讲者。

（11）控制器使自己成为听者，于是数字电压表的测量结果就送至计算机。

（12）计算机处理完测量数据后，作为控者清除接口，发出打印机的听地址。

（13）打印机打印计算机送来的数据。

（14）打印机打印完数据后，控制器选择下一个压力传感器，开始新的循环。

5.2.5　GPIB 接口设计举例

接口系统的设计归根结底是接口功能的实现问题。为了简化接口设计，目前已有一些厂家成功地将 GPIB 标准规定的全部接口功能制作在一块或两块大规模集成电路块上，使用很方便。通常使用的接口芯片如表 5-1 所示。

表 5-1　常用的接口芯片

芯片型号	工作电压（V）	功　能	特　点
TNT4882	5	讲者/听者/控制器	接口控制由硬件完成，不需要辅助芯片
NAT9914	5	讲者/听者/控制器	接口控制由软件编程完成，需要辅助芯片

这里以 NI 公司的 NAT9914 芯片为例进行介绍。它具有以下性能特点：

（1）NAT9914 与 TMS9914 的引脚兼容，与 TMS9914、μPD7210 控制功能的软件兼容，但增加了控制的灵活性，低功耗设计。

（2）能实现 GPIB 的十大接口功能。

（3）数据发送速率可编程（T_1 可选 350ns、500ns、1.1μs 和 2μs）。

（4）外部时钟可编程，最高可达 20MHz。

（5）自动处理 IEEE488 命令和未定义命令，满足 IEEE488.2 的附加要求和协议，包括具有总线监控、推荐的服务请求模式、无听者时不发送消息的工作模式。

（6）TTL 电平，和 CMOS 器件兼容。

（7）软件可编程两种工作方式：7210 模式和 9914 模式。

1. 引脚功能

面向微处理器的信号线共 19 条，面向 GPIB 总线的信号线共 19 条。TE：发送/接收控制线，控制数据传送方向，当 TE 为低电平时，NAT9914 从 GPIB 总线上接收数据；当 TE 为高电平时，NAT9914 向 GPIB 总线发送数据。TR：触发信号线。$\overline{\text{CONT}}$：控制总线管理信号，用于控制总线信号的传递方向。

NAT9914 封装图如图 5-20 所示。

2. NAT9914 的内部结构

NAT9914 内部包含两大功能电路。一部分是面对 GPIB 总线的各种接口功能，包括讲、听、控等十种功能的电路，以及各种命令译码器和缓冲器等。面向微处理器的电路是 25 个可寻址寄存器。

如果按用途来分，NAT9914 的内部寄存器可分为以下几类。

- 数据类寄存器，如数据输入寄存器（DIR）
- 中断类寄存器，如中断状态寄存器 0（ISR0）
- 查询类寄存器，如串行查询模式寄存器（SPMR）
- 地址类寄存器，如地址状态寄存器（ADSR）
- 其他类型寄存器，如辅助命令寄存器（AUXCR）

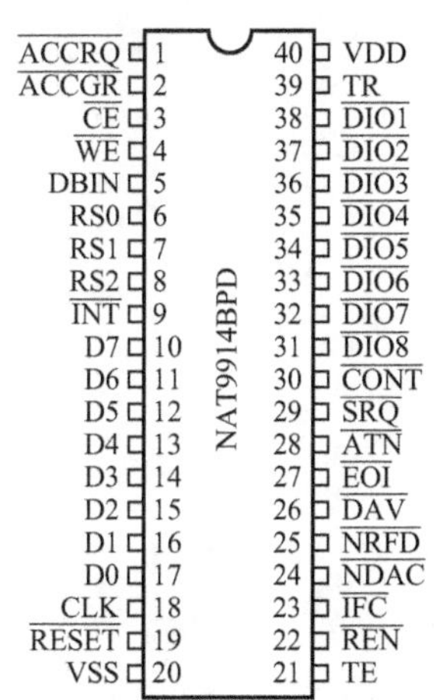

图 5-20　NAT9914 封装图

3. GPIB 总线收发器

SN75160BN 数据总线收发器与 SN75162BN 为控制总线收发器如图 5-21 所示。

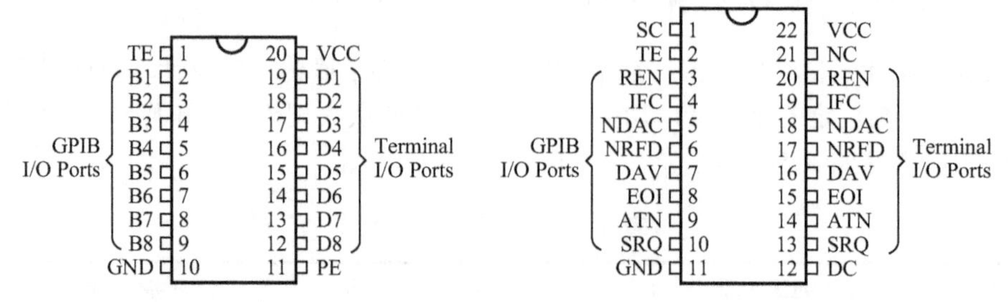

图 5-21 SN75160BN 数据总线收发器与 SN75162BN 为控制总线收发器

4. GPIB 接口电路设计

图 5-22 所示为 NAT9914 的接口电路原理框图。

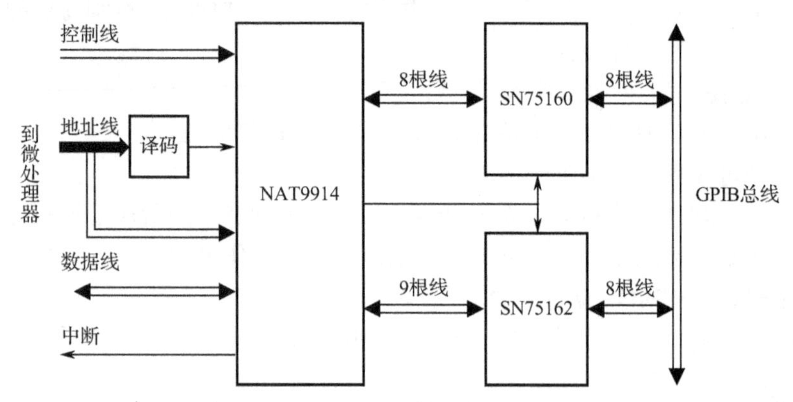

图 5-22 NAT9914 的接口电路原理框图

5. 软件设计

软件流程图如图 5-23 所示。

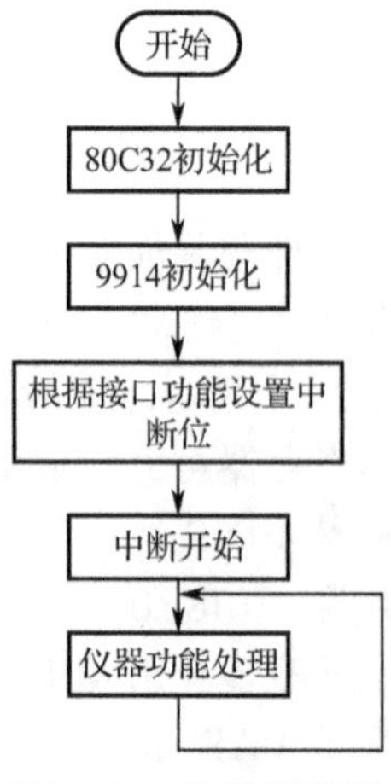

图 5-23 软件流程图

图 5-24 所示为中断程序流程图。

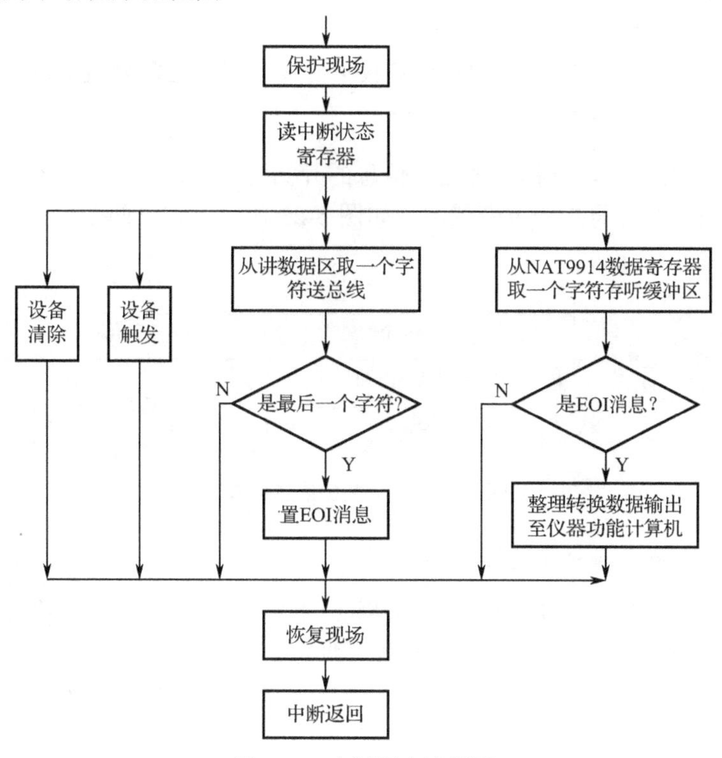

图 5-24　中断程序流程图

5.3　串口通信接口

串行通信基本概念

串行接口一般包括 RS-232、RS-422、RS-485 等，其技术简单成熟，性能可靠，价格低，对软硬件环境或条件的要求也很低，广泛应用于计算机及相关领域，遍及调制解调器（MODEM）、串行打印机、各种监控模块、PLC（可编程逻辑控制器）、摄像头云台、数控机床、单片机及相关智能设备等，甚至路由器也不例外（通过串口设置参数）。

5.3.1　RS-232 标准串行接口

RS-232C

RS-232C 是使用最早、应用最多的一种异步串行通信总线标准。它是由美国电子工业协会（EIA）1962 年公布、1969 年最后修订而成的。其中 RS 表示 Recommended Standard，232 是该标准的标识号，C 表示修改的次数。

RS-232C 主要用来定义计算机系统的一些数据终端设备（Data Terminal Equipment，DTE）和数据通信设备（Data Communication Equipment，DCE）之间的电气性能。MCS-51 单片机与 PC 的通信也是采用该种类型的接口。由于 MCS-51 系列单片机本身有一个全双工的串行接口，因此该系列单片机用 RS-232C 串行接口总线非常方便。

1）主要特点

- 数据传输速率不超过 20Kbps;
- 传输距离最好小于 15m;

- 每个信号只有一根导线，两个传输方向共用一根信号地线；
- 只适用于点对点通信；
- 电气上与 TTL 电平不同，与 TTL 电路接口时必须经过电平转换电路。

2）RS-232C 信息格式标准

RS-232C 采用串行格式，该标准规定：信息的开始为起始位，信息的结束为停止位；信息本身可以是 5、6、7、8 位再加一位奇偶位，如图 5-25 所示。如果两个信息之间无信息，则写“1”，表示空。

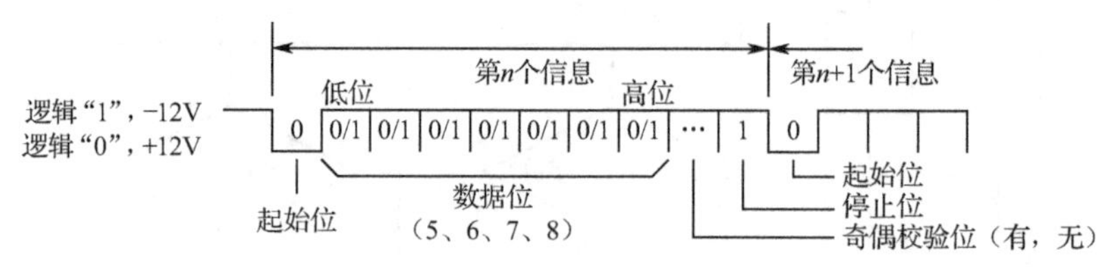

图 5-25 RS-232C 信息格式

3）RS-232C 电气标准和机械连接

RS-232C 是一种标准接口，D 型插座，采用 25 芯引脚或 9 芯引脚的连接器，如图 5-26 所示。其各引脚定义如表 5-2 及表 5-3 所示。

TTL 电平、CMOS 电平和 RS-232 电平

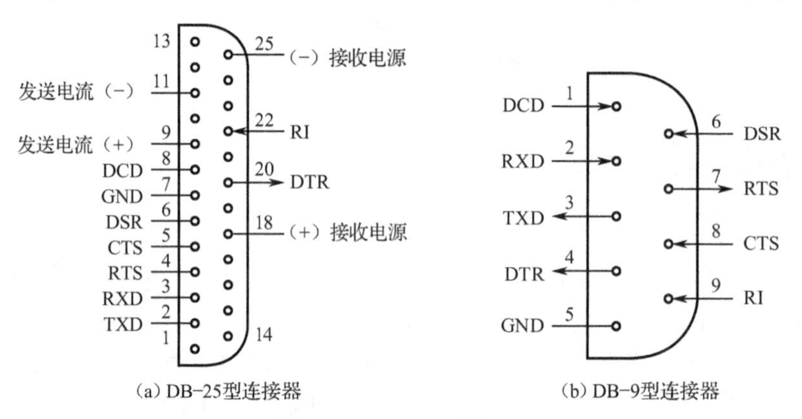

(a) DB-25型连接器　　(b) DB-9型连接器

图 5-26 RS-232 连接器

表 5-2 RS-232 9 针串行端口引脚定义

引　脚	简　写	意　义
1	DCD	载波检测（Carrier Detect）
2	RXD	接收字符（Receive）
3	TXD	传送字符（Transmit）
4	DTR	数据端就绪（Data Terminal Ready）
5	GND	地线（Ground）
6	DSR	数据就绪（Data Set Ready）
7	RTS	要求传送（Request To Send）
8	CTS	清除传送（Clear To Send）
9	RI	响铃检测（Ring Indicator）

表 5-3　RS-232 9 针与 25 针的引脚对应

9 针 RS-232	25 针 RS-232
1：DCD	8：DCD
2：RXD	3：RXD
3：TXD	2：TXD
4：DTR	20：DTR
5：GND	7：GND
6：DSR	6：DSR
7：RTS	4：RTS
8：CTS	5：CTS
9：RI	22：RI

注意：除特别声明外，文中有引脚号码的，一律以 9 针脚为主。

4）RS-232C 电气特性及电平转换器

RS-232C 规定了自己的电气标准，由于它是在 TTL 电路之前研制的，所以它的电平不是+5V 和地，而是采用负逻辑，即逻辑“0”：+3～+15V；逻辑“1”：−3～−15V。因此，RS-232C 不能和 TTL 电平直接相连，使用时必须进行电平转换，否则将使 TTL 电路烧坏，实际应用时必须注意！实现电平转换的方法可用分立元件，也可用集成电路芯片。

目前较广泛使用的集成电路转换器件有：MC1488、SN75150 芯片可完成 TTL 电平到 232C 电平的转换，称为总线发送器；MC1489、SN75154 芯片可实现 RS-232C 电平到 TTL 电平的转换，称为总线接收器；MAX232 芯片可完成 TTL—RS-232C 双向电平转换。

5）RS-232C 接口标准最大传输距离的说明

RS-232C 标准规定，若不使用 MODEM，则在码元畸变小于 4%的情况下，DTE 和 DCE 之间最大传输距离为 15m（50 英尺）。可见这个最大的距离是在码元畸变小于 4%的前提下给出的。为了保证码元畸变小于 4%的要求，接口标准在电气特性中规定，驱动器的负载电容应小于 2500pF。例如，采用每 0.3m（约 1 英尺）的电容值为 40～50pF 的普通非屏蔽多芯电缆作为传输线，则传输线的长度，即传输距离为 L=2500pF/（170pF/m）≈15m。

然而，在实际应用中，码元畸变超过 4%，而为 10%～20%时，也能正常传输信息，这意味着驱动器的负载电容可以超过 2500pF，因而传输距离可大大超过 15m，这说明了 RS-232C 标准所规定的直接传送最大距离为 15m 是偏于保守的。

6）RS-232C 标准的不足

- 数据传输速率慢；
- 传送距离短，一般局限于 15m，即使使用较好的同轴电缆，最大距离也不应超过 60m；
- 没有规定标准的连接器，因而产生了 25 插针和 9 插针等多种设计方案；
- 信号传输电路为单端电路，共模抑制比小，抗干扰能力较差。

5.3.2　RS-485 标准串行接口

RS-485

随着数字技术的发展，由单片机构成的控制系统日益复杂，尤其是在要求响应速度快、实时性强、控制量多的应用场合，使用多个单片机结合 PC 构成分布式系统是个很好的解决方案。另外，RS-232接口因其传输速率慢、传送距离短而无法满足通信系统的要求，实际系统中往往使用RS-485接口标准。

RS-485是一种平衡传输方式的串行接口标准，它和RS-422A兼容，并且扩展了RS-422A的功能。两者的主要差别是，RS-422A只许电路中有一个发送器，而RS-485标准允许在电路中有多个发送器并允许一个发送器驱动多个接收器（最多达32个收发器），因此，它是一种多发送器的标准。RS-485抗干扰能力强，传送距离远，传输速率高。其数据传输速率为100Kbps（<1.2km，不用MODEM）、9.6Kbps（<15km）、10Mbps（<15m）。

RS-232/485

RS-232C、RS-422A、RS-485性能比较如表5-4所示。

表5-4 RS-232C、RS-422A、RS-485性能比较

项 目	RS-232C	RS-422	RS-485
接口电路	单端	差动	差动
传输距离（m）	15	1200	1200
最高传输速率（Mbps）	0.02	10	10
接收器输入阻抗（kΩ）	3～7	≥4	>12
驱动器输出阻抗（Ω）	300	100	54
输入电压范围（V）	−25～+25	−7～+7	−7～+12
输入电压阈值（V）	±3	±0.2	±0.2

5.3.3 USB

USB的前世今生

1. USB总线简介

随着技术的发展，传统的串口、并口通信方式逐渐不能满足现有系统或者设备的数据传输速率需求；以Intel为首的七家公司于1994年推出了USB（Universal Serial Bus，通用串行总线协议）概念，并在随后的几年内不断地对USB协议进行改进，成功推行USB 1.1；2004年年底，正式推出了USB 2.0协议；2008年年底，正式发布USB 3.0标准。USB 3.0的传输速率是4.8Gbps，是USB 2.0的10倍。USB设备传输速率快，支持热插拔，易于连接，提供+5V/500mA电源，可为低功耗外部设备提供电源电压。数据传输过程中，USB驱动器、接收器和电缆等硬件消除了可能引起数据错误的噪声，同时在协议中使用了数据错误的检测并能通知发送者实现数据的重新发送，有效地保证了数据传输的可靠性。

一个USB系统是由USB主机、USB设备、USB连接三个方面组成的。USB主机与USB设备之间通过USB总线进行连接，其物理连接是一个星型结构，集线器位于每个星型结构的中心，每一段都是主机和某个集线器，或某一功能设备之间的一个点到点的连接，也可以是一个集线器与另一个集线器或功能模块之间的点到点的连接。

2. USB接口的基本知识

1）配置（配置描述符）

配置描述符用于说明USB设备中各个配置的特性，如配置所含接口的个数等。USB设备的每一个配置都必须有一个配置描述符。

2）接口（接口描述符）

接口是端点的集合。接口描述符用于说明 USB 设备中各个接口的特性，如接口所属的设备类及其子类等。USB 设备的每个接口都必须有一个接口描述符。

3）端点（端点描述符）

端点是 USB 设备中的实际物理单元，USB 数据传输就是在主机和 USB 设备各个端点之间进行的。USB 设备中的每一个端点都有唯一的端点号，每个端点所支持的数据传输方向一般而言也是确定的：或是输入（IN），或是输出（OUT）。

4）字符串（字符串描述符）

说明一些专用信息，如制造商的名称、设备的序列号等。它的内容以 UNICODE 的形式给出，且可以被客户软件所读取。

5）管道

管道是对主机和 USB 设备间通信流的抽象，它表示主机的数据缓冲区和 USB 设备的端点之间存在着逻辑数据传输，而实际的数据传输是由 USB 总线接口层来完成的。管道和 USB 设备中的端点一一对应。USB 接口构成如图 5-27 所示。

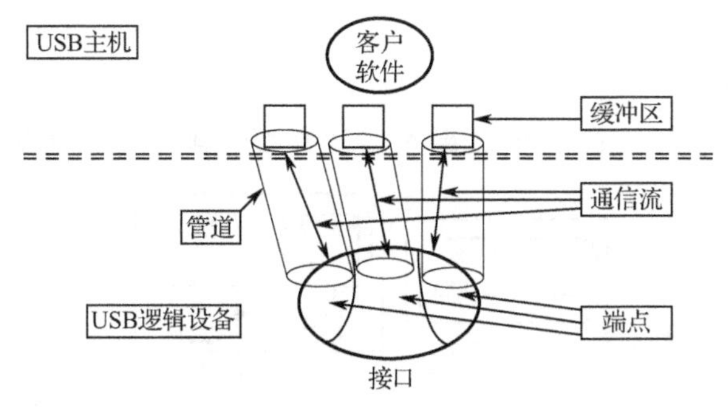

图 5-27　USB 接口构成

6）USB 主机

USB 主机包括客户软件、USB 系统软件及 USB 总线接口三个部分，实现与 USB 设备的接口。

客户软件——负责和 USB 设备的功能单元进行通信，以实现其特定功能。

USB 系统软件——负责和 USB 逻辑设备进行配置通信，并管理客户软件启动的数据传输。

USB 总线接口——用于给 USB 系统提供一个或多个连接点（端口）。

7）USB 设备

设备代表一个 USB 设备，它由一个或多个配置组成。设备描述符用于说明设备的总体信息，并指明其所含的配置的个数。一个 USB 设备只能有一个设备描述符。

8）USB 系统拓扑结构

USB 协议定义了在 USB 系统中主控制器 Host 与 USB 设备间的连接和通信，其物理拓扑结构是金字塔形的层层向上方式。允许最多连接 127 个设备，最上层是 USB 主控制器。

USB 总线的拓扑结构如图 5-28 所示。

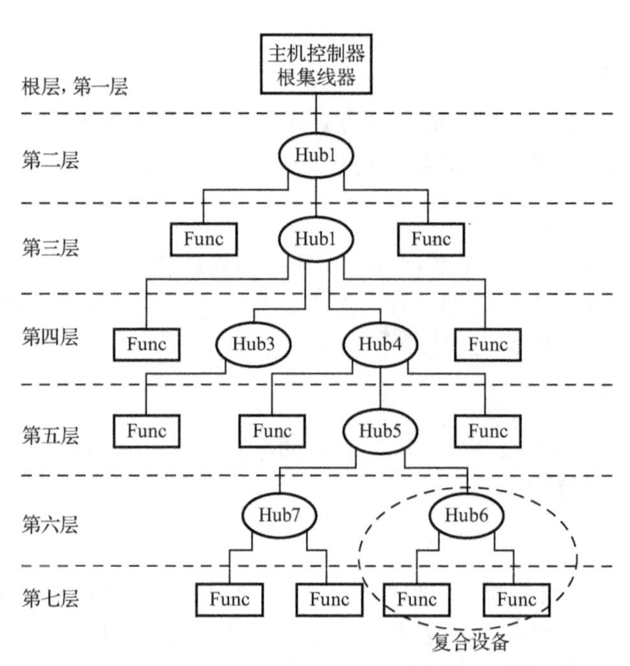

图 5-28　USB 总线的拓扑结构

3．USB 物理特性

USB 接口如图 5-29 所示。USB 接口有 A 型及 B 型连接头。其引脚定义如表 5-5 所示。

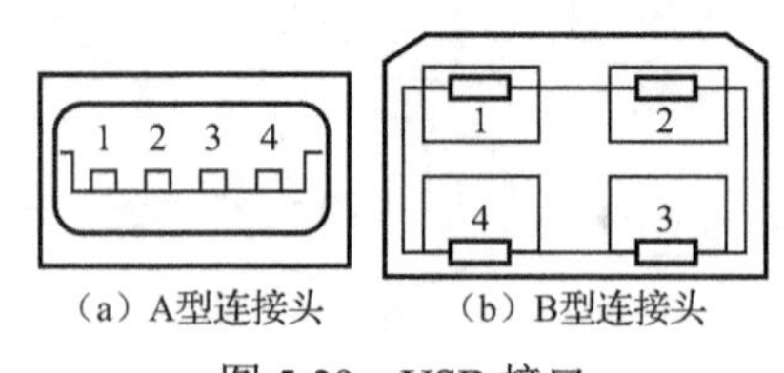

图 5-29　USB 接口

表 5-5　USB 接口引脚

引脚编号	信号名称	缆线颜色
1	V_{CC}	红
2	Data-（D-）	白
3	Data+（D+）	绿
4	Ground	黑

4．USB 信号

USB 信号传输采用差分信号技术，传统的传输方式大多使用一个临界值来分别区分 1 和 0。差分信号技术最大的特点是：必须使用两条线路才能表达一个比特位，用两条线路传输信号的压差作为判断 1 还是 0 的依据。

USB 采用在 D+或 D−线上增加上拉电阻的方法来识别低速和全速设备。当 USB 主机探测到 D+/D−线的电压已经接近高电平，而其他的线保持接地时，它就知道全速/低速设备已经连上了。为识别出高速设备，需要在上拉电阻和 D+线之间连接一个由软件控制的开关，它通常被集成在 USB 设备接口芯片的内部。其连接如图 5-30 所示。

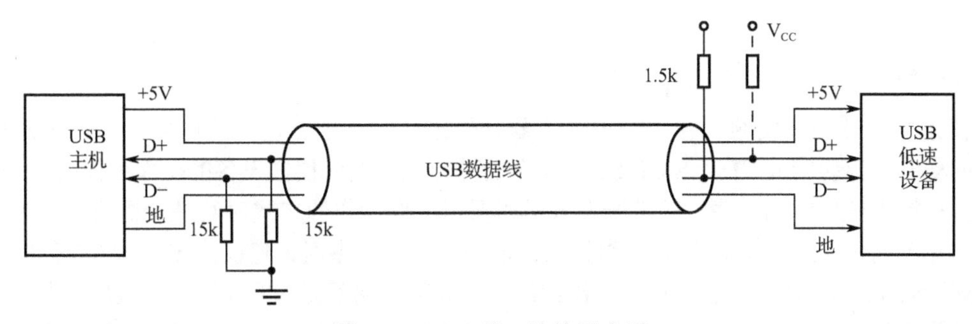

图 5-30　USB 接口连接示意图

在低速、全速模式下，主机每间隔 1ms（这个 1ms 称为一帧，允许误差 0.005ms）发送一个帧开始令牌包 SOF（Start of Frame），包含 SOF 标记、帧序列号及 CRC5 校验码。在高速模式下，主机每间隔 1/8ms（即为一微帧，允许误差 0.0625μs）发送一个帧开始令牌包 SOF。

USB 传输类型包括以下几种：

1）批传输方式

该方式用来传输要求正确无误的数据。通常打印机、扫描仪和数码相机以这种方式与主机连接。

2）等时传输

该方式用来连接需要连续传输，且对数据的正确性要求不高而对时间极为敏感的外部设备，如麦克风、音箱及电话等。

3）控制传输

主要传输一些控制命令和数据，USB 设备收到这些数据和命令后，按先进先出的原则处理。

4）中断传输

该方式传送的数据量很小，但这些数据需要及时处理，以达到实时效果，如键盘、鼠标、游戏手柄等外部设备。

5. USB 接口应用需要注意的问题

利用 USB 总线结构来构建自动测试系统的过程中，还需要充分认识到 USB 自身的特性，考虑以下三个方面的问题。

1）设备供电

由于 USB 总线自身只能提供给外设+5V/500mA 的电源，因此在设计时需要充分考虑设备的功耗要求，如果 USB 总线提供的电源不能完全满足设备功耗要求，则需要考虑专门为外设提供外部供电。

2）静电防护

USB 设备支持即插即用，但是没有提供类似 Compact PCI 总线使用的静电放电槽，因此在插入设备的瞬间，可能出现由于 USB 设备积累大量电荷而瞬时放电，导致烧毁设备或主板的南桥芯片；外部供电的 USB 设备在使用时，如果存在外设与计算机不共地的情况，同样可能烧毁设备或主板的南桥芯片。针对以上两种情况，建议在使用时，强制将设备外壳与计算机外壳接地，以保证两者之间始终共地，不会有较大的压差或积累电荷存在，从而确保设备在热插拔过程中的安全。

3）软件设计

测试系统软件的开发通常建立在虚拟仪器软件结构的基础上，上层应用软件的开发是基于VXI plug & play驱动器或VISA/SICL/SCPI命令的基础上实现对仪器设备的操作和控制的。而USB设备通常只提供硬件驱动程序，软件开发人员需要以文件操作的方式对其进行访问，这对测试系统的软件开发而言就显得不甚方便。因此在开发USB总线设备时，建议按照VPP-3.2仪器驱动程序开发规范要求对USB硬件驱动进行二次封装，生成符合规范要求的仪器驱动程序，提供初始化函数、配置函数、作用/状态函数、数据函数、关闭函数等控制仪器特定功能的软件模块，以及模块特定功能决定的完整的测试和测量操作函数，这将为上层应用软件的开发带来极大的方便。

6. USB接口芯片

常用的USB接口方法有两种：

（1）采用专用的USB接口器件，只处理USB通信，必须被一个外部微处理器所控制，如Philips公司的PDIUSBD11（D12）、NetChip公司的NET2888、NS公司的USBN9603/9604。

（2）选用内部集成USB接口的单片机，如Intel公司的8X930系列、Cypress公司的EZ-USB、Motorola公司的MC68HC908JB8系列等。

本节以内部集成USB接口的单片机（CY7C68013A）为例介绍USB接口的设计。

Cypress公司的EZ-USB系列单片机带有智能USB接口。EZ-USB分为三个系列：EZ-USB 2100、EZ-USB FX2、EZ-USB FX2。EZ-USB FX2系列芯片是世界上第一款集成USB 2.0协议的微处理器，支持12Mbps的全速传输和480Mbps的高速传输，可以使用四种传输模式。其串行接口引擎负责完成串行数据的编/解码、差错控制、位填充等与USB协议有关的功能。

1）EZ-USB的特点

- 改进的8051内核，与标准8051的指令完全兼容。
- 高度集成，集成非易失性存储器、微处理器、RAM、SIE（串行接口引擎）、DMA等。
- USB内核。
- 软配置。
- 易用的软件开发工具。设备软件、驱动程序的开发相互独立。
- EZ-USB微处理器的两大功能实现USB协议，使USB设计变得简单；实现8051的功能。

2）USB通信接口设计

USB通信接口采用68013的典型应用连接如图5-31所示。

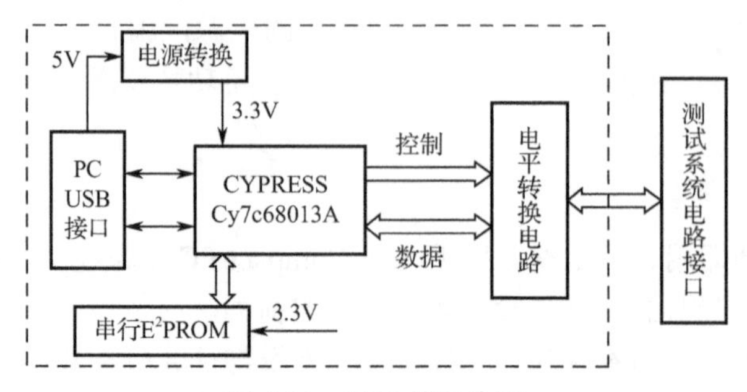

图5-31 USB接口应用

5.3.4　串口通信的设计实例

温度检测系统在仓储管理、生产制造、气象观测、科学研究及日常生活中被广泛应用，其计算机实现自动检测，大大简化了检测过程，节约了大量人力物力资源。本节介绍利用单片机和计算机，采用 RS-485 总线实现湿度数据的采集和传输。系统主要包括环境湿度数据的提取、数据的传输、转换模块及计算机软件。

1．湿度传感器介绍

湿度检测模块负责检测环境湿度并把数值传输给计算机。该模块中的重要部分为湿度传感器的控制，湿度传感器有很多种类，不同的传感器传输总线和精度有所不同，该系统采用瑞士 Sensirion 公司生产的 I^2C 总线接口的单片全校准数字式相对湿度传感器 SHT11。

对于温室中温湿度的测量系统，首先，要求植物生长适合的温湿度范围应在所选用的传感器的测量范围内；其次，为了达到对温室环境的精确监测和实时控制，所选用的传感器应具有测量精度高的特点；另外，由于需对温室内温湿度进行长时间监测，因此选用的传感器应具有很好的稳定性，寿命要长。由于在温室内温湿度不会突然发生很大的变化，因此本系统设计传感器选择不必对灵敏度有过多要求。系统选用 SHT11 数字式温湿度混合传感器，选用该传感器不仅满足了上述该系统设计中传感器应具有的特点，SHT11 还能够同时进行温湿度的测量且可以直接把采集到的数据转换成数字信号送至单片机，简化了硬件电路的连接，具有很高的性价比。数字式温湿度复合传感器 SHT11 在一块微小的芯片上集成了温湿度测量装置（温度测量主要利用的是湿敏元件和温敏元件）、信号放大电路、A/D 转换电路、串行口等。

在进行温湿度测量时，首先相对湿度、温度的信号分别通过温湿度测量装置产生；接着模拟量到数字量的转换、校对等通过 A/D 转换器完成；得到的数字信号经 2 线串行数字口被传送到微控制器；最后非线性补偿通过微控制器完成，即得到最终测量值。SHT11 温湿度传感器引脚如图 5-32 所示。

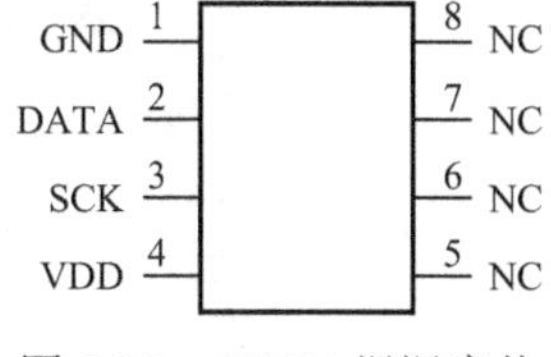

图 5-32　SHT11 温湿度传感器引脚

对于 SHT11 传感器，其与单片机的数据传送是通过 DATA 和 SCK 引脚实现的。因为 SHT11 的 SCK 线和 DATA 线与 I^2C 总线不相同，所以，在温湿度测量时对 SHT11 的控制，微控器通过 5 个 5 位命令码来实现。5 个命令代码 00011、00101、00111、00110、11110 的作用分别为：温度测量、湿度测量、读寄存器、写寄存器及软重启命令。SHT11 各引脚的功能如表 5-6 所示。

表 5-6　SHT11 引脚功能

引　脚	功　能
引脚 1	信号
引脚 2	串行数据接口，DATA 为数据线
引脚 3	串行数据接口，SCK 为时钟线
引脚 4	电源，工作电压范围 2.4～5.5V
引脚 5～8	未连接

2．SHT11 与 AT89S51 的连接电路

在单片机与 SHT11 的连接中，利用引脚 SCK 实现 AT89S51 与 SHT11 的同步通信，而测量

得到的数据的传送是经过引脚 DATA 实现的。数字式温湿度传感器与单片机电路连接如图 5-33 所示。

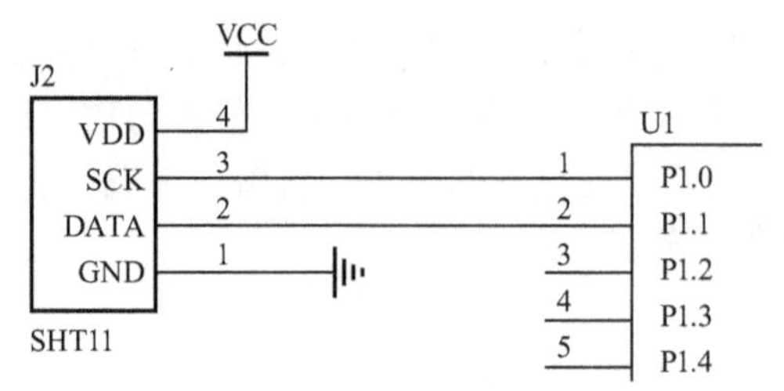

图 5-33　传感器与 AT89S51 连接电路

3. RS-485 与 RS-232 转换接口

该系统采用异步串行通信。由于 PC 默认只带有 RS-232 接口，因此在本系统设计中，需采用 RS-232/RS-485 转换器以实现 RS-232 信号到 RS-485 信号的转换。系统中用到的 RS-485 芯片为 MAX485。

PC 串口电平转换电路如图 5-34 所示。

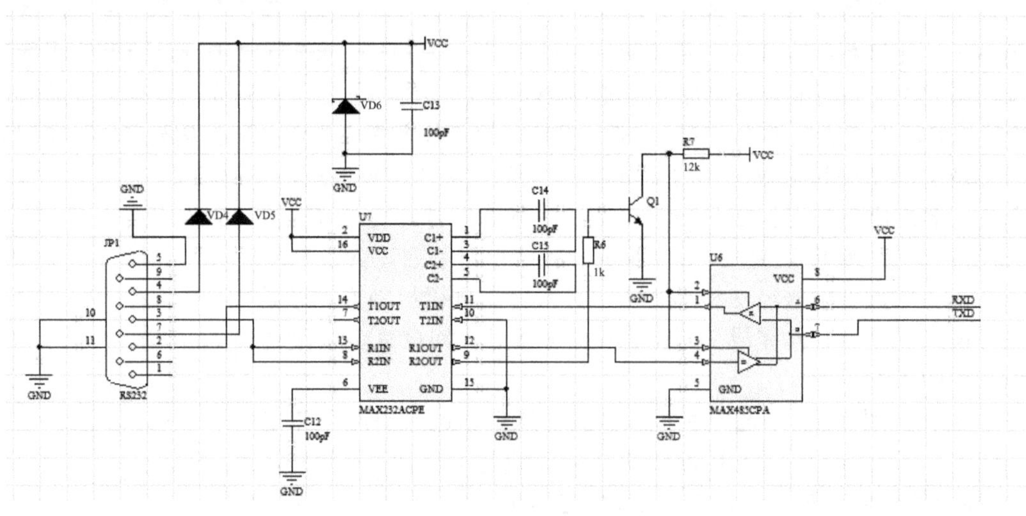

图 5-34　PC 串口电平转换电路

SHT11 在进行数据传送时采用的是双线制，SHT11 与单片机的连接方式为：每一个传感器的 SCK 引脚都与单片机的同一个输入/输出引脚相连，单片机的其他引脚则分别与每一个传感器的 DATA 引脚相连。

系统采用这种连接方式，首先，可以使每一个 AT89S51 连接尽可能多的 SHT11 传感器，从而使一个监控器可以测量的地点数目增多；其次，由于每一个传感器的 SCK 引脚都与单片机的同一个输入/输出引脚相连，即挂接在单片机上的传感器共用一个时钟信号线，这样可以使所有 SHT11 同时接收到单片机发来的测量命令，使系统具有比较快速的响应速度，测量得到的数据更加精确可靠，更利于用户分析决策。AT89S51 与多个 SHT11 连接的仿真如图 5-35 所示。

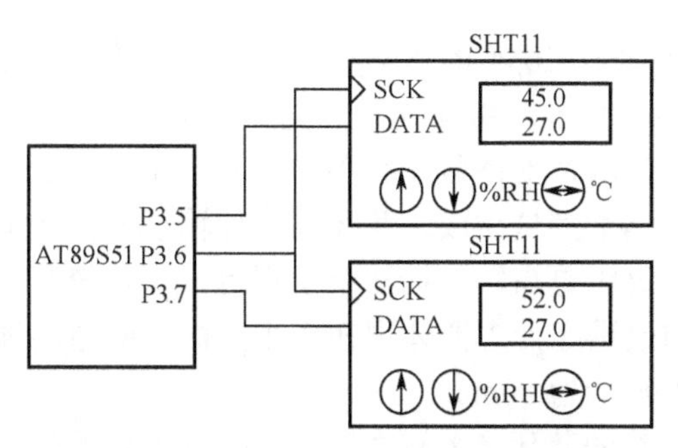

图 5-35　AT89S51 与多个 SHT11 连接的仿真

5.4　无线传输方式

无线数据传输就是指利用无线电波作为数据传输的媒介，将本地计算机或其他设备的数据信息调制到载波频率上发射，从而和远程终端之间实现通信的技术。它涉及计算机技术、信息技术及网络技术等多个学科领域。通过无线传输系统，人们可以获取远端设备的运行情况及各种参数指标，通过对采集到的数据的分析从而实现远程管理、远程控制等功能。

无线传输是利用电磁波信号在自由空间传播的特性进行信息交换的一种通信方式。无线通信按传输距离分：近距离、短距离、中距离和长距离无线通信技术。其中蓝牙与 WiFi 属于短距离传输（1m 至几百米），GPRS（可至几百千米）属于长距离传输。本节主要介绍蓝牙与 GPRS 无线传输。

5.4.1　蓝牙技术

蓝牙不是蓝色的牙齿，那是什么？

蓝牙技术是一项开放的全球统一的短距离无线通信协议标准，它的目的是取消线缆及不兼容的标准，将无线电接收装置内嵌于蓝牙芯片中，再将芯片整合在设备内，各设备间自由连通，实现无线通信。也能够成功地简化以上这些设备与 Internet 之间的通信，从而使这些现代通信设备与 Internet 之间的数据传输变得更加迅速高效，为无线通信拓宽道路。蓝牙作为短距离连接技术的新贵，近年来，发展迅速，应用广泛。

1．蓝牙技术的产生及概况

最早提出蓝牙（Bluetooth）概念的是爱立信移动通信公司（Ericsson）。1994 年，Ericsson 公司倡导建立一种低功耗、低成本的无线连接口，以解决互连设备间的电缆问题。这个问题的提出直接引出了蓝牙的产生。1998 年，Ericsson 与 Nokia、IBM、Intel、Toshiba 公司成立了 SIG（Special Interest Group），并将这项技术正式命名为蓝牙。现在蓝牙规范已制定，该项技术已得到大多数公司的支持，许多公司都推出了自己的蓝牙产品，蓝牙芯片的厂商正致力于大力降低芯片的价格，蓝牙不单单是线缆的替代品，它作为一种无线连接方案已初露锋芒，逐渐扩展到多个领域，并日趋成熟。蓝牙具有加密措施完善、传输过程稳定及兼容设备丰富等诸多优点。

2．技术规范

1998 年的最早期蓝牙版本传输率在 748～810Kbps，容易受到同频率产品的干扰，通信质量较差。此后的 V1.2：748～810Kbps 的传输率，增加了（改善 Software）抗干扰跳频功能。V2.0 传输率为 1.8～2.1Mbps，可同时传输语音、图片和文件。2004 年的 V2.1 改善了装置配对流程和短距离配对，具备了在两个支持蓝牙的手机之间互相进行配对与通信传输的 NFC 机制，具备更佳的省电效果。2009 年的 V3.0 成为蓝牙高速传输技术，传输速率更高，功耗更低。目前，主流的蓝牙 4.0 产品性价比更高，包括三个子规范，即传统蓝牙技术、高速蓝牙和新的蓝牙低功耗技术。蓝牙 4.0 的改进之处主要体现在三个方面，即电池续航时间、节能和设备种类上。有效传输距离也有所提升，为 60m。

2014 年 12 月 4 日，最新的蓝牙 4.2 标准颁布，改善了数据传输速率和隐私保护程度，该设备将可直接通过 IPv6 和 6LoWPAN 接入互联网。在新的标准下蓝牙信号想要连接或者追踪用户设备必须经过用户许可，否则蓝牙信号将无法连接和追踪用户设备。速度方面变得更加快速，两部蓝牙设备之间的数据传输速率提高了 2.5 倍，因为蓝牙智能（Bluetooth Smart）数据包的容量提高，其可容纳的数据量相当于此前的 10 倍左右。

每个规范版本按通信距离可再分为 Class1 和 Class2。Class1 的传输功率高、传输距离远，但成本高、耗电量大，不适合作为个人通信产品，多用于部分商业特殊应用场合，通信距离在 80～100m 之间。Class2 是目前最流行的制式，通信距离在 8～30m 之间，视产品的设计而定，多用于手机、蓝牙耳机、蓝牙适配器等个人通信产品，耗电量和体积较小，方便携带。

3．基本概念

主/从设备：蓝牙通常采用点对点的配对连接方式，主动提出通信要求的设备是主设备（主机），被动进行通信的设备为从设备（从机）。

蓝牙设备状态：蓝牙设备有待机和连接两种主要状态，处于连接状态的蓝牙设备可有激活、保持、呼吸和休眠四种状态。

对等网络 Ad-hoc：蓝牙设备在规定的范围和数量限制下，可以自动建立相互之间的联系，而不需要一个接入点或者服务器，这种网络称为 Ad-hoc 网络。由于网络中的每台设备在物理上都是完全相同的，因此又称为对等网。

跳频扩频技术（FHSS）：收、发信机之间按照固定的数字算法产生相同的伪随机码，发射机通过伪随机码的调制，使载波工作的中心频率不断跳跃改变，只有匹配接收机知道发射机的跳频方式，可以有效排除噪声和其他干扰信号，正确地接收数据。

时隙：蓝牙采用跳频扩频技术，跳频频率为 1600 跳/秒，即每个跳频点上停留的时间为 625μs，这 625μs 就是蓝牙的一个时隙，在实际工作中可以分为单、多时隙。

蓝牙时钟：蓝牙时钟是蓝牙设备内部的系统时钟，是每一个蓝牙设备必须包含的，决定了收发器的时序和跳频。蓝牙时钟频率为 3.2kHz，该时钟不会被调整或关掉。

4．蓝牙协议体系

蓝牙协议采用分层结构，遵循开放系统互联（Open System Interconnection，OSI）参考模型。图 5-36 所示为蓝牙协议体系。

按照各层协议在整个蓝牙协议体系中所处的位置，蓝牙体系可分为底层协议、中间层协议和高端应用层协议三大类。其中，底层协议与中间层协议共同组成核心协议（Core），绝大部分蓝牙设备都要实现这些协议。高端应用层协议又称应用规范（Profiles），是在核心协议基础上构成的面向应用的协议。还有一个主机控制接口（Host Controller Interface，HCI），由基带控制器、连接管理器、控制和事件寄存器等组成，是蓝牙协议中软硬件之间的接口，其结构关系如

图 5-37 所示。

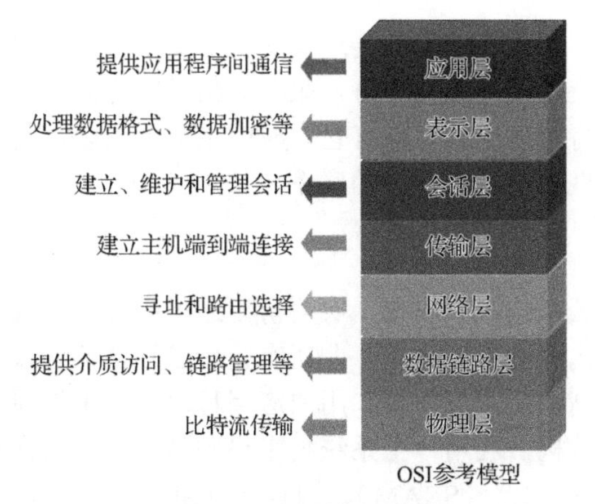

图 5-36　蓝牙协议体系

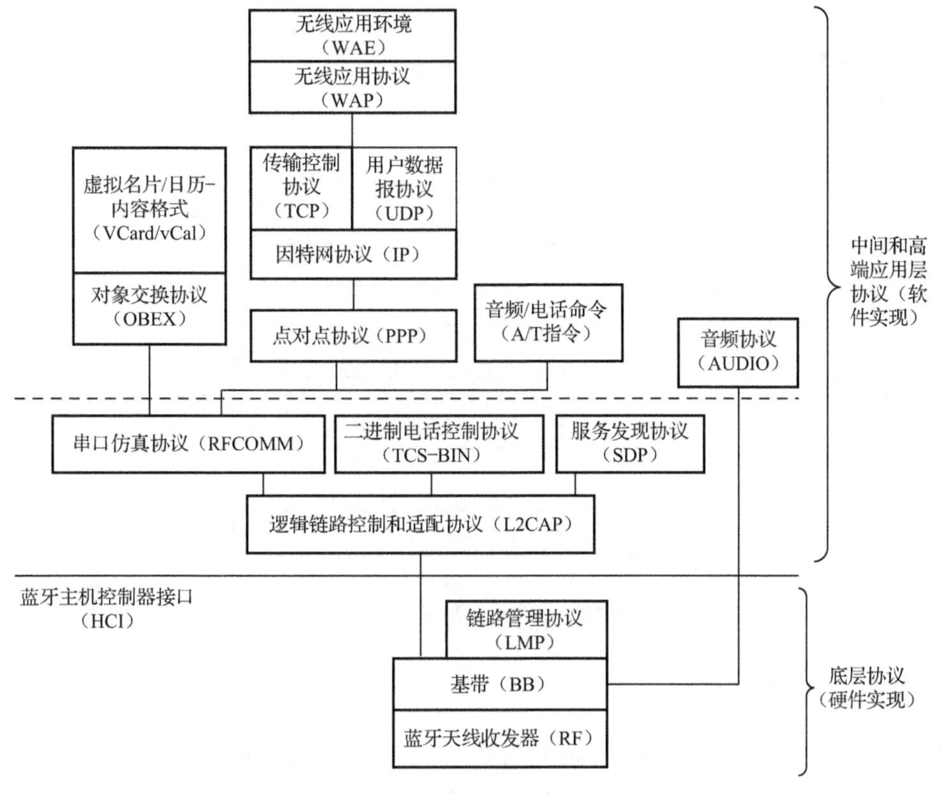

图 5-37　蓝牙协议层构成

5. 蓝牙状态

蓝牙设备主要运行在待机和连接两种状态。从待机到连接状态，要经历 7 个子状态：寻呼、寻呼扫描、查询、查询扫描、主响应、从响应、查询响应。

蓝牙编址：蓝牙有以下 4 种基本类型的设备地址。BD_ADDR：48 位的蓝牙设备地址；AM_ADDR：3 位激活状态成员地址；PM_ADDR：8 位休眠状态成员地址；AR_ADDR：访问请求地址，休眠状态的从单元通过它向主单元发送访问消息。

6. 蓝牙数据分组

蓝牙技术同时支持数据和语音信息的传送，在信息交换方式上采用了电路交换和分组交换的混合方式。对于短暂的突发式的数据业务，采用分组传输方式。在蓝牙的信道中，数据是以分组的形式进行传输的。将信息进行分组打包，时间划分为时隙，每个时隙内只发送一个数据包。蓝牙的数据包与纠错机制之间有密切的联系。

7. 蓝牙实现

蓝牙技术通常以蓝牙芯片的形式出现，底层协议通过硬件来实现，中间层和高端应用层协议则通过协议栈实现，固化到硬件之中。并非所有蓝牙芯片都要实现全部的蓝牙协议，但大部分都实现了核心协议，对高端应用层协议和用户应用程序，可根据需求定制。目前多数蓝牙芯片的底层硬件采用单芯片结构，利用片上系统技术将硬件模块集嵌在单个芯片上，同时配有微处理器（CPU）、静态随机存储器（SRAM）、闪存（Flash ROM）、通用异步收发器（UART）、通用串行接口（USB）、语音编/解码器（CODEC）、蓝牙测试模块等。图 5-38 所示为单芯片蓝牙硬件模块结构。

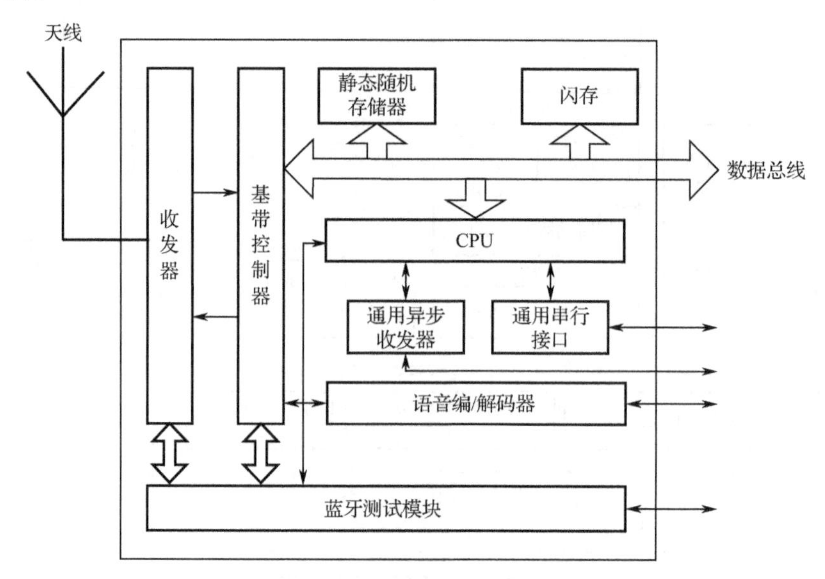

图 5-38 单芯片蓝牙硬件模块结构

5.4.2 GPRS

GPRS（General Packet Radio Service）为通用分组无线业务的简称，是欧洲电信协会 GSM 系统中有关分组数据所规定的标准。GPRS 是一种基于 GSM 系统的无线分组交换技术，可提供端到端的、广域的无线 IP 连接。它具有充分利用现有的网络、资源利用率高、始终在线、传输速率高、资费合理等特点。

GPRS 组成包括硬件及软件部分。主要硬件部分包括 GPRS 芯片或者 GPRS 模块；SIM 卡及卡座；天线。软件采用 AT 指令。

1. GPRS 通信原理

GPRS 不采用固定信道的电路交换方式，而采用分组交换的通信方式。在分组交换的通信方式中，数据被分成一定长度的包（分组），每个包的前面有一个分组头（其中的地址标志指明该分组发往何处）。这种分组交换的通信方式在数据传送之前并不需要预先分配信道，建立连接。只需在每一个数据包到达时，根据数据报头中的信息（如目的地址），临时寻找一个可用的信道资源将该数据报发送出去。因此，数据的发送和接收方同信道之间没有固定的占用关系，信道资源可以看作是由所有的用户共享使用。其通信原理示意图如图 5-39 所示。

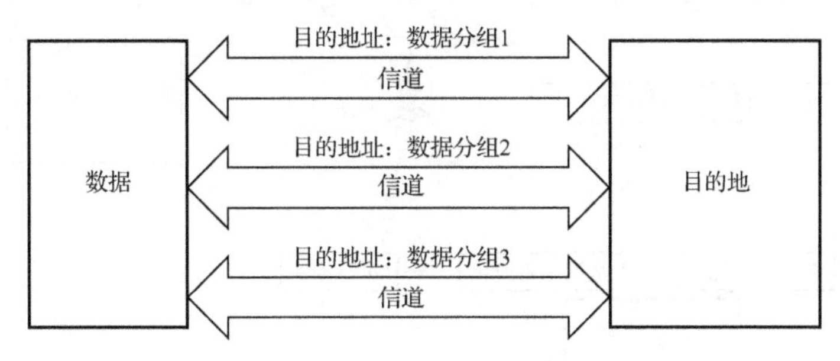

图 5-39　GPRS 通信原理示意图

在数据采集和工业生产领域，GPRS 更多地是提供与服务器（或中心）的数据链路，数据采集的终端通常采用数据采集+GPRS 模块的形式。由于 GPRS 依托于 GSM 网，所以还可以方便地实现短信报警或电话报警的功能。图 5-40 及图 5-41 为 GPRS 应用。

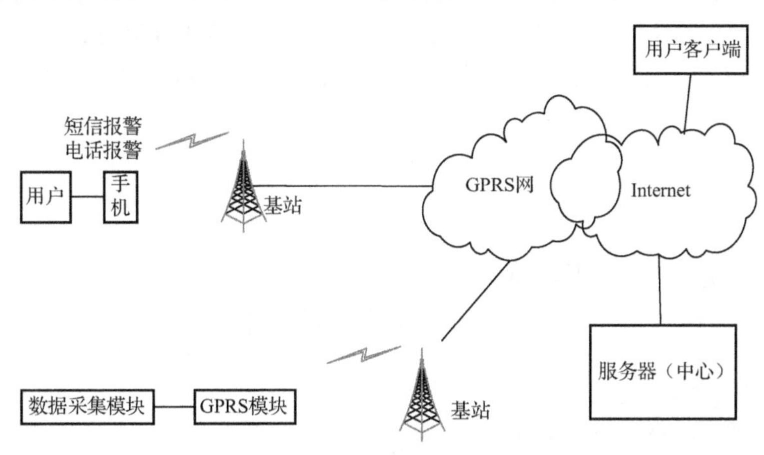

图 5-40　GPRS 应用架构

2. 常见的 GPRS 模块

（1）GPRS DTU，GPRS 数传单元，也称为 GPRS 透传模块。GPRS DTU 是一种物联网无线数据终端，利用公用运营商网络 GPRS 网络（又称 G 网）为用户提供无线长距离数据传输功能。采用高性能的工业级 8/16/32 位通信处理器和工业级无线模块，以嵌入式实时操作系统为软件支撑平台，同时提供 RS-232 和 RS-485（或 RS-422）接口，可直接连接串口设备，实现数据透明传输功能。GPRS DTU 内部封装了完善的 TCP/IP 等协议栈，可为无线传输提供透明的 TCP/IP 通道。主要应用于工业领域，而 GPRS MODEM 要完成类似的功能通常必须借助于 PC 的软件和硬件资源，如 CPU、Memory 和 TCP/IP 协议栈等，所以我们经常可以看到 PC 接一个无线的 MODEM 来连接到外部的数据网。采用了 GPRS 的微控制器系统可以实现无线数据传输领域的复杂应用，在远程抄表、工业控制、遥感、遥测、智能交通领域都得到了广泛的应用。

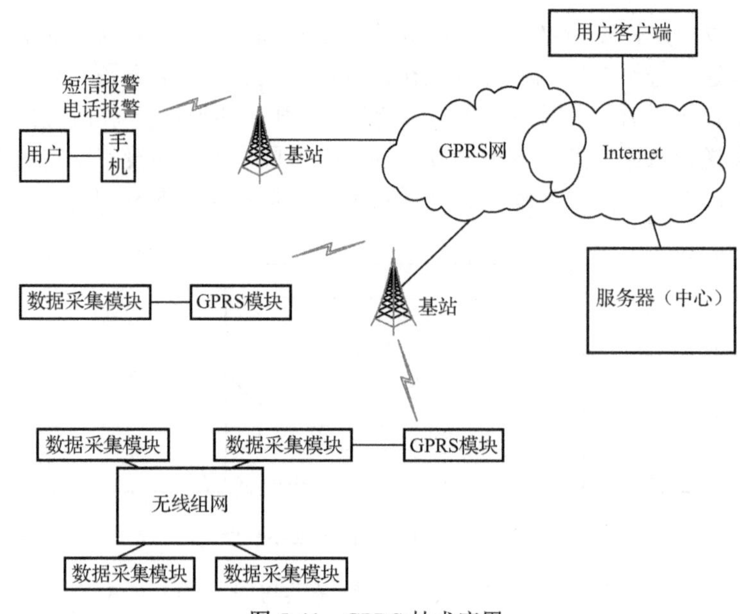

图 5-41　GPRS 技术应用

（2）GPRS/GSM MODEM，这是一种纯的 GPRS/GSM 调制解调器，常称为 GPRS 猫。

（3）包含 TCP/IP 协议栈的 GPRS MODEM，它将 GPRS/GSM MODEM 和 TCP/IP 协议栈封装在一起，内部有 CPU、Flash、RAM、控制单元等硬件，与 DTU 功能类似。

习题

1．什么是数据通信？什么是波特率？

2．什么是串行通信？什么是并行通信？它们各有什么特点？

3．串行通信方式中的异步传送和同步传送各有何特点？两者有什么区别？试画出异步串行传送的一帧字符数据格式。

4．如何利用 I^2C 总线扩展 I/O 口？

5．什么是 SPI 三总线？什么是 I^2C 双总线？

6．如何利用 SPI 总线扩展 93C46 E^2PROM？

7. 在一个 GPIB 标准接口总线系统中，要进行有效的通信联络，至少应有哪三类仪器装置？这三类装置分别起什么作用？

8．画出 GPIB 接口芯片 8291A 与单片机硬件接口原理图，分析接口电路的工作原理。

9．试说出 RS-232 标准串行接口总线的电气特性。

10．在构成 RS-485 总线互联网络时，要使系统数据传输达到高可靠性的要求，通常需要考虑哪些问题？

11．什么是 USB 总线技术？USB 总线技术有什么特点？

12．分析 GPIB 的三线挂钩原理的工作时序图。

第 6 章

智能仪器的可靠性技术

本章知识点：

- 可靠性的概念
- 智能仪器的校准方式
- 智能仪器的软、硬件自检
- 干扰源及干扰分析
- 软件、硬件抗干扰措施

基本要求：

- 了解可靠性的概念及其影响因素
- 掌握仪器软、硬件校准方式
- 掌握智能仪器的自检电路及自检软件设计
- 了解干扰源及干扰特点
- 掌握智能仪器的基本抗干扰设计方法（包括软件和硬件两方面措施）

能力培养目标：

通过本章的学习，使学生具有智能仪器可靠性设计的基本能力。通过仪器校准设计、干扰源分析与抗干扰设计的相关训练，培养学生在实际设计过程中的分析问题与处理问题的工程实践能力。通过软、硬件校准方式的设计，软、硬件抗干扰措施的实践，培养学生的可靠性设计观念及工程意识和创新能力。

在选择一款仪器时，用户除了考虑仪器的功能、适用环境、性价比等因素外，比较关心的还有仪器的测量精度和可靠性。仪器的精度一般包括系统误差和随机误差两部分，硬件电路部分是影响仪器仪表精度的主要因素之一。在传统仪表中，滤波器、放大器、衰减器、A/D 转换器、基准电源等元器件，温度漂移电压或时间漂移电压都将反映到测量结果中，而这类漂移电压又是不可能清除的，极大地影响了传统仪器的测量精度。可靠性是指仪器测量工作必须在仪器本身完全无故障的情况下进行，对于传统仪器而言，其本身不能对是否出现故障进行判断，带“病”情况下仍能给出错误的测量结果或执行控制动作。

在智能仪器设计中提高其测量精度和产品可靠性是两个根本任务。由于引入了微处理器，智能仪器具有了自动测量及自检功能，提高了仪器的准确性和可靠性。另外，智能仪器在使用中往往面临各种各样的干扰，这些干扰使测量结果产生误差，降低仪器的测量精度，也有的干扰会严重损坏仪器的硬件电路或程序，导致仪器不能正常运行。因此，为了保证仪器能可靠、稳定地工作，在智能仪器设计时还需考虑和解决抗干扰问题。本章将详细讲解智能仪器自校准、自检、硬件抗干扰设计和软件抗干扰设计。

6.1 可靠性的概念及影响因素

1. 可靠性的概念

产品的可靠性是指在规定的条件下、规定的时间内，产品完成规定功能的能力。对产品而言，可靠性越高越好。显然，仪器的可靠性是衡量智能仪器产品质量的一个重要指标。可靠性高的产品，可以长时间正常工作（这正是所有消费者需要得到的）；从专业术语上来说，就是产品的可靠性越高，产品可以无故障工作的时间就越长。对于智能仪器来说，无论在原理上如何先进，在功能上如何全面，在精度上如何高级，如果可靠性差，故障频繁，不能正常运行，则该仪器就没有使用价值，更谈不上生产中的经济效益。因此在仪器设计过程中，对可靠性的考虑应贯穿于每一环节，采取各种措施提高仪器的可靠性，以保证仪器能长时间稳定工作。

可靠性是描述系统长期稳定、正常运行能力的一个通用概念，也是产品质量在时间方面的特征表示；可靠性又是一个统计的概念，表明在一定时间内产品或系统稳定正常完成预定功能指标的概率。描述可靠性的定量指标常用可靠度、失效率、平均无故障工作时间这些特征量。

（1）可靠度是指产品或系统在规定条件下和规定的时间内完成规定功能的概率。这里的规定条件包括运行的环境条件、使用条件、维修条件和操作水平等。

（2）失效率又称故障率，是指工作到某一时刻尚未失效的产品，在该时刻后单位时间内发生失效的概率。数字电路及其他电子产品，在其有效寿命期间内，如果它的失效率是由电子器件、集成电路芯片的故障所引起的，则失效率为常数。这是因为电子器件、集成芯片经过老化筛选后，就进入偶发故障期。在这一时期内，它们的故障是随机均匀分布的，故障为一常数。

（3）平均无故障工作时间又称平均寿命，是产品寿命的平均值。对于可修复系统，平均寿命可看作是“一个或多个产品在它的使用寿命期内某个观察期间累计工作时间与故障次数之比”。对于不可修复的产品，平均寿命可看作是“当所有试验样品都观察到寿命终了时，用所有实际值计算出算术平均值作为样品累计试验时间，样品累计试验时间与失效数之比为平均寿命”。平均无故障工作时间是最常用的描述可靠性的特征量，它比可靠度、失效率更直接形象地给出了一个产品的可靠性的参数指标。

2. 影响可靠性的主要因素

就硬件而言，仪器所用器件质量的优劣和结构工艺是影响可靠性的重要因素，故应合理地选择元器件和采用极限情况下试验的方法。所谓合理地选择元器件，是指在设计时对元器件的负载、速度、功耗、工作环境等技术参数应留有一定的安全量，并对元器件进行老化和筛选。极限情况下的试验是指在研制过程中，一台样机要承受低温、高温、冲击、振动、干扰、盐雾和其他试验，以证实其对环境的适应性。为了提高仪器的可靠性，还可采用“冗余结构”的方法，即设计时安排双重结构（主件和备用件）的硬件电路。这样当某部件发生故障时，备用件自动切入，从而保证了仪器的长期连续运行。

对软件来说，应尽可能地减少故障。如前所述，采用模块化设计方法，易于编程和调试，可减小故障率和提高软件的可靠性。同时，对软件进行全面测试也是检验错误、排除故障的重要手段。与硬件类似，也要对软件进行各种“应力”试验，例如，提高时钟速度、增加中断请求率、子程序的百万次重复等，一切可能的参量都必须通过可能的有害于仪器的运行来进行考验。虽然这要付出一定的代价，但必须经过这些试验才能证明所设计的仪器是否合适。

影响智能仪器可靠、安全运行的主要因素是来自系统内部和外部的各种电气干扰，以及系统结构设计、元器件选择、安装、制造工艺和外部环境条件等。

导致智能仪器系统运行不稳定的内部因素主要有以下三点。

（1）元器件本身的性能与可靠性。元器件是组成系统的基本单元，其特性好坏与稳定性直接影响整个系统性能与可靠性。

（2）系统结构设计。包括硬件电路结构设计和运行软件设计。元器件选定之后，根据系统运行原理与生产工艺要求将其连成整体，并编制相应软件。电路设计中要求元器件或线路布局合理，以消除元器件之间的电磁耦合相互干扰；优化的电路设计也可以消除或削弱外部干扰对整个系统的影响，如去耦电路、平衡电路等。

（3）安装与调试。元器件与整个系统的安装与调试，是保证系统运行和可靠性的重要措施。尽管元件选择严格，系统整体设计合理，但如果安装工艺粗糙，调试不严格，则仍然达不到预期的效果。

影响智能仪器可靠性的外因是指智能仪器所处工作环境中的外部设备或空间条件导致系统运行的不可靠因素，主要包括以下几点：

- 外部电气条件，如电源电压的稳定性、强电场与磁场等的影响。
- 外部空间条件，如温度、湿度、空气清洁度等。
- 外部机械条件，如振动、冲击等。

为了保证智能仪器可靠工作，必须创造一个良好的外部环境。例如，采取屏蔽措施、远离产生强电磁场干扰的设备；加强通风以降低环境温度；安装紧固以防止摆动等。为了提高测量的准确性和可靠性，智能仪器引入了自动测量及自检功能，极大地提高了仪器的测量精度。

6.2　智能仪器的自校准

在经过一段时间的使用之后，仪器测量参数的准确性受到各种因素的影响，如温度、湿度等，它的参数可能会发生偏离，用它测量的结果可信度将下降。为保证仪器在预定精度下正常工作，仪器必须定期进行校准。校准是在规定的各种环境条件下，用一个可参考的测量标准及其配套装置和工具，测出被测量设备的实际具体量值及其技术参数。

传统仪器校准通过对已知标准校准源直接测量，或通过与更高精度的同类仪器进行比较测量来实现。当被校准仪器的测量存在误差时，需要手动调节仪器内部的可调器件（可调电阻、可调电容、可调电感等），使其示值接近标准值。传统的手动校准方法费时且费力，而目前大部分智能仪器内含微处理器，在对这些仪器进行校准时可以充分利用仪器和计算机的通信功能，利用微处理器及计算机组成自动校准系统，自动对所得测试结果与已知标准值进行比较，将测量的不确定性进行量化，验证测量仪器是否工作在规定的指标范围内，从而大大减轻人工劳动，提高技术先进性，降低成本。

本节介绍智能仪器进行内部自动校准和外部自动校准的方法。

6.2.1　内部自校准

内部自动校准技术利用仪器内部的校准源进行测量，量化不确定性，并自动将功能、各量程按工作条件调整到最佳状态。当在环境差别较大的情况下工作时，内部自动校准实际上消除了环境因素对测量准确度的影响，补偿工作环境的变化、内部校准温度的变化等。智能仪器采用内部自动校准技术，可去掉普通的微调电位器和微调电容，所有的内部调节工作都是通过存储的校准数据、可调增益放大器、可变电流源实现的。

例如，在使用示波器时，自动校准通过对环境温度和仪器温度的变化进行补偿来实现最佳的示波器性能，校准数据存储在非易失性存储器中，使用这些校准数据及示波器的内部电压和时间校准功能，以保证示波器总是在其最佳性能下工作。下面介绍常用的仪器仪表内部自动校准方法。

智能仪器的系统误差主要产生在模拟通道中，造成这种误差的原因是它的衰减器、滤波器、A/D 转换器、D/A 转换器和内部基准源等部件的电路状态及参数偏离标准值，随温度和时间产生漂移。这种偏离和漂移集中反映在零点漂移和倍率变化上。

1．输入偏置电流自动校准

输入放大器是高精度智能仪器仪表的常用部件之一，应保证仪器的高输入阻抗、低输入偏置电流和低漂移性能，否则会给测量带来误差。例如，数字多用表为了消除输入偏置电流带来的误差，设计了输入偏置电流的自动补偿和校准电路。如图 6-1 所示，在仪器输入端连接一个带有屏蔽的 10MΩ 电阻盒，输入偏置电流 I_b 在该电阻上产生电压降，经 A/D 转换后存储于非易失性校准存储器内，作为输入偏置电流的修正值。在正常测量时，微处理器根据修正值选出适当的数字量到 D/A 转换器，经输入偏置电流补偿电路产生补偿电流 I'_b，抵消 I_b，消除仪器输入偏置电流带来的测量误差。类似应用如暗场测量、信号背景值测量。

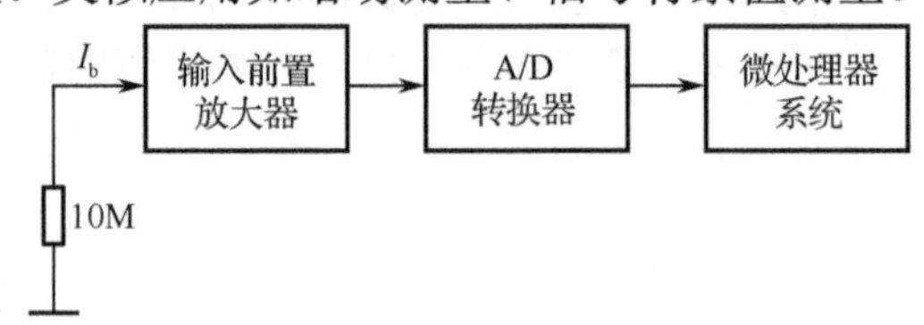

图 6-1　输入偏置电流的自动补偿和校准电路

2．零点漂移自动校准

零点漂移是造成零位误差的主要原因之一。即当输入信号为零的时候，输出不为零。有时零点漂移值随温度的变化而变化，主要是器件稳定性引起的系统误差，可以通过选用稳定性高的输入器件，从硬件上消除这种影响，但成本较高，且温度变化较大的场合，该方法不能确保零点的稳定性。为此可利用零点自动校准技术。假设零点漂移电压为 V_{os}，校准零点漂移电压 V_{os} 的电路原理如图 6-2 所示。

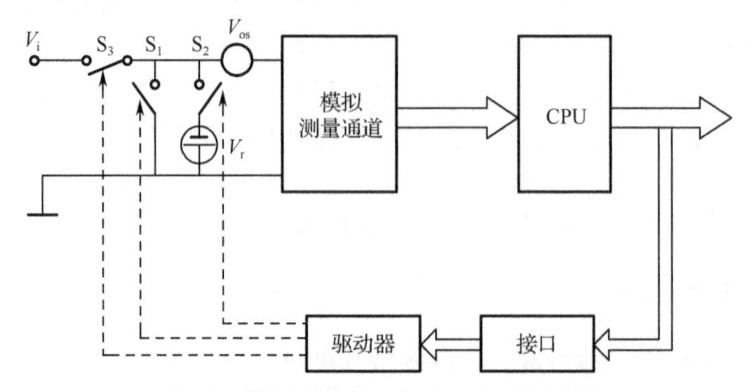

图 6-2　模拟通道的内部自动校准原理图

在仪器内部的微机控制下，它们可以使模拟量测量通道依次与地、仪器内部标准源 V_r 和被测量 V_i 相接。V_{os} 为折合到模拟量输入端的零点漂移电压。

以下分两种情况对 V_{os} 的校准进行讨论。

1）当零点漂移电压 V_{os} 不变化时

校准分以下三个步骤：

切断开关 S_2、S_3，闭合开关 S_1。即在微机的控制下，将模拟量输入通道与地接通，得到这种情况下的 A/D 转换的输出值 N_0，则有：$N_0=KV_{os}$。该式中，K 为总的放大系数。

在微机控制下，切断开关 S_1、S_2，闭合开关 S_3。将被测信号 V_i 和漂移电压 V_{os} 一同送入模拟量通道，这个时候得到的 A/D 转换的输出值为：$N_1=K(V_i+V_{os})$。

最后一步，就是利用微机对上面两次测量数据进行计算：$N=N_1-N_0=K(V_i+V_{os})-KV_{os}=KV_i$。

计算后的 A/D 转换的输出值 N，是消去了零点漂移电压 V_{os} 的影响，真正代表了输入电压 V_i 的输出值。需要注意的是，在这两次测量过程中，我们是假定 V_{os} 和总的倍率系数 K 是保持不变的。为了消去 V_{os}，需进行两次测量，用了双倍的时间，对测量速度的影响比较大。

2）当零点漂移电压 V_{os} 变化时

如果在上面的两次测量之间，V_{os} 发生了变化，上述方法就不再适用。这个时候，就必须对 V_{os} 进行一个插值处理。假设 V_{os} 是线性变化的，对它的校准步骤如下：

（1）合上开关 S_1，将输入通道与地接通，设这个时候的零点漂移电压为 V_{os1}。在微机启动 A/D 转换测量 V_{os1} 的同时，启动仪器内部的计时单元，使它开始对测试时间计时。设起始时间为 t_1，A/D 转换的输出值为 N_1，则 $N_1=KV_{os1}$。

（2）打开开关 S_1，合上开关 S_3，将被测量 V_i 接入，假设这时的零点漂移电压为 V_{os2}。V_{os2} 和被测量 V_i 一起输入到模拟测量通道的输入端，设 A/D 转换的输出值为 N_2，则有 $N_2=K(V_i+V_{os2})$；同样在启动这一次 A/D 转换的时候，要读取内部计时单元的时间 t_2。

（3）打开开关 S_2，再一次合上开关 S_1，将模拟输入接地，假设这个时候的零点漂移电压为 V_{os3}，A/D 转换的输出值为 N_3，则 $N_3=KV_{os3}$；当微机启动 A/D 的时候，同样要读取一个时间 t_3。

设在时间 t_1～t_3 之间零点漂移 V_{os} 呈线性变化，可以通过计算机利用线性插值法来求零点漂移电压 V_{os2}。

$$V_{os2}=V_{os1}+\frac{V_{os3}-V_{os1}}{t_3-t_1}(t_2-t_1) \tag{6-1}$$

等式两边同乘以 K，整理后得

$$KV_{os2}=KV_{os1}+\frac{t_2-t_1}{t_3-t_1}(KV_{os3}-KV_{os1})=N_1+\frac{t_2-t_1}{t_3-t_1}(N_3-N_1) \tag{6-2}$$

则 A/D 转换后消除零点漂移后的总的输出值为

$$N=KV_i=N_2-KV_{os2}=N_2-N_1+\frac{t_2-t_1}{t_3-t_1}(N_3-N_1) \tag{6-3}$$

从式（6-3）可知，只要零点漂移电压 V_{os} 是线性变化的，经过计算后的值，已经消去了零点漂移电压 V_{os2} 的影响，真正代表了 V_i 的值。如果测量时间间隔不太长，完全可以近似认为零点漂移电压 V_{os} 是线性变化的。

3．增益自动校准

在仪器仪表的输入通道中，除了存在零点漂移外，放大电路的增益误差及器件的不稳定也会影响测量数据的准确性，因此必须对这些误差进行校准。增益自动校准的基本思想是，在不同功能的不同量程上分别进行增益校准，使之在满刻度范围内都达到规定的指标。利用内附标准源 V_{ref} 可以对增益偏离额定值产生的影响进行校准，它的校准仍然参考图 6-2。

步骤如下：

（1）假设此时无零点漂移（即 $V_{os}=0$），在计算机控制下，将 S_2 闭合，S_1、S_3 断开，即接通标准源 V_r，这个时候得到一个接通标准源的 A/D 转换后的输出值 $N_r=KV_r$，将 N_r 存入 RAM 的确定单元中。

（2）将 S_3 闭合，S_1、S_2 断开，即被测量 V_i 接入，得到一个 A/D 转换后的输出值 $N_1=KV_i$。

（3）仪器内部 CPU 对测量数据进行以下计算：$N=N_1/N_r=(KV_i)/(KV_r)=V_i/V_r$。

整理上式得

$$V_i = NV_r \tag{6-4}$$

由式（6-4）可看出，这样得到的输入信号与增益 K 没有关系，消除了因 K 偏离额定值所引起的误差。在实际进行内部自动校准的时候，既要考虑零点漂移，也要考虑倍率 K 的变化。这时的校准步骤如下（假设 V_{os} 和 K 值是固定不变的）：

（1）程序控制输入通道接地，得到输出值 N_0，则 $N_0=KV_{os}$。

（2）程序控制输入通道与标准源相接，得到输出值 N_r，则 $N_r=K(V_r+V_{os})$。

（3）程序控制输入通道与输入信号相连，得到输出 N_x，则 $N_x=K(V_i+V_{os})$。

（4）在微机控制下进行下列运算

$$N_1=N_r-N_0=KV$$
$$N_2 = N_x-N_0 = KV_i$$
$$N= N_2/N_1 = V_i/V_r$$

所以

$$V_i = N\cdot V_r = (N_2 / N_1)\cdot V_r = V_r \cdot \frac{N_x - N_0}{N_r - N_0} \tag{6-5}$$

需要注意的是，每测量一个被测量要进行三次测量，测量时间增加 2 倍。三次测量中，认为零点漂移电压 V_{os} 和倍率 K 是保持不变的。通常，在连续的三次测量期间，测量时间短而测量速度很快时，可认为此条件满足。内附标准源稳定性好，其准确数值为已知。

设计仪器时，内部自动校准有两种方案：

（1）每测量一个被测量都进行零点漂移和倍率偏移的自动校准。这时，测量速度会显著降低，这是以牺牲速度求得测量的准确度。

（2）有选择地进行自定校准。仪表面板上设置了“自校准”按钮，只有按此按钮时，测量才进行零点漂移和倍率的校准。

6.2.2 外部自校准

外部校准要采用高精度的外部标准。进行外部校准期间，板上校准常数要参照外部标准来调整。某些智能仪器操作者按下自动校准的按键，仪器显示屏便提示操作者应输入的标准电压，操作者按提示要求将相应标准电压加到输入端之后，再按一次键，仪器就进行一次测量，并将标准量（或标准系数）存入到“校准存储器”，然后显示器提示下一个要求输入的标准电压值，再重复上述测量存储过程。仪器的外部自动校准可以采用自动校准系统来完成。

例如，一些智能仪器只需操作者按下自校准键，仪器就会提示操作者输入标准电压，当操作者按照提示给出了标准电压后，再按一次键，仪器就会启动校准系统完成校准测量。外部校准一旦完成，新的校准常数就会被保存在测量仪器中，有的公司还专门提供测量仪器中的外校准的标准软件。当对预定的校正测量完成之后，校准程序还能自动计算每两个校准点之间的插值公式的系数，并把这些系数也存入“校准存储器”，这样就在仪器内部固定存储了一张校准表和一张内插公式系数表。在正式测量时，它们将同测量结果一起形成经过修正的准确测量值。

6.3 智能仪器的自检

自检功能是仪器运行一段时间后，利用事先编制好的检测程序自动对仪器的主要部件进行自动检测，并对故障进行定位。自检功能给智能仪器的使用和维修带来很大的方便。智能仪器的自检部件有仪器的数字电路部分、仪器的模拟电路部分及仪器的软件部分。

6.3.1 自检方式

智能仪器的常见自检方式有开机自检、周期性自检、键控自检和连续自检。在自检过程中，当检查到系统已出现某种故障时，一般都采用系统本身的数字显示器，给出某种代码指示，同时伴随着灯光闪烁或声响报警信号。操作人员可根据代码信号查找故障类型，并提供故障发生的位置。自检功能主要依靠软件完成，力求最大限度地利用被检测仪器本身能提供的信号、电路等现有条件，从而使仪器能够简单而又方便地进行自检。

1. 开机自检

开机自检是对仪器正式投入运行之前所进行的全面检查。当仪器接通电源或复位后，仪器进行一次自检，在以后的测控过程中不再进行，开机自检的项目一般有面板显示装置自检、RAM和ROM自检、输入/输出通道自检、总线自检及键盘自检等。

2. 周期性自检

如果只是在开机时进行一次性自检，而且自检项目中又不能包括仪器的所有关键部件，那么就难以保证在运行过程中仪表的可靠性。因此，大多数智能仪器在运行过程中，要不断地、周期性地插入自检操作。这种自检完全是自动进行的，并且是在测量工作的间歇期间完成的，不干扰正常测控任务。除非检查到故障，否则周期性自检不为操作人员所发觉。

3. 键控自检

对不能在正常运行操作中进行的自检项目或当用户对仪器的可信度发出怀疑时，可通过仪器面板上设置的“自检按键”，由操作者控制，启动自检程序。这种自检模式简单方便，可以在测控过程中寻找一个适当的时机进行自检，又不干扰正常测控工作的进行。

6.3.2 自检内容

1. RAM自检

RAM自检只需要一个存储单元写入一个数据，再从该单元读出数据进行比较就可以判断RAM的故障。RAM自检分两种情况：破坏性检测和非破坏性检测。

破坏性检测常用于开机自检，其方法如下。选择两个特征字 55H 和 AAH。当程序投入运行之前，检查其能否正确写入和读出数据。一般先将检查字“AAH”写入 RAM 单元，然后按所写的单元地址逐字节读出，检查是否全为“AAH”；再写入检查字“55H”，同样以所写单元地址逐字节读出，检查是否全为“55 H”。检查字“AAH”和“55H”均为相邻位电平相反，且“AAH”和“55H”互为反码。循环一遍即可实现各位写“0”、读“0”和写“1”、读“1”的操作，这样可以发现最容易出现的相邻相位关系故障。

非破坏性检测方法，如反码校验法。例如，某个单元写入内容为 D=b7b6b5b4b3b2b1b0 =10011000B，由于某种影响，这个单元的 b2 位发生固定“1”故障。当从这个单元读取数据时，由于出错影响，读出的内容为：Dr =10011100B，将读出的内容 Dr 求反得：$\overline{\mathrm{Dr}} = 01100011$，再将 $\overline{\mathrm{Dr}}$ 写入该单元，再读出可得 $(\overline{\mathrm{Dr}})\mathrm{r} = 01100111\mathrm{B}$。将 Dr 和 $(\overline{\mathrm{Dr}})\mathrm{r}$ 异或后再取反，得 $\mathrm{F} = \overline{\mathrm{Dr} \oplus (\overline{\mathrm{Dr}})\mathrm{r}} = 00000100\mathrm{B}$。显然字 F 中，出现“1”的位就是故障位，所以 F 为故障定位字。如果没有出错，则 F=00000000B，此时可将单元内容读出并取反后写入该单元，即可恢复原来的内容。图 6-3 为 RAM 自检程序流程图。

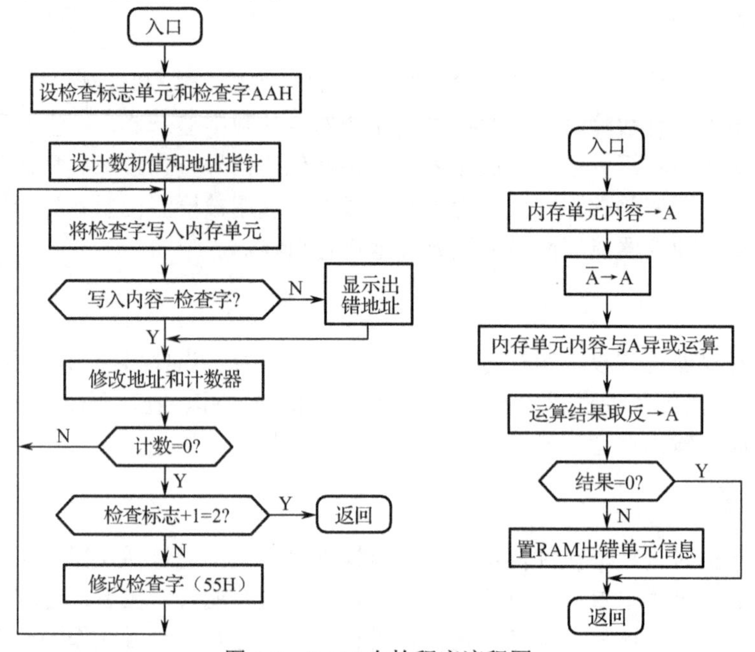

图 6-3　RAM 自检程序流程图

2. ROM 自检

由于 ROM 中存在着仪器的控制软件，因而对 ROM 的检测是至关重要的。自检方法很多，如“校验和”法、单字节累加法、双字节累加法。“校验和”法是在将程序机器码写入 ROM 的时候，保留一个单元（一般是最后一个单元），此单元不写程序机器码而是写“校验字”，“校验字”应能满足 ROM 中所有单元的每一列都具有奇数个 1。自检程序的内容，对每一列数进行异或运算，如果 ROM 无故障，各列的运算结果应都为“1”，即校验和等于 FFH。表 6-1 为 ROM 自检数据。ROM 自检程序流程图如图 6-4 所示。

3. 键盘和显示器自检

智能仪器显示器、键盘的检测往往采用与操作者合作的方式进行。检测程序的内容为：先进行一系列预定 I/O 的操作，然后操作者对这些 I/O 操作的结果进行验收，如果结果与预先的设定一致，就认为功能正常，否则，应对有关通道进行检修。

表 6-1　ROM 自检数据

ROM 地址	ROM 中的内容
0	1 1 0 1 0 0 1 0
1	1 0 0 1 1 0 0 1
2	0 0 1 1 1 1 0 0
3	1 1 1 1 0 0 1 1
4	1 0 0 0 0 0 0 1
5	0 0 0 1 1 1 1 0
6	1 0 1 0 1 0 1 0
7	0 1 0 0 1 1 1 0（校验字）
	1 1 1 1 1 1 1 1（校验和）

1）键盘检测的方法

CPU 每取得一个按键闭合的信号，就反馈一个信息（最常用的反馈信息是声光输出），如果反馈信息与预先设定的一致，就认为功能正常。如果按下某单个按键后无反馈信息，往往是该键接触不良，如果按某一排键均无反馈信号，则一定与对应的电路或扫描信号有关。如果所有键均无反馈信息，则键盘扫描系统已经瘫痪或者监控程序已被破坏。

2）显示器检测的方法

第一种方式是：让显示器的所有字段全部发亮，即显示出 888…，以检查显示器及相应接口电路是否处于正常工作状态。当显示表明显示器各发光段均能正常发光时，操作人员只要按任意键，显示器应全部熄灭片刻，然后脱离自检方式进入其他操作。第二种方式是：让显示器显示某些特征字符，一般是控制系统的名称或代号，几秒钟后自动消失，进入其他初态或某种操作状态。显示器自检程序流程图如图 6-5 所示。

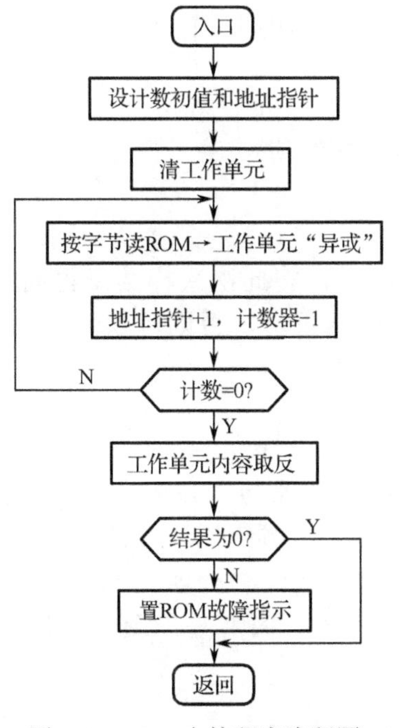

图 6-4　ROM 自检程序流程图

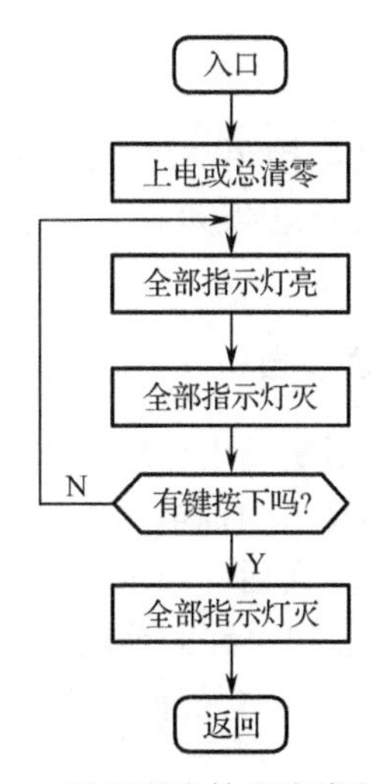

图 6-5　显示器自检程序流程图

4. 输入通道自检

模拟输入通道如图 6-6 所示，采用了 A/D 转换电路，转换精度取决于 A/D 的倍数。模拟量输入通道自检采用直接参数判断法，即根据模拟量采样值的大小（取极限值）来判断模拟量输入通道是否正常，因此，模拟量输入通道的自检应包括检测元件、变送器、A/D 转换电路及其接口电路。为了简化，将模拟量输入通道分两部分自检，一是检测元件至变送器的自检，称为变送器自检；二是 A/D 转换电路至单片机的自检，称为 ADC 自检。

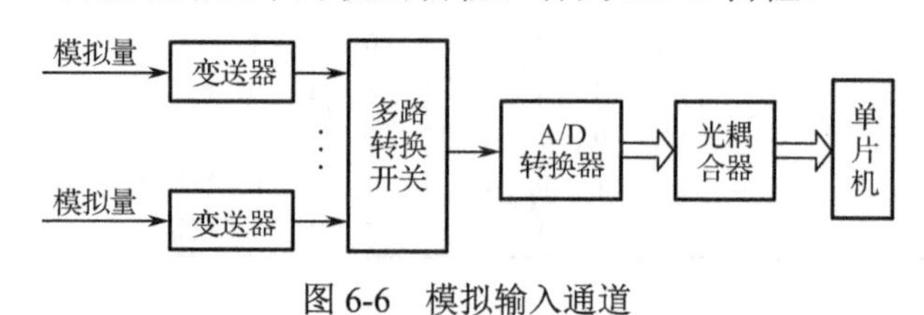

图 6-6 模拟输入通道

1）变送器自检

目前电流输出型变送器有三种信号标准：0～10mA、0～20mA、4～20mA。分别串联 500Ω、250Ω 精密电阻将其转换成 0～5V、1～5V 的电压信号与 A/D 转换器相连。变送器与 A/D 转换器连接如图 6-7 所示。若变送器内部或接线盒端子短路，V_{in} 为 24V，此时 A/D 转换的数字量为满量程（即数字量最大）；若变送器内部或接线盒端子开路，V_{in} 为 0V，此时 A/D 转换的数字量为最小（通常为零）。

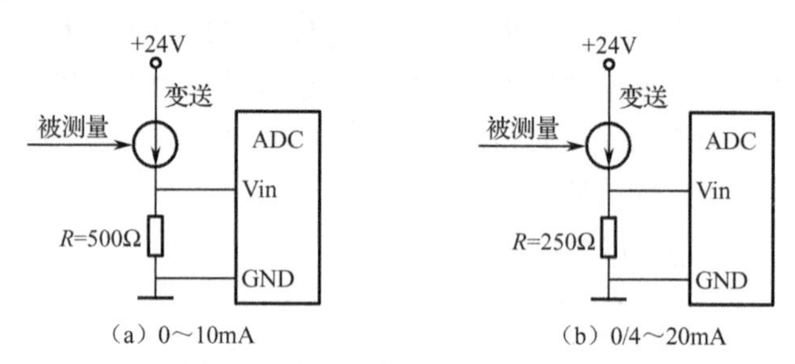

图 6-7 变送器与 A/D 转换器连接

2）ADC 自检

将参考电源接至 A/D 转换器的输入端，启动测量，将此次采样结果再同 ROM 中的预定值加以比较，若误差在许可范围内，则 A/D 转换器正常，否则可以判定 A/D 转换器出现故障。

5. 输出通道自检

D/A 转换器是输出通道的重要部件，D/A 转换器的自检常与 A/D 转换器配合进行。自检时，可由微处理器输出扫描电压信号（锯齿波）对应的数字量（预定值），该数字量输入 D/A 转换器，经过 D/A 转换后的模拟量再经 A/D 转换后进入微处理器，微处理器将转换结果与机内预定值比较，若误差在允许的范围之内，则认为 D/A 转换正常，否则，按上述方法判断 A/D 工作是否正常，若 A/D 工作正常，可断定 D/A 存在故障。

输出通道自检采用间接参数判断法。间接参数判断法指根据模拟量输入通道的采样值的变化情况来判断模拟量输出通道或开关量输出通道是否正常。无论模拟型执行器还是开关型执行器的工作状态，它们势必影响到模拟量输入通道的采样值。因此，间接参数判断方法是可行的，而且简单、可靠。间接参数（模拟输入量）的选择原则是它应与直接参数（执行器的输出量）有单值对应关系且灵敏度高。智能仪器的数字输出量用于控制电动阀、电磁阀、风机、泵类等设备的开关和启动、停止，在控制过程中必然会影响到工艺管路或设备的介质流量、压力、温度等。例如，一个输出数字量控制泵的启停，管路已安装流量检测，在流量检测回路没有故障的情况下(上述直接参数判断法自检可以保障)，不仅可依据流量有无变化情况来判断该开关、驱动电路、继电器、交流接触器、热继电器、电机、泵以及现场连线是否正常，而且可以根据泵的流量特性在线判断泵的性能优劣。

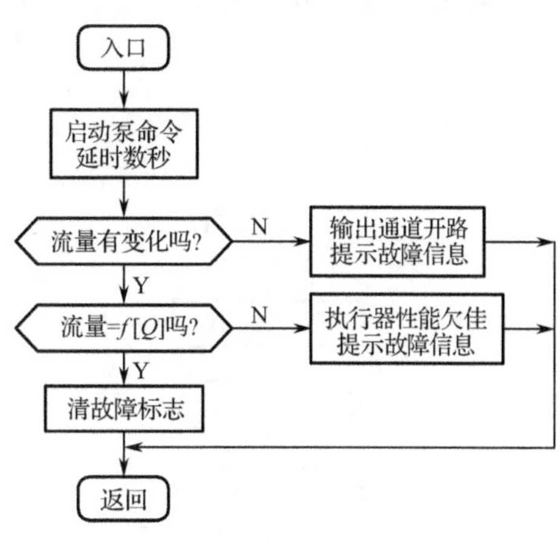

图 6-8　输出通道自检程序流程图

泵在运行状态下的自检程序流程图如图 6-8 所示。“输出通道开路”故障通常是指负荷过大或者泵已损坏，导致热继电器开路。同理可得到风机泵类执行器在停止状态下的自检程序。

6．总线自检

所谓总线自检是指对经过缓冲器的总线进行检测。由于总线没有记忆能力，因此需要设置两组锁存触发器，分别记忆地址总线和数据总线上的信息。这样只要执行一条对存储器或 I/O 设备的写操作指令，地址线和数据线上的信息便能分别锁存到这两组触发器中，通过对这两组锁存触发器分别进行读操作，便可判知总线是否存在故障。具体做法：使被检测的每根总线依次为 1 态，其余总线为 0 态。如果某总线停留在 0 态或 1 态，说明有故障存在。总线自检原理图如图 6-9 所示。

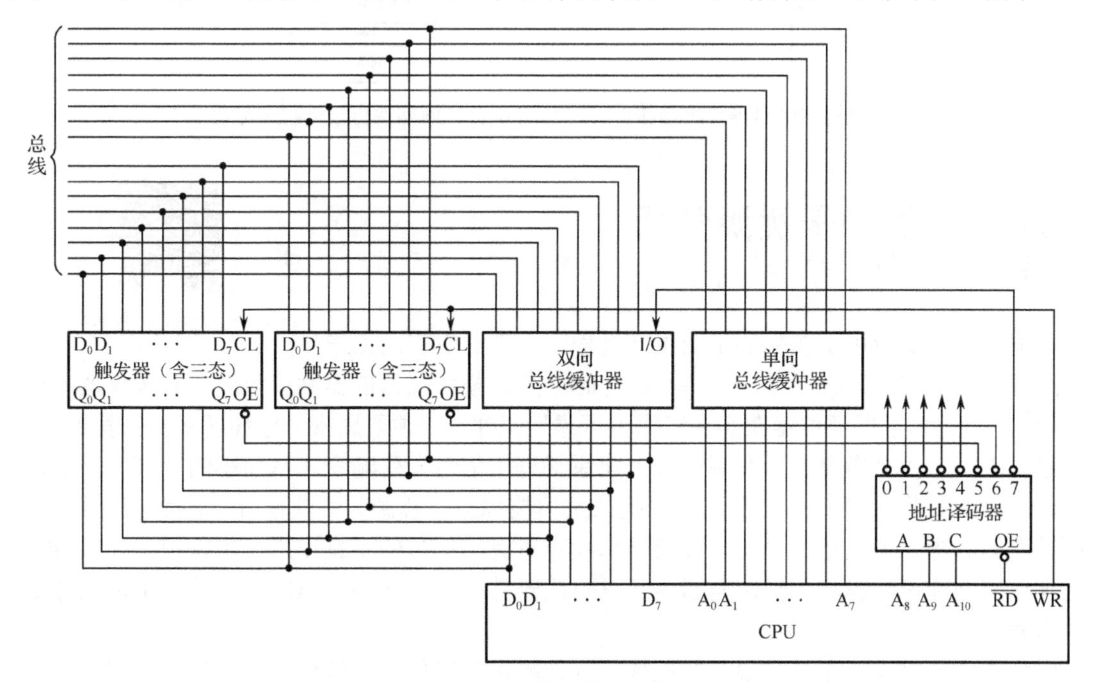

图 6-9　总线自检原理图

6.3.3 自检软件

上述各自检项目一般应分别编成子程序，以便需要时调用。设各段子程序的入口地址为 TST*i*（i = 0，1，2…），对应的故障代号为 TNUM（0，1，2…）。编程时，由序号通过表所示的测试指针表（TSTPT）来寻找某一项自检子程序入口，若检测有故障发生，便显示其故障代号 TNUM。图 6-10 及图 6-11 分别为仪器自检软件流程及周期自检流程图。

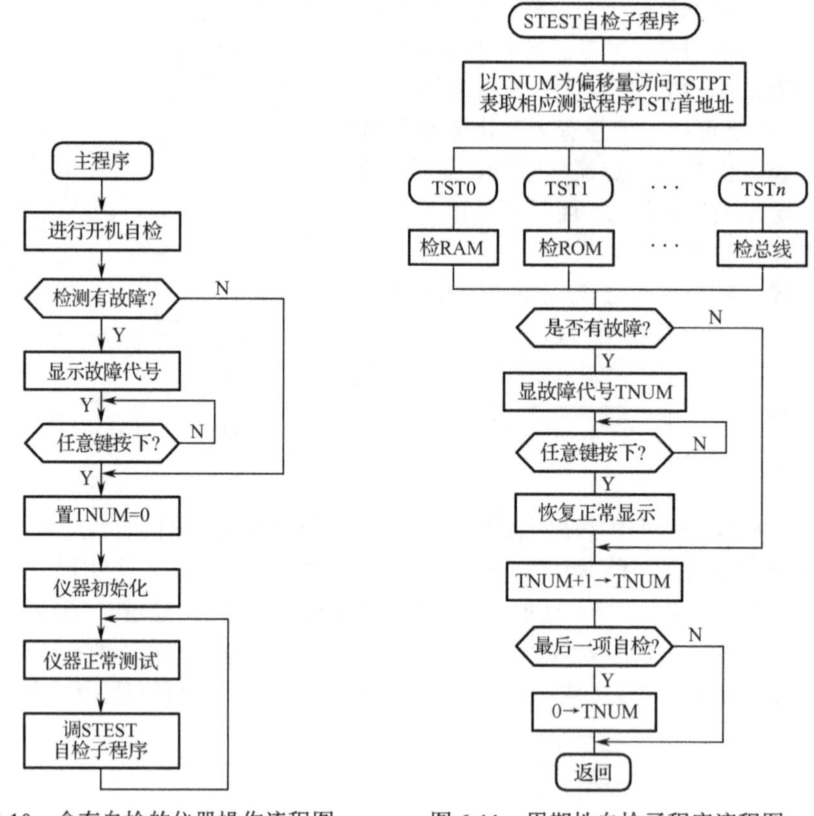

图 6-10 含有自检的仪器操作流程图　　图 6-11 周期性自检子程序流程图

6.4 干扰和干扰源分析

仪器仪表干扰来源及示例

智能仪器主要应用于实际的工业生产过程，而工业生产的工作环境往往比较恶劣，干扰严重。这些干扰有时会严重损坏仪器的器件或程序，导致仪器不能正常运行。因此，为了保证仪器在实际应用中可靠地工作，必须要周密考虑和解决抗干扰的问题。测控系统中，干扰是指叠加于有用信号上使原来有用信号发生畸变，从而影响和破坏设备或系统正常工作的变化电量（噪声），产生干扰的主体被称作干扰源。可以看出，干扰与噪声是两个不同性质的概念。干扰是指来自内部或外部噪声对有用信号的不良作用，可以用屏蔽或接地的方法加以减弱或消除影响。噪声是指由于材料或器件内部的原因，电路或系统中出现的非期望的电信号。

许多仪器仪表需要在干扰很强的现场运行，噪声和干扰是仪器仪表的大敌，它混在信号之中会降低仪器的有效分辨能力和灵敏度，使测量结果产生误差。在数字逻辑电路中，如果干扰信号的电平超过逻辑元件的噪声容限电平，会使逻辑元件产生误动作，导致系统工作紊乱。

干扰与噪声的区别有以下三个方面：

（1）噪声是绝对的，它的产生或存在不受接收者的影响，是独立的，与有用信号无关。干扰是相对有用信号而言的，只有噪声达到一定数值，它和有用信号一起进入智能仪器并影响其正常工作才形成干扰。

（2）噪声与干扰是因果关系，噪声是干扰之因，干扰是噪声之果，是一个量变到质变的过程。

（3）干扰在满足一定条件时可以消除；噪声在一般情况下难以消除，只能减弱。

干扰的形成必须具备三个条件，即干扰源、传输或耦合（包括电磁感应、静电感应和传导耦合）的通道以及对干扰问题敏感的接收电路。为了解决智能仪器的抗干扰问题，首先必须找出干扰的来源以及干扰窜入系统的途径，然后采取相应的对策，抑制或消除干扰。一般情况下，经耦合进入仪器的干扰在强度上远远小于从传输通道和电源线进入的干扰，对于耦合干扰可采用良好的“屏蔽”和正确的“接地”加以解决。所以，抗干扰措施主要是尽量切断来自传输通道和电源线的干扰。

6.4.1　干扰的来源

干扰的来源很多，性质也不一样，产生干扰的原因也十分复杂，有时很难查找，归纳起来主要有以下几种情况：

（1）自然因素。例如，宇宙射线、太阳黑子、雷电等导致的干扰。

（2）周围设备。例如，动力线路中的火花与电弧，汽车的点火装置，各种电机、电气设备的接通与断开引起的电网冲击；高频设备、晶闸管设备引起的电源波形畸变；电磁场发射、静电干扰等。

（3）元器件物理性质。例如，分布电容、热噪声、散粒噪声等引起的干扰。

（4）结构设计不合理。例如，印制板布线不合理、元器件布设位置不当等引起的干扰。

干扰窜入智能仪器的主要渠道如图 6-12 所示。主要包括以下几个方面：

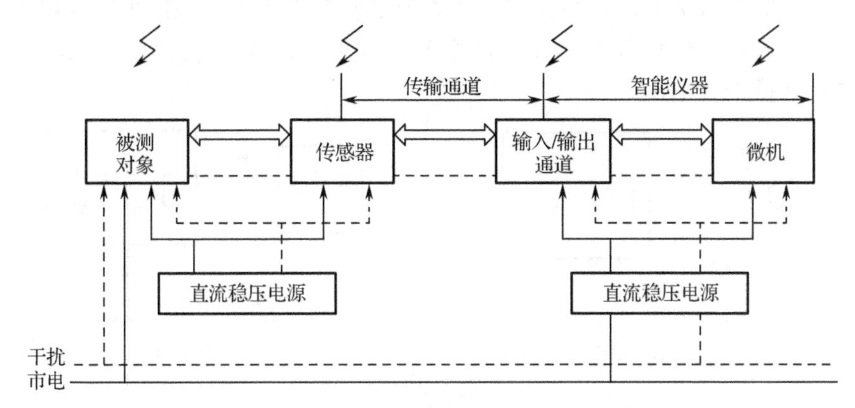

图 6-12　干扰窜入智能仪器的主要渠道

（1）空间电磁场。通过电磁波辐射窜入仪器，如雷电、无线电波等。

（2）传输通道。各种干扰通过仪器的输入/输出通道窜入，特别是长传输线受到的干扰更严重。

（3）配电系统。如来自市电的工频干扰，它可以通过电源变压器分布电容和各种电磁路径对测试系统产生影响。各种开关、晶闸管的启闭，元器件的机械振动等都会对测试过程引起不同程度的干扰。

1. 串模干扰、共模干扰及电源干扰

串模干扰是指干扰电压与有效信号串联叠加后作用到仪器上，如图 6-13 所示。串模干扰通常来自于高压输电线、与信号线平行敷设的电源线及大电流控制线所产生的空间电磁场。由传感器来的信号线有时长达一二百米，干扰源通过电磁感应和静电耦合作用，加上如此之长的信号线上的感应，电压数值是相当可观的。例如，一路电线与信号线平行敷设时，信号线上的电磁感应电压和静电感应电压分别都可达到毫伏级，然而来自传感器的有效信号电压的动态范围通常仅有几十毫伏，甚至更小。

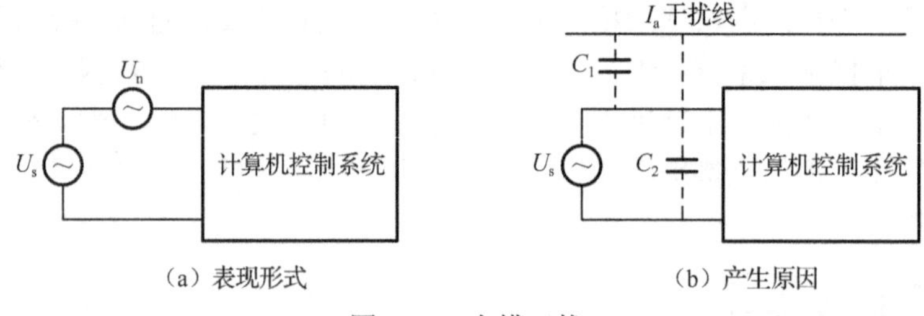

（a）表现形式　　（b）产生原因

图 6-13　串模干扰

由此可知，第一，由于测量控制系统的信号线较长，通过电磁和静电耦合所产生的感应电压有可能大到与被测有效信号相同的数量级，甚至比后者大得多。第二，对测量控制系统而言，由于采样时间短，工频的感应电压也相当于缓慢变化的干扰电压。这种干扰信号与有效直流信号一起被采样和放大，造成有效信号失真。除了信号线引入的串模干扰外，信号源本身固有的漂移、纹波和噪声，以及电源变压器不良屏蔽或稳压滤波效果不良等，也会引入串模干扰。

共模干扰是指输入通道两个输入端上共有的干扰电压。这种干扰可以是直流电压，也可以是交流电压，其幅值可达几伏甚至更高，取决于现场产生干扰的环境条件和仪器的接地情况。在测控系统中，检测元件和传感器分布在生产现场的各个地方，因此，被测信号 U_s 的参考接地点和仪表输入信号的参考接地点之间往往存在着一定的电位差 U_{cm}。由图 6-14 可见，对于输入通道的两个输入端来说，分别有 U_s 和 U_{cm} 两个输入信号。显然，U_{cm} 是转换器输入端上共有的干扰电压，故称共模干扰电压。

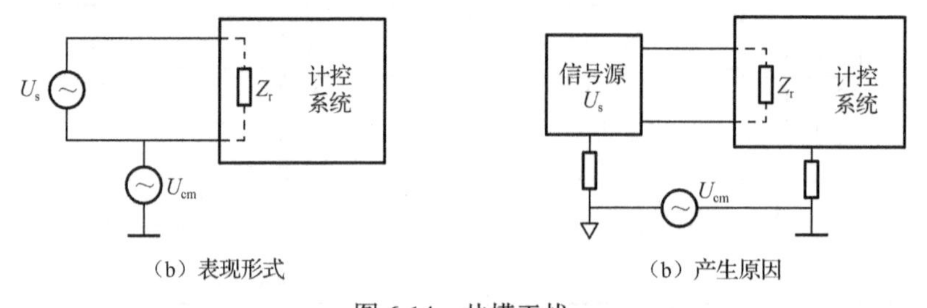

（b）表现形式　　（b）产生原因

图 6-14　共模干扰

除了串模干扰和共模干扰之外，还有一些干扰是从电源引入的。电源干扰一般有以下几种：当同一电源系统中的晶闸管器件通断时产生的尖峰，通过变压器的初级和次级之间的电容耦合到直流电源中产生的干扰；附近的断电器动作时产生的浪涌电压，由电源线经变压器级间电容耦合产生的干扰；共用同一个电源的附近设备接通或断开时产生的干扰。

2. 数字电路的干扰

在数字电路的元件与元件之间、导线与导线之间、导线与元件之间、导线与结构件之间都存在着分布电容。如果某一个导体上的信号电压（或噪声电压）通过分布电容使其他导体上的电位受到影响，这种现象称为电容性耦合。

6.4.2 干扰的类型

干扰的特点是来自测试系统外部，因此一般可以通过屏蔽、滤波或电路元器件的合理布局，通过电源线和地线的合理连接、引线的正确走向等措施加以减弱或消除。干扰的类型通常按干扰产生的原因、干扰传导模式和干扰波形的性质不同进行划分。

1. 按干扰产生的原因分类

（1）放电干扰：主要是雷电、静电、电动机的电刷跳动、大功率开关触点断开等放电产生的干扰。

（2）高频振荡干扰：主要是中频电弧炉、感应电炉、开关电源、直流-交流变压器等产生高频振荡时形成的干扰。

（3）浪涌干扰：主要是交流系统中电动机启动电流、电炉合闸电流、开关调节器的导通电流以及晶闸管变流器等设备产生涌流引起的干扰。

这些干扰对智能仪器系统都有严重的影响，尤其以各类开关分断电感性负载所产生的干扰最难以抑制或消除。

2. 按干扰传导模式分类

对于传导干扰，按其传导模式分为常模干扰和共模干扰。

常模干扰又称线间感应干扰或对称干扰，也称为串模干扰或差动干扰、横向干扰等。在这种线路里，干扰电流和信号电流的路径在往返两条线上是一致的。常模干扰一般是难以除掉的。

共模干扰又叫地感应干扰、纵向干扰或不对称干扰。这种干扰侵入线路和地线间，干扰电流在两条线上各流过一部分，以地为公共回路，而信号电流只在往返两条线路中流过。共模干扰从本质上讲是可以除掉的。抑制共模干扰的方法很多，如屏蔽、接地、隔离等。输入/输出线与大地或机壳之间发生的干扰都是共模干扰，信号线受到静电感应产生的干扰也多为共模干扰。抑制共模干扰的方法很多，如屏蔽、接地、隔离等。但是由于线路的不平衡状态，共模干扰会转化成常模干扰。当发现常模干扰时，首先考虑它是否是由于线路不平衡状态而从共模干扰转换过来的。抗干扰技术在很多方面都是围绕共模干扰来研究其有效的抑制措施。

3. 按干扰波形及性质分类

典型的是将干扰划分为持续正弦波和各种形状的脉冲波。

（1）持续正弦波：多以频率、幅值等特征值表示。

（2）偶发脉冲电压波形：多以最高幅值、前沿上升陡度、脉冲宽度及能量等特征值表示，如雷击波、接点分断电压负载、静电放电等波形。

（3）脉冲列：多以最高幅值、前沿上升陡度、脉冲序列持续时间等特征值表示，如接点分断电感负载、接地反复重燃过电压等。

4．按干扰的来源分类

（1）外部干扰：指那些与系统结构无关，由使用条件和外界环境因素所决定的干扰，主要来自自然界的干扰及周围电气设备的干扰。

（2）内部干扰：指装置内部的各种元件引起的各种干扰，包括固定干扰和过渡干扰。过渡干扰是电路在动态工作时引起的干扰。固定干扰包括热噪声、散粒噪声及接触噪声等。

6.4.3 干扰的耦合方式

干扰源产生的干扰是通过耦合通道对智能仪器系统发生电磁干扰作用的。例如，由交流电源进线引入的高频干扰，其频带甚宽，这种高频成分的干扰信号是在电网中大的负载切换时产生的。一般可将耦合方式分为如下几种：

1）传导耦合

干扰通过导线进入电路，称为传导耦合。电源线、输入/输出线等都有可能将干扰引入仪器。在智能仪器系统中，干扰噪声经过电源线耦合进入微机电路是最常见的直接耦合现象。例如，由交流电源进线引入的高频干扰，其频带甚宽，这种高频成分的干扰信号是在电网中大的负载切换时产生的。当电网中有大的感性负荷或晶闸管切换时，便会产生瞬时电压，引起电网电压波形的畸变，如图 6-15 所示。这一干扰电压主要将沿着电源引入线→变压器→仪器系统→大地→负载突变处的途径传播。对于这种形式，最有效的方法就是加入去耦电路。

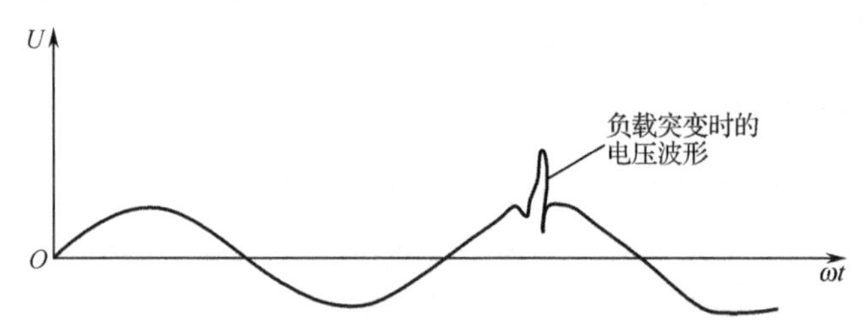

图 6-15 负载切换引起的电网电压畸变示意图

2）公共阻抗耦合

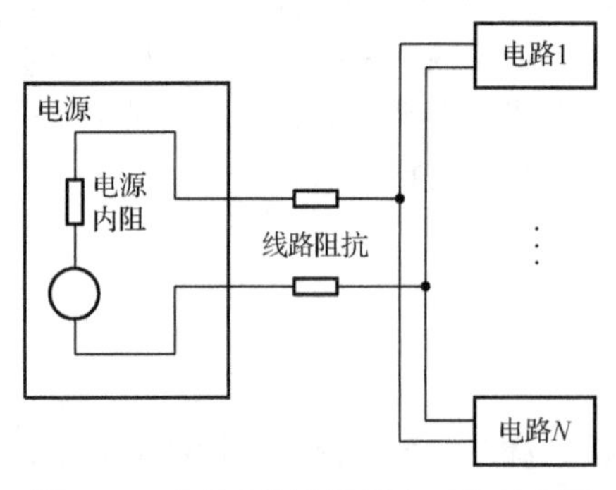

图 6-16 公共电源内阻耦合干扰示意图

在智能仪器中，电路各部分之间经常是共用电源和地线的。这样，电源和地线的阻抗就成了各部分之间的公共阻抗。当某部分的电流经过公共阻抗时，阻抗的压降就成了其他部分的干扰信号。图 6-16 是公共电源内阻耦合干扰示意图，仪器的 N 个电路共用一个电源，因内阻抗和线路阻抗的影响，电路 N 中电流的任何变化均会影响电路 $1\sim N-1$ 的工作。图 6-17 是公共地线阻抗耦合干扰信号示意图。在图 6-17（a）、（b）两种情况下，两部分电路信号变化会互相干扰，采用图 6-17（c）中的接地措施则可避免这种干扰。公共阻抗耦合发生在两个电路的电流流经一个公共阻抗时，噪声源在该阻抗上的电压降会影响到信号源所在电路。为了防止这种耦合，通常在电路设计上就要考虑，使干扰源和被干扰对象间没有公共阻抗。

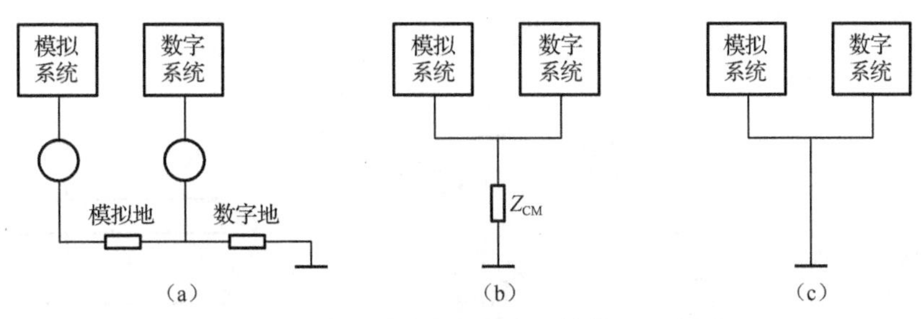

图 6-17　公共地线阻抗耦合干扰信号示意图

3）静电耦合

静电耦合是指电位变化在干扰源与干扰对象之间引起的静电感应，又称静电耦合或电场耦合。智能仪器系统中元件之间、导线之间、导线与元件之间都存在着分布电容。如果某一个导体上的信号电压通过分布电容使其他导体上的电位受到影响，这种电容性耦合也称为静电耦合。静电耦合原理如图 6-18 所示。

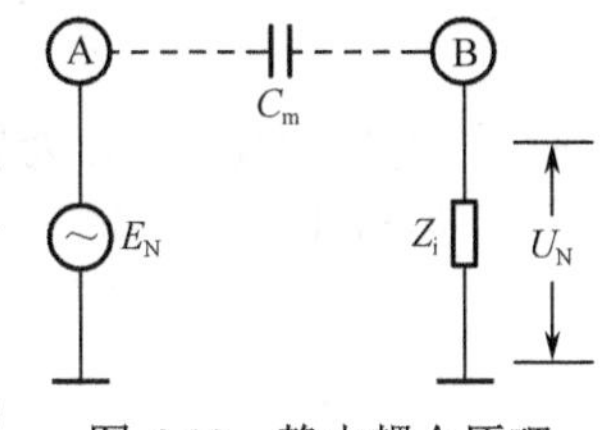

图 6-18　静电耦合原理

图 6-18 中，$U_N = \dfrac{j\omega C_m Z_i}{1 + j\omega C_m Z_i} E_N$，可近似为 $U_N \approx j\omega C_m Z_i E_N$。图 6-19 所示是两根平行导线之间的静电耦合情况。

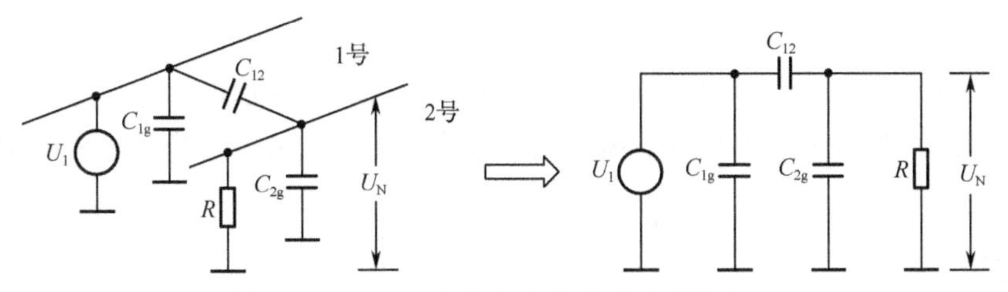

图 6-19　两根平行导线之间的静电耦合情况

图 6-19 中 1 号导线对 2 号导线有分布电容 C_{12} 存在，两根导线对地分别有 C_{1g} 和 C_{2g} 存在。如果 1 号导线上有干扰源 U_1 存在，则 2 号导线上出现的干扰电压可由式（6-6）计算。

$$U_N = \frac{j\omega R C_{12}}{j\omega R(C_{12} + C_{2g}) + 1} U_1 \tag{6-6}$$

当连至 2 号导线上的电阻 R 满足下述条件 $R \leqslant \dfrac{1}{j\omega(C_{12} + C_{2g})}$ 时，则上式可简化为 $U_N \approx j\omega R C_{12} U_1$。

4）电磁耦合

电磁耦合是通过电路之间的互感耦合的，又称为磁场耦合。在任何载流导体周围空间都会产生磁场，若磁场是交变的，则对其周围闭合电路产生感应电势。在设备内部，线圈或变压器的漏磁对邻近电路是一种比较严重的干扰；在设备外部，当两根导线在很长的一段区间架设时，也会产生干扰。图 6-20 是这种干扰形成的示意图。其中，I_N 表示干扰源，M 表示两部分电路之间的互感系数，U_N 是通过电磁耦合在被干扰电路感应的干扰电压。设干扰信号的角频率为 ω，则有 $U_N = j\omega M I_N$。

对图 6-21 所示的两条平行线而言，它们之间的互感 M 可以用式（6-7）表示。

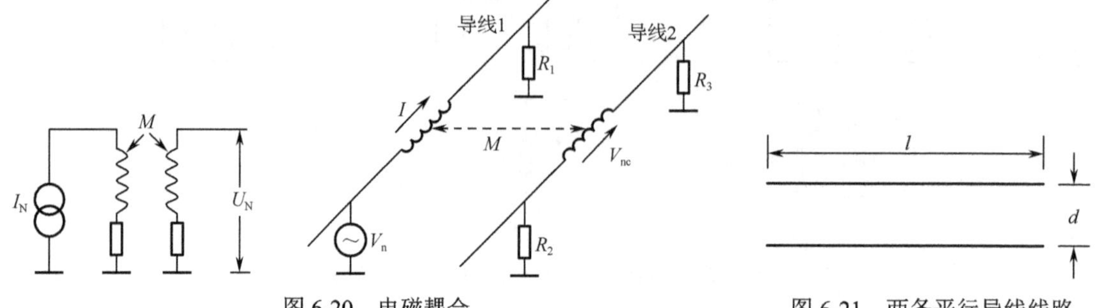

图 6-20　电磁耦合　　　　图 6-21　两条平行导线线路

$$M = 2\mu l\left\{\log\frac{l+\sqrt{l^2+d^2}}{d} - \sqrt{1+\left(\frac{d}{l}\right)^2} + \frac{d}{l}\right\}\times 10^{-7}\,\mathrm{H} \tag{6-7}$$

式中，l 为导线长度；d 为导线间距。

当 $l>>d$ 时

$$M \approx 2\mu l\left\{\log\frac{2l}{d} - 1\right\}\times 10^{-7}\,\mathrm{H} \tag{6-8}$$

通常，当有电磁耦合时，若感应侧导线的电流为 I_n，则感应电压 E_m 可用式（6-9）表示：

$$E_m = \mathrm{j}\omega M I_n \tag{6-9}$$

5）辐射耦合

大功率的高频电气设备，广播、电视、通信发射台等，不断地向外发射电磁波。智能仪器若置于这种发射场中就会感应到与发射电磁场成正比的感应电势，这种感应电势进入电路就形成干扰。

6）漏电耦合

漏电耦合是电阻性耦合方式。当相邻的元件或导线间的绝缘电阻降低时，有些电信号便通过这个降低了的绝缘电阻耦合到逻辑元件的输入端而形成干扰。

6.4.4　抗干扰的基本措施

要消除干扰，只要能够去掉形成干扰的三个基本条件之一即可。首先，清除或抑制干扰源，这是最积极、主动的措施。内部干扰源可以通过合理的电气设计在一定程度上予以消除；外部干扰源有的可以采取措施予以抑制或消除。例如，各种电接点在通断时产生的电火花是较强的干扰源，可以采取触点消弧来抑制干扰，也可以在触点上并接消弧电容。但是，有些外部干扰源是难以消除甚至是不可能消除的，如仪表以外的其他用电设备、雷电等造成的干扰。所以，可以认为干扰源一般总是存在的，只能从其他方面采取措施来解决。其次，对于接收干扰的敏感单元，虽然可以在设计时从元器件的选取、电路的布置、放大器的输入阻抗的适当改变、负反馈或选频技术的采用等方面加以改善，但回旋余地也不大，因为一般不能为了抗干扰而改变系统的工作原理或降低系统的灵敏度。再次，破坏干扰的传输通道，抗干扰的主要工作是围绕这一部分展开的。值得注意的是，不管采取什么样的措施或者多个措施，要想在一个系统中完全消除干扰是不可能的，只能尽量去减少干扰，保证系统的正常工作。只要不影响系统的正常工作及所要求的测量控制精度，就不必过于苛求。因此，下面将要讨论的各种抗干扰技术并不是每一个系统都需要，更不是一个系统同时采取这些抗干扰措施，而是根据系统的具体情况，选用其中的一种或几种。

智能仪器的工作环境往往比较复杂和恶劣。抗干扰就是指把窜入检测系统的干扰衰减到一定的强度以内，保证系统能够正常工作或者达到要求的测量精度。抑制干扰有三个基本原则，第一，消除干扰源；第二，远离干扰源；第三，防止干扰窜入。结合干扰的来源及传播途径的分析，在智能仪器中的抗干扰措施技术常用的有：接地技术、屏蔽技术、长线干扰的抑制技术、共模和差模干扰的抑制技术、电源系统的抗干扰技术和印制电路板抗干扰技术等硬件抗干扰技术，另外，在程序设计中也有相应的软件抗干扰技术。具体的硬件及软件抗干扰在下节中详述。

6.5 硬件抗干扰措施

电子仪器仪表如何抑制电磁干扰

噪声和干扰混在信号之中，会降低仪器的有效分辨能力和灵敏度，使测量结果产生误差。在数字逻辑中，如果干扰信号的电平超过逻辑元件的噪声容限电平，会使逻辑元件产生误动作，导致系统工作紊乱。干扰信号有时还会对程序的正常运行产生破坏性的影响。在实际的运行环境中噪声和干扰是不可避免的，随着工业自动化技术的发展，许多仪器仪表需要在干扰很强的现场运行，因此如何提高智能仪器的抗干扰能力，保证仪器在规定条件下正常运行，是智能仪器设计中必须考虑的问题。应用硬件抗干扰措施是经常采用的一种有效方法。实践中通过合理的硬件电路设计，可削弱或抑制干扰。滤波、屏蔽与隔离是常见的抑制干扰措施。

6.5.1 屏蔽和隔离技术

电磁屏蔽技术的三种主要方法

1. 屏蔽技术

屏蔽就是对两个空间区域之间进行金属的隔离，以控制电场、磁场和电磁波由一个区域对另一个区域的感应和辐射。具体讲，就是用屏蔽体将元器件、电路、组合件、电缆或整个系统的干扰源包围起来，防止干扰电磁场向外扩散；用屏蔽体将接收电路、设备或系统包围起来，防止它们受到外界电磁场的影响。因为屏蔽体对来自导线、电缆、元器件、电路或系统等外部的干扰电磁波和内部电磁波均起着吸收能量、反射能量（电磁波在屏蔽体上的界面反射）和抵消能量（电磁感应在屏蔽层上产生反向电磁场，可抵消部分干扰电磁波）的作用，所以屏蔽体具有削弱干扰的功能。常见的屏蔽包括静电屏蔽、电磁屏蔽和低频磁屏蔽。

1）静电屏蔽

静电屏蔽用完整的金属屏蔽体将带正电导体包围起来，在屏蔽体的内侧将感应出与带电导体等量的负电荷，外侧出现与带电导体等量的正电荷，如果将金属屏蔽体接地，则外侧的正电荷将流入大地，外侧将不会有电场存在，即带正电导体的电场被屏蔽在金属屏蔽体内。图6-22所示为静电屏蔽示意图。

静电屏蔽的实质是减小两个设备（或两个电路、组件、元件）间电场感应的影响。静电屏蔽的原理是在保证良好接地的条件下，将干扰源所产生的干扰终止于由良导体制成的屏蔽体。因此，接地良好及选择良导体作为屏蔽体是静电屏蔽能否起作用的两个关键因素。

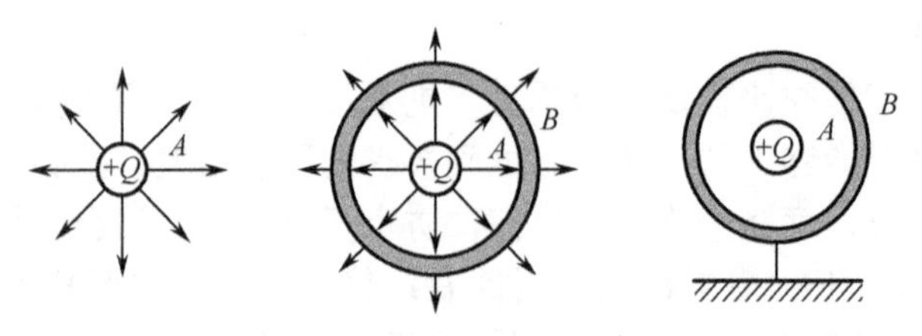

图 6-22　静电屏蔽示意图

2）电磁屏蔽

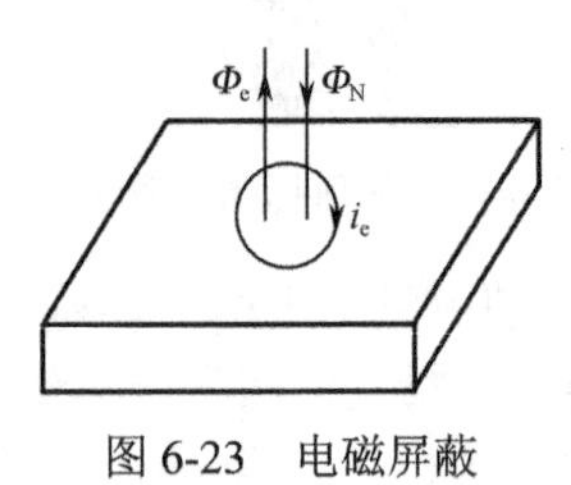

图 6-23　电磁屏蔽

对于电磁波来说，电场分量和磁场分量总是同时存在，所以在屏蔽电磁波时，必须同时对电场和磁场加以屏蔽，故通称为电磁屏蔽，如图 6-23 所示。电磁干扰（Electromagnetic Interference）能量通过传导性耦合和辐射性耦合来进行传输。为满足电磁兼容性要求，对传导性耦合需采用滤波技术，即采用滤波器件加以抑制；对雷达、电台等高频电磁场辐射干扰则需采用屏蔽技术加以抑制。

电磁屏蔽的原理是由金属屏蔽体通过对电磁波的反射和吸收来屏蔽辐射干扰源的远区场，即同时屏蔽场源所产生的电场和磁场分量。由于随着频率的增高，波长变得与屏蔽体上孔缝的尺寸相当，从而导致屏蔽体的孔缝泄漏成为电磁屏蔽最关键的控制要素。

电磁屏蔽和静电屏蔽有相同点也有不同点。相同点是都应用高电导率的金属材料来制作；不同点是静电屏蔽只能消除电容耦合，防止静电感应，屏蔽必须接地，而电磁屏蔽是使电磁场只能透入屏蔽体一薄层，借涡流消除电磁场的干扰，这种屏蔽体可不接地。但因用作电磁屏蔽的导体增加了静电耦合，因此即使只进行电磁屏蔽，也还是接地为好，这样电磁屏蔽也同时起静电屏蔽作用。

3）低频磁屏蔽

磁场屏蔽用以防磁铁、电机、变压器、线圈等磁感应，其屏蔽方法是用高导磁材料使磁路闭合，一般接大地为好。磁屏蔽的原理是由屏蔽体对干扰磁场提供低磁阻的磁通路，从而对干扰磁场进行分流。因而选择钢、铁、坡莫合金等高磁导率的材料和设计盒、壳等封闭壳体成为磁屏蔽的两个关键因素，如图 6-24 所示。

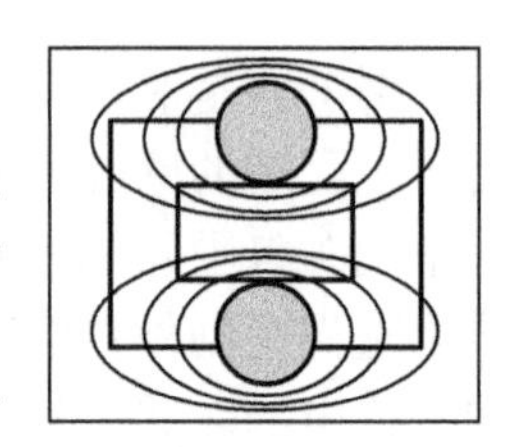

图 6-24　磁屏蔽

2. 隔离技术

智能仪器的信号输入/输出通道直接与对象相连，干扰会沿通道进入系统，使用隔离技术切断对象与通道之间的环路电流是一种有效抑制干扰的方法。在智能仪器设计中具体可采用的隔离器件有变压器和光电耦合器等。

1）变压器隔离

隔离变压器是最常用的隔离元件之一，用来阻断干扰信号的传导通路，并抑制干扰信号的强度。变压器可用于电源隔离和信号隔离，电源隔离的目的是把仪器的供电电源与电网隔离，同时利用变压器也把模拟信号电路与数字信号电路隔离开来，也就是把模拟地与数字地断开，以使共模干扰电压不形成回路，从而抑制了共模干扰。这种情况下变压器隔离的电路结构如图 6-25 所示。

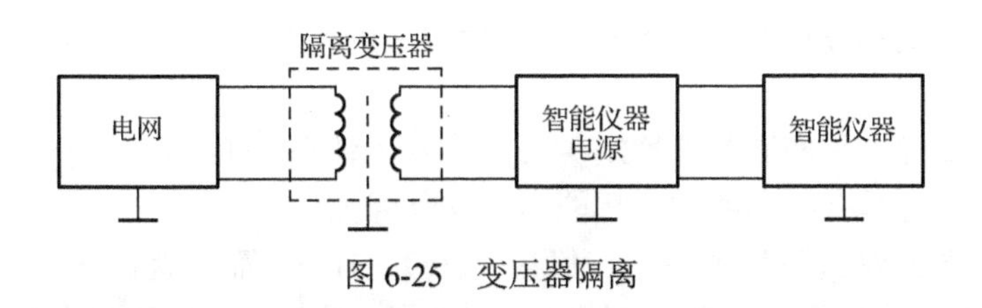

图 6-25　变压器隔离

一般使用脉冲变压器实现数字信号的隔离。脉冲变压器的匝数较少，而且一次和二次绕组分别缠绕在铁氧体磁芯的两侧，分布电容仅几皮法，所以可作为脉冲信号的隔离器件。图 6-26 所示电路外部输入信号经 RC 滤波电路输入到脉冲隔离变压器，以抑制常模噪声。为了防止过高的对称信号击穿电路元件，脉冲变压器的二次侧输出电压被稳压管限幅后进入智能仪器系统内部。

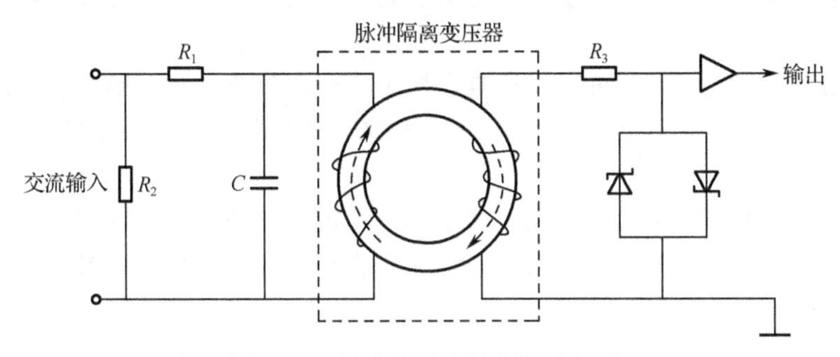

图 6-26　脉冲变压器隔离法示意图

2）光电隔器

光电隔离是利用光电耦合器完成信号的传送，实现电路的隔离。光电耦合器件是以光为媒介传输信号的集成化器件。采用光电耦合器可以将主机与前向、后向以及其他主机部分切断电路的联系，以有效地防止干扰从过程通道进入主机。图 6-27 为常用光电耦合器的几种基本结构形式，其中图 6-27（a）为由发光二极管和平面型光敏三极管组成的光电耦合器。光敏三极管的输出可与 TTL 电平兼容，加之此类光电耦合器的响应频率能满足一般测控系统的需要，因此，在智能仪器中应用广泛。

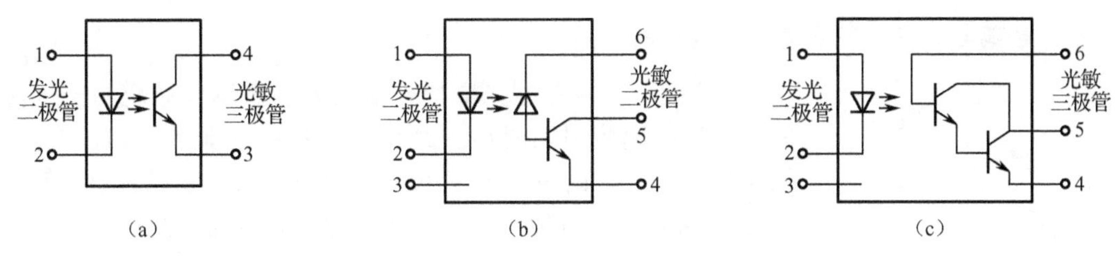

图 6-27　光电耦合器的基本结构形式

图 6-27（b）所示是由发光二极管和光敏二极管与三极管串接组成的光电耦合器。受光元件是连在晶体管集电极-基极之间的光敏二极管。当光敏二极管受光照射时，产生的光电流变成三极管基极电流并被三极管放大，在三极管的集电极输出。此类光电耦合器的特点是响应速度非常快。图 6-27（c）所示是由发光二极管和达林顿型光敏三极管组成的光电耦合器。一般是在一个芯片上的平面型光敏三极管后增加一个三极管，从而使两个三极管连成达林顿方式。此类光敏三极管的特点是：放大系数大，光感度好，转换效率高。因此，集电极输出电流大（可

做固态继电器)。不过此类光电耦合器的集电极-发射极的饱和压降大，不宜作为 TTL 的驱动极，并且响应速度也较低。

光电耦合的主要优点是能有效地抑制尖峰脉冲及各种噪声干扰，从而使过程通道上的信噪比大大提高。光电耦合具有很强的抗干扰能力，这是因为：

（1）光电耦合器的输入阻抗很小，一般为 100Ω～1kΩ，而干扰源内阻一般很大，通常为 10^5～10^8Ω。根据分压原理可知，这时能馈送到光电耦合器输入端的噪声自然会很小。

（2）干扰噪声虽有较大的电压幅度，但所能提供的能量却很小，只能形成微弱的电流。而光电耦合器输入部分的发光二极管只有在通过一定强度的电流时才能发光；输出部分的光敏三极管也只在一定光强下才能工作。因此，即使有很高的电压幅值的干扰，由于不能提供足够的电流而不能使二极管发光，从而被抑制掉了。

（3）光电耦合器是在密封条件下实现输入回路与输出回路的光耦合，不会受到外界光的干扰。

（4）输入回路与输出回路之间的分布电容极小，一般仅为 0.5～2pF，而且绝缘电阻又非常大，通常为 10^{11}～10^{13}Ω。因此，回路一边的各种干扰噪声都很难通过光电耦合器馈送到另一边去。

如图 6-28 所示，根据所用的器件及电路不同，通过光电耦合器可以实现模拟信号的隔离，也可以实现数字量的隔离。注意，光电隔离前后两部分电路应分别采用两组独立的电源。

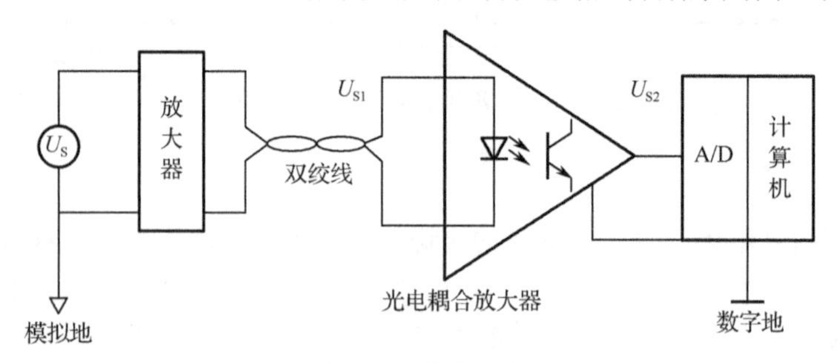

图 6-28　光电隔离

3. 隔离技术的应用

1）光电耦合器在数字量输入通道中的应用

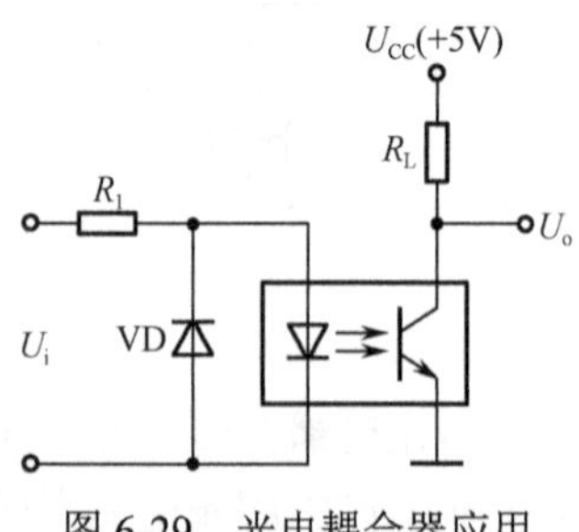

图 6-29　光电耦合器应用

二极管-三极管型光电耦合器在数字量输入通道与干扰源之间的电气隔离应用如图 6-29 所示。图中 R_1 为限流电阻，VD 为反向保护二极管，R_L 是光敏三极管的负载电阻。当代表数字量输入的 U_i 为高电平，并驱动发光二极管导通，从而使光敏三极管导通时，光电耦合器的输出 U_o 为低电平（TTL 为逻辑 0）；反之（即 U_i 为低电平时），U_o 为高电平（TTL 为逻辑 1）。

下面以 GO130 光电耦合器为例，说明图 6-29 中 R_1 和 R_L 的选取原则。当发光二极管在导通电流为 I_F=10mA 时，正向压降 U_F≤1.3V，而光敏三极管导通时的压降 U_{CE}=0.4V。假设输入信号的逻辑 1 电平为 U_i=12V，并取光敏三极管导通电流 I_C=2mA，则 R_1 和 R_L 可用式（6-10）计算。

$$R_1 = \frac{U_i - U_F}{I_F} = \frac{12-1.3}{10} = 1.07\text{k}\Omega$$

$$R_L = \frac{U_{CC} - U_{CE}}{I_C} = \frac{5-0.4}{2} = 2.3\text{k}\Omega \tag{6-10}$$

应用中请注意，无论光电耦合器是用在数字量输入通道还是数字量输出通道，其输入部分和输出部分必须分别采用独立的电源。如果两侧共用一个电源，就会形成公共的地线回路，从而使光电隔离作用失去意义。

功率场效应管是一种常用的开关量输出驱动器件，为提高此类开关量输出通道的抗干扰能力，亦可采用光电耦合器来切断智能仪器与被控开关量之间的电气联系，如图 6-30 所示。它由光电耦合器 GD、晶体管 V_1、V_2 及有关电阻组成。当从输入端 U_i 输入低电平时，光电耦合器中的发光二极管发光，光敏三极管导通，从而使晶体管 V_1 截止，V_2 亦截止，进而使功率场效应管 V_3 导通；反之功率场效应管 V_3 截止。

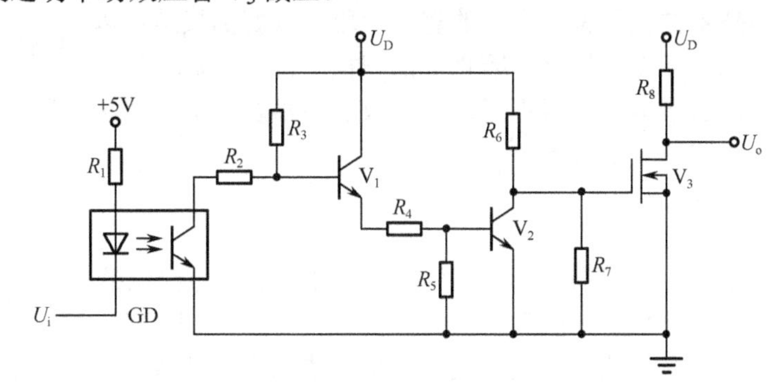

图 6-30　采用光电耦合器的驱动电路

2）光电耦合器在数字量输出通道中的应用

A/D 变换时，先将模拟量变为数字量进行隔离，然后再送入单片机。D/A 变换时，先将数字量进行隔离，然后进行 D/A 变换，如图 6-31 所示。

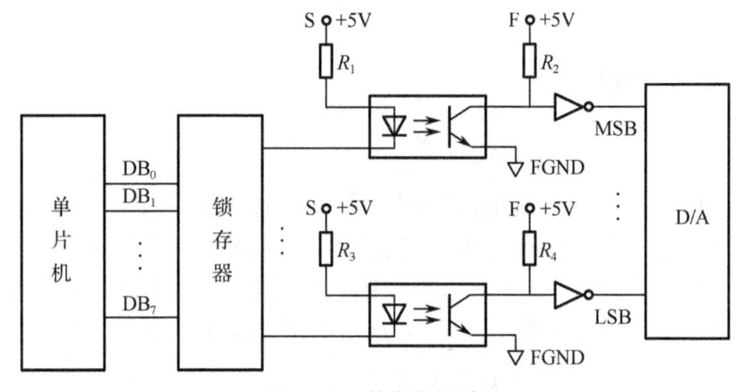

图 6-31　数字量隔离

如果输出开关量用于控制大负荷设备，就需采用继电器隔离输出。因为继电器触点的负载能力远远大于光电隔离的负载能力，它能直接控制动力回路。在采用继电器做开关量隔离输出时，要在单片机输出端与继电器间设置一个 OC 门驱动器，用以提供较高的驱动电流，如图 6-32 所示。

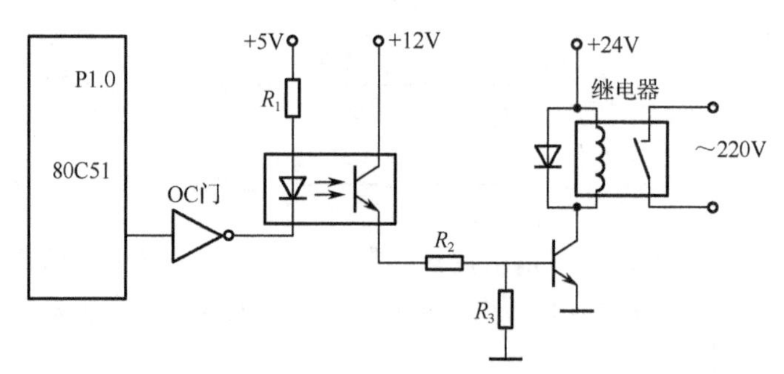

图 6-32　开关量继电器隔离电路

6.5.2　接地技术

混合信号系统接地揭秘

实践证明，智能仪器和其他工业用电子设备的干扰与系统的接地方式有很大关系。接地技术往往是抑制噪声的重要手段，良好的接地可以在很大程度上抑制系统内部噪声耦合，防止外部干扰的侵入，提高系统的抗干扰能力；反之，若接地处理得不好，会导致噪声耦合，形成严重干扰。因此，在抗干扰设计中，对于接地方式应予以认真考虑。

1. 接地的概念和目的

智能仪器中的“地”，是电路或系统中为各个信号提供参考电位的一个等电位点或等电位面。通常有两种含义：一种是“大地”，另一种是“信号地”。“大地”指电气设备的金属外壳、线路等通过接地线、接地极与地球大地相连接。系统或电路的某些部分需要与大地连接，这种接地可以保证设备和人身安全，提供静电屏蔽通路，降低电磁感应噪声。“信号地”是代表一个系统或一个电路的等电位参考点，接地的目的是为系统或电路的各部分提供一个稳定的基准电位，并以低的阻抗为信号电流回流到信号源提供通路。这种地又称为信号地。显然，没有信号地，系统或电路是无法工作的。这时的所谓接地是指将装置内部某个部分电路信号返回线与基准导体之间连接。所谓“接地”就是将某点与一个等电位点或等电位面之间用低电阻导体连接起来，构成一个基准电位。

2. 智能仪器中的多种地线

1）保护地线

为了安全起见，作为三相四线制电源电网的零线、电气设备的机壳、底盘以及避雷针等都需要接大地。对于单相电，为了保证用电的安全性，也应采用具有保护接地线的单相三线制配电方式。图 6-33 是 220V 三线制交流配电原理图。“火线”上装有熔断丝，保护地线应与设备外壳相连。当电流超过容限时，熔断丝切断电源，但不管漏电流大小或熔断丝是否熔断，用电设备外壳始终保持地电位，从而保障了人身安全。

2）信号地线

智能仪器中的地线除特别说明是接大地的以外，一般都是指作为电信号的基准电位的信号地线。智能仪器的原始信号是用传感器从被测对象获取的，信号（源）地是指传感器本身的零电位基准线。它是传感器和变送器的地。信号地线又可分为模拟地和数字地。

模拟地是模拟信号的参考点（零电位公共线）。所有组件或电路的模拟地最终都归结到供给模拟电路电流的直流电源的参考点上。它是放大器、A/D 转换器、D/A 转换器中的模拟电路零电位。因为模拟信号一般较弱，所以对模拟地要求较高。

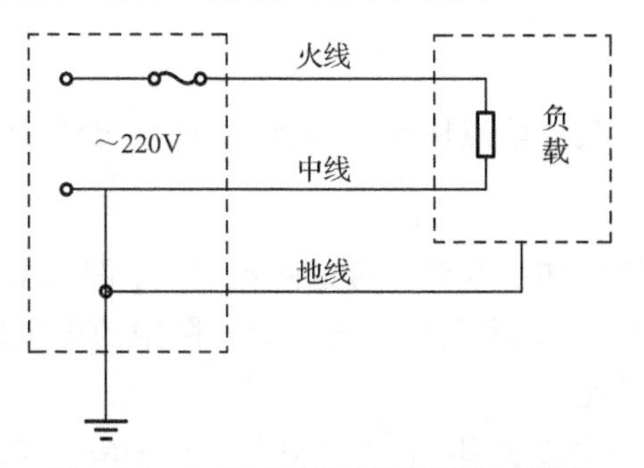

地线基础知识

图 6-33　220V 三线制交流配电原理图

数字地是数字信号的参考点（零电位公共线），也叫逻辑地。所有组件或电路的数字地最终都与供给数字电路电流的直流电源的参考点相连。它是计算机系统中各种 TTL、CMOS 芯片及其他数字电路的零电位。由于数字信号一般较强，故对数字地要求可低些。但由于数字信号处于脉冲工作状态，动态脉冲电流在杂散的接地阻抗上产生的干扰电压，即使尚未达到足以影响数字电路正常工作的程度，但对于微弱的模拟信号来说，往往已成为严重的干扰源。为了避免模拟地与数字地之间的相互干扰，二者应分别设置。

在智能仪器中，数字地和模拟地必须分别接地，然后仅在一点把两种地连接起来。否则，数字回路通过模拟电路的地线再返回到数字电源，将会对模拟信号产生影响，如图 6-34 所示。

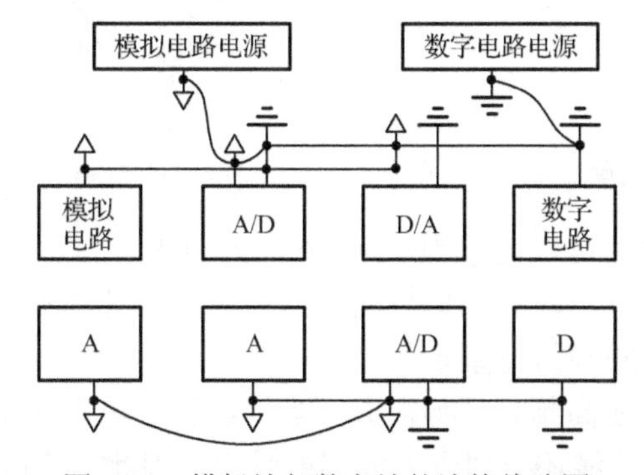

图 6-34　模拟地与数字地的连接线路图

3）信号源地线

信号源地线是传感器本身的零电位基准公共线。传感器可看作是测量装置的信号源。通常传感器安装在生产现场，而显示、记录等测量装置则安装在离现场有一定距离的控制室内，在接地要求上二者不同。

4）负载地线

负载地线是指大功率负载或感性负载的地线，它的地电流中会出现很大的瞬态分量，对低电平的模拟电路乃至数字电路都会产生严重干扰，通常把这类负载的地线称为噪声地。负载的电流一般较前级信号大得多，负载地线上的电流在地线中产生的干扰作用也大，因此负载地线和放大器的信号地线也有不同的要求。有时二者在电气上是相互绝缘的，它们之间通过磁耦合或光耦合传输信号。

在智能仪器中，上述四种地线应分别设置。在电位需要连通时，可选择合适位置做一点相连，以消除各地线之间的干扰。

3. 信号接地方式

信号接地方法通常分为三类：单点接地、多点接地和混合接地。

1）单点接地

单点接地又有串联单点接地和并联单点接地两种形式。图 6-35 所示为串联单点接地（又称公共接地）。图中所有单个电路的地串联连接在一起。图中的电阻表示接地导体的阻抗，I_1、I_2 和 I_3 分别是电路 1、2、3 的地电流。

根据图 6-35，A 点电位并不等于 0，而是 $V_A=(I_1+I_2+I_3)R_1$，C 点的电位是 $V_C=(I_1+I_2+I_3)R_1+(I_2+I_3)R_2+I_3R_3$。

对于信号频率小于 1MHz 的电路，采用一点接地，防止地环流的产生；这种形式的接地由于简单方便，在要求不高的场合应用较广。但是这一接地形式不宜用在电源功率有很大差异的电路之间，这是由于高功率电路产生大的地电流会对低功率电路产生很大的影响。

图 6-36 所示为并联单点接地（又称分离接地）形式，是低频电路最适宜的接地方式，因为来自不同的电路地电流之间没有交叉耦合。

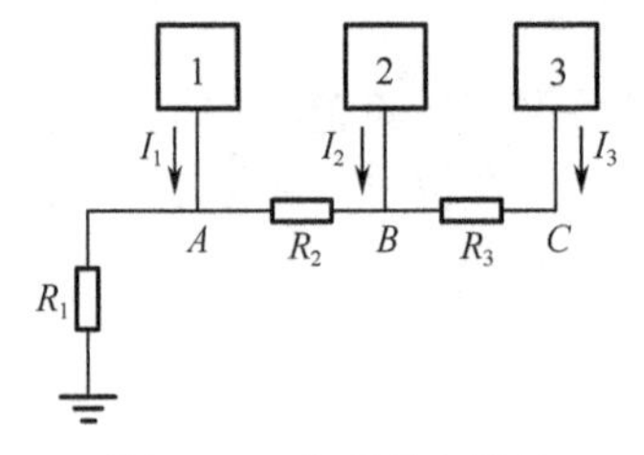

图 6-35 串联单点接地

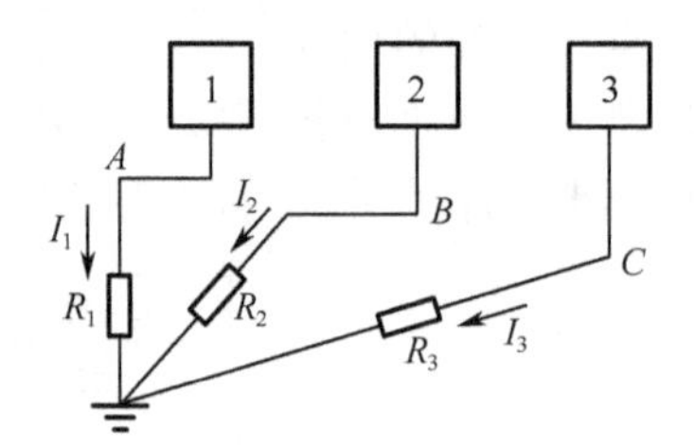

图 6-36 并联单点接地

例如，A 点和 C 点的电位可以表示为 $V_A= I_1R_1$；$V_C=I_3R_3$。

这种接地形式中任何一个电路的地电位只受这个电路的地电流和它自身地线阻抗的影响。这种接地需要接地线较多，布线显得繁杂。

单点接地系统的地阻抗在高频时变得很大。当地线长度等于 1/4 波长的奇数倍时，高频地阻抗会非常高。同时，这种地线还类似于天线辐射噪声。因此，接地导线应保持短于 1/20 波长以维持低阻抗和防止辐射。一般在高频时不使用单点接地系统。

2）多点接地

当信号频率大于 10MHz 时，由于接地线的长度以及接地电路的影响，故单点接地无法达到去除干扰的效果，此时就应采用就近多点接地，接地线的长度也应尽量缩短；如果信号频率在 1～10MHz 之间，当地线长度不超过信号波长的 1/20 时，可以采用一点接地，否则就要多点接地。

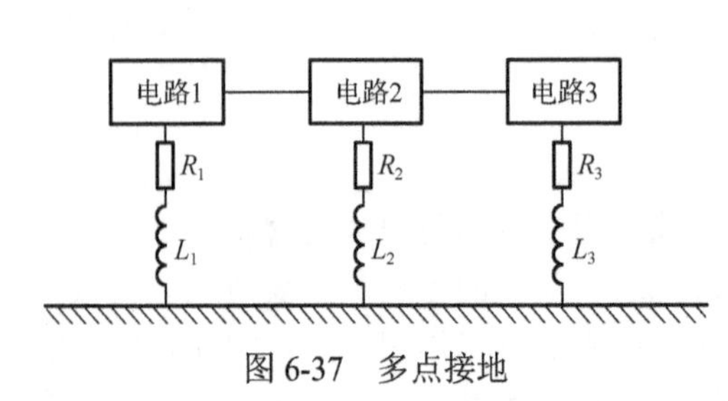

图 6-37 多点接地

多点接地系统通常用在高频和数字电路中，如图 6-37 所示。在这个系统中，所有电路被连接到最近的低阻抗地平面上，较低的地阻抗主要是由地平面的低电感决定的。

多点接地的接地线，在多层印制系统中可以是地线层，单双层印制板系统则应采用网络结构。接地线也可以是接地汇流排（机架），它应具有很小的感抗。各个电路的地线应以最短的距离分别就近接到低阻抗接地平面上。高频时，通过表面镀银可降低地平面的公共阻抗，而增加地平面的厚度对高频阻抗没有多大影响（这是由于趋肤效应的缘故），电流只在导体的表面上流动。

接地的问题，你真的了解吗？

3）混合接地

混合接地是根据不同的频率，采用不同的接地形式。复合式单点接地将线路或装备加以归类，而同时使用串联与并联法，可同时兼顾降低干扰以及简化施工与节省用料。图 6-38 是一个系统工作在低频状态，为了避免公共阻抗耦合，需要系统串联单点接地。但这个系统暴露在高频强电场中，因此屏蔽电缆需要双端接地（在电缆屏蔽一章中会看到：屏蔽高频需要多点接地）。图中所示的接地结构解决了这个问题。对于电缆中传输的低频信号，系统是单点接地的，而对于电缆屏蔽层中感应的高频干扰信号，系统是多点接地的。接地电容的容量一般在 10nF 以下，取决于需要接地的频率。要注意电容的谐振问题，在谐振点电容的容抗最小。

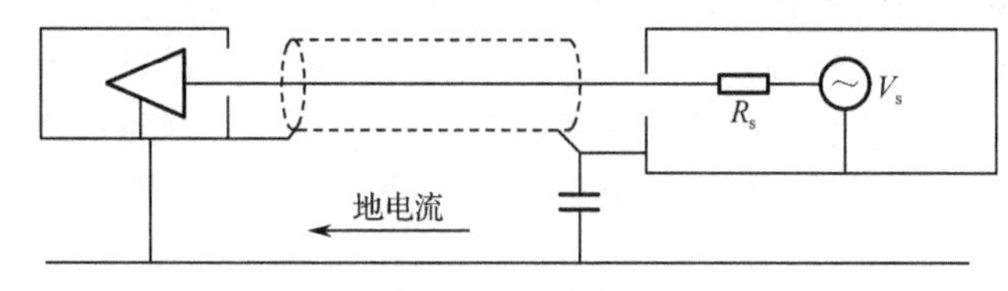

图 6-38　电容接地

图 6-39 所示为一个系统受到地环路电流的干扰，如果将设备的安全地断开，地环路就被切断，可以解决地环路电流干扰。但是出于安全的考虑，机箱必须接到安全地上。图中所示的接地系统解决了这个问题，对于频率较高的地环路电流，地线是断开的，而对于 50Hz 的交流电，机箱都是可靠接地的。

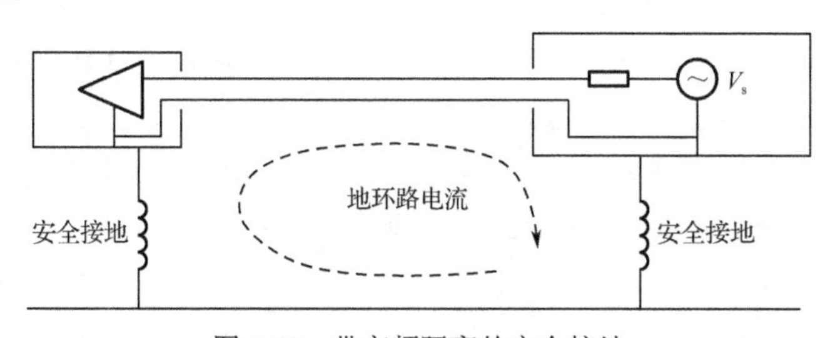

图 6-39　带高频隔离的安全接地

4. 印制电路板地线的安排

在安排印制电路板地线时，首先要保证地线阻抗较低，为此必须尽可能地加宽地线；其次要充分利用地线的屏蔽作用，将印制电路板全部边缘用较粗的印制地线环绕整块板子作为地线干线，并同时将板中的所有空隙处均填以地线。

5. 屏蔽接地

一个完整的屏蔽体能够将电路及其元件完全封闭在内部，无论屏蔽体的电位如何，都可以提供有效的屏蔽。也就是说，完整的屏蔽体能够有效防止外界电磁干扰影响屏蔽体内部的电路。反过来也是如此，内部电路也不会向外辐射电磁波。因此，完整的屏蔽体本身不需要接地。唯一的要求就是屏蔽体必须完整地封闭被保护对象。但是，在大多数应用场合，屏蔽体都不可能是完整的，因为屏蔽体内部的电路系统和外界会有这样或那样的连接，如电缆/电源线的连接。此外，屏蔽体上的开孔或缝隙形成的分布电容，形成了内部电路与外部的间接联系。所以，为了防止屏蔽体上的噪声电压耦合到内部系统上，必须将屏蔽体接地。若屏蔽体不接地，那么它的电位将随着外界条件和位置的变化而变化，耦合到内部物体上的噪声电压也会不断变化。此外，屏蔽体外壳接地还有一些好处：防止设备的壳体上形成交流电压；给故障电流提供回流路径，保护人体免受电击；防止静电积累等。鉴于上述原因，在大多数情况下，屏蔽体都应接地。

1）电路的屏蔽罩接地

各种信号源和放大器等易受电磁辐射干扰的电路应设置屏蔽罩。由于信号电路与屏蔽罩之间存在寄生电容，因此要将信号电路地线末端与屏蔽罩相连，以消除寄生电容的影响，并将屏蔽罩接地，以消除共模干扰。

2）电缆的屏蔽层接地

在某些通信设备中的弱信号传输电缆中，为了保证信号传输过程中的安全和稳定，使用外面带屏蔽网的电缆来使信号的传输稳定，防止干扰其他设备和防止自己被干扰。例如，闭路电视使用的是同轴电缆，外面的金属网是用来屏蔽信号的。再如，网线里面有 8 根细金属导线绕制的，其中 4 根就起屏蔽的作用，保证信号的数字信号地正确。从网线的绕制上就可以看到它的屏蔽作用。

3）低频电路电缆的屏蔽层接地

低频电路（f<1MHz）电缆的屏蔽层接地应采用单点接地的方式，屏蔽层接地点应当与电路的接地点一致，一般是电源的负极。对于多层屏蔽电缆，每个屏蔽层应在一点接地，但各屏蔽层应相互绝缘。

4）高频电路电缆的屏蔽层接地

高频电路电缆的屏蔽层接地应采用多点接地的方式。高频电路的信号在传递中会产生严重的电磁辐射，数字信号的传输会严重地衰减，如果没有良好的屏蔽，会使数字信号产生错误。一般采用以下原则：当电缆长度大于工作信号波长的 0.15 倍时，采用工作信号波长的 0.15 倍的间隔多点接地式。如果不能实现，则至少将屏蔽层两端接地。

5）系统的屏蔽体接地

当整个系统需要抵抗外界电磁干扰，或需要防止系统对外界产生电磁干扰时，应将整个系统屏蔽起来，并将屏蔽体接到系统地上，如计算机的机箱、敏感电子仪器及某些仪表。

6. 浮地

浮地，即该电路的地与大地无导体连接，通常是利用屏蔽方法使信号的“模拟地”浮空，从而达到抑制共模干扰的目的。这种接法有一定的抗干扰能力。但系统与地的绝缘电阻不能小于 50MΩ，一旦绝缘性能下降，就会带来干扰。通常采用系统浮地、机壳接地，可使抗干扰能力增强，安全可靠。“虚地”没有接地，却是和地等电位的点。其优点是该电路不受大地电性能的影响。浮地可使功率地（强电地）和信号地（弱电地）之间的隔离电阻很大，所以能阻止共地阻抗电路性耦合产生的电磁干扰。其缺点是该电路易受寄生电容的影响，而使该电路的地电位变动和增加了对模拟电路的感应干扰。一个折中方案是在浮地与公共地之间跨接一个阻值很大的泄放电阻，用以释放所积累的电荷。注意控制释放电阻的阻抗，太低的电阻会影响设备泄漏电流的合格性。浮地方式的有效性取决于实际的悬浮程度，因为系统存在较大的分布电容，很难实现并保护真正的悬浮，因此提出一种浮空加保护屏蔽层的接地方案，即采用屏蔽方法使输入信号的“模拟地”浮空，从而达到抑制干扰的目的。图 6-40 所示为浮地屏蔽的原理图及等效电路图。

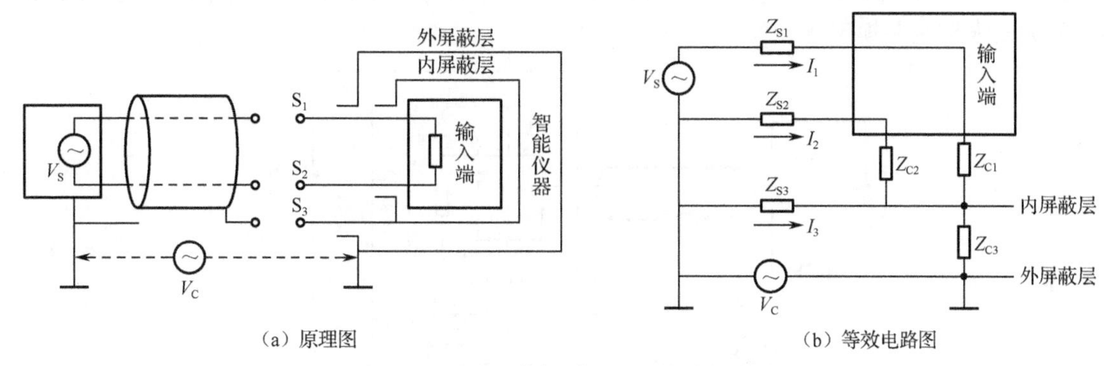

（a）原理图　（b）等效电路图

图 6-40　浮地屏蔽的原理图及等效电路图

在仪器中，对各种地的处理一般采用分别回流法单点接地。模拟地、数字地、安全地的分别回流法如图 6-41 所示。

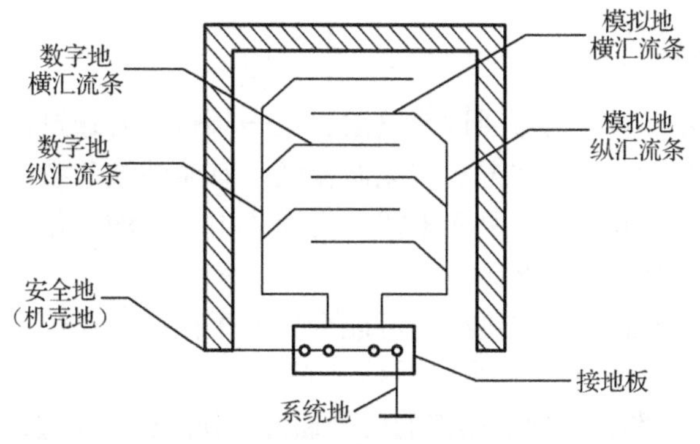

图 6-41　分别回流法接地示例

以下为浮地技术的几种常见应用。

1）交流电源地与直流电源地分开

一般交流电源的零线是接地的。但由于存在接地电阻和其上流过的电流，导致电源的零线电位并非为大地的零电位。另外，交流电源的零线上往往存在很多干扰，如果交流电源地与直流电源地不分开，将对直流电源和后续的直流电路正常工作产生影响。因此，采用把交流电源地与直流电源地分开的浮地技术，可以隔离来自交流电源地线的干扰。

2）放大器的浮地技术

对于放大器而言，特别是微小输入信号和高增益的放大器，在输入端的任何微小的干扰信号都可能导致工作异常。因此，采用放大器的浮地技术，可以阻断干扰信号的进入，提高放大器的电磁兼容能力。

3）浮地技术的注意事项

尽量提高浮地系统的对地绝缘电阻，从而有利于降低进入浮地系统之中的共模干扰电流；注意浮地系统对地存在的寄生电容，高频干扰信号通过寄生电容仍然可能耦合到浮地系统之中；浮地技术必须与屏蔽、隔离等电磁兼容性技术相互结合应用，才能收到更好的预期效果；采用浮地技术时，应当注意静电和电压反击对设备和人身的危害。图6-42所示为采用浮地输入双层屏蔽放大器来抑制共模干扰。

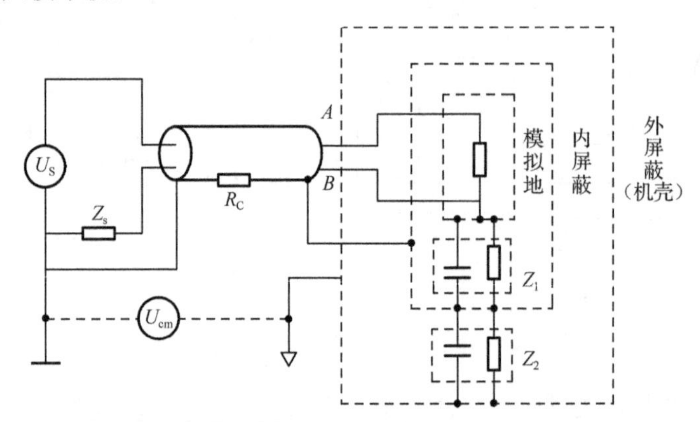

图6-42 采用浮地输入双层屏蔽放大器来抑制共模干扰

6.5.3 滤波技术

滤波是一种只允许某一频带信号通过或只阻止某一频带信号通过的抑制干扰措施之一，主要应用于信号滤波和电源滤波。滤波方式有无源滤波、有源滤波和数字滤波。

电源滤波：电源本身和电源线会引入干扰，交流供电电源的高低频干扰采用对称型滤波电路来抑制；直流电源采用去耦滤波器。

信号滤波：在获取和传输信号的过程中可能会引起干扰；可在信号传输线上加滤波器，如RC滤波，对信号有一定损失，对于微弱信号应注意这一点。

有源滤波：有源选频电路，让指定频带的信号通过，分低通、高通、带通、带阻、移相五种。

6.5.4 其他常用抗干扰技术

电源干扰包括交流电源和直流电源引起的干扰。

1）交流电源系统所致干扰的抑制

智能仪器或过程控制计算机一般由交流电网供电（220V，50Hz）。电网的干扰将直接影响到仪器的可靠性与稳定性。这种干扰可分为两种：一是以交流电源线作为介质而引入电网中的高频干扰信号；二是由于交流电网波动而造成的干扰。抑制这些干扰的措施有合理布线、加滤波器、加隔离变压器、设置稳压器和对电源变压器进行屏蔽等，一般电路原理如图6-43所示。

图6-43中，使用电感和电容组成LC低通滤波器使50Hz的基波通过，并滤除电源线上的高频干扰信号；变阻二极管用来抑制进入交流电源线上的瞬时干扰；隔离变压器的初、次级之间加有静电屏蔽层，从而进一步减少进入电源的各种干扰。该交流电压在经过整流、滤波和直流稳压后使干扰降到最小。

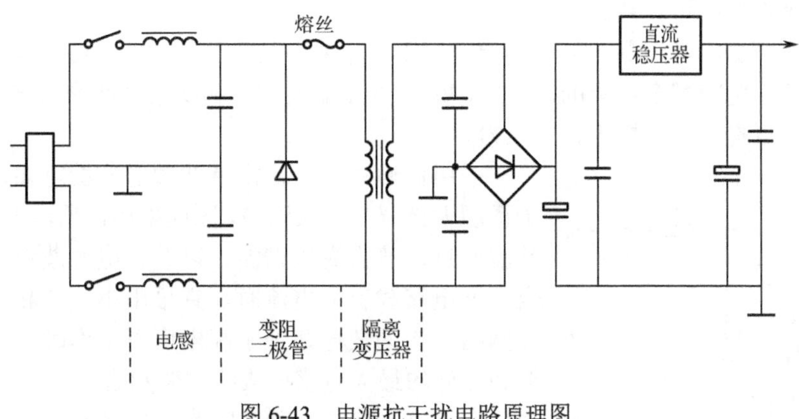

图 6-43　电源抗干扰电路原理图

2）直流供电系统所致干扰的抑制

直流供电系统的干扰，一般是由直流电源本身和负载变化引起的，包括：电源线窜入的干扰，电源纹波太大、负载变化时在各元器件之间引起的交叉干扰和电源内阻过大引起的电压波动。解决电源纹波干扰的办法是对电网电压进行稳压和对直流电源输出进行滤波来改善电源性能。

产生交叉干扰的根源是电源的动态响应速度低，需要通过设置高低频双通道滤波电容和减小电容性负载这两种方法来解决。前者在动态电源外加高低频双通道去耦电容，一般低频滤波电容采用电解电容，高频滤波采用小电容，安装的数量根据同时工作的元器件的多少而定；对于减小电容性负载可从两方面进行：一是在系统设计时就减少需要经常充放电且容量较大的电容数目，二是在电路布线中尽量使用短的连接线，以减小导线的分布电容。

理论分析和实践表明，由电源引入的干扰频率范围从近似直流一直可达 1000MHz。因此，要完全抑制这样宽频率范围的干扰，只采取单一措施是很难实现的，可以采取多种抗干扰措施结合的方法来抑制干扰。通常，电源干扰有过压、欠压、浪涌、下陷、尖峰电压和射频干扰等。为防止从电源系统引入干扰，智能仪器系统可采用如图 6-44 所示的供电配置。

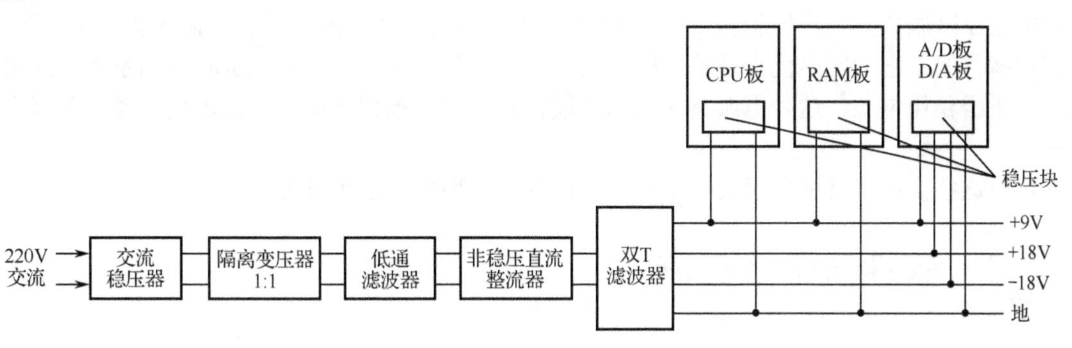

图 6-44　智能仪器系统的抗干扰供电配置

图 6-44 电路中分别采用了交流稳压器、隔离变压器、低通滤波器来实现可靠性与抗干扰能力。

采用交流稳压器，对于功率不大的智能仪器，为了抑制电网电压波动的影响，可在供电回路中设置交流稳压器。交流稳压器用来保证供电的稳定性，防止电源系统的过电压与欠电压，有利于提高整个系统的可靠性。

采用隔离变压器，考虑到高频噪声通过变压器主要不是靠初、次级线圈的互感耦合，而是由初、次级间寄生电容耦合造成的。因此，隔离变压器的初级和次级之间均用屏蔽层隔离，减小其分布电容，以提高抗共模干扰的能力。

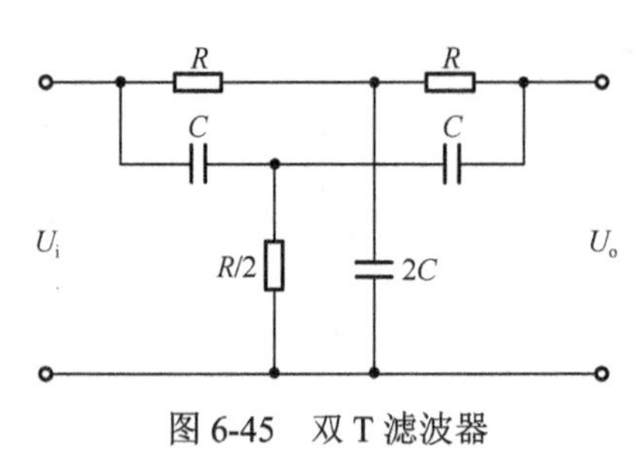

图 6-45　双 T 滤波器

采用低通滤波器，由谐波频谱分析可知，电源系统的干扰源大部分是高次谐波，因此采用低通滤波让 50Hz 市电基波通过，滤去高次谐波，以改善电源波形。在低压下，当滤波电路载有大电流时，宜采用小电感和大电容构成滤波网络；当滤波电路处于高电压下工作时，则应采用小电容和允许的最大电感构成的滤波网络。

在整流电路之后可采用图 6-45 所示的双 T 滤波器，以消除 50Hz 工频干扰。其优点是结构简单，对固定频率的干扰滤波效果好，其频率特性如式（6-11）所示。

$$H(\mathrm{j}\omega)=\frac{u_1}{u_2}=\frac{1-(\omega RC)^2}{1-\omega R^2C-\mathrm{j}4\omega RC}$$

当$\omega=\omega_0=\dfrac{1}{RC}$时

$$u_o=0\text{，}\quad f=\frac{1}{2\pi RC} \tag{6-11}$$

将电容 C 固定，调节电阻 R，当输入 50Hz 信号时，使输出 $u_o=0$。

采用分散独立功能块供电，在由多模块构成的智能仪器中，广泛采用独立功能块单独供电的方法，即在每块系统功能模块上用三端稳压集成块（如 7805、7905、7812、7912 等）组成稳压电源。每个功能块单独对电压过载进行保护，不会因某块稳压电源故障而使整个系统受到破坏，而且也减少了公共阻抗的相互耦合以及和公共电源的相互耦合，大大提高了供电的可靠性，也有利于电源散热。

采用高抗干扰稳压电源及干扰抑制器，在电源配置中还可以采取下列措施：采用反激变换器的开关稳压电源，这是利用变换器的储能作用，在反激时把输入的干扰信号抑制掉；采用频谱均衡法原理制成的干扰抑制器，这种干扰抑制器可以把干扰的瞬变能量转换成多种频率能量，达到均衡目的。它的明显优点是抗电网瞬变干扰能力强，很适宜于微机实时控制系统；采用超隔离变压器稳压电源，这种电源具有高的共模抑制比及串模抑制比，能在较宽的频率范围内抑制干扰。

目前这些高抗干扰性电源及干扰抑制器已有许多现成产品可供选购。

6.6　软件抗干扰措施

在智能仪器的工作过程中，干扰存在具有随机性，其频谱往往很宽，尤其是在一些较恶劣的外部环境下工作的仪器，尽管采用了硬件抗干扰措施，也只能抑制某个频率段的干扰，并不能将各种干扰完全拒之门外。这时就应该充分发挥智能仪器的软件灵活性，采用各种软件抗干扰措施，与硬件措施相结合，提高仪器工作的可靠性。

1. 模拟输入信号抗干扰

叠加在系统模拟输入信号上的噪声干扰，会导致较大的测量误差。但由于这些噪声的随机性，可以通过数字滤波技术剔除虚假信号，求出真值。常用方法如下：

1）算术平均滤波法

算术平均滤波法就是连续取 N 个值进行采样，然后求其平均值。该方法适应于对一般具有随机性干扰的信号进行滤波。这种滤波法的特点是：N 值较大时，信号的平滑度好，但灵敏度低；当 N 值较小时，平滑度低，但灵敏度高。

2）递推平均滤波法

该方法是把 N 个测量数据看成一个队列，队列的长度为 N，每进行一次新的测量，就把测量结果放入队尾，而扔掉原来队首的一次数据，计算 N 个数据的平均值。对周期性的干扰，此方法有良好的抑制作用，平滑度高，灵敏度低。但对偶发脉冲的干扰抑制作用差。

3）防脉冲干扰平均值滤波法

在脉冲干扰比较严重的场合，如果采用一般的平均滤波法，则干扰将会"平均"到结果中去，故平均值法不易消除由于脉冲干扰而引起的误差。为此，在 N 个采样数据中，去掉最大值和最小值，然后计算 $N-2$ 个数据的算术平均值。为了加快测量速度，N 一般取值为 4。

2. 数字量输入/输出中的软件抗干扰

对于开关量的输入，为了确保信息准确无误，在软件上可采取多次读取的方法（至少读两次），认为无误后再行输入。

数字量输入过程中的干扰，其作用时间短，因此在采集数字信号时，可多次重复采集，直到若干次采样结果一致时才认为有效。例如，通过 A/D 转换器测量各种模拟量时，如果有干扰作用于模拟信号上，就会使 A/D 转换结果偏离真实值。这里如果只采样一次 A/D 转换结果，就无法知道其是否真实可靠，而必须进行多次采样，得到一个 A/D 转换结果的数据系列。对这一系统数据再做各种数字滤波处理，最后才能得到一个可信度较高的结果值。如果对于同一个数据点经多次采样后得到的信号值变化不定，说明此时的干扰特别严重，已经超出允许的范围，应该立即停止采样并给出报警信号。如果数字信号属于开关量信号，如限位开关、操作按钮等，则不能用多次采样取平均值的方法，而必须每次采样结果绝对一致才行。这时可编写一个采样程序，程序中设置有采样成功和采样失败标志。如果对同一开关量信号进行若干次采样，其采样结果完全一致，则成功标志置位；否则失败标志置位。后续程序可通过判别这些标志来决定程序的流向。

智能仪器对外输出的控制信号很多是以数字量形式出现的，如各种显示器、步进电机或电磁阀的驱动信号等。即使是以模拟量输出，也是经过 D/A 转换而获得的。控制系统给出一个正确的数据后，由于外部干扰的作用有可能使输出装置得到一个被改变了的错误数据，从而使输出装置发生误动作。对于数字量输出软件抗干扰最有效的方法是重复输出同一个数据，重复周期应尽量短。这样输出装置在得到一个被干扰的错误信号后，还来不及反应，一个正确的信号又来了，从而可防止误动作的发生。

在程序结构上，可将输出过程安排在监控循环中。循环周期取得尽可能短，就能有效地防止输出设备的错误动作。需要注意的是，经过各种安排后输出功能是作为一个完整的模块来执行的。与这种重复输出措施相对应，软件设计中还必须为各个外部输出设备建立一个输出暂存单元。每次将应输出的结果存入暂存单元中，然后再调用输出功能模块将各暂存单元的数据一一输出，不管该数据是刚送来的，还是以前就有的。这样可以让每个外部设备不断得到控制数据，从而干扰造成的错误状态不能得以维持。在执行输出功能模块时，应将有关输出接口芯片的初始状态也一并重新设置。因为由于干扰的作用可能使这些芯片的工作方式控制字发生变化，而不能实现正确的输出功能，重新设置控制字就能避免这种错误，确保输出功能的正确实现。

6.6.1 软件冗余技术

前面述及的是针对输入/输出通道而言的，干扰信号还未作用到 CPU 本身，CPU 还能正确地执行各种抗干扰程序。当干扰通过总线或其他口线作用到 CPU 时，就会造成程序计数器 PC 值的改变，引起程序混乱，使系统失控。这就是通常所说的程序“跑飞”。如何发现 CPU 受到干扰，并尽可能无扰地使系统恢复到正常工作状态是软件设计应考虑的主要问题。程序“跑飞”后使其恢复正常的一个最简单的方法是使 CPU 复位，让程序从头开始重新运行。

1）设置复位电路

智能仪器中都应设置如图 6-46 所示的人工复位电路，上电时电容 C 通过电阻 R 充电，使单片机的 RST 端维持一段足够时间的高电平，达到上电复位的目的。需要人工复位时，按下按键 SW，电容 C 通过 R 放电；松开按键后，电容 C 重新充电，80C51 的复位端重又获得一段时间的高电平，达到复位的目的。采用这种方法虽然简单，但需要人的参与，而且复位不及时。人工复位一般是在整个系统已经完全瘫痪，在无计可施的情况下不得已才为之的。因此，在进行软件设计时就要考虑到万一程序“跑飞”，应该让其能够自动恢复到正常状态下运行。程序“跑飞”后往往将一些操作数当作指令码来执行，从而引起整个程序的混乱。采用“指令冗余”是使“跑飞”的程序恢复正常的一种措施。所谓“指令冗余”，就是在一些关键的地方人为地插入一些单字节的空操作指令 NOP。当程序“跑飞”到某条指令就不会发生 将操作数当成指令来执行的错误。对于 80C51 单片机来说，所有的指令都不会超过 3 个字节；因此在某条指令前面插入两条 NOP 指令，则该条指令就不会被前面冲下来的失控程序拆散，而会得到完整的执行，从而使程序重新纳入正常轨道。通常是在一些对程序的流向起关键作用的指令前面插入两条 NOP 指令。应该注意的是，在一个程序中指令冗余不能使用过多，否则会降低程序的执行效率。

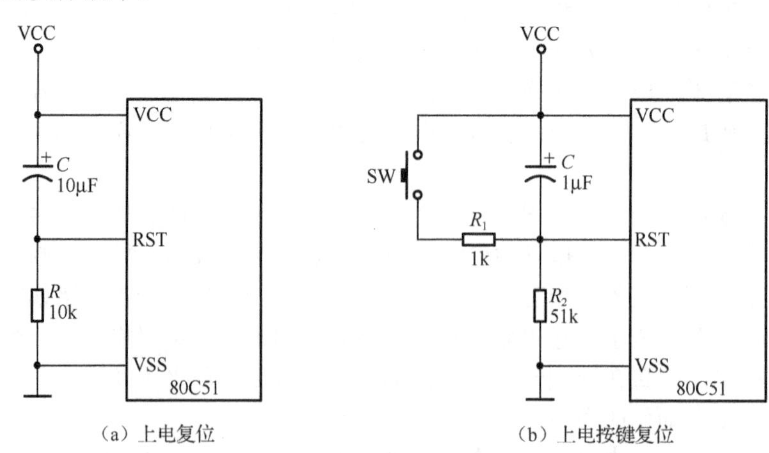

（a）上电复位　　（b）上电按键复位

图 6-46　人工复位电路

2）NOP 的使用

在 8031 单片机指令系统中所有指令都不超过 3 个字节。因此，在程序中连续插入 3 条 NOP 指令，有助于降低程序计数器发生错误的概率。

3）重要指令冗余

对于程序流向起决定作用的指令（如 RET、RETI、ACALL、LJMP、JZ 等）和某些对系统工作状态有重要作用的指令（如 SETBEA 等）的后面，可重复写下这些指令，以确保这些指令的正确执行。

6.6.2　软件陷阱

采用指令冗余使“跑飞”的程序恢复正常是有条件的，首先“跑飞”的程序必须落到程序区，其次必须执行到所设置的冗余指令。当干扰导致程序计数器 PC 值混乱时，可能造成 CPU 离开正确的指令顺序而“跑飞”到非程序区（如 EPROM 中未用完的空间或某些数据表格等），去执行一些无意义地址中的内容；或进入数据区，把数据当作操作码来执行，使整个工作紊乱，系统失控；或在执行到冗余指令之前已经形成了一个死循环，则指令冗余措施就不能使“跑飞”的程序恢复正常了。针对这种情况，可以采用另一种软件抗干扰措施，即采用“软件陷阱法”，在非程序区设置陷阱，一旦程序飞到非程序区，即很快进入陷阱，然后强迫程序由陷阱进入初始状态。软件陷阱就是用引导指令（如 LJMP）将捕获到的乱飞程序引向复位入口地址 0000H，在此对程序进行出错处理，使其纳入正轨。常见软件陷阱格式如下：

```
NOP
NOP
LJMP    0000H
```

软件陷阱一般安排在下列四种地方：

（1）未使用的中断向量区。80C51 单片机的中断向量区为 0003H～002FH，如果所设计的智能仪器未使用完全部中断向量区，则可在剩余的中断向量区安排“软件陷阱”，以便能捕捉到错误中断。例如，某智能仪器使用了两个外部中断 INT0、INT1 和一个定时器中断 T0，它们的中断服务子程序入口地址分别为 FUINT0、FUINT1 和 FUT0，则可按下面的方式来设置中断向量区。

（2）未使用的大片 EPROM 空间。智能仪器使用的 EPROM 芯片一般都不会使用完其全部空间，对于剩余未编程的 EPROM 空间，一般都维持其原状，即其内容为 0FFH。0FFH 对于 80C51 的指令系统来说是一条单字节的指令。如果程序“跑飞”到这一区域，则将顺序向后执行，不再跳跃（除非受到新的干扰）。因此，在这段区域内每隔一段地址设一个陷阱，就一定能捕捉到“跑飞”的程序。

（3）表格。有两种表格，即数据表格和散转表格。由于表格的内容与检索值有一一对应的关系，在表格中间安排陷阱会破坏其连续性和对应关系，因此只能在表格的最后安排陷阱。如果表格区较长，则安排在最后的陷阱不能保证一定能捕捉到飞来的程序的流向，有可能在中途再次“跑飞”。

（4）程序区。程序区是由一系列的指令所构成的，不能在这些指令中间任意安排陷阱，否则会破坏正常的程序流程。但是在这些指令中间常常有一些断点，正常的程序执行到断点处就不再往下执行了。如果在这些地方设置陷阱，就能有效地捕获“跑飞”的程序。例如，根据累加器 A 中内容的正、负和零的情况进行三分支的程序。

由于软件陷阱都安排在正常程序执行不到的地方，故不会影响程序的执行效率。在 EPROM 容量允许的条件下，这种软件陷阱多一些为好。

6.6.3 看门狗技术

读懂看门狗定时器

如果“跑飞”的程序落到一个临时构成的死循环中，冗余指令和软件陷阱都将无能为力。这时可以采用人工复位的方法使系统恢复正常，实际上可以设计一种模仿人工监测的“程序运行监视跟踪器”，俗称“看门狗（Watchdog）”，可以使陷入“死机”的系统产生复位，重新启动程序运行。通常选用定时器 T0 作为看门狗，将 T0 的中断定义为最高级中断。看门狗启动后，系统必须及时刷新 T0 的时间常数。

Watchdog 有如下特征：

（1）本身能独立工作，基本上不依赖于 CPU。CPU 只在一个固定的时间间隔内与之打一次交道，表明整个系统“目前尚属正常”。

（2）当 CPU 落入死循环之后，能及时发现并使整个系统复位。

“喂狗”过程一般安排在监控循环或定时中断中，如果有比较长的延时子程序，则应该在其中插入“喂狗”过程。目前有很多单片机在内部已经集成了片内的硬件 Watchdog 电路，使用起来更为方便。对于片内看门狗，是通过两条特定的赋值指令来完成。以常用的 RTC（Real Time Clock）实时时钟 S3C2410 为例，它是通用的中断方式的 16bit 定时器；当计数器减到 0（发生溢出）时，产生 128 个 PCLK 周期的复位信号。图 6-47 为 S3C2410 看门狗的电路示意图，看门狗时钟使用 PCLK 作为它的时钟源，PCLK 通过预分频产生适合的看门狗时钟。

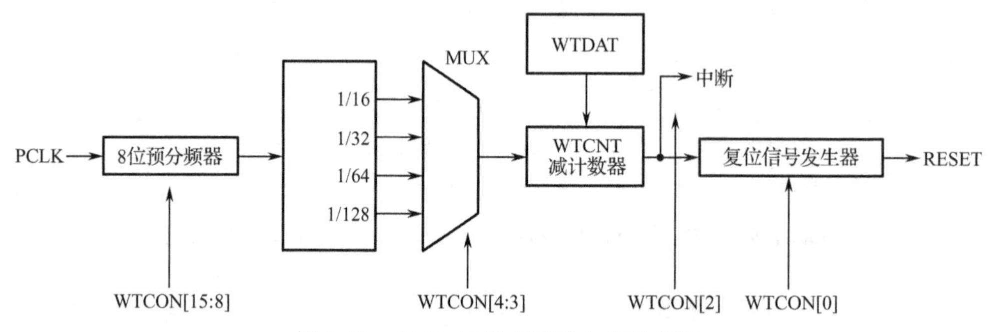

图 6-47 S3C2410 看门狗的电路示意图

S3C2410 的看门狗定时器有两个功能：作为常规定时器使用，并且可以产生中断；作为看门狗定时器使用，定时时间到时，它可以产生 128 个时钟周期的复位信号。图 6-47 中输入时钟为 PCLK（该时钟频率等于系统的主频），它经过两级分频，最后将分频后的时钟作为该定时器的输入时钟，当定时器溢出后可以产生中断或者复位信号。

看门狗电路的基本原理为，本系统程序完整运行一周期的时间是 t_p，看门狗的定时周期为 t_i，且 $t_i>t_p$，在程序运行一周期后就修改（再重新设定看门狗的定时周期）定时器的计数值（俗称“喂狗”），只要程序正常运行，定时器就不会溢出。若由于干扰等原因使系统不能在 t_p 时刻修改定时器的计数值，定时器将在 t_i 时刻溢出，引发系统复位，使系统得以重新运行，从而起到监控作用。

此外，也可以用软件程序来形成 Watchdog。例如，可以将 80C51 定时器 T0 的溢出中断设为高级中断，其他中断均设置为低级中断。

采用软件 Watchdog 有一个弱点，就是如果“跑飞”的程序使某些操作数变形，为了修改 T0 功能的指令，执行这种指令后软件 Watchdog 就会失效。因此，软件 Watchdog 的可靠性不如硬件高。

习题

1．什么是可靠性？影响可靠性的因素有哪些？

2．如图 6-48 所示模拟通道的内部校准原理图中开关 S_1、S_2、S_3 和 V_r 的作用是什么？

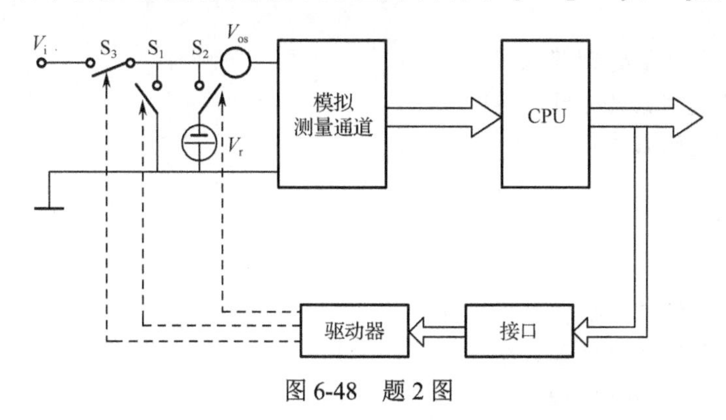

图 6-48　题 2 图

3．智能仪器常见的硬件故障有哪些？软件故障有哪些？

4．常用的故障诊断方法有哪些？试说出智能仪器故障诊断的一般步骤。

5．智能仪器中有几种类型的干扰？它们是通过什么途径进入仪表内部的？

6．产生干扰的条件有哪些？要消除干扰首先必须解决什么问题？

7．什么是串模干扰和共模干扰？各自有哪些对应的抗干扰措施？

8．干扰的耦合方式一般有哪几种？

9．对电源系统的抗干扰，通常应采取什么措施？采用分散独立功能块供电有何优点？

10．长线传输时应注意什么问题？长线传输的阻抗匹配有哪几种形式？各有何特点？

11．为什么智能仪器要具备自检功能？自检方式有几种？常见的自检内容有哪些？

12．智能仪器的硬件抗干扰主要有哪些措施？

13．智能仪器的软件抗干扰主要有哪些措施？对于输入/输出数字量如何实现软件抗干扰？

14．印制电路板的抗干扰技术有哪些？接地设计应注意什么问题？

15．屏蔽有哪几种类型？屏蔽结构有哪几种形式？

16．为什么光电耦合器具有很强的抗干扰能力？采用光电耦合器时，输入和输出部分能否共用电源？为什么？

17．试设计一“看门狗”电路，并编制相应的程序。

18．软件抗干扰中有哪几种对付程序“跑飞”的措施？它们各自有何特点？

第7章 智能仪器数据处理

本章知识点：

- 智能仪器的非数值处理算法
- 随机误差的数字滤波处理
- 系统的数据处理方法
- 标度变换
- 自动量程切换

基本要求：

- 了解查找、排序的非数值处理方法
- 掌握随机误差的数字处理方法
- 了解系统误差的数据处理方法
- 掌握测量数据的线性标度变换
- 理解智能仪器的自动量程切换

能力培养目标：

通过本章的学习，使学生具有智能仪器数据处理的基本能力。通过对测量数据的数字滤波，系统误差的数据处理、标度变换和自动量程切换的学习、分析和相关训练，培养学生在实际设计过程中的分析问题与处理问题的工程实践能力。

智能仪器的主要优点之一是利用微处理器对采集的数据进行数据处理，如数字滤波、标度变换、数值计算、逻辑判断、非线性补偿、压缩、识别，从而消除和削弱测量误差的影响，提高测量精度。与模拟电路相比，智能仪器的数据处理主要有以下优点：

- 可用程序代替硬件电路，完成多种运算。
- 能自动修正误差。
- 能对被测参数进行较复杂的计算和处理。
- 能进行逻辑判断。
- 智能仪器不但精度高，而且稳定可靠，抗干扰能力强。

本章主要介绍了一些常用的数据方法和智能仪器中程序的基本设计方法。

7.1 智能仪器的非数值处理算法

查找与分类是计算机常用的两种运算操作，也是智能仪器中的两种基本操作。查找又名检索，是指从存于存储器中的大量数据记录中，按关键字找出某个特定的数据记录，确定其（或记录）在表中的位置；分类也叫排序，是指按照关键字的数字或字母次序把记录排成有序的序列。下面介绍查找和分类的基本方法及有关程序例子。

7.1.1　查找

数据的存储是以记录为基本单位进行的，每一个记录用一个关键字标识，查找时也是以关键字为基准进行的。下面介绍几种基本的查找方法。

1．顺序查找

顺序查找是最简单的一种查找方法。它按顺序扫描表中的各项，把要查找的记录的关键字与给定值依次比较，直到找到关键字相同的记录为止，否则查找不成功。顺序查找一般适于无序清单，这种清单在实际中是存放数据的一种常用方法，例如测量数据的记录，数据往往是随机的或动态变化的。

查找算法的效率通常用平均查找长度 ASL 来衡量。所谓平均查找长度，是指查找每个元素需进行的比较次数的期望值。设表内有 n 个元素，每个元素的查找概率相等，则顺序查找法的平均查找长度为

$$\text{ASL}=\frac{1}{n}(1+2+3+\cdots+n)=\frac{n+1}{2} \tag{7-1}$$

该程序用来查找某双字节表格中的已知数据。查找内容在 R4、R5 中，表格首址在 DPTR 中，数据总个数在 R7 中；OV=0 时查找到数据的顺序号在累加器 A 中，地址在 DPTR 中；OV=1 时未找到。

2．对分查找

若数组已按大小次序排列好，则可采用对分查找法来减少搜索次数。它的思路是：先取数组中间的值 e（$N/2$ 处的值）与要搜索的值 x 相比较，看是否相等。若相等则搜索到；若不相等则比较两数的大小。若 $x>e$ 则下一次取 $N/2$～N 之间的中间值与 x 相比较。若 $x<e$，则下次取 0～$N/2$ 之间的中间值与 x 相比较。这样每搜索一次使区间缩小 1/2，如此一直进行下去，直至找到被搜索到的数，或者是搜索的区间变为 0（表示搜索不到所要找的数）。

若元素共有 $N=2h$ 个，则对分查找的比较次数最多为 h 次，即 $\log 2^N$。可以证明，若表元素有 $N=(2h-1)$个，则对分查找法平均查找长度为

$$\text{ASL}=\frac{N+1}{N}\log_2(N+1)-1=\frac{N+1}{2} \tag{7-2}$$

当 $n\gg1$ 时，上式近似为

$$\text{ASL}\approx\log_2(n+1)-1 \tag{7-3}$$

该程序为对分查找双字节无符号增序数据表格中某已知数据的程序。查找内容在 R4、R5 中，表格首址在 DPTR 中，数据个数在 R7 中；OV=0 时查找到数据的顺序号在累加器 A 中，首址在 DPTR 中；OV=1 时未找到。

7.1.2　排序

排序是将一组“无序”的记录序列调整为“有序”的记录序列的过程。若整个排序过程不需要访问外存便能完成，则称此类排序问题为内部排序；反之，则称为外部排序。内部排序的

过程是一个逐步扩大记录的有序序列长度的过程。稳定的排序方法包括直接插入排序、气泡排序、归并排序。不稳定的排序方法主要有直接选择排序、堆排序、快速排序。这里仅介绍气泡排序法。

气泡排序法是通过无序区中相邻记录关键字间的比较和位置的交换，使关键字最小的记录如气泡一般逐渐往上“漂浮”，直至“水面”。整个算法是从最下面的记录开始，对每两个相邻的关键字进行比较，且使关键字较小的记录换至关键字较大的记录之上，使得经过一趟排序后，关键字最小的记录达到最上端。接着再在剩下的记录中找关键字最小的记录，并把它换在第二个位置上。依次类推，直至整个序列达到所要求的状态。

下面是6个元素的排序过程。

4 5 7 1 2 3

5 4 7 1 2 3

5 7 4 1 2 3

5 7 4 1 2 3

5 7 4 2 1 3

第一趟结束

5 7 4 2 3 ①

7 5 4 2 3 1

7 5 4 2 3 1

7 5 4 2 3 1

第二趟结束

7 5 4 3 ② 1

7 5 4 3 2 1

7 5 4 3 2 1

第三趟结束

7 5 4 ③ 2 1

7 5 4 3 2 1

第四趟结束

7　5　④　3　2　1

└─┘

第五趟结束

⑦　⑤　4　3　2　1

11 种滤波方法及 C 语言程序

7.2　随机误差处理与数字滤波

智能仪器的主要特点之一是可以利用微型计算机对数据进行加工与处理，减小测量过程中产生的随机误差，提高测量精度，即用软件算法来实现数字滤波，消除随机误差，同时对信号进行必要的平滑处理，以保证仪表及系统的正常运行。

由于计算机技术的飞速发展，数字滤波器在通信、雷达、测量、控制等领域中得到了广泛的应用，具有如下的优点：

- 需增加硬件设备，可多通道共享一个滤波器（多通道共同调用一个滤波子程序），降低了成本。
- 由于不用硬设备，各回路间不存在阻抗匹配等问题，故可靠性高，稳定性好。
- 可以对频率很低的信号（如 0.01Hz 以下）进行滤波，这是模拟滤波器做不到的。
- 可根据需要选择不同的滤波方法或改变滤波器的参数，使用方便、灵活。

尽管数字滤波具有很多优点，但它并不能代替模拟滤波器。因为输入信号必须转换成数字信号后才能进行数字滤波，有的输入信号很小，而且混有干扰信号，所以必须使用模拟滤波器。另外，在采样测量中，为了消除混叠现象，往往在信号输入端加混叠滤波器，这也是数字滤波器所不能代替的。可见，模拟滤波器和数字滤波器各有各的作用，都是智能仪器中所不可缺少的。

智能仪器中常用的数字滤波算法有限幅滤波、中位值滤波、算术平均滤波、递推平均滤波、加权递推平均滤波和低通滤波等。

7.2.1　限幅滤波

尖脉冲干扰信号随时可能窜入智能仪器中，使得测量信号突然增大，从而造成测量信号的严重失真。对于这种随机干扰，限幅滤波是一种十分有效的方法。其基本方法是比较相邻（n 和 $n-1$ 时刻）的两个采样值 y_n 和 $\overline{y}_{n-1}$，如果它们的差值过大，超过了参数可能的最大变化范围，则认为发生了随机干扰，并视后一次采样值 y_n 为非法值，应予剔除。y_n 作废后，可以用 $\overline{y}_{n-1}$ 替代 y_n，或采用递推方法，由 $\overline{y}_{n-1}$、$\overline{y}_{n-2}$（$n-1$ 和 $n-2$ 时刻的滤波值）来近似推出 y_n，其相应算法为

$$\Delta y_n = \left| y_n - \overline{y}_{n-1} \right| \quad \begin{cases} \leqslant \alpha & \overline{y} = y_n \\ > \alpha & \overline{y} = \overline{y}_{n-1} \quad \text{或} \quad \overline{y} = 2\overline{y}_{n-1} - \overline{y}_{n-2} \end{cases} \tag{7-4}$$

式中，α 表示相邻两个采样值之差的最大可能变化范围。上述限幅滤波算法很容易用程序判断的方法实现，故也称程序判断法。

在应用这种方法时，关键在于 α 值的选择。过程的动态特性决定其输出参数的变化速度。因此，通常按照参数可能的最大变化速度 V_{max} 及采样周期 T 决定 α 值，即

$$\alpha = V_{\max} T \tag{7-5}$$

7.2.2 中位值滤波

中位值滤波就是对某一被测参数连续采样 n 次（一般 n 取奇数），然后把 n 次采样值按大小排队，取中间值为本次采样值。中位值滤波能有效地克服因偶然因素引起的波动或采样器不稳定引起的误码等造成的脉冲干扰。对温度、液位等缓慢变化的被测参数采用此法能收到良好的滤波效果，但对于流量、压力等快速变化的参数一般不宜采用中位值滤波算法。

7.2.3 算术平均滤波

算术平均滤波法就是连续取 N 个采样值进行算术平均，是消除随机误差最为常用的方法，其数学表达式为

$$\overline{y} = \frac{1}{N}\sum_{i=1}^{N} y_i \tag{7-6}$$

算术平均滤波适用于对一般具有随机干扰的信号进行滤波。这种信号的特点是有一个平均值，信号在某一数值范围附近做上下波动，在这种情况下仅取一个采样值作为依据显然是不准确的。算术平均滤波对信号的平滑程度取决于 N。当 N 较大时，平滑度高，但灵敏度低；当 N 较小时，平滑度低，但灵敏度高。应视具体情况选取 N，以使其既少占用计算时间，又达到最好的效果。对于一般流量测量，通常取 N=12；若为压力，则取 N=4。

算术平均滤波程序可直接按式（7-6）编制，只是需注意两点：一是 y_n 的输入方法，对于定时测量，为了减少数据的存储容量，可对测得的 y 值直接按上式进行计算；但对于某些应用场合，为了加快数据测量的速度，可采用先测量数据，并把它们存放在存储器中，测量完 N 点后，再对测得的 N 个数据进行平均值计算。二是选取适当的 y_n、$\overline{y}$ 的数据格式，即 y_n、$\overline{y}$ 是定点数还是浮点数。采用浮点数计算比较方便，但计算时间较长；采用定点数可加快计算速度，但是必须考虑累加时是否会产生溢出。

7.2.4 递推平均滤波

算术平均滤波每计算一次数据需测量 N 次，对于测量速度较慢或要求数据计算速度较高的实时系统，该方法是无法使用的。例如，某 A/D 芯片转换速率为每秒 10 次，而要求每秒输入 4 次数据时，则 N 不能大于 2。下面介绍一种只需进行一次测量，就能得到当前算术平均滤波值的方法——递推平均滤波。

递推平均滤波是把 N 个测量数据看成一个队列，队列的长度固定为 N，每进行一次新的测量，把测量结果收入队尾，而扔掉原来队首的一次数据，这样在队列中始终有 N 个“最新”的数据。计算滤波值时，只要把队列中的 N 个数据进行算术平均，就可得到新的滤波值。这样每进行一次测量，就可计算得到一个新的平均滤波值。这种滤波算法称为递推平均滤波法，其数学表达式为

$$\overline{y}_n = \frac{1}{N}\sum_{i=1}^{N-1} y_{n-i} \tag{7-7}$$

式中，$\overline{y}_n$ 为第 n 次采样值经滤波后的输出；y_{n-i} 为未经滤波的第 $n-i$ 次采样值；N 为递推平均项数，即第 n 次采样的 N 项递推平均值是 n，$n-1$，…，$n-N+1$ 次采样值的算术平均，与算术平均法相似。

递推平均滤波算法对周期性干扰有良好的抑制作用，平滑度高，灵敏度低；但对偶然出现的脉冲干扰的抑制作用差，不易消除由于脉冲干扰引起的采样值偏差，因此它不适用于脉冲干扰比较严重的场合，而适用于高频振荡的系统。通过观察不同 N 值下递推平均的输出响应来选取 N 值，以便既少占用计算机时间，又能达到最好的滤波效果。表 7-1 给出了工程经验值。

表 7-1　工程经验值参考表

参数	流量	压力	液位	温度
N 值	12	4	4～12	1～4

对照式（7-7）和式（7-6），可以看出，递推平均滤波法与算术平均滤波法在数学处理上是完全相似的，只是这 N 个数据的实际意义不同而已。采用定点数表示的递推平均滤波，在程序上与算术平均滤波没有什么大的不同，故不再给出。

7.2.5　加权递推平均滤波

在算术平均滤波和递推平均滤波中，N 次采样值在输出结果中所占的权重是均等的，即 $1/N$。用这样的滤波算法，对于时变信号会引入滞后。N 越大，滞后越严重。为了增加新鲜采样数据在递推平均中的权重，以提高系统对当前采样值中所受干扰的灵敏度，可以采用加权递推平均滤波算法。它是递推平均滤波算法的改进，它对不同时刻的数据加以不同的权，通常越接近现时刻的数据，权选取得越大。N 项加权递推平均滤波算法为

$$\overline{y}_n = \frac{1}{N}\sum_{i=1}^{N-1} C_i y_{n-i} \tag{7-8}$$

式中，$\overline{y}_n$ 为第 n 次采样值经滤波后的输出；y_{n-i} 为未经滤波的第 $n-i$ 次采样值；$C_0, C_1, \cdots, C_{N-1}$ 为常数，且满足如下条件：

$$C_0 + C_1 + \cdots + C_{N-1} = 1 \tag{7-9}$$

$$C_0 > C_1 > \cdots > C_{N-1} > 0 \tag{7-10}$$

常系数 $C_0, C_1, \cdots, C_{N-1}$ 的选取有多种方法，其中最常用的是加权系数法。设 τ 为对象的纯滞后时间，且

$$\delta = 1 + \mathrm{e}^{-\tau} + \mathrm{e}^{-2\tau} + \cdots + \mathrm{e}^{-(N-1)\tau} \tag{7-11}$$

则

$$C_0 = \frac{1}{\delta},\ C_1 = \frac{\mathrm{e}^{-\tau}}{\delta}, \cdots, C_{N-1} = \frac{\mathrm{e}^{-(N-1)\tau}}{\delta} \tag{7-12}$$

由于 τ 越大，δ 越小，故给予新的采样值的权系数应越大，而给予先前采样值的权系数应越小，这样可提高新采样值在平均过程中的地位。所以加权递推平均滤波算法适用于有较大纯滞后时间常数 τ 的对象和采样周期较短的系统；而对于纯滞后时间常数较小、采样周期较长、变化缓慢的信号，则不能迅速反映系统当前所受干扰的严重程度，故滤波效果稍差。

7.2.6　一阶惯性滤波

在模拟量输入通道等硬件电路中，常用一阶惯性 RC 模拟滤波器来抑制干扰。当用这种模拟方法来实现对低频干扰的滤波时，首先遇到的问题是要求滤波器有大的时间常数和高精度的 RC 网络。时间常数 T_{f} 越大，要求 R 值越大，其漏电流也随之增大，从而使 RC 网络的误差增大，降低了滤波效果。而一阶惯性滤波算法是一种以数字形式通过软件来实现动态的 RC 滤波

方法，它能很好地克服上述模拟滤波器的缺点，在滤波常数要求大的场合，此法更为实用。一阶惯性滤波算法为

$$\overline{y}_n = (1-a)y_n + a\overline{y}_{n-1} \tag{7-13}$$

a 由实验确定，只要使被检测的信号不产生明显的纹波即可。有

$$a = \frac{T_f}{T + T_f} \tag{7-14}$$

式中，$\overline{y}_n$ 为未经滤波的第 n 次采样值；T_f、T 分别为滤波时间常数和采样周期。

当 $T \ll T_f$ 时，即输入信号的频率很高，而滤波器的时间常数 T_f 较大时，上述算法便等价于一般的模拟滤波器。

一阶惯性滤波算法对周期性干扰具有良好的抑制作用，适用于波动频繁的参数滤波，其不足之处是带来了相位滞后，灵敏度低。滞后的程度取决于 a 值的大小。同时，它不能滤除频率高于采样频率二分之一（称为奈奎斯特频率）的干扰信号。例如，采样频率为 100Hz，则它不能滤去 50Hz 以上的干扰信号。对于高于奈奎斯特频率的干扰信号，还得采用模拟滤波器。

一阶惯性滤波一般采用定点运算。由于不会产生溢出问题，a 常选用 2 的负幂次方，这样在计算 ay_n 时只要把 y_n 向右移若干位即可。

7.2.7 复合滤波

智能仪表在实际应用中所面临的随机扰动往往不是单一的，有时既要消除脉冲扰动，又要做数据平滑。因此常常可以把前面介绍的两种以上的方法结合起来使用，形成复合滤波，例如，防脉冲扰动平均值滤波算法就是一种应用实例。这种算法的特点是先用中位值滤波算法滤掉采样值中的脉冲性干扰，然后把剩余的各采样值进行递推平均滤波。其基本算法如下：

如果 $y_1 \leqslant y_2 \leqslant \cdots \leqslant y_n$，其中 $3 \leqslant n \leqslant 14$，$y_1$ 和 y_n 分别是所有采样值中的最小值和最大值，则

$$\overline{y}_n = \frac{y_2 + y_3 + \cdots + y_{n-1}}{n-2} \tag{7-15}$$

由于这种滤波方法兼容了递推平均滤波算法和中位值滤波算法的优点，所以无论对缓慢变化的过程变量还是快速变化的过程变量，都能起到较好的滤波效果，从而提高控制质量。程序是两种算法程序的组合，故省略。

上面介绍了几种在智能仪表中使用较普遍的克服随机干扰的软件算法。在一个具体的智能仪器中究竟应选用哪些滤波算法，取决于智能仪器的应用场合及过程中所含有的随机干扰情况。

7.3 系统误差的数据处理

系统误差是指在同一条件下多次测量同一量时，误差的绝对值和符号保持恒定，或按某一确定规律变化。系统误差与随机误差不同，它是不能依靠概率统计的办法来清除或减弱的。一般来说，系统误差属于测量技术问题，不能像随机误差那样得出一些普遍的统计方法，而只能针对每一具体情况采取不同的处理措施。常用的处理系统误差的方法有三种，即利用误差模型修正系统误差、通过离散数据修正系统误差和校准数据表修正法。

7.3.1 系统误差模型

1. 模型的建立

先通过理论分析来建立系统误差模型，再由误差模型求出误差修正公式。误差修正公式中一般含有若干误差因子，修正时，先通过校准技术求出这些误差因子，然后利用修正公式来修正测量结果，从而削弱系统误差的影响。

不同的仪器和系统其误差模型的建立方法也不一样，无统一方法可循，这里仅举出一个比较典型的例子进行讨论。图 7-1（a）所示的误差模型在智能仪器中是颇具普遍意义的。图中 x 为输入电压（被测量），y 是带有误差的输出电压（测量结果），ε 为影响量（如零点漂移或干扰），i 是偏差量（如直流放大器的偏置电流），K 是影响特性（如放大器增益变化）。从输出端引一反馈量到输入端，以改善系统的稳定性。

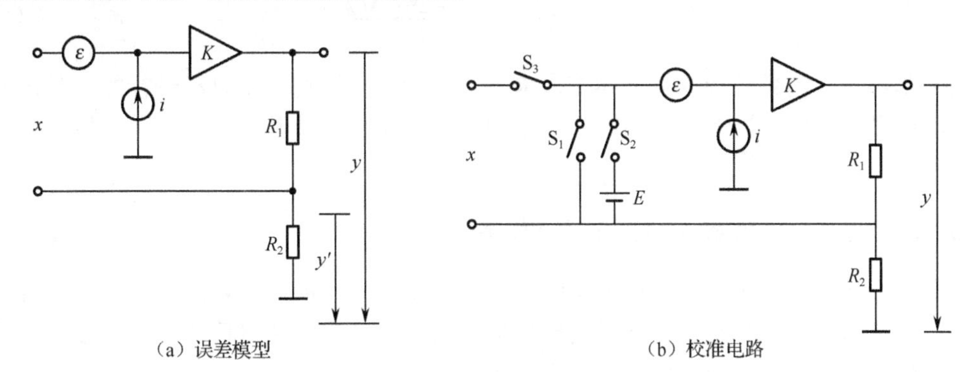

图 7-1 利用误差模型修正系统误差

在无误差的理想情况下，$\varepsilon=0$，$i=0$，$K=0$，于是存在关系 $y=x$。

在有误差的情况下，则有

$$y=K(x+\varepsilon+y') \tag{7-16}$$

$$\frac{y-y'}{R_1}+i=\frac{y'}{R_2} \tag{7-17}$$

由此可以推出

$$x=y\left(\frac{1}{K}-\frac{i}{\dfrac{1}{R_1}+\dfrac{1}{R_2}}\right)-\varepsilon \tag{7-18}$$

可改写成下列简化形式

$$x=b_1 y+b_0 \tag{7-19}$$

式（7-19）即为误差修正公式，其中 b_0、b_1 即为误差因子。如果能求出误差因子 b_0、b_1 之值，即可由误差修正公式获得无误差的 x 值，从而修正了系统误差。

误差因子的求取可通过校准技术完成，误差修正公式（7-19）中含有两个误差因子 b_0 和 b_1，因而需进行两次校准。设建立的校准电路如图 7-1（b）所示，图中 E 为标准电压，校准步骤如下：

（1）零点校准。先令输入端短路，即 S_1 闭合，此时有 $x=0$，其输出为 y_0，按式（7-19）有

$$0 = b_1 y_0 + b_0$$

（2）增益校准。令输入端接上标准电压，即 S_2 闭合，此时有 $x = E$，其输出为 y_1，同样可得方程如下：

$$E = b_1 y_1 + b_0 \tag{7-20}$$

联立式求解上述两方程，可求出两个误差因子为

$$\left.\begin{aligned} b_1 &= \frac{E}{y_1 - y_0} \\ b_0 &= \frac{E}{1 - \dfrac{y_1}{y_0}} \end{aligned}\right\} \tag{7-21}$$

（3）实际测量。令 S_3 闭合，此时得到输出为 y（结果），于是被测量的真值为

$$x = b_1 y + b_0 = \frac{E(y - y_0)}{y_1 - y_0} \tag{7-22}$$

智能仪器每一次测量过程均按上述三步来进行。由于上述过程是自动进行的，且每次测量过程很快，这样，即使各误差因子随时间缓慢地变化，也可消除其影响，实现近似于实时的误差修正。

7.3.2 利用离散数据修正系统误差

在实际情况下，由于对系统的误差来源往往不是很了解，所以很难建立适当的系统误差模型。因此，只能通过实验测量获得一组离散数据，建立一个反映测量值变化的近似数学模型。建模的方法很多，主要有代数插值法和最小二乘法。

1. 代数插值法

设有 n+1 组离散点 $(x_0, y_0), (x_1, y_1), \cdots, (x_n, y_n)$ 和未知函数 $f(x)$，且有

$$f(x_0) = y_0, f(x_1) = y_1, \cdots, f(x_n) = y_n$$

要找到一个函数 $g(x)$，使得 $g(x)$ 在 x 处与 $f(x_i)$ 相等，这就是插值问题。$g(x)$ 就是插值函数，x_i 称为插值点。在[a, b]区间可以用 $g(x)$ 代替 $f(x)$。

$g(x)$ 可以为各种函数形式，如多项式、对数函数、指数函数、三角函数等，多项式是最容易计算的一类函数。选择 $g(x)$ 为 n 次多项式，并记为 $P_n(x)$，有

$$P_n(x) = a_n x^n + a_{n-1} x^{n-1} + \cdots + a_1 x + a_0 = \sum_{i=0}^{n} a_i x^i \tag{7-23}$$

去逼近 $f(x)$，使 $P_n(x)$ 在节点 x_i 处满足

$$P_n(x_i) = f(x_i) = y_i \qquad i = 0, 1, \cdots, n \tag{7-24}$$

由于多项式 $P_n(x)$ 中未定系数有 n+1 个，由式（7-23）和式（7-24）可得到关于系数 $a_n, \cdots, a_1, a_0$ 的线性方程组：

$$\begin{cases} a_n x_0^n + a_{n-1} x_0^{n-1} + \cdots + a_1 x_0^1 + a_0 = y_0 \\ a_n x_1^n + a_{n-1} x_1^{n-1} + \cdots + a_1 x_1^1 + a_0 = y_1 \\ \qquad\cdots \\ a_n x_n^n + a_{n-1} x_n^{n-1} + \cdots + a_1 x_n^1 + a_0 = y_n \end{cases} \tag{7-25}$$

要用已知的 (x_i, y_i)（$i = 0,1,\cdots,n$） 去求解方程组，即可求得 a_i（$i = 0,1,\cdots,n$），从而得到

$P_n(x)$。对于每一个信号的测量数值 x_i 就可近似地实时计算出被测量：

$$y_i = f(x_i) \approx P_n(x_i) \tag{7-26}$$

1）线性插值

从一组数据 (x_i, y_i) 中选取两个有代表性的点 (x_0, y_0) 和 (x_1, y_1)，然后根据插值原理，求出插值方程：

$$P_1(x) = \frac{x - x_1}{x_0 - x_1} y_0 + \frac{x - x_0}{x_1 - x_0} y_1 = a_1 x + a_0 \tag{7-27}$$

$$a_1 = \frac{y_1 - y_0}{x_1 - x_0}, \quad a_0 = y_0 - a_1 x_0 \tag{7-28}$$

若 (x_0, y_0) 和 (x_1, y_1) 取在非线性特征曲线 $f(x)$ 或数组的两端点 A、B，可用图 7-2 所示的直线表示插值方程（7-27）的图像。

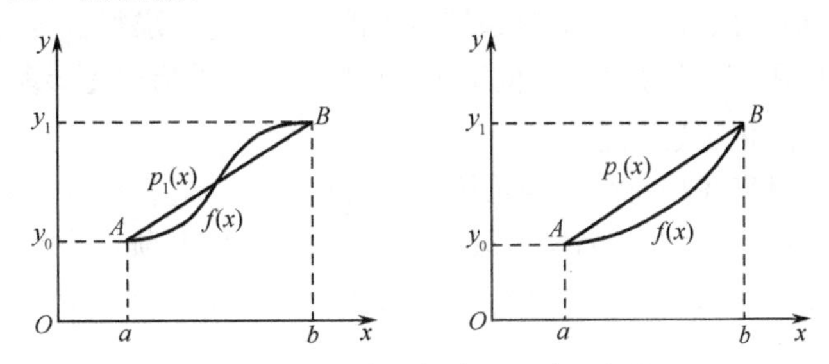

图 7-2　非线性特性曲线的直线方程校正

设 A、B 两点的数据分别为 $(a, f(a)), (b, f(b))$，则根据式（7-27）建立线性方程的数学模型 $p_1(x) = a_1 x + a_0$，式中 $p_1(x)$ 表示 $f(x)$ 的近似值。当 $x_i \neq x_0$ 时，$p_1(x)$ 与 $f(x)$ 有拟合误差 V_i，其绝对值为

$$V_i = | p_1(x_i) - f(x_i) | \qquad i = 0, 1, \cdots, n \tag{7-29}$$

若在 x 的全部取值区间[a, b]上始终有 $V_i < \varepsilon$（ε 为允许的校正误差），则直线方程 $P_1(x) = a_1 x + a_0$ 就是理想的校正方程。

2）抛物线插值

在一组数据中选取 (x_0, y_0)、(x_1, y_1) 和 (x_2, y_2) 三点，相应的插值方程为

$$P_2(x) = \frac{(x - x_1)(x - x_2)}{(x_0 - x_1)(x_0 - x_2)} y_0 + \frac{(x - x_0)(x - x_2)}{(x_1 - x_0)(x_1 - x_2)} y_1 + \frac{(x - x_0)(x - x_1)}{(x_2 - x_0)(x_2 - x_1)} y_2 \tag{7-30}$$

抛物线插值如图 7-3 所示。

进行多项式插值首先要决定多项式的次数 n，一般需要根据测试数据的分布，凭经验或通过凑试来决定。在确定多项式次数后，需选择自变量 x_i 和函数值 y_i，因为一般得到的离散数组的数目均大于 n+1，故应选择适当的插值节点 x_i 和 y_i。插值节点的选择与插值多项式的误差大小有很大关系，在同样的 n 值条件下，选择合适的 (x_1, y_1) 值可以减小误差。在开始时，可选择等分值的 (x_1, y_1)，以后再根据误差的分布情况改变 (x_1, y_1) 的取值。考虑到对计算实时性的要求，多项式的次数一般不宜选得过高。对于某些非线性特性，即使提高多项式的次数也很难提高拟合精度，反而增加了运算时间。

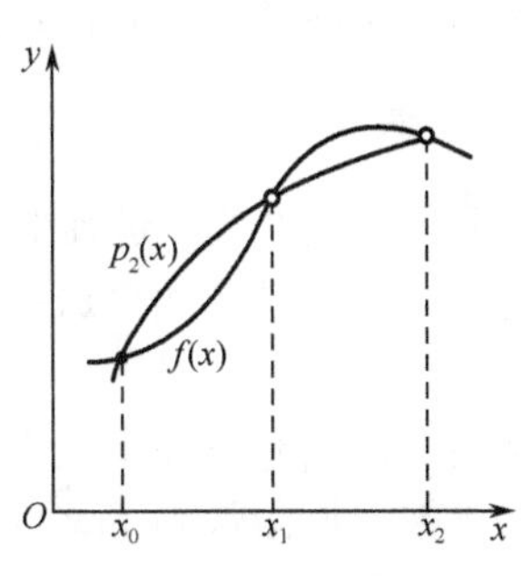

图 7-3　抛物线插值

采用分段插值方法往往可得到更好的效果。

3）分段插值

对于系统误差非线性程度严重或当存在较宽测量范围时，可采用分段直线方程来进行校正。分段后的每段非线性曲线用一个直线方程来校正，即

$$P_{1i}(x)=a_{1i}x+a_{0i} \qquad i=1,2,\cdots,n \tag{7-31}$$

根据分段节点之间的距离是否相等有等距节点和非等距节点分段直线校正两种方法。

（1）等距节点分段直线校正法。等距节点的方法适用于非线性特征曲线曲率变化不大的场合。每段曲线都用一个直线方程代替，分段数n取决于非线性程度和仪表的精密要求。非线性越严重或仪表的精密要求越高，则n越大。式（7-31）中的a_{1i}和a_{0i}可离线求得。采用等分法，每段折线的拟合误差V_i一般各不相同。拟合结果应该保证：

$$\max[V_{\max i}]\leqslant\varepsilon \qquad i=1,2,\cdots,n \tag{7-32}$$

式中，$V_{\max i}$为第i段的最大拟合误差，ε为系统要求的拟合误差。求得a_{1i}和a_{0i}存入仪器的ROM中。实时测量时只要先用程序判断输入x位于折线的哪一段，然后取出该段对应的a_{1i}和a_{0i}进行计算，即可得到被测量的相应近似值。

（2）非等距节点分段直线校正法。若采用等距节点的方法进行插值，要使最大误差满足精度要求，分段数N就会变得很大（因为一般取$n\leqslant2$）。这将使多项式的系数组数相应增加。此时更宜采用非等距节点分段插值法。即在线性好的部分，节点间距离取大些，反之则取小些，从而使误差达到均匀分布。

设某传感器的输入/输出特性曲线如图7-4中实线所示，图中x为传感器的输出值，y为传感器的输入值（实际被测量），分四段直线逼近该传感器的非线性曲线如图7-4中虚线所示。可以写出各段的直线方程式为

$$y=\begin{cases} y_3 & x\geqslant x_3 \\ y_2+k_3(x-x_2) & x_2\leqslant x\leqslant x_3 \\ y_1+k_2(x-x_1) & x_1\leqslant x\leqslant x_2 \\ k_1x & 0\leqslant x\leqslant x_1 \end{cases} \tag{7-33}$$

式中，

$$k_3=\frac{y_3-y_2}{x_3-x_2},\quad k_2=\frac{y_2-y_1}{x_2-x_1},\quad k_1=\frac{y_1}{x_1} \tag{7-34}$$

编程时应将系数k_1、k_2、k_3以及数据x_1、x_2、x_3、y_1、y_2、y_3分别存放在指定的ROM中。智能仪器在进行校正时，先根据测量值的大小，找出所在直线段区域，从存储器中取出该直线段的系数，然后按照式（7-33）计算，获得实际被测量值y，程序流程图如图7-5所示。

2. 最小二乘法

利用n次多项式进行拟合，可以保证$n+1$个节点上校正误差为零，因为拟合曲线恰好经过这些节点。但是，如果这些实验数据含有随机误差，得到的校正方程并不一定能反映出实际的函数关系。因此，对于含有随机误差的实验数据的拟合，通常选择“误差平方和最小”衡量逼近结果。下面介绍最小二乘法。

设被逼近函数为$f(x_i)$，逼近函数为$g(x_i)$，x_i为x上的离散点，逼近误差为

$$V(x_i)=|f(x_i)-g(x_i)|$$

令

$$\Psi=\sum_{i=1}^{n}V^2(x_i) \tag{7-35}$$

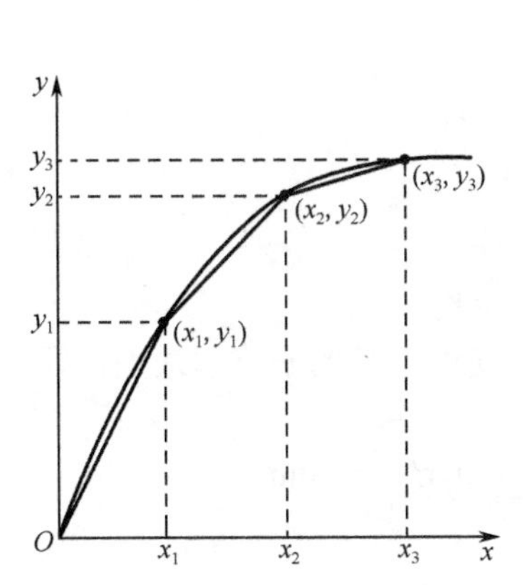

图 7-4　传感器的输入/输出特性曲线

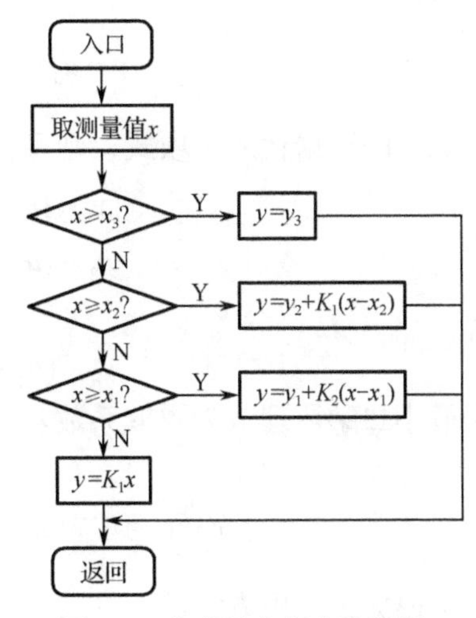

图 7-5　分段拟合程序流程图

使Ψ最小，即在最小二乘意义上使 $V(x_i)$最小化，这就是最小二乘法原理。具体实现方法有直线拟合法和曲线拟合法。

1）直线拟合法

设一组测试数据，现在要求出一条最能反映这些数据点变化趋势的直线，设最佳拟合直线方程为

$$g(x)=a_1x+a_0 \tag{7-36}$$

式中，a_1 和 a_0 为回归系数。

$$y_i=f(x_i)$$

有

$$\Psi=\sum_{i=1}^{n}V^2(x_i)=\sum_{i=1}^{n}[y_i-g(x_i)]^2=\sum_{i=1}^{n}[y_i-(a_1x_i+a_0)]^2 \tag{7-37}$$

分别对 a_1、a_0 求偏导数，并令其为 0，得

$$\begin{cases}\dfrac{\partial\Psi}{\partial a_0}=\sum\limits_{i=1}^{n}[-2(y_i-a_0-a_1x_i)]=0\\[2ex]\dfrac{\partial\Psi}{\partial a_1}=\sum\limits_{i=1}^{n}[-2x_i(y_i-a_0-a_1x_i)]=0\end{cases} \tag{7-38}$$

联立求得

$$a_0=\frac{\left(\sum\limits_{i=1}^{n}y_i\right)\left(\sum\limits_{i=1}^{n}x_i^2\right)-\left(\sum\limits_{i=1}^{n}x_iy_i\right)\left(\sum\limits_{i=1}^{n}x_i\right)}{n\left(\sum\limits_{i=1}^{n}x_i^2\right)-\left(\sum\limits_{i=1}^{n}x_i\right)^2},\quad a_1=\frac{n\left(\sum\limits_{i=1}^{n}x_iy_i\right)-\left(\sum\limits_{i=1}^{n}x_i\right)\left(\sum\limits_{i=1}^{n}y_i\right)}{n\left(\sum\limits_{i=1}^{n}x_i^2\right)-\left(\sum\limits_{i=1}^{n}x_i\right)^2} \tag{7-39}$$

只要将各测量数据（校正点数据）代入正则方程组，即可解得回归方程的回归系数 a_1、a_0，从而得到这组测量数据在最小二乘意义上的最佳拟合直线方程。

2）曲线拟合法

为了提高拟合精度，通常对 n 个实验数据对 (x_i, y_i)（$i=0,1,\cdots,n$） 选用 m 次多项式：

$$y = a_0 + a_1 x + \cdots + a_m x^m = \sum_{j=1}^{m} a_j x^j \tag{7-40}$$

把 (x_i, y_i) 的数据代入多项式，则可得如下 n 个方程：

$$\begin{aligned} y_1 - (a_0 + a_1 x_1 + \cdots + a_m x_1{}^m) &= V_1 \\ y_2 - (a_0 + a_1 x_2 + \cdots + a_m x_2{}^m) &= V_2 \\ &\vdots \\ y_n - (a_0 + a_1 x_n + \cdots + a_m x_n{}^m) &= V_n \end{aligned} \tag{7-41}$$

根据最小二乘原理，为求取系数 a_j 的最佳估计值，应使误差 V_i 的平方和最小，即

$$\psi(a_0, a_1, \cdots, a_m) = \sum_{i=1}^{n} V_i^2 = \sum_{i=1}^{n} \left[y_i - \sum_{j=0}^{m} a_j x_i^j \right]^2 \to \min \tag{7-42}$$

由此可得如下正则方程组：

$$\frac{\partial \psi}{\partial a_k} = -2\sum_{i=1}^{n} \left[\left(y_i - \sum_{j=0}^{m} a_j x_i^j \right) x_i^k \right]^2 = 0 \qquad (i = 1, 2, \cdots, n) \tag{7-43}$$

亦即计算 $a_0, a_1, \cdots, a_m$ 的线性方程组为

$$\begin{bmatrix} n & \sum x_i & \cdots & \sum x_i^m \\ \sum x_i & \sum x_i^2 & \cdots & \sum x_i^{m+1} \\ \cdots & \cdots & \cdots & \cdots \\ \sum x_i^m & \sum x_i^{m+1} & \cdots & \sum x_i^{2m} \end{bmatrix} \cdot \begin{bmatrix} a_0 \\ a_1 \\ \cdots \\ a_m \end{bmatrix} = \begin{bmatrix} \sum y_i \\ \sum x_i y_i \\ \cdots \\ \sum x_i^m y_i \end{bmatrix} \tag{7-44}$$

式中，$\sum$ 为 $\sum\limits_{i=1}^{m}$。

由上式可求得 $m+1$ 个未知数 a_j 的最佳估计值。

拟合多项式的次数越高，拟合结果越精确，但计算量增大，在满足精度要求的条件下，应尽量降低拟合多项式的次数，一般取 $n<7$。另外，也可以采用其他解析函数如对数函数、指数函数、三角函数等进行曲线拟合；还可以用实验数据作图，从实验数据点的图形分布形状来分析，选配适当的函数关系和经验公式进行拟合，函数关系中的一些待定系数，仍可以用最小二乘法来确定。

7.3.3 系统误差的标准数据校正法

当难以进行恰当的理论分析时，未必能建立合适的误差校正模型。但此时可以通过实验，即用实际的校正手段来求得校正数据，然后把校正数据以表格形式存入内存。实时测量中，通过查表来求得修正的测量结果。

校正步骤如下：

（1）在仪器的输入端逐次加入已知的标准电压 $x_1, x_2, \cdots, x_n$，并测出仪器对应的输出量 $y_1, y_2, \cdots, y_n$。

（2）将输出量 $y_1, y_2, \cdots, y_n$ 存入存储器中，它们的地址分别与 $x_1, x_2, \cdots, x_n$ 对应，这就建立了一张校正数据表。

（3）实际测量时，根据仪器的实际输入量值 x 访问存储器的相应地址，读出其中的 y 值，即得到经过修正的被测量值。

（4）若实际输入值 x 介于某两个标准点 x_i、x_{i+1} 之间，为了减小误差，还要再做内插计算来修正，最简单的内插是线性内插，取 $y_i < y < y_{i+1}$，有

$$x = x_i + \frac{x_{i+1} - x}{y_{i+1} - y}(y - y_i) \tag{7-45}$$

7.3.4　传感器的非线性校正

许多传感器、元器件及测试系统的输出信号与被测参数间存在明显的非线性，如在温度测量中，热电偶与温度的关系就是非线性的。为使智能仪器直接显示各种被测参数并提高测量精度，必须对其非线性进行校正，使之线性化。常用的传感器非线性校正算法有校正函数法、代数插值法、最小二乘法等，其中利用代数插值法、最小二乘法进行传感器的非线性校正，实际上就是用模型方法来校正系统误差的最典型应用。

1. 利用校正函数法进行传感器的非线性校正

如果确切知道传感器或检测电路的非线性特性的解析式 $y = f(x)$，则就有可能利用基于此解析式的校正函数（反函数）来进行非线性校正。传感器非线性校正过程如图 7-6 所示。

图 7-6　传感器非线性校正过程

设 $y = f(x)$ 的反函数为 $x = F(y)$，取 $k' = 1$，则

$$z = x = F(N / k) = \Phi(N)$$

为校正函数，根据数据采集系统的输出信号 N，可得到 $z = x$，即根据数字量提取出来的被测物理量。

例如，某测温热敏电阻的阻值与温度之间的关系为

$$R_{\mathrm{T}} = \alpha \cdot R_{25℃} \mathrm{e}^{\beta/T} = f(T) \tag{7-46}$$

式中，R_{T} 为热敏电阻在温度为 T 时的阻值；$R_{25℃}$ 为热敏电阻在 25℃时的阻值；T 为热力学温度，单位为 K；当温度在 0～50℃之间时，$\alpha \approx 1.44\times10^{-6}$，$\beta \approx 4016\mathrm{K}$。

显然，式（7-46）是一个以被测量 T 为自变量、R_{T} 为因变量的非线性函数表达式。可利用校正函数法来求出与被测量 T 呈线性关系的校正函数 z，具体实现过程如下：

（1）首先求式（7-46）的反函数，可得

$$\ln R_{\mathrm{T}} = \ln(\alpha R_{25℃}) + \beta / T \tag{7-47}$$

$$\beta / T = \ln R_{\mathrm{T}} - \ln(\alpha R_{25℃}) = \ln\left(\frac{R_{\mathrm{T}}}{\alpha R_{25℃}}\right) \tag{7-48}$$

$$T = \beta / \ln[R_{\mathrm{T}} / (\alpha R_{25℃}) = F(R_{\mathrm{T}}) \tag{7-49}$$

式（7-49）即为 $R_{\mathrm{T}} = f(T)$ 的反函数。

（2）再求相应的校正函数，有

$$N=k\times R_{\mathrm{T}} \quad 即 \quad R_{\mathrm{T}} = N / k$$

则

$$F(R_{\mathrm{T}}) = F(N/k) = \beta / \ln[N / (k\alpha R_{25℃})] = T$$

可得校正函数为

$$z = T = F(N/k) = \beta / \ln[N/(k \cdot \alpha \cdot R_{25℃})]$$

α 和 β 为常数，当温度在 0～50℃之间时，其值分别约为 1.44×10^{-6} 和 4016K。

2. 利用离散数据建立模型方法校正传感器非线性

以镍铬-镍铝热电偶为例，说明非线性校正方法的校正过程。0～490℃的镍铬-镍铝热电偶分度表如表 7-2 所示。

表 7-2 镍铬-镍铝热电偶分度表（热电势/mV）

温度（℃）	0	10	20	30	40	50	60	70	80	90	95	100
0	0	0.3969	0.7981	1.2033	1.6118	2.0231	2.4365	2.8512	3.2666	3.6819	3.8892	4.0962
100	4.0962	4.5091	4.9199	5.3284	5.7345	6.1383	6.5402	6.9406	7.34	7.7391	7.9387	8.1385
200	8.1385	8.5386	8.9399	9.3427	9.7472	10.1534	10.5613	10.9709	11.3821	11.7947	12.0015	12.2086
300	12.2086	12.6236	13.0396	13.4566	13.8745	14.2931	14.7126	15.1327	15.5536	15.975	16.186	16.3971
400	16.3971	16.8198	17.2431	17.6669	18.0911	18.5158	18.9409	19.3663	19.7921	20.2181	20.4312	20.6443

1）直线方程

取 A（0，0）和 B（20.12，490）两点，按式（7-28）可求得 $a = 24.245$，$a_0 = 0$，即 $p_1(x) = 24.245x$，此即为直线校正方程。显然，两端点的误差为 0。通过计算可知最大校正误差在 x=11.38mV 时，此时 $p_1(x) = 275.91℃$，误差为 4.09℃。另外，在 240～360℃范围内校正误差均大于 3℃。

显然，对于非线性程度严重或测量范围较宽的非线性特性，采用上述一个直线方程进行校正，往往很难满足仪表的精度要求。为了提高校正精度，可采用抛物线插值来进行非线性校正。

2）抛物线插值

节点选择（0, 0),（10.15, 250）和（20.21, 490）三点。代入式（7-27），即

$$P_2(x) = \frac{x(x-20.21)}{10.15(10.15-20.21)}\times 250 + \frac{x(x-10.15)}{20.21(20.21-10.15)}\times 490$$
$$= -0.038x^2 + 25.02x$$

可以验证，用此方程进行非线性校正，每点误差均不大于 3℃，最大误差发生在 130℃处，误差值为 2.277℃。

提高插值多项式的次数可以提高校正准确度。考虑到实时计算这一情况，多项式的次数一般不宜取得过高。

3）分段插值

对于非线性程度严重或测量范围较宽的非线性特性，采用直线方程或抛物线方程进行校正，精度往往很难满足要求，为了提高校正精度，可采用分段直线方程来进行非线性校正，即用折线逼近曲线。分段后的每一段曲线用一个直线方程来校正，即

$$p_{1i} = a_{1i}x + a_{0i} \qquad i = 1, 2, \cdots, N$$

折线的节点有等距与非等距两种取法。

（1）等距节点分段直线校正法。该方法适用于非线性特性曲率变化不大的场合。分段数 N

及插值多项式的次数 n 均取决于非线性程度和仪器的精度要求。非线性越严重或精度越高，则 N 或 n 取大些，然后存入仪器的程序存储器中。

实时测量时只要先用程序判断输入 x（即传感器输出数据）位于折线的哪一段，然后取出与该段对应的多项式系数并按此段的插值多项式计算 $P_{ni}(x)$，就可求得被测物理量的近似值。

（2）不等距节点分段直线校正法。该方法适用于曲率变化大的非线性特性。若采用等距节点的方法进行插值，要使最大误差满足精度要求，分段数 N 就会变得很大（因为一般取 $n \leqslant 2$）。这将使多项式的系数组数相应增加。此时更宜采用非等距节点分段插值法。即在线性好的部分，节点间距离取大些，反之则取小些，从而使误差达到均匀分布。

前面取三点（0, 0),（10.15, 250),（20.21, 490)，并用经过这三点的两个直线方程来近似代替整个表格。

$$P_1(x)=\begin{cases}24.63x & 0 \leqslant x < 10.15 \\ 23.86x+7.85 & 10.15 \leqslant x \leqslant 20.21\end{cases}$$

可以验证，用这两个插值多项式对分度表中所列的数据进行非线性校正时，第一段的最大误差发生在 130℃处，误差值为 1.278℃，第二段的最大误差发生在 340℃处，误差值为 1.212℃。显然与整个范围内使用抛物线插值法相比，最大误差减小约 1℃。

可见，分段插值可以在大范围内用较低的插值多项式（通常不高于二阶）来达到很高的校正精度。

4）最小二乘法

取三点（0, 0),（10.15, 250),（20.21, 490)，采用分段直线拟合，拟合系数用最小二乘法求取。在 3 个节点之间求出两段直线方程：

$$y=a_{01}+a_{11}x \qquad 0 \leqslant x<10.15$$

$$y=a_{02}+a_{12}x \qquad 10.15 \leqslant x<20.21$$

根据最小二乘法直线拟合系数公式，分别求出

$$a_{01}=-0.122,\quad a_{11}=24.57,\quad a_{02}=9.05,\quad a_{12}=23.83$$

经验证，第一段最大绝对误差在 130℃，误差为 0.836℃；第二段最大绝对误差在 250℃，误差为 0.925℃。

7.4　测量数据的标度变换

在智能仪器测量系统中，需要对外界的各种信号进行测量。测量时，一般先用传感器把外界的各种信号转换成电信号，然后用 A/D 转换器把模拟信号变成微处理器能接受的数字信号。对于这样得到的数字信号，需要转换成人们熟悉的工程值才有意义。这是因为被测对象的各种数据的量纲与 A/D 转换器的输入值是不一样的，例如，压力的单位为 Pa，流量的单位是 m^3/h，温度的单位为℃等。这些参数经传感器和 A/D 转换后得到一系列的数码，这些数码值并不一定等于原来带有量纲的参数值，它仅仅对应于参数值相对量的大小，故必须把它转换成带有量纲的数值后才能运算和显示，这种转换便是标度变换。

一般来说，标度变换的类型和方法应根据传感器的传输特性和仪表的功能要求确定。常见的有硬件实现法、软件实现法、实物标定法和复合实现法。其中，软件实现法在智能仪表测量

中信号的标度变换中最为常见，它实现灵活，适用性广，其实现办法一般是借助于数学解析表达式来编写程序，从而达到变换定标的目的。

7.4.1 线性标度变换

假设包括传感器在内的整个数据采集系统是线性的，被测物理量的变化范围为 A_0～A_m，即传感器的测量值下限为 A_0、上限为 A_m，物理量的实际测量值为 A_x，而 A_0 对应的数字量为 N_0，A_m 对应的数字量为 N_m，A_x 对应的数字量为 N_x。则标度变换式为

$$A_x = A_0 + (A_m - A_0)\frac{N_x - N_0}{N_m - N_0} \tag{7-50}$$

式中，A_0、A_m、N_0、N_m 对于某一固定的参数，或者仪器的某一量程来说，均为常数，可以事先存入计算机。

例如，某智能温度测量仪的温度传感器是线性的，温度测量范围为 10～100℃，A/D 转换位数为 8 位。对应温度测量范围，A/D 转换结果范围为 0～FFH，被测温度对应的 A/D 转换值为 28H，求其标度变换值。

将以上参数代入式（7-50），有

$$A_x = A_0 + (A_m - A_0)\frac{N_x}{N_m} = 10 + (100 - 10)\frac{40}{255} = 24.1℃$$

7.4.2 公式转换法

有些传感器传输特性与参数测量值不是线性关系，它们有着由传感器和测量方法决定的函数关系，并且这些函数可以用解析式表示，此时的标度变换则根据解析式表达式计算。

例如，利用节流装置测量流量时，流量与节流装置两边的差压之间有以下关系：

$$G = k\sqrt{\Delta P}$$

式中，G 为流量（即被测量）；k 为系数（与流体的性质及节流装置的尺寸有关）；ΔP 为节流装置两边的差压。

$$G_x = G_0 + (G_m - G_0)\frac{\sqrt{N_x} - \sqrt{N_0}}{\sqrt{N_m} - \sqrt{N_0}}$$

7.4.3 多项式变换公式

许多传感器测出的数据与实际的参数为非线性关系，但它们的函数关系无法用一个简单式表示，或者该解析式难以计算，这时可以采用多项式来进行非线性标度变换。例如，对于一个热敏电阻来说，它的温度特性一般是非线性的，这时可以根据它的温度特性表，求出一个插值多项式，然后在程序中按这个多项式进行计算。

进行非线性标度变换时，应先根据所需要的逼近精度决定多项式的次数 N，然后选取 N+1 个测量点，测出这时的实际参数值 Y_i 与传感器输出值（经 A/D 转换后）x_i（i=0～N），再使用插值多项式计算程序求出各个参数，最后使用多项式计算子程序来完成实际的标度变换。这种标度变换是最简单、最实用的一种非线性变换方法，它适用于大多数的应用场合。在实际使用时，可以根据需要采用分段变换以降低多项式次数和提高变换精度。

7.5 自动量程切换

自动测量是智能仪器不可缺少的重要功能，测量结果应满足所要求的测量精度和可靠性。由于微处理器的引入，通过软件算法实现了原来仅靠硬件难以实现的测量功能，且提高了测试精度和可靠性，同时仪器操作人员就省去了大量烦琐的人工调节。由于不同仪器的功能及性能差别很大，因而测试过程自动化的设计应结合具体仪器来考虑，本节主要介绍智能仪器自动测量中常用的量程自动转换功能。

工程实践中被测信号往往具有较宽的变化范围，特别是在多回路检测系统中，各检测点所使用的传感器可能不同，而即使同一类型的传感器，在不同的使用条件下，其输出信号电平也有差异，变化范围很宽。由于智能仪器中 A/D 转换器的输入电压通常为 0～10V 或-5～+5V，如果传感器的输出电压直接作为 A/D 转换器的输入电压，往往不能充分利用 A/D 转换器的有效位，必然影响测量精度。因此量程自动转换即根据输入信号的大小，在很短的时间内自动选定最合理的量程是智能仪器的一个重要功能。

7.5.1 量程自动切换的设计原则

1. 提高测量速度

量程自动转换的测量速度，是指根据被测量的大小自动选择合适量程并完成一次测量的速度。前述的量程自动转换电路，对某一被测量进行测量时，可能会发生多次转换量程、多次测量的现象，测量速度较低。为此，可以充分利用微机的软件功能，使得当读数大于或小于当前量程允许范围时，只需要经过一次中间测量，就可以找到正确的量程。

例如，在某一量程进行测量时，发现被测量超过该量程的上限值，则立刻回到最高量程进行一次测量，将测量值与各量程的上限值相比较，寻找合适的量程。而当发现被测量小于该量程的下限值时，只需要将读数直接同较小量程的上限值进行比较，就可以找到合适的量程。此外，在大多数情况下，被测量不一定会经常发生大幅度变化。所以，一旦选定合适的量程，应该在该量程继续测量下去，直到出现超量程或欠量程为止。

2. 消除量程的不确定性

量程的不确定性是指发生在两个相邻量程间反复选择的现象，这种情况的出现是由于测量误差造成的。例如，某一电压表有两个量程：20V 挡（2～20V）、2V 挡（0～2V）。20V 挡存在着负的测量误差，而 2V 挡又存在着正的测量误差。那么在升降量程转换点附近就有可能出现反复选择量程的现象。假设被测电压为 2V，在 20V 挡读数可能为 1.999V，低于满度值的十分之一，应降量程到 2V 挡进行测量。但是，在 2V 挡测量时读取为 2.002V，超过满度值，应该升至 20V 挡进行测量，于是就产生了在两个相邻量程间的反复选择，造成被选量程的不确定性。

量程选择的不确定性，可以通过给定高量程下限值与低量程上限值回差的方法来解决（使高量程下限值低于低量程上限值）。通常可采用减小高量程下限值，而低量程上限值不变的方法。例如本例中，20V 挡量程下限值选取满度值的 9.5%而不是 10%，即 1.9V，而 2V 挡量程上限值仍然为 2V，就不会出现量程反复选择的现象。实际上，在这种情况下，只要两个相邻量程的测量误差绝对值之和不超过 0.5%，就不会造成被选量程的不确定性。

3. 增加过载保护措施

由于每次测量并不都从最高量程开始，而是在选定量程上进行，因此不可避免地会发生被测量超过选定量程的上限值，甚至超过仪器的最大允许值。这种过载现象需经过一次测量后才能发觉，因此量程输入电路必须要有过载保护能力。当过载发生时，至少在一次测量过程中仍然能正常工作，并且不会损坏仪器。

下面介绍一个典型的输入过压保护电路，如图 7-7 所示。当输入电压过载超过保护电压 V_S 时，二极管 VD_1 或 VD_2 导通，输入电压经降压电阻 R_1 后被限制在 $\pm V_S$ 之内。

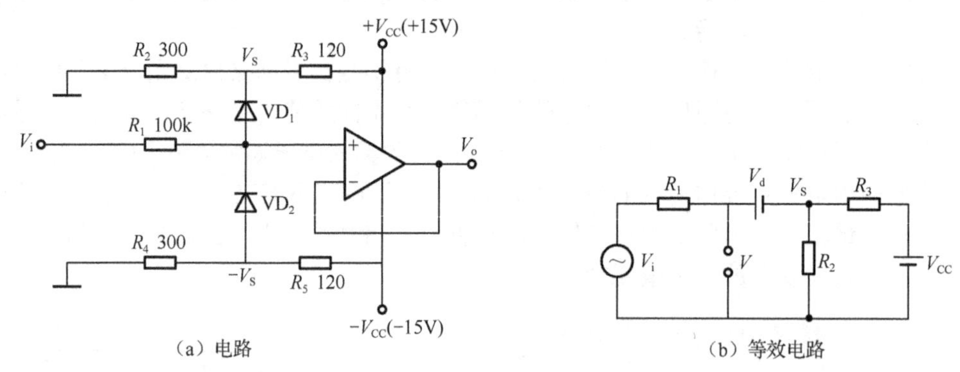

（a）电路　　（b）等效电路

图 7-7　输入电压过载保护电路

二极管导通时的等效电路如图 7-7（b）所示。利用叠加原理可得放大器输入端电压 V 为

$$V = \frac{R_2 /\!/ R_3}{R_1 + R_2 /\!/ R_3} V_i + \frac{R_1}{R_1 + R_2 /\!/ R_3} V_d + \frac{R_1 /\!/ R_2}{R_3 + R_1 /\!/ R_2} V_{CC}$$

式中，V_d 为二极管导通压降。

因为 $R_1 \gg R_2$ 和 R_3，所以

$$V \approx \frac{R_2 /\!/ R_3}{R_1} V_i + V_d + \frac{R_2}{R_2 + R_3} V_{CC}$$

按图 7-7 所取电阻值，当输入电压为 1000V 时，可限制在±12V 左右的范围内。此时，流经电阻 R_1 和二极管的电流约为 100mA。当电阻 R_1 功率不小于 10W 时，可保证在最大输入电压为 1000V 的情况下，电路中长期承受过载电压。

7.5.2 量程自动转换原理

智能电压表的量程切换

智能仪器的量程自动转换可以通过两条途径实现：一是采用程控放大器，二是选用不同量程的传感器。这里主要介绍采用程控放大器的方法。

依据测量范围及测量精度，智能仪器一般设置有多个量程，量程的设置可通过程控衰减器、程控放大器来实现。如图 7-8 所示，当输入信号较大时，选择大量程，衰减器按某一比例对信号进行衰减，而放大器放大倍数很小（通常为 1），放大器的输出电压落在 A/D 转换器要求的范围之内。

当输入信号较小时，选择小量程，衰减器不进行衰减（处于直通状态），放大器按某一比例进行放大，放大器的输出电压仍然落在 A/D 转换器要求的范围之内。在量程设置中，对应某一量程，所选择的衰减器的衰减系数及放大器的放大系数应能保证在本量程内输入信号的最大值经衰减、放大后与 A/D 转换器允许的输入最大值相匹配（相等）。自动量程转换的过程，就是 CPU 根据输入信号的大小，自动选择程控衰减器的衰减系数及程控放大器的放大系数，使得经过程控放大器的输出电压满足 A/D 转换器对输入的要求。

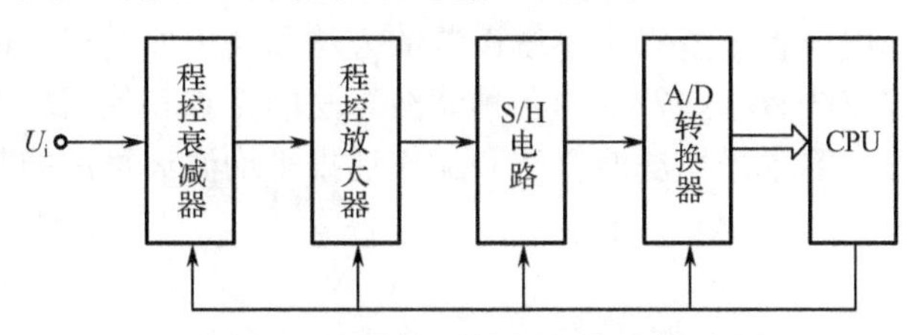

图 7-8 量程自动转换电路示意图

量程自动转换控制流程图如图 7-9 所示。在某一量程下，如果测量结果超过该量程的上限值，则判断该量程是否为最大量程，若为最大量程，则进行过载显示，否则进行升量程处理，重新进行测量，并判断量程；如果在某一量程下，测量结果低于该量程的下限值，则判断该量程是否为最小量程，若为最小量程则结束量程判断，否则降低一个量程进行测量与判断，直至找到合适的量程为止。在量程切换中，由于开关的延时特性，可能导致输入信号不稳定，因此在控制流程中增加了一个延时环节。

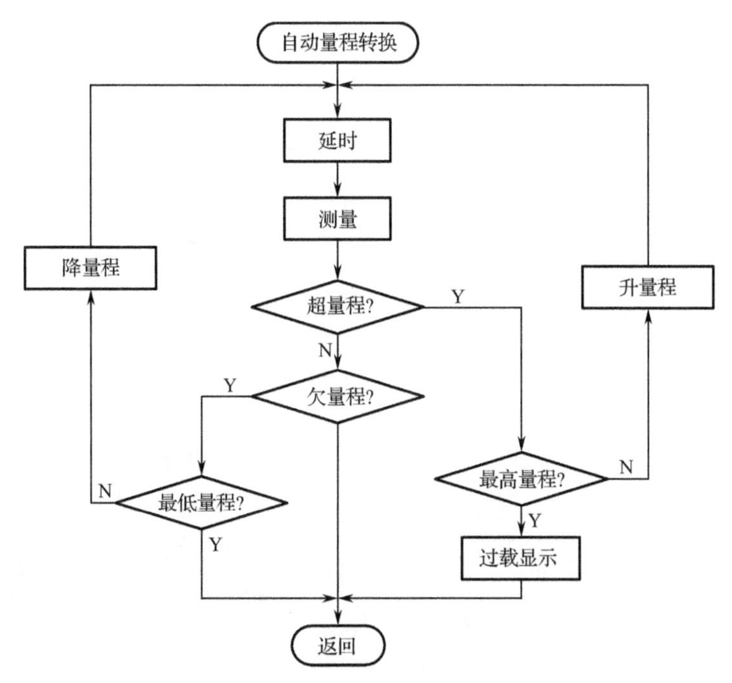

图 7-9 量程自动转换控制流程图

习题

1．为什么仪器要进行量程转换？智能仪器如何实现量程转换？

2．一个压力测量仪表量程分为 0～1MPa 和 0～0.1MPa 两个部分，小量程时通过改变程控放大器 PGA 的增益来提高仪表的分辨率。设 A/D 转换器为 10 位，试画出用程控放大器实现量程切换的流程图。

3．采用数字滤波算法克服随机误差具有哪些优点？

4．什么是仪器的系统误差？智能仪器如何克服仪器的系统误差？

5．简述智能仪器利用误差模型修正系统误差的方法和利用曲线拟合修正系统误差的方法。

6．常用的数字滤波方法有哪些？说明各种滤波算法的特点和使用场合。

7．中位值滤波算法、算术平均滤波算法和加权递推平均滤波算法的基本思想是什么？

第8章

智能仪器设计与调试

本章要点：

- 智能仪器设计方法
- 智能仪器的硬件设计
- 智能仪器的软件设计
- 智能仪器的调试

基本要求：

- 熟悉智能仪器的基本设计思想
- 掌握智能仪器的硬件设计方法
- 掌握智能仪器软件构成与设计方法
- 掌握智能仪器的动、静态调试技术

能力培养目标：

通过本章的学习，使学生在了解智能仪器设计思想与流程的基础上，具备进行智能仪器设计的基本能力。通过智能仪器的硬件设计流程及微处理器选择、模块化软件设计方法、系统调试的方法等相关训练，培养学生解决工程问题的实践能力。通过动、静态调试及整机调试过程的分析，培养学生的工程思维与设计能力，适应现代测控仪器发展的要求。

智能仪器的研制开发是一个较为复杂的过程。为完成仪器的功能，实现仪器的指标，提高研制效率，并能取得一定的研制效益，应遵循正确的设计原则，按照科学的研制步骤来开发智能仪器。本章主要介绍智能仪器的设计思路，强调智能仪器设计的工程思想，旨在让读者了解项目的开发和推进流程。通过本章的学习，读者能掌握一个项目运作的全过程。

设计一台智能仪器，从设计者的角度来看项目来源与总体设计思想。一个完整的智能仪器设计一般要经过：可行性研究、任务书制定、总体方案设计、软硬件方案设计、系统软硬件调试、功能测试、性能试验、项目验收、文档归档等环节。当然，并非每个环节均属设计部分的内容。具体来说在完成可行性研究并制定任务书后，应先按仪器功能要求制定出总体设计方案，并论证方案的正确性，做出初步的评价；然后分别进行硬件和软件的具体设计工作。在硬件设计方面，要选用合适的中控装置和其他大规模集成电路，制成功能模块，以满足仪器的各种需要。智能仪器与其他普通仪器的重大区别在于，它的性能指标和操作功能的实现在很大程序上取决于软件的设计。在软件设计方面，包括确定仪器的操作功能，画出仪器监控程序的总体流程，划分功能模块，按模块进行结构化程序设计。由于设计一台智能仪器要涉及硬件和软件技术，因此设计人员应具有较为广泛的硬件和软件知识与技能，具有良好的技术素质。

8.1 智能仪器设计方法

8.1.1 智能仪器设计的原则

1. 仪器的设计指标

智能仪器的设计原则是以功能（Function）、性能（Performance）、人性化（Human）、经济性（Economic）指标达到预期为目的。

1）功能指标

一般来说，智能仪器产品的功能是指所涉及智能仪器的使用价值，也就是智能仪器的用途。用途越多，则功能越强。

功能指标是智能仪器设计的基础，即智能仪器是为完成一定目的服务的。设计首先要达到任务书要求的各项具体功能，即功能性技术指标，分定性指标和定量指标。例如，说“万用表具有直流电压测量功能”是定性描述，而说“万用表具有直流电压测量功能，共分 5 挡”，则进了一步，但依然不明确。若讲“万用表具有直流电压测量功能，共分 5 挡，分别为 200mV、2V、20V、200V、1000V，各量程准确度为 0.3%”，则为定量指标了。功能是设计的首要目标，必须要达到，否则可能会失去设计的原发思想。

2）性能指标

智能仪器的性能是其适应工作环境的能力，即可靠性，也就是智能仪器的质量。包括维持所具有功能正常工作能力和不会对外界造成不利影响的能力。例如：

可靠工作的环境参数，如温度、湿度、光照、灰尘、紫外线、海拔高度、风力、水平、振动、电磁干扰、工作介质。

时效参数，如在什么环境下可连续或间歇工作多少时间。一般用年均无故障时间、故障率、失效率或平均寿命等指标来表示。设计时必须考虑到系统的各个环节，保障仪器长期可靠地工作。

安全性指标，包括仪器自身的安全性，是否存在危及人身安全的隐患，是否会对周围环境造成物理的、化学的或电磁的影响和干扰等。

外观性能参数，即产品给人的感觉，包括材质色泽、工艺与造型等性能指标，一般根据国家或行业同类产品通用技术标准和规范，以及特定产品的个性化性能要求决定。

智能仪器的性能越高，质量越好，但一般造价也越高。如电子元器件按使用环境有商用品（或称民品）、工业品和军用品之分，或称商用级、工业级、军用级。一般来说，民品在一般工作环境下能够正常工作，工业品在工业环境下能够正常工作，如工业露天环境，军品在军工所需要的恶劣环境下依然能正常工作。如从运行温度上来说，民品一般在 0～70℃正常工作，工业品为 25～85℃或-40°～+85℃，军品则为-55～105℃或-65～+125℃甚至要求更高。工业品价格是民品的几倍以上，军品价格为几十倍甚至更高。

智能仪器设计中，不能只注重功能而忽视了性能，甚至混淆了两者的概念。随着智能化仪器在生产中的广泛应用，对仪器的要求越来越提到重要的位置上来。与此相应，可靠性的评价便不能仅仅停留在定性的概念分析上，而是应该科学地进行定量计算。进行可靠性设计，特别对较复杂的仪器来说尤为必要。

智能仪器设计思路流程如图 8-1 所示。

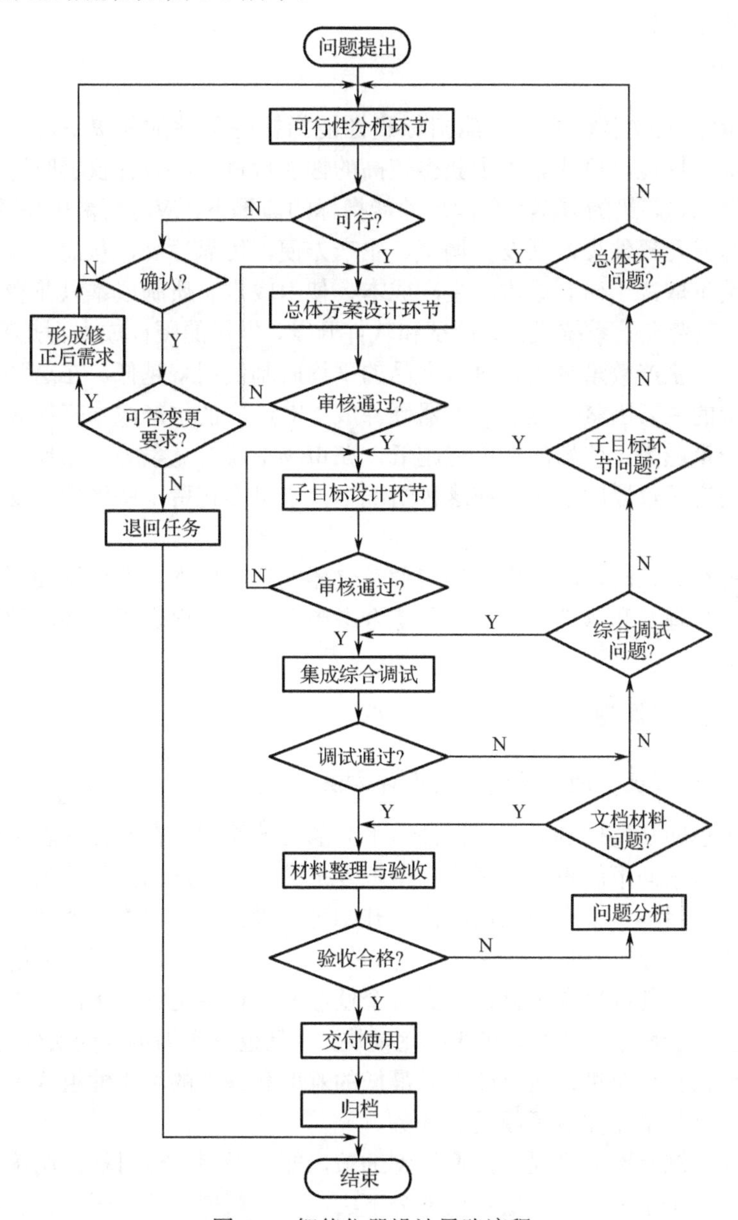

图 8-1　智能仪器设计思路流程

3）人性化指标

人性化指标是指涉及的产品从人性化的角度考虑得是否周全，应当考虑操作方便，尽量降低对操作人员的专业知识的要求，以便产品的推广应用。如仪器面板或软件界面友好，容易操作，不宜混淆，或具有防误操作功能，按键和开关的数量恰当科学，结构科学合理，便于维护。具有适当的故障自动监测和自诊断能力，容错效果良好等。

在仪器的硬件和软件设计时，仪器的控制开关或按钮不能太多、太复杂，操作程序应简单明了，输入/输出应用十进制数表示，操作者无须专门训练便能掌握仪器的使用方法。

智能仪器还应有很好的可维护性，为此仪器结构要规范化、模块化，并配有现场故障诊断程序。一旦发生故障，能保证有效地对故障进行定位，以便调换相应的模块，使仪器尽快恢复正常运行。

4）经济性指标

硬件产品开发成本

经济性指标指智能仪器在满足功能指标和性能指标等条件的前提下尽可能降低成本，提高性能价格比。为了获得较高的性能价格比，设计仪器时不应盲目地追求复杂、高级的方案。在满足性能指标的前提下，应尽可能采用简单成熟的方案，因为方案简单意味着元器件少，开发、调试、生产方便，可靠性高，从而也就比较经济。

智能仪器的造价取决于研制成本、生产成本、使用成本。研制成本只花费一次，就第一台样机而言，主要的花费在于系统设计、调试和软件开发，样机的硬件成本不是考虑的主要因素。当样机投入生产时，生产数量越大，每台产品的平均研制费用就越低。在这种情况下，生产成本就成为仪器造价的主要因素。显然，仪器硬件成本对产品的生产成本有很大影响。如果硬件成本比较低，生产量越大，仪器的造价就越低，在市场上就有竞争力。相反，当仪器产量较小时，研制成本则决定了仪器的造价。在这种情况下，宁可多花费一些硬件开支，也要尽量降低研制经费。

在考虑仪器的经济性时，除造价外还应顾及仪器的使用成本，即仪器使用期间的维护费、备件费、运转费、管理费和培训费等，必须综合考虑后才能看出真正的经济效果，从而做出选用方案的正确决策。

2．智能仪器的设计思想

1）采用从宏观到微观、闭环反馈式的设计方法

从宏观到微观也即从整体到局部（自顶向下）的设计原则。在硬件或软件设计时，应遵循从整体到局部也即自顶向下的设计原则。它是把复杂的、难处理的问题分为若干个较简单的、容易处理的问题，然后再一个个地加以解决。开始时，设计人员根据仪器功能和设计要求提出仪器设计的总任务，并绘制硬件和软件总框图（总体设计）。然后将总任务分解成一批可以独立表征的子任务。这些子任务再向下分，直到每个低级的子任务足够简单，可以直接而且容易实现为止。这些低级子任务可以采用某些通用化模块，并且也可作为单独的实体进行设计和调试，并对它们进行各种试验和改进，直至能够以最低的难度和最大的可靠性组成高一级的模块。将各种模块有机地集合起来便完成了原设计任务。

由顶向下设计方法从整体到局部，最后到细节，即先考虑整体目标，明确整体任务，然后把整体任务分成一个个子任务，一层一层地分下去，直到最低层的每一个任务都能单独处理为止。它与“自底向上”刚好相反。它的优点是比较符合人的日常思维分析习惯，能够按照真实系统环境直接进行设计和中断，实施较为方便等。

2）组合化与开放式设计原则

在科学技术飞速发展的今天，设计智能仪器系统面临三个突出的问题：①产品更新换代太快；②市场竞争日趋激烈；③如何满足用户不同层次和不断变化的要求。在电子工业和计算机工业中推行一种不同于传统设计思想的所谓“开放系统”的设计思想。在技术上兼顾今天和明天，既从当前实际可能出发，又留下容纳未来新技术机会的余地；向系统的不同配套档次开放，在经营上兼顾设计周期和产品设计，并着眼于社会的公共参与，为发挥各方面厂商的积极性创

造条件；向用户不断变化的特殊要求开放，在服务上兼顾通用的基本设计和用户的专用要求。

开放式系统设计的具体方法包括：基于国际上流行的工业标准微机总线结构，针对不同的用户系统要求，选用相应的有关功能模块，组合成最终用户的应用系统。系统设计者将主要精力放在分析设计目标、确定总体结构、选择系统配件等方面，而不是放在部件模块设计及用于解决专用软件的开发设计上。开放式体系结构和总线系统技术发展，导致了工业测控系统采用组合化设计方法的流行，即针对不同的应用系统要求，选用成熟的现成硬件模板和软件进行组合。组合化设计的基础是模块化，硬、软件功能模块化是实现最佳系统设计的关键。图 8-2 所示为智能仪器常用模块组成。

仪器系统
- 硬件模块
  - 主机
  - 输入/输出通道
  - 人机接口
  - 通信接口
  - 电源
- 软件模块
  - 监控程序（初始化、键盘/显示管理、中断、时钟、自诊断）
  - 中断处理
  - 测量/控制算法

图 8-2　智能仪器常用模块组成

组合化设计方法的优点如下：

（1）它将系统划分成若干硬、软件产品的模块，由专门的研究机构根据积累的经验尽可能完善地设计，并制定其规格系列，用这些现成的功能模块可以迅速配套成各种用途的应用系统，简化设计并缩短设计周期。

（2）结构灵活，便于扩充和更新，使系统的适应性强。在使用中可根据需要通过更换一些模板或进行局部结构改装以满足不断变化的特殊要求。

（3）维修方便快捷。模块大量采用 LSI 和 VLSI 芯片，在出现故障时，只需更换 IC 芯片或功能模板，修理时间可以降低到最低限度。

（4）功能模板可以组织批量生产，使质量稳定并降低成本。

8.1.2　智能仪器设计的一般步骤

智能仪器的总体设计，是依据任务要求，做出总体的指导性技术方案，由于任务的来源不同，则要求的层次深度不同，所以总体设计的具体内容也不尽相同。设计、研制一台智能仪器大致可分为以下四个阶段，如图 8-3 所示。

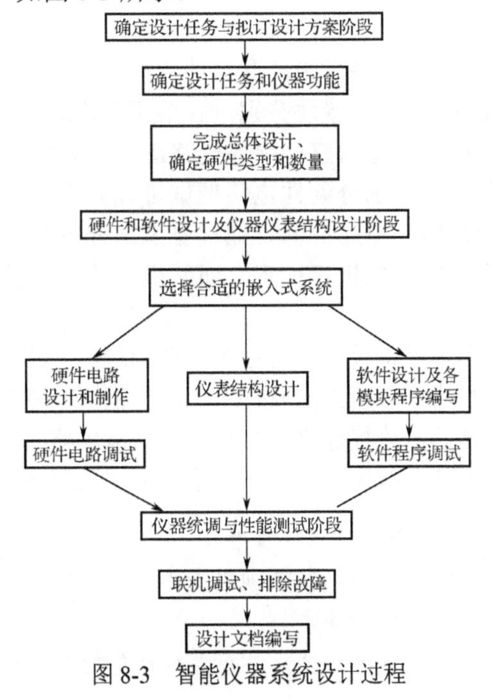

图 8-3　智能仪器系统设计过程

1. 确定任务、拟订总体方案

首先确定仪器所完成的任务和应具备的功能。例如，确定仪器是用于过程控制还是数据处理，其功能和精度如何；仪器输入信号的类型、范围和处理方法如何；过程通道为何种结构形式，通道数量要求，是否需要隔离；仪器的显示格式如何，是否需要打印输出；仪器是否需要通信功能，采用有线还是无线、并行还是串行方式；仪器的成本应控制在什么范围之内，等等。以这些需求作为仪器软、硬件的设计目标和依据。另外，对仪器的使用环境情况及制造维修的方便性也应予以充分的注意。设计人员在对仪器的功能、可维护性、可靠性及性能价格比综合考虑的基础上，确定仪器功能、指标及设计任务，编写设计任务说明书，明确仪器应具备的功能和应达到的技术指标。设计任务说明书是设计人员设计的基础，应力求准确简洁。在明确任务书之后，进行方案论证完成总体方案设计，并将其分为若干子任务，给出“仪器功能说明书（或设计任务书）”的书面文件。该文件有以下三个作用：作为用户与研制单位之间的合约，或研制单位设计开发仪器的依据；规定仪器的功能和结构，作为研制人员设计硬件、编制软件的基础；作为验收的依据。

2. 完成总体设计、确定硬件类型和数量

先依据设计要求提出几种可能的方案，每个方案应包括仪器的工作原理、采用的技术、重要元器件的性能等；然后对各方案进行可行性论证，包括重要部分的理论分析与计算以及必要的模拟实验，以验证方案是否能达到设计的要求；通过调研对方案进行论证，同时兼顾各方面因素选择其中之一作为仪器的设计方案，以完成智能仪器的总体设计工作。在此期间应绘制仪器系统总图和软件总框图，拟订详细的工作计划。完成总体设计之后，便可将仪器的研制任务按功能模块分解成若干个便于实现的功能模块，并绘制出相应的硬件和软件工作框图。设计者应该根据仪器性能价格比、研制周期等因素对硬件、软件的选择做出合理安排。软件和硬件的划分往往需要经过多次折中才能取得满意的结果，设计者应在设计过程中进行认真权衡。

3. 硬件和软件的研制

一旦仪器工作总框图确定之后，硬件电路和软件的设计工作就可以齐头并进了。

硬件设计：先根据仪器硬件框图按模块分别对各单元电路进行电路设计；然后按硬件框图将各单元电路组合在一起，构成完整的整机硬件电路图。在完成电路设计之后，即可绘制印制电路板，然后进行装配与调试。部分硬件电路调试可以先采用某种信号作为激励，通过检查电路能否得到预期的响应来验证电路；但智能仪器大部分电路功能调试需要编制一些小调试程序分别对各硬件单元电路的功能进行检查，而整机功能须在硬件和软件设计完成之后才能进行检查。

软件设计：先进行软件总体结构设计并将程序划分为若干个相对独立的模块；接着画出每个程序模块的流程图并编写程序；最后按照软件总体结构框图，将其连接成完整的程序。软件调试：先按模块分别调试，然后再连接起来进行总调。智能仪器的软件和硬件是一个密切相关的整体，因此只有在相应的硬件系统中调试，才能最后证明其正确性。

1）硬件电路的设计、功能模块的研制和调试

系统硬件的设计，主要是根据应用系统的规模大小、控制功能及复杂程度、实时响应速度及检测控制精度等专项指标和性能指标决定。

硬件系统设计时可以采用模块化的方式，注意各模块的接口性能，并要对各个模块分别进

行调试，排除故障。

硬件的逻辑错误是由于设计错误和加工过程中工艺性错误造成的，这类错误包括：错线、开路、短路、相位错误等几种，其中短路是最常见的也较难排除的故障，智能化仪器仪表往往体积小，印制电路板布置密度高，由于焊接等工艺原因造成引线之间的短路。开路则常常是由于印制电路板的金属化孔质量不好或接插件接触不良引起的。

2）软件框图的设计、程序的编制和调试

根据硬件系统的设计确定各存储器件、输入/输出口的地址、控制线及其测控要求后进行软件系统的设计，软件系统的设计同样可采用模块化设计的方法，要注意各模块子程序的入口参数和出口参数及调用时的现场保留。一般是先编制程序的框图，然后根据框图用汇编语言或高级语言来编写程序。

智能仪器系统软件一般由主程序、人机界面管理模块、外设中断管理模块及各种功能模块和数据表格模块构成。调试软件可以在计算机上利用模拟软件实现对单片机的硬件模拟、指令模拟、运行状态模拟，从而完成应用软件开发的全过程。用于 MCS-51 系列单片机的模拟开发调试软件有 Proteus 等，这些软件不需要任何在线仿真器，就可以在个人计算机上直接开发和模拟调试 MCS-51 的软件程序。

4．仪器总调、性能测试阶段

硬件、软件分别装配调试合格后，就要对硬件、软件进行联合调试。调试中可能会遇到各种问题，若属于硬件故障，应修改硬件电路的设计；若属于软件问题，应修改相应程序；若属系统问题，则应对软件、硬件同时予以修改，如此反复，直至合格。联调中必须对设计所要求的全部功能进行测试和评价，以确定仪器是否符合预定的性能指标，若发现某一功能或指标达不到要求，则应变动硬件或修改软件，重新调试直至满意为止。

经验表明，智能仪器的性能及研制周期同总体设计是否合理、硬件芯片选择是否得当、程序结构的好坏及开发工具是否完善等因素密切相关；其中，软件编制及调试往往占系统开发周期的 50%以上，因此程序应该采用结构化和模块化方式，这对查错、调试极为有利。

设计、研制一台智能仪器大致需要上述几个阶段，实际设计时，阶段不一定要划分得非常清楚，视设计内容的特点，有些阶段的工作可以结合在一起。

8.2　智能仪器硬件设计

单片机应用系统硬件电路设计

智能仪器系统硬件体系结构的选择，主要是根据应用系统的规模大小、控制功能性质及复杂程度、实时响应速度及检测控制精度等专项指标和通用指标决定。

8.2.1　硬件体系结构的设计

智能仪器硬件体系设计中，首先要根据系统规模及可靠性要求考虑，对于普通要求、规模较小的应用系统，可采用单机系统；对于高可靠性系统，即使系统规模不大，但为了可靠，也常采用双机系统。

1．单机系统结构设计

用单片机进行适当扩充和接口，可满足一般智能仪器的需要。单片机应用系统设计涉及单片机系统、信号测量功能模块、信号控制功能模块、人机对话功能模块和远程通信功能模块。

（1）单片机系统包括基本部分和扩展部分，包括存储器的扩展（RAM、ROM、E^2PROM等）、接口的扩展（8255、8155、8279、8251 等）。

（2）信号测量功能模块是测量对象与单片机相互联系的不可缺少的部分。不同的传感器输出的信号，经过放大、整形、转换（电流/电压转换、模/数转换、电压/频率转换）后输入单片机，如果要进行巡回检测，还需在信号检测部分装多路选择开关、多路放大器。若使用多个放大器，则各放大器应放在多路选择开关之前；若使用单个放大器，则放大器应放在多路选择开关之后。

（3）信号控制功能模块是单片机与控制对象相互联系的重要部分。信号控制功能模块由单片机输出的数字量、开关量或频率量转换（模/数转换或频率/电压转换）后，再由各种驱动回路来驱动相应执行器实现控制功能。

（4）人机对话功能模块包括键盘、显示器（LED、LCD 或 CRT）、打印机及报警系统等部分。为实现它与单片机的接口，采用专用接口芯片（如 8279）或通用串并行接口芯片。

各功能块、单片机系统硬件电路要尽可能选用标准化器件，模块化结构的典型电路要留有余地，以备扩展，尽可能采用集成电路，减少接插件相互间连线，降低成本，提高可靠性。

此外，要切断来自电源、传感器、测量信号功能模块、控制信号功能模块部分的干扰。硬件、软件设计要合理、可靠、抗干扰、模块化等。

（5）远程通信功能模块担负着单片机间信息交换的功能。在具有多个单片机的应用系统中，各单片机有时相距很远，若采用并行通信，投资会急剧增加，技术上也不能实现。采用串行通信方式时，可以用单片机的串行接口，也可以使用可编程串行接口芯片。距离较远时，还要增加调制解调器等。

另外，传感器、各功能模块和单片机系统要统一考虑，软、硬件要有几套方案进行比较，按经济、技术要求从中选择最佳方案。

2．多微机系统结构设计

对于一些大型复杂的测控对象，用一台微机无法实现复杂的任务及对众多的对象进行测控时，可采用多微机系统。多微机系统具有速度快、性能价格比高、系统可靠且易于扩充和改进等优点。多微机系统按它们相互之间的联系所达到的目的和要求，可分为以下两种类型：

1）分级分布式结构

系统的任务分割时可分为几层。上层机（管理计算机）负责管理中层机，完成整体生产计划、工艺流程及产品的财务管理等。中层机接受上层机的命令同时又负责下层微机工作，即接受指令，协调下位机，达到动态过程最优。底层的是微处理机，与过程对象直接联系，进行现场控制和测量。典型的集散控制系统就是这种分级分布式结构，如图 8-4 所示。

2）并行分布式结构

并行分布式结构中，系统内各微机之间无固定的主从关系。例如，微机既可做主处理机，也可做从处理机，各微机之间是对等的关系，需要时可以互相通信。并行分布式系统微机的互连结构有多种，如通用总线连接式、环形连接式、星形连接式、点到点连接式、树形连接式，还有立方体连接式等。各种互连模式各有其优缺点，衡量的标准主要是传输能力、延迟时间、通路数目、故障影响系统的重构能力等。

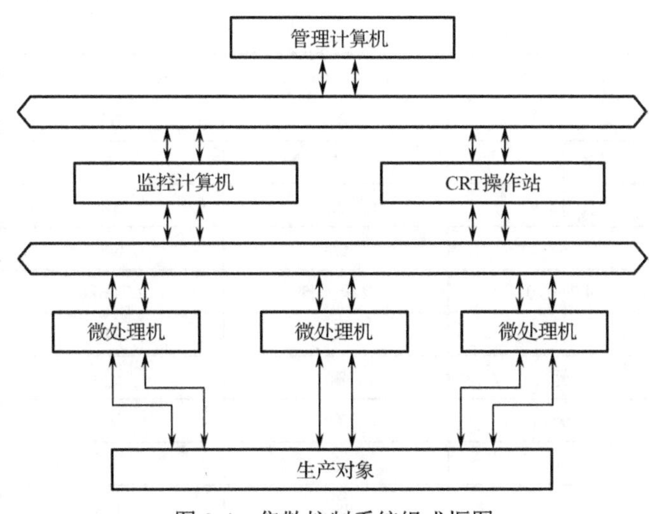

图 8-4　集散控制系统组成框图

七大主流单片机剖析

8.2.2　器件的选择

智能仪器的核心部件包括微处理器、A/D 转换器和可编程逻辑器件，它们对智能仪器的性能指标影响很大。在选取智能仪器中的专用单片机芯片时，80C51 系列单片机是优先考虑的机种。在设计时要根据所选择的单片机存取数据的时间、仪器存储程序和数据的容量来选择存储器。

单片机功能强、体积小、价格便宜，而且支持软件很多，便于开发。智能仪器大多使用单片机，现在常用的是 Intel 公司 MCS-51 单片机系列、Motorola 公司的 M68HC11 系列及 Atmel 公司的 8 位系列单片机 ATmega128。

基于 8051 内核的单片机见表 8-1。这类单片机又可分为基本型、精简型和增强型。

表 8-1　8051 内核单片机芯片型号

公　司	常见的 8051 内核单片机芯片型号
Atmel	AT89C51/52/54/58、AT89S51/52/54/58、AT89LS51/52/54/58、AT89C55WD、AT89LV51/52/54/58、AT89C1051/2051/4051、AT89C51RC、AT89S53/LS53 和 AT89S8252/LS8252 等
Philips	P8031/32、P8051/52/53、P89C51/52/54/58、P87C51/52/54/58、P87CX2、P89C51R52、P89C52RX2、P87LPC7XX 系列和 P89CXX 系列
Winbond	78E51B、78E52B、78E54B、78E58B、78E516B，77E52 和 77E58
Analon Devices	ADuc812、ADuc824、ADuc814 和 ADuc816 等
Dallas	DS80C310/320/390 和 DS87C520/530/550 等

基本型单片机，特点是三总线结构，40 脚封装，表 8-2 所示为 AT89 系列基本型单片机性能。

表 8-2　AT89 系列基本型单片机性能

特　性	AT89C51/52	AT89S51/52	AT89LV51/52	AT89LS51/52
程序存储器	4KB/8KB	4KB/8KB	4KB/8KB	4KB/8KB
片内 RAM	128B/256B	128B/256B	128B/256B	128B/256B

续表

特　性	AT89C51/52	AT89S51/52	AT89LV51/52	AT89LS51/52
16 位定时/计数器	2/3	2/3	2/3	2/3
全双工串行口	有	有	有	有
I/O 口线	32	32	32	32
中断矢量	6/8	6/8	6/8	6/8
电源电压（V）	4.0～6.0	4.0～5.5	2.7～6.0	2.7～4.0
待机和掉电方式	有	有	有	有
WDT	无	有	无	有
SPI 接口	无	有	无	无
加密位	3	3	3	3
在系统可编程	可以	可以	可以	可以

精简型单片机，特点为取消三总线结构，20 脚或更少。表 8-3 为 51LPC 系列单片机基本性能。

表 8-3　51LPC 系列单片机基本性能

型　号	存　储　器	I/O 口最大值/最小值	通　信　口	比　较　器	A/D 转换器
P87LPC759	1KB/64B	9/12	—	—	—
P87LPC760	1KB/128B	9/12	UART、I^2C	2 路	—
P87LPC761	2KB/128B	11/14	UART、I^2C	3 路	—
P87LPC762	2KB/128B	15/18	UART、I^2C	4 路	—
P87LPC764	4KB/128B	15/18	UART、I^2C	4 路	—
P87LPC767	4KB/128B	15/18	UART、I^2C	4 路	4 路，8 位 A/D 转换器
P87LPC768	4KB/128B	15/18	UART、I^2C	4 路	4 路，8 位 A/D 转换器
P87LPC769	4KB/128B	15/18	UART、I^2C	4 路	4 路，8 位 A/D 转换器

精简增强型单片机，特点是无三总线结构，内部增强了相关功能部件。表 8-4 为 LPC900 增强型单片机性能。

表 8-4　LPC900 增强型单片机性能

型　号	引脚	存储器		定时/计数器			串口	I/O	中断源	比较器	A/D	频率（MHz）
		RAM（B）	Flash/E^2PROM	CCU	RTC	WDT						
P89LPC901	8	128	1KB	无	有	有	无	6	6/1	1	无	0～12
P89LPC902	8	128	1KB	无	有	有	无	6	6/1	2	无	7.3728
P89LPC903	8	128	1KB	无	有	有	UART	6	9/1	1	无	7.3728
P89LPC915	14	256	2KB	无	有	有	UART I^2C	12	13/3	2	4 路 8 路	0～12
P89LPC916	16	256	2KB	无	有	有	UART I^2C/SPI	14	14/2	2	4 路 8 路	0～12
P89LPC920	20	256	2KB	无	有	有	UART I^2C	18	12/3	2	无	0～12

续表

型　号	引脚	存储器		定时/计数器			串口	I/O	中断源	比较器	A/D	频率（MHz）
		RAM（B）	Flash/E^2PROM	CCU	RTC	WDT						
P89LPC921	20	256	4KB	无	有	有	UART I^2C	18	12/3	2	无	0～12
P89LPC922	20	256	8KB	无	有	有	UART I^2C	18	12/3	2	无	0～12
P89LPC925	20	256	8KB	无	有	有	UART I^2C	18	12/3	2	4 路 8 路	0～12
P89LPC930	28	256	4KB	无	有	有	UART I^2C/SPI	26	13/3	2	无	0～12
P89LPC931	28	256	8KB	无	有	有	UART I^2C/SPI	26	13/3	2	无	0～12
P89LPC935	28	768	8KB/512B	有	有	有	UART I^2C/SPI	26	15/3	2	4 路 8 路	0～12
P89LPC936	28	768	16KB/512B	有	有	有	UART I^2C/SPI	26	15/3	2	4 路 8 路	0～12

高档型单片机，特点是增加了许多高性能的附件。表 8-5 为 C8051F000 系列单片机性能，表 8-6 为 C8051F12/13X 系列单片机性能。

表 8-5　C8051F000 系列单片机性能

型　号	引脚	存储器		MIPS	I/O 口	16 位定时器	模拟比较器	A/D	ADC 输入
		RAM（B）	Flash（KB）						
C8051F000/1/2	64/48/32	256	32	20	32/16/8	4	2	12	8/8/4
C8051F005/6/7	64/48/32	2304	32	25	32/16/8	4	2/2/1	12	8/8/4
C8051F010/1/2	64/48/32	256	32	20	32/16/8	4	2/2/1	10	8/8/4
C8051F015/6	64/48/32	2304	32	25	32/16/8	4	2/2/1	10	8/8/4

表 8-6　C8051F12/13X 系列单片机性能

器件型号	MIPS	Flash 存储器(KB)	16×16MAC	I/O	12 位 100KBps ADC 输入	10 位 100KBps ADC 输入	8 位 500KBps ADC 输入	DAC	DAC 输出
C8051F120/1	100	128	有	64/32	8	—	8	12	2
C8051F120/1	100	128	有	64/32	—	8	8	12	2
C8051F120/1	50	128	—	64/32	8	—	8	12	2
C8051F120/1	50	128	—	64/32	—	8	8	12	2
C8051F120/1	100	128	有	64/32	—	8	—	—	—
C8051F120/1	100	64	有	64/32	—	8	—	—	—

除单片机外，基于 ARM 内核的单片机如 AT91 系列、LPC2100/LPC2200 系列、EP 系列也可选择。另外，还可参考选用其他类型单片机，如 AVR 系列、MSP430、68 系列、PIC 系列。还可以选用 DSP 数字处理器为微处理器。在硬件设计时首先考虑单片机的选择。选择单片机时

应考虑的因素包括：字长、寻址能力、指令功能和执行速度、中断能力、市场上对该单片机的软硬件支持状况。

8.3 智能仪器软件设计

软件设计是智能仪器设计的主要内容和重点。设计人员不仅要能够从事仪器的硬件设计，同时还必须掌握仪器软件的设计技术。软件一般设计要求是程序结构化，简单、易读、易懂、易调试；运行速度快；占用存储空间少。

智能仪器的软件设计首先要根据设计任务做一个总体规划，选择平台；然后进行具体的软件设计，如结合硬件系统的设计确立各存储器件、输入/输出口的地址、控制线及其测控要求后进行软件系统的具体设计。在软件设计时通常是先画出软件的流程图，然后根据流程图用汇编语言或高级语言来编写程序。然而，当所设计的软件程序规模比较大、结构比较复杂时，要预先画出一个完整的流程图是十分困难的。软件系统的设计同样可采用模块化设计的方法，将程序进行功能模块划分。确定软件功能实现的算法，分配系统资源和设计流程图。在编写代码时要注意各模块子程序的入口参数和出口参数及调用时的现场保留。最后进行程序调试和纠错、各部分程序连接及系统总调。

8.3.1 软件设计方法

智能仪器的软件包括系统软件和应用软件两部分。系统软件是指仪器的管理软件，主要为监控程序。应用软件是为用户使仪器完成特定的任务而编制的软件程序。常用的软件设计方法有结构化设计、由顶向下设计、模块化程序设计、层次化设计等。

1. 结构化设计

结构化设计方法的核心是“一个模块只有一个入口，也只有一个出口”。这里模块只有一个入口应理解为一个模块只允许有一个口被其他模块调用，而不是只能被一个模块调用。同样，只有一个出口应理解为不管模块内的结构如何，分支走向如何，最终应集中到一个出口退出模块。

同一程序的非结构化与结构化程序结构如图 8-5（a）、（b）所示。非结构化程序网状交织，条理不够分明，欲了解其运行过程不易。按照一般情况，每一程序模块能否正确运行将取决于各种标志、变量等的初始化值是否正确。然而，图 8-5 中有些模块（例如模块 5）有两个入口和两个出口，于是可能发生这样的情况：由模块 2 进入模块 5 时，程序运行正常；而由模块 3 进入模块 5 时，可能会出错。因此，若预先不知道模块 2 和模块 3 是如何工作的，工作是否正常，就无法得知模块 5 到底能否正常工作。再看图 8-5（b）所示的结构化程序，则显得脉络分明，很有条理，当某个模块发生故障时很容易查出故障的位置。

在结构化程序中仅允许使用下列三种基本结构：

（1）序列结构：这是一种线性结构，在这种结构中，程序被顺序连续地执行，如图 8-6 所示，即首先执行 P_1，其次执行 P_2，最后执行 P_3。这里的 P_1、P_2、P_3 可以是一条简单的指令，也可以是一段完整的程序。

（2）二选一结构（IF-THEN-ELSE 结构）：如图 8-7 所示，按照一定的条件，由两个之中选取一个。

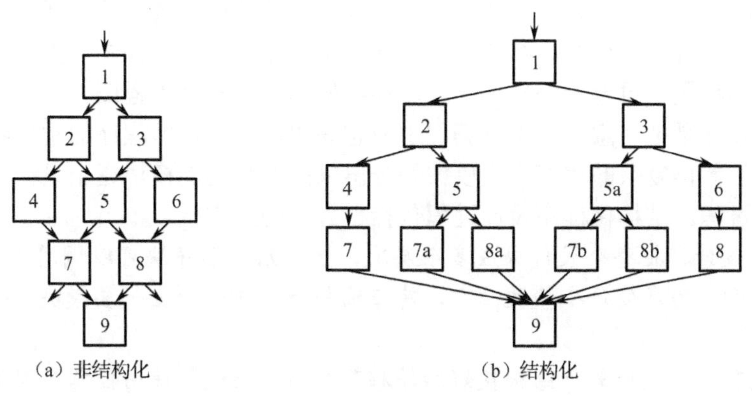

图8-5 同一程序的两种结构

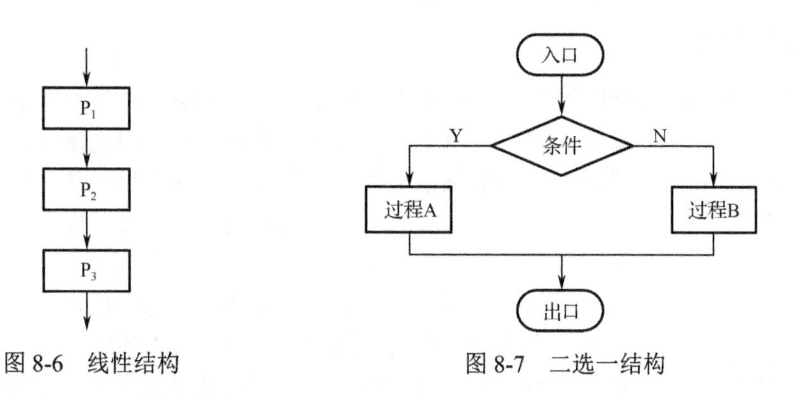

图8-6 线性结构　　图8-7 二选一结构

（3）循环结构：它有两种类型，即REPEAT-UNTIL结构和DO-WHILE结构，如图8-8所示。

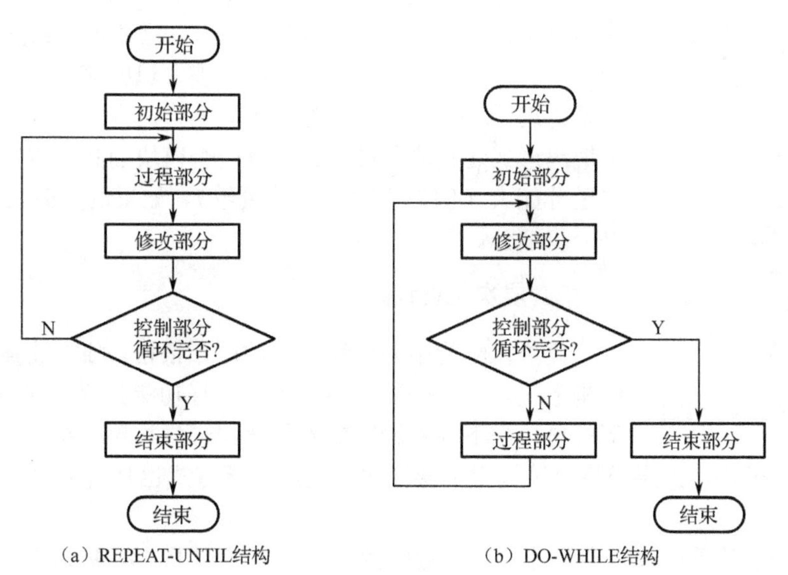

图8-8 循环结构

对于一个复杂而又庞大的程序，应采用结构化程序设计方法。这是一种自顶向下的编程方法，就是说程序设计考虑从整体到局部，最后到具体细节的设计方法。自顶向下设计的实质是一种逐步求精的方法。即把总的编程过程逐步细分，分化成一个个的子过程，一直分化到所导出的子过程能直接用编程语言来实现为止。这是程序设计的一种规范化形式，也是其他科学中复杂系统的传统设计方法。例如，在智能化测量控制仪器的硬件设计中，先由总框图开始，逐层分为各子系统的框图，再设计每一部分的硬件结构框图和软件流程图。

结构化程序设计是把注意力集中到编程中最容易出错的点，即程序的逻辑结构，只要总体逻辑结构是正确的，再复杂的程序也可以按划分出来的逻辑功能模块逐个设计出来。图 8-9 所示为结构化编程过程。结构化程序设计过程包括三方面的工作：

- 自顶向下设计，把整个设计分成多个层次，上一层的程序块可以调用下一层的程序块。
- 模块化编程，力求使每个模块独立，其正确与否不依赖于上一层模块，从而非常便于调试和查错。
- 结构化编程，即使用若干结构良好的转移和控制，而避免使用任意转移语句，尽可能使每个程序模块都只有一个入口和一个出口。

2. 模块化程序设计

模块化程序设计是把一个长的复杂的系统任务分成若干个模块，以便分别进行独立设计、编程、测试查错工作，最终配置在一起，由主模块控制。由于每个模块在逻辑复杂性上都相对简化，程序缩小，又可分散给各个程序员分别设计，因而可以显著地简化程序设计，提高编程效率，便于利用成熟的软件包。

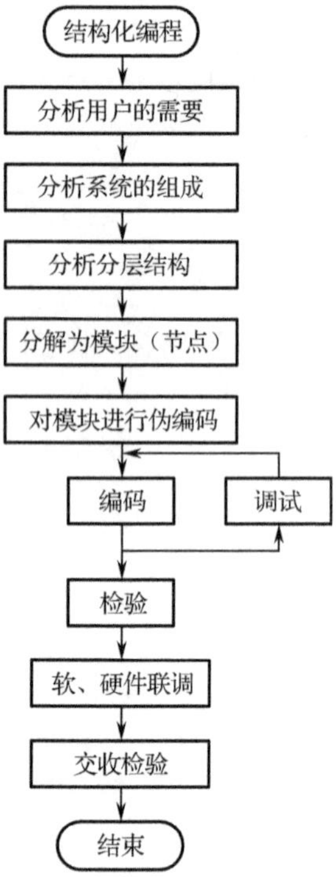

系统模块划分时应遵循的原则是，每一模块功能单一，可相对独立，模块间的联系应尽量少，而模块内的联系紧密。模块间的联系可以不了解其内部结构，只要知道可完成哪些功能即可，再配以“菜单”技术、填表技术、汉化技术，可以方便操作。

对于每一个程序模块应明确规定其输入、输出和功能，不能笼统地给出说明或含混不清的规定。一旦已认定一部分问题能够纳入一个模块之内，就暂时不必再进一步去想如何具体地来实现它，即不要纠缠于编程的一些细节问题。不论在哪一层次，不管表示方法是编码形式还是流程图形式，每一个模块的具体规定（说明）都不要过分庞大（例如不要超出一页纸）。如果过分庞大就应该考虑做进一步细分。

结构化编程
分析用户的需要
分析系统的组成
分析分层结构
分解为模块（节点）
对模块进行伪编码
编码
调试
检验
软、硬件联调
交收检验
结束

图 8-9 结构化编程过程

3. 层次化设计

模块化结构中各模块之间的联系很松，独立性强，没有特定的结构形式。但一些复杂系统不易进行功能分解，则被高度抽象后，形成自顶向下联系较紧的模块化树形结构层，每一层中各模块都设计成相对独立的模块，上层模块可以调用下层模块。逐层分解方式也是自顶向下线性展开的模块化结构。

层次模块一般从顶向底方向设计，但关键应找出“顶”在哪里，顶决定了系统主加工，就是完成整个程序最终要做的工作。顶层以下层次仍可按输入、输出变换处理分支来处理各个功能模块，然后再逐步细化，即在每一模块下可再设计它的下属模块。

8.3.2　智能仪器的软件构成与设计

智能仪器的系统软件不仅要处理来自键盘、通信接口的命令，实现人机对话、机机对话，更重要的是它具有实时处理能力，即根据被控过程（对象），实时申请中断，完成各种测量、控制功能。仪表的功能主要由中断服务程序来实现。智能仪器系统软件由主监控软件、键盘显示器管理模块、外设中断管理处理模块、各种功能模块（子程序块、子程序库）和数据表模块构成。智能仪器系统软件组成框图如图8-10所示。

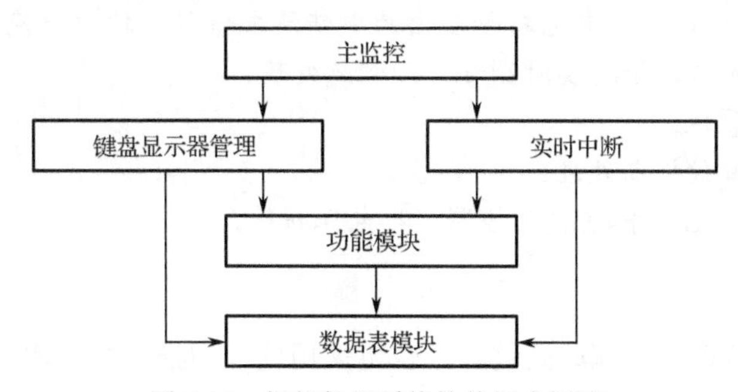

图8-10　智能仪器系统软件组成框图

1. 监控主程序

它是主程序，是整个仪器软件的核心，管理机器工作的整个程序。上电复位后仪器首先进入监控主程序。监控主程序一般都被放在0号单元开始的内存中，它的任务是识别命令、解释命令，并获得完成该命令的相应模块的入口，起着引导仪器进入正常工作状态，并协调各部分软硬件有条不紊地工作的重要作用。图8-11所示为监控主程序框图。

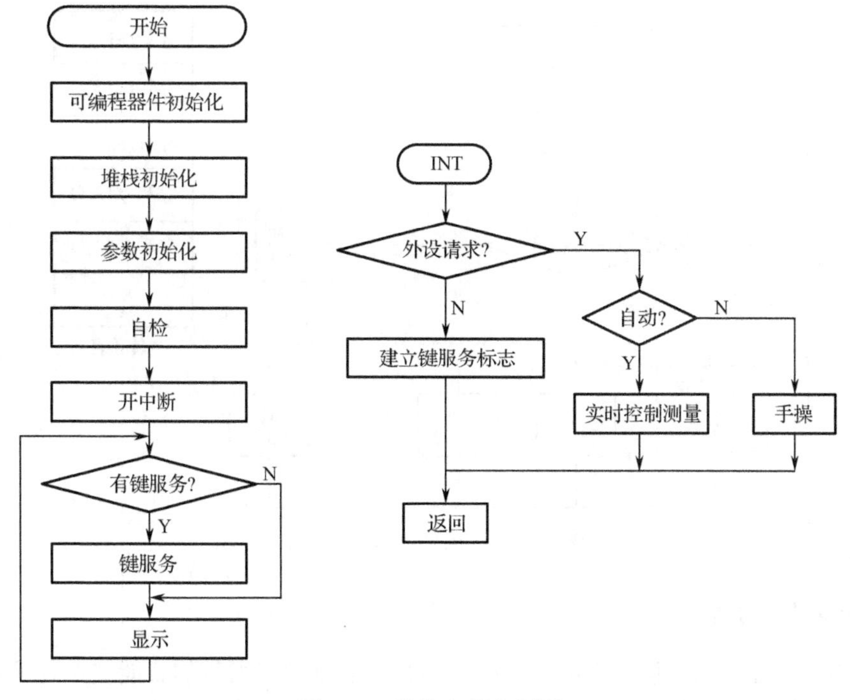

图8-11　监控主程序框图

监控主程序通常包括对系统中可编程器件输入/输出口参数的初始化、自检、调用键盘显示管理模块，以及实时中断管理和处理模块等功能。除初始化和自检外，监控主程序一般总是把其余部分连接起来构成一个无限循环，仪表所有功能都在这一循环中周而复始地有选择地执行，除非掉电或按复位（RESET）键。监控程序是智能仪器软件中的主线，它调用各模块，并将它们联系起来，形成一个有机的整体，从而实现对仪器的全部管理功能，具体功能如下：

- 管理键盘和显示器，接收和分析来自键盘的命令，按仪器的键入命令把控制转到相应的处理子程序程序入口；
- 接收输入/输出接口、内部电路等发出的中断请求信号，按中断优先级的顺序转入相应的处理子程序入口，进行实时测量、控制或处理；
- 对定时器进行管理；
- 实现对仪器自身的诊断处理；
- 实现仪器的初始化、手动/自动控制、掉电保护等。

2. 键盘管理

智能仪器的键盘可以采用编码式键盘，也可采用软件扫描方式（非编码键盘）。不论采用哪一种方法，在获得当前按键值后，都要转入相应的键盘服务程序入口，以便完成相应的功能。各键所能完成的具体功能由设计者根据仪表总体要求，兼顾软件、硬件，从合理、方便、经济等因素出发来确定。目前常用有两种方法，即一键一义和一键多义。一键一义键盘管理采用直接分析法，如图 8-12 所示。一键多义的监控程序可采用转移表法进行设计。

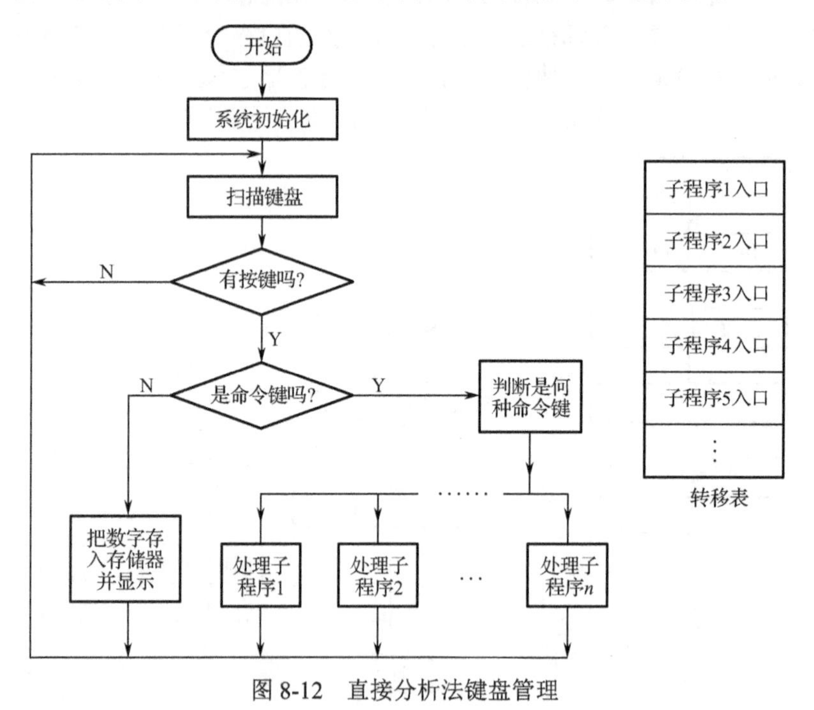

图 8-12　直接分析法键盘管理

3. 中断管理及处理

为适应实时处理功能，使仪表能及时处理各种可能事件，所有的智能仪器几乎都具有中断功能，即允许被控过程的某一状态被实时时钟或键盘操作中断仪器正在进行的工作，转而处理该过程的实时问题。当处理完成后，仪器再回去执行原先的任务，即主监控中确认的工作。中断过程需要注意以下几点：

（1）必须暂时保护程序计数器的内容，以便使 CPU 在需要时能回到它产生中断时所处的状态。

（2）将中断服务程序的地址送入程序计数器。这个服务程序能准确地完成引起中断的设备所要求的操作。

（3）在中断服务程序开始时，必须将服务程序需要使用的 CPU 寄存器（如累加器、标志寄存器、专用的暂存器等）内容暂时保护起来，并在服务程序结束时再恢复其内容。否则，当服务程序由于自身的目的，可能会改变这些寄存器内容，那 CPU 返回到被中断的程序时就会发生混乱。

（4）对于引起中断而将 INT 设为低电平的设备，微处理器必须进行适当的操作，使 INT 再次变为高电平。

（5）如果允许发生中断，则须将允许中断触发器再次置位。

（6）执行完中断服务程序时，需恢复程序计数器原先保存的内容，以便返回到被中断的程序。

4．子程序模块

智能仪器的系统软件通常是由模块化设计来构造的，把仪表软件按功能分成一个个功能模块，再把每个功能模块分成一个个模块，最终成为一个个功能十分具体的规模不太大的基本模块。常见模块包括：

- 算术逻辑运算模块，包括双精度加/减法、单精度乘/除法、双精度乘/除法、BCD 与二进制转换、比较、求极值、搜索等；
- 测量算法模块，包括数字滤波、标度变换、非线性校正等；
- 过程通道模块，包括 A/D 采样、多通道切换、D/A 输出、开关量输入/输出等；
- 控制算法模块，包括 PID 算法、串级、比值、纯滞后算法、上下限比较及报警、输出限幅等；
- 人机对话模块，包括键盘管理、参数设置及修改、显示管理、打印管理等；
- 实时时钟模块。

8.4　智能仪器的调试

智能仪器在完成制作或维修之后都需要进行调试，排除软件和硬件的故障，使研制的智能仪器（以下称为样机）符合设计要求。通常可将智能仪器的调试分为硬件调试、软件调试和整机调试。硬件和软件的研制是独立平行进行的，分别需要借助另外的工具提供调试环境，以排除硬件故障和纠正软件错误，并解决硬件和软件之间的协调问题。最后要在样机上进行反复软、硬件联调直至没有错误才可固化软件组装整机。智能仪器调试流程图如图 8-13 所示。

8.4.1　智能仪器调试的方法

调试的目的是排除硬件和软件的故障，使研制的样机符合预定设计指标。本节就智能仪器研制中常见的故障和调试方法进行概述。

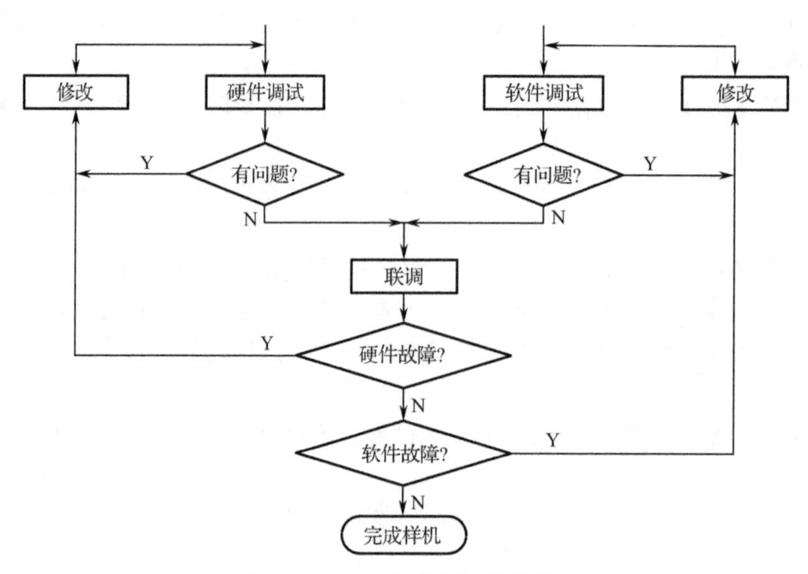

图 8-13 智能仪器调试流程图

1．常见硬件故障

在智能仪器的调试过程中，经常出现的硬件方面故障有下列几种：

（1）线路错误。硬件的线路错误往往是由于电路设计错误或加工过程中工艺性错误造成的。这类错误包括逻辑出错、开路、短路、多线粘连等，其中短路是最常见且较难排除的故障。智能仪器有些体积很小，印制板的布线密度很高，由于焊接等工艺原因，经常造成引线与引线之间的短接。开路则常常是由于印制电路板的金属化孔质量不好，或接插件接触不良造成的。

（2）元器件失效。元器件失效的原因主要有两个方面：一是元器件本身已损坏或性能差，诸如电阻、电容的型号、参数不正确，集成电路已损坏，器件的速度、功耗等技术参数不符合要求等；二是由于组装错误原因造成的元器件失效，如电容、二极管、三极管的极性错误，集成块的方向安装错误等。此外，电源故障（如电压超出正常值、极性接错、电源线短路等）也可能损坏器件，对此应予以特别注意。

（3）可靠性差。系统不可靠的因素很多，例如，金属化孔、接插件接触不良、虚焊等会造成系统时好时坏，经不起振动；内部和外部的干扰、电源的纹波系数过大、器件负载过大等都会造成逻辑电平不稳定；另外，走线和布局的不合理等情况也会引起系统可靠性差。

（4）电源故障。若智能仪器存在电源故障，则加电后将造成器件损坏。因此，电源必须单独调试好以后再加到系统的各个部件中。电源的故障包括：电压值不符合设计要求；电源引出线和插座不对应；各挡电源之间短路；变压器功率不足，内阻大，负载能力差等。

2．硬件电路的调试

硬件设计制作完成后应进行硬件的调试，主要包括以下几个项目：线路、器件连接检查；电位检查；信号输入测试。具体的硬件调试流程如图 8-14 所示。

（1）线路、器件连接检查。在完成硬件电路的全部焊接工作后，先不通电，用万用表等工具，根据硬件电路电气原理图和装配图仔细检查硬件线路的正确性，并核对元器件的型号、规格和安装是否符合要求，应特别注意电源的走线，防止电源之间的短路和极性错误，并重点检查扩展系统总线（地址总线、数据总线和控制总线）是否存在相互之间的短路或与其他信号线的短路。

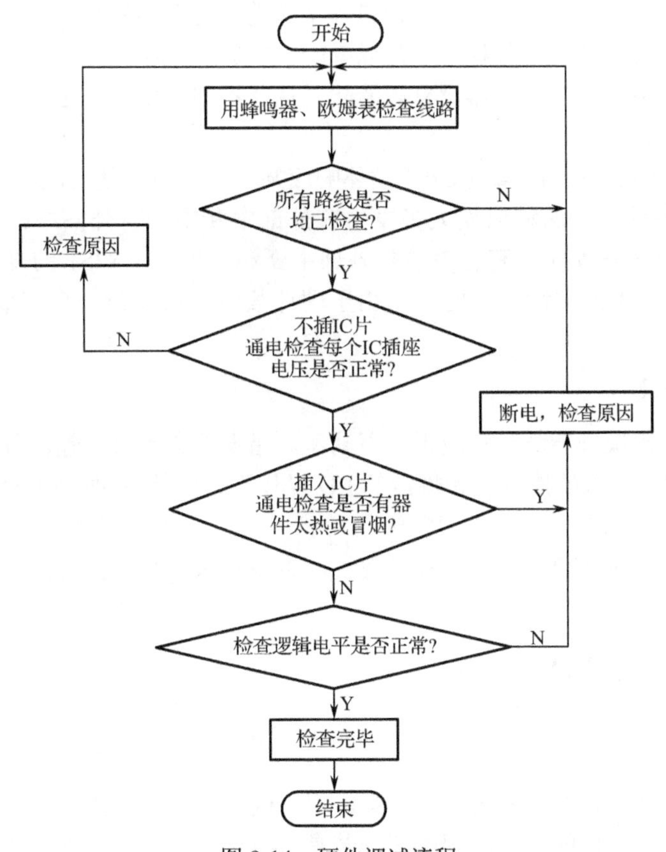

图 8-14　硬件调试流程

（2）电位检查。给硬件电路接上电源，但不输入信号，借助于万用表等工具检查各插件引脚的电位，仔细测量各点电位是否正常，尤其应注意单片机插座上的各点电位，若有高压，联机时将会损坏仿真器。插入集成电路芯片的操作必须在断电的状态下进行，特别要注意芯片的方向，不要插反，通电后如果发现某器件太热或冒烟，必须马上断电。

（3）信号输入测试。在条件许可的情况下，可以给硬件电路加上一定的输入信号，用万用表、示波器等仪器进行测试，测试通过后，再利用开发机输入简单的测试程序进行调试。

3．常见软件故障

1）程序失控

这种故障现象是以断点连续方式运行时，目标系统没有按规定的功能进行操作或什么结果也没有。这是由于程序转移到没有预料到的地方或在某处循环所造成的。这类错误产生的原因有：程序中转移地址计算有误，堆栈溢出，工作寄存器冲突等。在采用实时多任务操作系统时，错误可能在操作系统中，没有完成正确的任务调度操作；也可能在高优先级任务程序中，该任务不释放处理机，使 CPU 在该任务中死循环。

2）中断错误

（1）不响应中断。CPU 不响应任何中断或不响应某一个中断。这种错误的现象是连续运行时不执行中断服务程序的规定操作。当断点设在中断入口或中断服务程序中时反而碰不到断点。造成错误的原因有：中断控制寄存器（IE、IP）初值设置不正确，使 CPU 没有开放中断或不允许某个中断源请求；对片内的定时器、串行口等特殊功能寄存器的扩展 I/O 口编程有错误，造成中断没有被激活；某一中断服务程序不是以 RETI 指令作为返回主程序的指令，CPU 虽已返回到主程序，但内部中断状态寄存器没有被清除，从而不响应中断；由于外部中断的硬件故障使外部中断请求失效。

（2）循环响应中断。这种故障是 CPU 循环响应某一个中断，使 CPU 不能正常地执行主程序或其他的中断服务程序。这种错误大多发生在外部中断中。若外部中断以电平触发方式请求中断，那么当中断服务程序没有有效清除外部中断源（例如，8251 的发送中断和接收中断在 8251 受到干扰时，不能被清除）时，或由于硬件故障使得中断一直有效，此时 CPU 将连续响应该中断。

3）输入/输出错误

这类错误包括输入操作杂乱无章或根本不动作。错误的原因有：输出程序没有和 I/O 硬件协调好（如地址错误、写入的控制字和规定的 I/O 操作不一致等）；时间上没有同步；硬件中还存在故障等。

总之，软件故障相对比较隐蔽，容易被忽视，查找起来一般很困难，通常需要测试者具有丰富的实际经验。

8.4.2 智能仪器硬件调试

1. 静态测试

（1）在仪器加电之前，先用万用表等工具，根据硬件电气原理图和装配图仔细检查仪器线路的正确性，并核对元器件的型号、规格和安装是否符合要求。应特别注意电源的走线，防止电源之间的短路和极性错误，并重点检查扩展系统总线（地址总线、数据总线和控制总线）是否存在相互间的短路或与其他信号线的短路，同时要仔细检查插件插入的位置和引脚是否正确。

（2）加电后检查各插件引脚的电位，仔细测量各点电位是否正常，尤其应注意单片机插座上各点的电位，若有高压，联机时将会损坏仿真器。此外，如果发现某器件出现太热、冒烟或电流太大等现象，应马上切断电源，重新查找故障。为慎重起见，器件的插入可以分批进行，逐步插入，以避免大面积损坏器件。

（3）在不加电的情况下，除单片机以外，插上所有的元器件，用仿真头将仪器的单片机插座和仿真器的仿真接口相连，这样便为联机调试做好了准备。

2. 联机仿真器调试

在静态测试中，只对仪器的硬件进行初步测试，排除了一些明显的硬件故障，而目标样机中的硬件故障主要靠联机调试来排除。联机仿真器是一种功能很强的调试工具，它用一个仿真器代替样机系统的 CPU。由于联机仿真器是在开发系统控制下工作的，因此，可以利用开发系统丰富的硬件和软件资源对样机系统进行研制和调试。而调试的方法是预先编制简单的测试程序，这些程序一般由少数指令组成，而且程序具有可观察的功能。这就是说，测试者能借助适当的硬件感觉到程序运行的结果，由此可以判断电路是否存在故障。例如，检查微处理器时，可编制一个自检程序，让它按预定的顺序执行所有的指令。如果微处理器本身有缺陷，便不能按时完成预定的操作，此时，定时装置就自动发出告警信号。实际的调试中通常可进行如下的测试。

1）测试扩展 RAM 存储器

用仿真器的读出/修改目标系统扩展 RAM/IO 口的命令，将一批数据写入样机的外部 RAM 存储器，然后用读样机扩展 RAM/IO 口的命令，读出外部 RAM 的内容。若对任意的单元读出和写入的内容一致，则该 RAM 电路和 CPU 的连接没有逻辑错误；若存在写不进、读不出或读出与写入的内容不一致的现象，则有故障存在。故障原因可能是地址线、数据线短路，或读写信号没有加到芯片上，或 RAM 电源没有电，或总线信号对 ALE、WR、RD 的干扰等。此时可编写一段程序，循环地对某一 RAM 单元进行读和写，例如：

```
TEST：MOV   DPTR，#ADRM  ；ADRM 为 RAM 中的一个单元地址
      MOV   A，#0AAH
LOOP：MOVX  @DPTR，A
      MOVX  A，@DPTR
      SJMP  LOOP
```

连续运行这段程序，用示波器测试 RAM 芯片上的选片信号、读信号、写信号以及地址和数据信号是否正常，以进一步查明故障原因。

2）测试 I/O 口和 I/O 设备

I/O 口有输入和输出口之分，也有可编程和不可编程之分，应根据系统对 I/O 口的定义进行操作。对于可编程接口电路，先把检测字写入命令口，然后分别将数据写入数据口，测量或观察输出口的设备状态变化（如显示器是否被点亮，继电器、打印机是否被驱动等），用读命令读输入口的状态，观察读出内容与输入口所接输入设备（拨盘开关、键盘命令等）的状态是否一致。如果一致，说明无故障；如果不一致，则可根据现象分析故障的原因，找出故障所在。

3）测试晶振和复位电路

用选择开关，使目标系统中晶振电路作为系统晶振电路，此时系统若正常工作，则晶振电路无故障，否则检查一下晶振电路便可查出故障。按下样机复位开关（如果存在）或样机加电应使系统复位，否则复位电路也有错误。

8.4.3　智能仪器软件调试

1. 智能仪器常见软件错误类型

（1）程序失控。现象：当以断点运行或连续运行时，目标系统没有按规定的功能进行操作或什么结果也没有。原因：程序中转移地址计算错误、堆栈溢出或工作寄存器冲突等造成程序在某处死循环。

（2）中断错误。现象：不响应中断或循环响应中断。原因：中断控制寄存器初值设置错误、中断未被激活、无中断返回指令或外部中断的硬件故障等。

（3）输入/输出错误。现象：输入操作杂乱无章或根本不动作。原因：输出程序没有和 I/O 硬件协调好，时间上不同步或系统硬件故障。

（4）结果不正确。由程序错误造成。

针对上述常见错误，软件调试主要包括：操作系统下的应用程序调试、计算程序的调试、串行口通信程序的调试、I/O 处理程序的调试和综合调试等。调试软件可以利用软件模拟开发系统进行。

2．操作系统环境下的应用程序调试

在实时多任务操作系统环境下，应用程序由若干个任务程序组成，逐个任务调试好以后，再使各个任务同时运行。如果操作系统没有错误，一般情况下系统能正常运转。

具体调试方法是：在调试某一个任务时，将系统初始化修改成只激活该任务，即只允许与该任务有关的中断。这样，系统中只有一个任务运行，对发生的错误就容易定位和排除。然后，可在程序中设置断点，并用断点方式运行程序，以便找出程序中的问题所在。其他的任务也采用同样的方法调试，直至排除所有的错误为止。

1）串行口通信程序调试

为了方便用户的串行通信程序的调试，可以用仿真器串行接口上的终端或主机来调试目标系统的串行通信程序。开机时设置的仿真器串行口波特率和目标系统所工作的波特率相一致。以全速断点运行方式（断点设在串行口中断入口或中断处理程序中）或连续方式运行，若程序没有错误，则程序输出到串行口上的数据会在主机（或终端）上显示出来，而主机（或终端）上输入的数据会被接收终端程序接收到，用这种方法可模拟目标系统和其他设备的通信。在调试时，首先调试初始化程序，使串行口输出数据能在主机上显示，输入的数据被目标系统程序所接收；然后根据目标系统的串行通信规定，逐个通知命令进行调试。当各个命令和数据的处理都正确后，串行通信的程序调试成功。

2）I/O 处理程序调试

由于 I/O 处理程序通常也是实时处理程序，因此也必须用全速断点方式或连续运行方式进行调试，具体方法同上。

3）综合调试

在完成了各个模块程序的调试工作之后，接着便进行系统综合调试，即可通过主程序将各个模块程序链接起来，进行整体调试。综合调试一般采取全速断点方式进行，这个阶段的主要工作是排除系统中遗留的错误，提高系统的动态性能和精度。调试完成后，即可将程序固化到 EPROM 中，目标系统便可独立运行了。

8.4.4 动态在线调试

在静态调试中，对智能仪器的硬件进行初调试，只是排除一些明显的静态故障。智能仪器的软件和硬件密切相关，软件和硬件分别调试通过后，并不意味着系统的调试已经结束，还必须再进行整个系统的软、硬件联机统调，以找出软件和硬件之间不相匹配的地方。系统的软、硬件统调也就是通常所说的“系统仿真”（也称为模拟调试）。所谓系统仿真，就是应用相似原理和类比关系来研究事物，即利用模型来代替实际生产过程（被控对象）进行实验和研究。系统仿真有三种类型：全物理仿真（模拟环境条件下的全实物仿真）、半物理仿真（硬件闭路动态试验）和数字仿真（计算机仿真）。

对于系统仿真应尽量采用全物理或半物理仿真，试验条件或工作状态越接近真实，其效果也就越好。但是，对于单片机应用系统来说，要做到全物理仿真几乎是不可能的。这是因为，我们不可能将实际生产过程（被控对象）搬到自己的实验室或研究室中，因此，控制系统只能做离线半物理仿真。我们应清楚，不经过系统仿真和各种试验，试图在生产现场调试中一次成功的想法是不实际的，往往会被现场联调工作的现实所否定。

一般情况下，在系统仿真的基础上进行长时间的考机运行，并根据实际运行环境的要求进行特殊运行条件的考验后，才能进入下一步工作——现场运行。智能仪器进行动态调试的有力工具是开发系统（仿真开发工具、联机仿真器）。开发系统由硬件和软件两部分组成。硬件主要为在线仿真器（ICE），在开发系统上编好程序后，可用仿真机代替目标机的 CPU，进行软件调试。软件具有编译和动态调试功能。其中调试功能必须与 ICE 配合才能完成。如果没有这种工具，也可使用其他方法，例如，利用单片机或个人计算机进行调试。

1. 通过运行测试程序对样机进行测试

预先编制简单的测试程序，这些程序一般由少数指令组成，而且具有可观察的功能。也就是说，测试者能借助适当的硬件感知运行的结果。例如，检查微处理器时，可编制一个自检程序，让它按预定的顺序执行所有的指令。如果微处理器本身有缺陷，便不能按时完成操作，此时，定时装置就自动发出报警信号。也可以编制一个连续对存储单元读写的程序，使机器处于不停的循环状态。这样就可以用示波器观察读写控制信号、数据总线信号和地址信号，检查系统的动态运行情况。

从一个输入口输入数据，并将它从一个输出口输出，可用来检验 I/O 接口电路。利用 I/O 测试程序可测试任意输入位，如果某一输入位保持高电平，则经过测试程序传送后，对应的输出位也应为高电平；否则，说明样机的 I/O 接口电路或微处理器存在故障。

总之，研制人员可根据需要编制各种简单的测试程序。在简单的测试通过之后，便可尝试较大的调试程序或应用程序，在样机系统中运行，排除种种故障，直至符合设计要求为止。

采用上述办法时，把测试程序预先写入 EPROM 或 E^2PROM 中，然后插入电路板让 CPU 执行，也可借助计算机和接口电路来测试样机的硬件和软件。

2. 对功能模块分别进行调试

对较复杂样机的调试，可采用“分而治之”的办法，把样机分成若干功能块（如主机电路、过程通道、人机接口等）分别进行调试，然后按先小后大的顺序逐步扩大，完成对整机的调试。

对于主机电路，测试其数据传送、运算、定时等功能是否正常，可通过执行某些程序来完成。例如，检查读写存储器时，可将位图形信号（如 55H、AAH）写入每一个存储单元，然后读出它，并验证 RAM 的写入和读出是否正确。检查 ROM 时，可在每个数据块（由 16、32、64、128 和 256 个字节组成）的后面加上一字节或两字节的“校验和”。执行测试程序，从 ROM 中读出数据块，并计算它的“校验和”，然后与原始的“检验和”比较。如果两者不符，说明器件出现故障。

调试过程输入通道时，可输入一标准电压信号，由主机电路执行采样输入程序，检查 A/D 转换结果与标准电压值是否相符；调试输出通道则可测试 D/A 电路的输出值与设定的数字值是否对应，由此断定过程通道工作正常与否。

调试人机接口（如键盘、显示器接口）电路时，可通过执行键盘扫描和显示程序来检测电路的工作情况，若输入信号与实际按键情况相符，则电路工作正常。

3. 联机仿真

联机仿真是调试智能仪器的先进方法。联机仿真器是一种功能很强的调试工具，它用一个仿真器代替样机系统中实际的 CPU。使用时，将样机的 CPU 芯片拔掉，用仿真器提供的一个 IC 插头插入 CPU（对单片机系统来说就是单片机芯片）的位置。对于样机来说，它的 CPU 虽然已经换成了仿真器，但实际运行工作状态与使用真实的CPU并无明显差别，这就是所谓的“仿真”。由于联机仿真器是在开发系统控制下工作的，因此，就可以利用开发系统丰富的硬件和软件资源对样机系统进行研制和调试。

联机仿真器还具有许多功能，包括：检查和修改样机系统中所有的CPU寄存器和RAM单元；能单步、多步或连续地执行目标程序，也可根据需要设置断点，中断程序的运行；可用主机系统的存储器和I/O接口代替样机系统的存储器和I/O接口，从而使样机在组装完成之前就可以进行调试。另外，联机仿真器还具有一种往回追踪的功能，能够存储指定的一段时间内的总线信号，这样在诊断出错误时，通过检查出错之前的各种状态信息去寻找故障的原因是很方便的。

习题

1. 智能仪器的设计思想是什么？
2. 设计智能仪器应遵循的准则有哪些？
3. 智能仪器的硬件设计流程是怎样的？
4. 智能仪器的软件开发一般要经历哪几个阶段？
5. 智能仪器系统软件由哪几部分构成？请分别叙述各部分的功能。
6. 在智能仪器的设计中，软件测试有哪些方法？分别予以说明。
7. 智能仪器软件的初始化管理一般包括哪些内容？
8. 智能仪器的监控程序主要包括哪几部分？
9. 键盘管理有哪几种方式？
10. 智能仪器的中断过程通常包括哪些操作要求？
11. 智能仪器常见的自检管理有哪几种类型？
12. 简述仪器调试过程中常见故障及解决方法。
13. 分别说明智能仪器的静态及动态调试流程。

第 9 章

智能仪器设计实例

本章要点：

- 简易单回路温度控制仪设计
- 智能工频电参数测量仪设计
- 脉搏血氧仪设计

基本要求：

- 掌握智能仪器数据采集硬件、软件设计
- 掌握智能仪器的设计思路及设计流程

能力培养目标：

通过智能仪器设计实例介绍，使学生进一步了解智能仪器的设计方法与流程，培养学生的工程设计思维能力、综合运用知识的能力及创新意识与创新思路。

智能仪器设计的主要目的是为解决实际工程问题。本章通过几个实例来详细介绍智能仪器的设计过程和设计思路，从而帮助读者更好地理解和掌握智能仪器的设计方法。在本章的实例中，涉及多种不同的微处理器，介绍了多种不同的设计思路，对其中需要处理的关键问题做了比较深入的介绍并提供处理的方法。

9.1 简易单回路温度控制仪设计

电烤箱是一种非线性、时变性、滞后性的被控对象，用精确的数学模型表示其特性十分困难，常规 PID 控制只有在参数整定准确且系统不发生剧烈变化的情况下，才能够达到较高的控制精度。然而这两点对一般的电烤箱温度控制系统来说都难以满足，所以用常规的 PID 控制算法很难取得良好的控制效果。把虚拟仪器与智能温度控制相结合，用 LabVIEW 开发的基于模糊自整定的 PID 控制算法的温度控制系统，能很好地体现电烤箱的工作特性。

9.1.1 温度控制系统的总体设计

根据从总体到局部的设计原则，将整个系统分解为上位机和下位机两大部分：上位机为装有 LabVIEW 软件的 PC，可监控多台下位机；下位机为单片机及其外围电路组成的系统，构成一个能进行较复杂的数据处理和复杂控制功能的智能控制器，使其既可与微机配合构成两级控制系统，又可作为一个独立的单片机控制系统，具有较高的灵活性和可靠性。上、下位机之间通过串行口进行通信。其中下位机主要完成温度信号的采集、输出、显示、参数设置、故障检测和报警等；上位机主要完成向下位机发布监控命令，接收现场控制器发回的反馈信息，记录、统计、保存、打印数据等管理工作，完成各种人机界面设计等。控制器采用的是基于模糊算法的 PID 控制器。系统总体设计框图如图 9-1 所示。

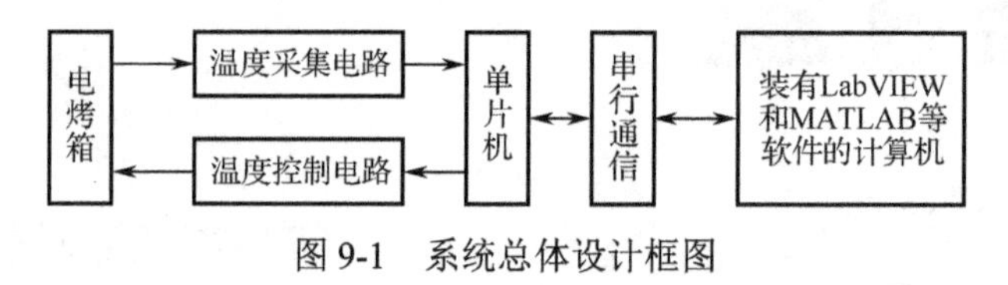

图 9-1　系统总体设计框图

1．温度控制系统的硬件组成

系统硬件框图如图 9-2 所示，由以下几部分组成：AT89C55 单片机及其最小系统模块、温度检测模块、键盘模块、液晶显示模块、报警电路、串行通信模块等。

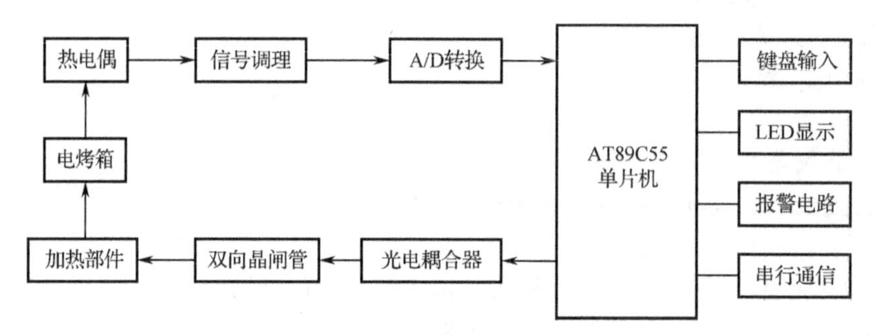

图 9-2　系统硬件框图

系统的工作原理是电烤箱的温度由热电偶进行采集，经信号放大、冷端补偿、线性化处理、A/D 转换后将所检测的温度信号转换成对应的数字量，通过 SPI 串口送入单片机，由单片机软件对数据进行处理，该温度一方面经液晶屏显示，另一方面与键盘输入的给定值进行比较，计算其偏差，通过参数模糊自整定 PID 控制算法进行运算，运算结果形成以 PWM 形式输出的温度控制信号，通过过零触发光电耦合器件进行光电耦合隔离后，通过控制晶闸管的通断来调节电烤箱平均功率的大小，以达到控制电烤箱温度的目的。

2．温度检测电路的设计

温度检测电路是温度控制系统的重要部分，它承担着检测电烤箱温度并将温度数据传输到单片机的任务。

1）温度传感器的选择

热电偶是工程上应用最广泛的温度传感器，它具有构造简单、使用方便、准确度高、稳定性好、温度测量范围宽等特点，在温度测量中占有很重要的地位。热电偶的类型有多种，在测量高温时通常使用的有镍铬-镍硅（K 型）、铂铑-铂（S 型）、镍铬-铜镍（E 型）三种热电偶。

热电偶的分度表是以冷端温度 0℃为基准进行分度的，而在实际使用过程中，冷端温度往往不为 0℃，所以需要对热电偶的冷端温度进行温度补偿。常用的冷端温度补偿方法有：冷端温度修正法、冷端 0℃恒温法、冷端温度自动补偿法等。

2）热电偶模/数转换器 MAX6675

MAX6675 是 K 型热电偶串行模/数转换器，它能独立完成信号放大、冷端补偿、线性化、

A/D 转换及 SPI 串口数字化输出功能，大大简化了热电偶测量智能装置的软/硬件设计。电烤箱中采用的是高精度的集成芯片 MAX6675 来完成“热电偶电势-温度”的转换，不需外围电路，I/O 接线简单，精度高，成本低。

MAX6675 的内部由精密运算放大器 A1、A2、基准电压源、冷端补偿二极管、模拟开关、数字控制器及 A/D 转换器等组成，完成了热电偶微弱信号的放大、冷端补偿及模/数转换功能，其内部结构图如图 9-3 所示。将 K 型热电偶的热电势输出端与 MAX6675 的引脚 T+、T-相连，热电偶输出的热电势经放大器 A1、A2 进行放大和滤波处理后送至 A/D 转换器的输入端，在转换之前，先需要对热电偶的冷端温度进行补偿，MAX6675 通过内置的冷端补偿电路来实现冷端补偿。它将冷端温度通过冷端补偿二极管转换为相应的电压信号，MAX6675 内部电路将二极管电压和放大后的热电偶电势同时送到 A/D 转换器中进行转换，即能得到测量端的热力学温度值。K 型热电偶的特性可用线性公式 V_{OUT}=(41μV/℃)×(T_R-T_{AMB})来表示，其中 V_{OUT} 为热电偶输出电压，T_R 是测量点温度，T_{AMB} 是冷端温度。

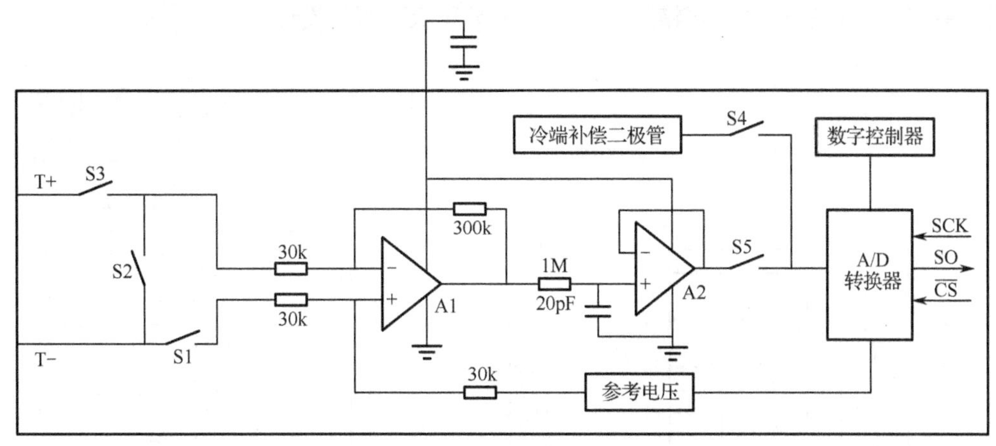

图 9-3　MAX6675 内部结构图

3）温度检测硬件电路

图 9-4 所示为系统中温度检测电路，当 AT89C55 的 P3.3 口为低电平且 P3.1 口产生时钟脉冲时，MAX6675 的 SO 脚输出转换数据。在每一个脉冲信号的下降沿 SO 输出一个数据，16 个脉冲信号完成一串完整的数据输出，先输出高电位 D15，最后输出的是低电位 D0，D14～D3 为相应的温度转换数据，共 12 位，其最小值为 0，对应的温度值为 0℃；最大值为 4095，对应的温度值为 1023.75℃，分辨率为 0.25℃。由于 MAX6675 内部经过了激光修正，因此，其转换结果与对应温度值具有较好的线性关系。温度值与数字量的对应关系为：温度值=1023.75×转换后的数字量/4095。当 P3.3 口为高电平时，MAX6675 开始进行新的温度转换。

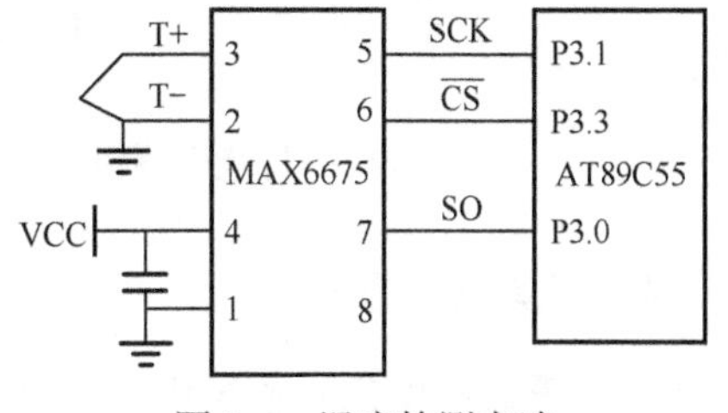

图 9-4　温度检测电路

3．键盘和显示电路的设计

键盘和显示电路实现了人机交互功能，通过键盘电路可以设置系统运行状态和系统参数，显示电路可以显示系统的运行状态、控制时间、设定温度、实际温度等。

1）键盘电路的设计

键盘电路设计采用的是3行×3列，其电路图如图9-5所示，列线由P1.0～P1.2口控制，行线由P1.3～P1.5口控制。电路中共有9个按键，包括设置键、3个温度参数和时间设置键、4个系统运行状态选择键、1个确定键。系统在程序初始化时控制键盘行线的P1.3～P1.5口输出高电位，控制键盘列线的P1.0～P1.2口输出低电位，在判断电路是否有按键按下时，读P1.0～P1.5端口值，若端口值不是000111，则说明电路中有按键按下。然后根据程序进行去抖动处理和计算键值。

2）显示电路的设计

图9-6所示是液晶模块显示电路连接图。该显示模块内置液晶显示控制器T6963C，T6963C的最大特点是具有独特的硬件初始值设置功能，显示驱动所需的参数，如占空比系数、驱动传输的字节数/行及字符的字体选择等均由引脚电平设置，这样T6963C的初始化在上电时就已经基本设置完成，软件操作的主要精力可以全部用于显示画面的设计。

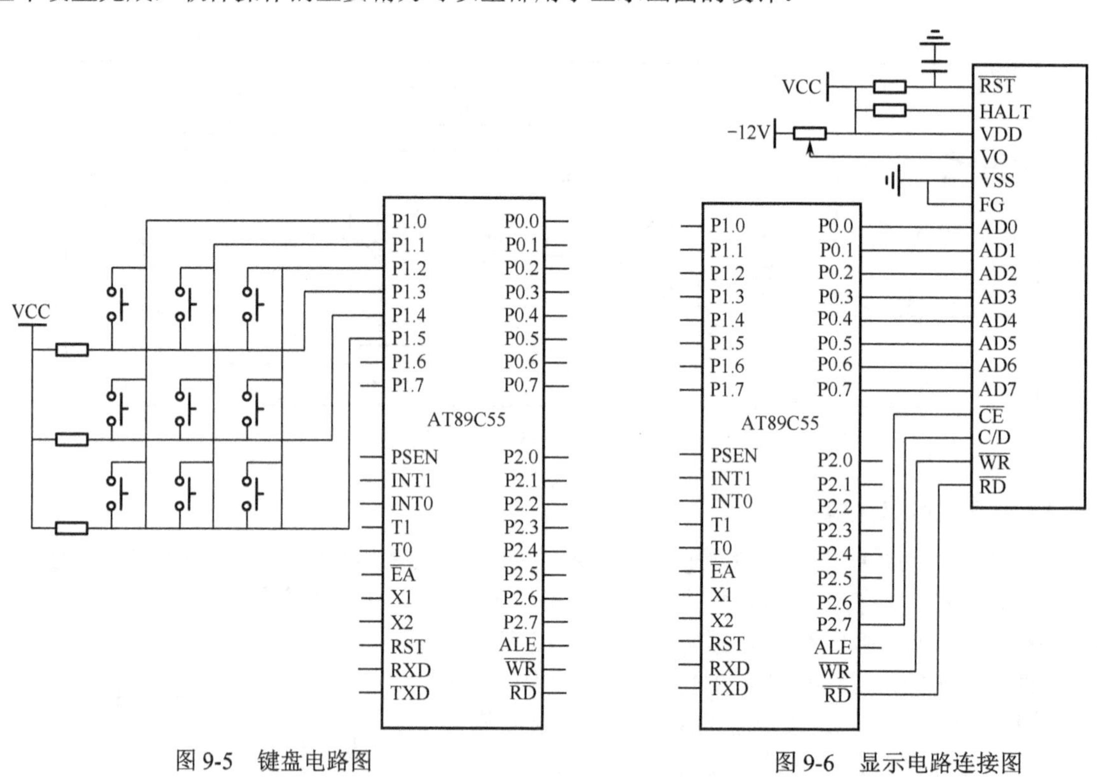

图9-5　键盘电路图　　　　图9-6　显示电路连接图

4．报警电路的设计

在电烤箱温度控制系统中，经常涉及中高温控制和恒温控制，当温度达到、超过设定值或时间达到设定时间时，为保证安全和引起操作人员的重视，系统中需要有在紧急状态能引起警觉的报警信号。报警信号通常有两种类型：一是闪光报警，通过闪动的指示灯来提醒人们的注意；二是鸣音报警，通过发出特定的鸣音作用于人的听觉器官，引起和加强警觉。本设计采用喇叭报警，属于鸣音报警，简单实用，其电路图如图9-7所示。在该报警电路中，MC1413是驱动器，接在AT89C55的P3.2口，当AT89C55的P3.2口输出高电平时MC1413输出低电平，使蜂鸣器鸣音，反之，使蜂鸣器停止鸣音。AT89C55的P3.2口的高、低电平输出是在中断服务程序中完成的。

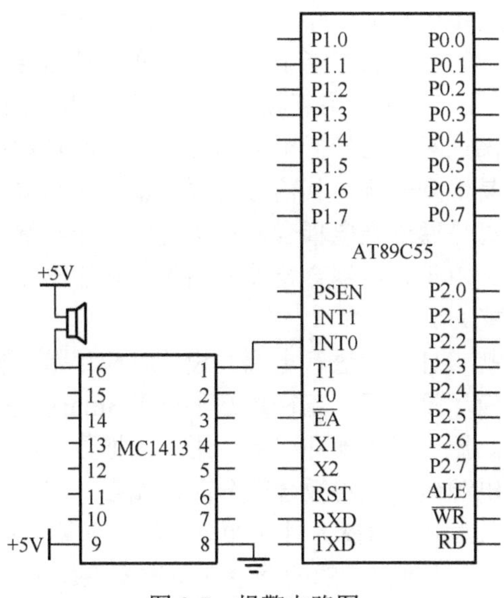

图 9-7　报警电路图

5. 串口通信电路

一般 PC 串口为标准的 RS-232C 接口，采用负逻辑，即逻辑“1”为-5～-15V，逻辑“0”为+5～+15V，而单片机为 TTL 电平，所以需采用 MAX232 实现 TTL 与标准 RS-232 接口之间的电平转换。单片机与 PC 串口通信电路如图 9-8 所示。

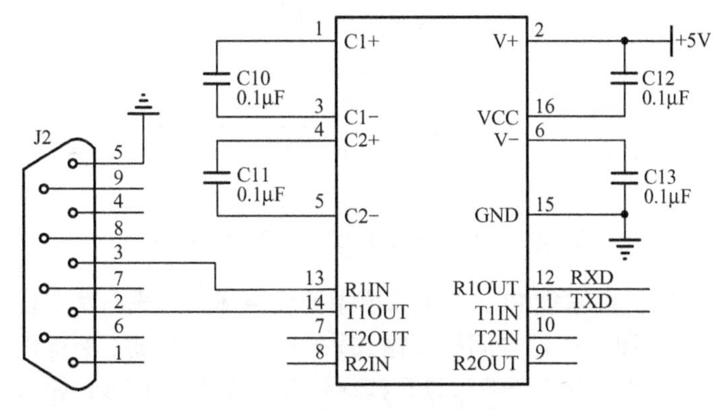

图 9-8　单片机与 PC 串口通信电路

6. 硬件抗干扰设计

温度控制系统中含有微弱模拟信号、高精度的 A/D 转换、大功率驱动电路，抗干扰是设计中必须考虑的问题，否则会出现数据采集信号误差加大、输出误差加大、系统失控、硬件损坏等状况。抗干扰就是针对干扰产生的原因采取相应的方法消除干扰源以提高系统精度，使控制系统正常、稳定地工作。硬件系统的抗干扰性设计是单片机系统可靠性的根本，它能把干扰消除在外围，因此针对干扰产生的基本要素在硬件设计时要尽量采取措施，最大限度抑制干扰的产生。其采取的措施主要有：

（1）减小电源噪声。系统中的复位、中断和一些控制信号对电源噪声很敏感，电源要采用隔离变压器或加滤波电路，以减小电源噪声的干扰。

（2）去耦电容。在系统的每个集成电路的电源和地线之间都要加去耦电容，其作用一方面是提供和吸收集成电路开门瞬间的充放电能量，另一方面是旁路掉集成电路的高频噪声。去耦电容值一般取 0.01～0.1μF，且一般应选用高频特性好的独石电容或瓷片电容。

（3）隔离技术。物理隔离是对小信号低电平的隔离，一般是对单片机前端的输入信号线而言的，信号在传输过程中极易受到干扰，其信号线要尽量远离高电平大功率的导线，以减小噪声和电磁场的干扰。光电隔离是通过光电耦合器件实现的，光电耦合器件不但能实现信号的传递，而且能实现电气的隔离。由于光电耦合器件的输入端和输出端在电气上是绝缘的，因而具有较强的电气隔离和抗干扰能力。

（4）PCB 设计时的抗干扰设计。在进行电源线设计时应尽量加粗电源线宽度，减小环路电阻，降低耦合噪声；接地线应尽量加粗，直径最好不小于 3mm；晶振与单片机引脚尽量靠近，用地线把时钟区隔离起来，晶振外壳接地并固定；用地线把数字区与模拟区隔离，数字地与模拟地要分离，最后在一点接电源地；电路板合理分区，如强、弱信号，数字、模拟信号等；尽可能把干扰源（如电机、继电器）与敏感元件（如单片机）远离；对于单片机闲置的 I/O 口，要接地或接电源，其他 IC 的闲置端在不改变系统逻辑的情况下接地或接电源。

看得懂的 PID

7. 基于电烤箱的模糊自整定 PID 控制

模糊自整定 PID 控制器，结合 PID 控制和模糊控制的优点，解决了 PID 对于时变、非线性系统控制效果不佳，自适应控制能力不强和模糊控制存在稳态误差等问题。

模糊自整定 PID 控制器目前有多种结构形式，但其工作原理基本一致，其结构图如图 9-9 所示。

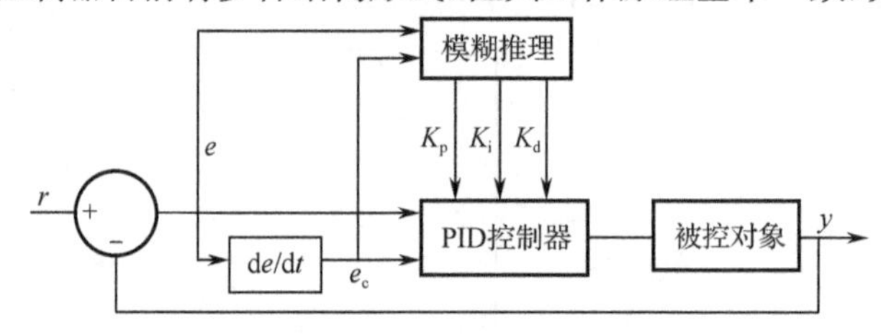

图 9-9　模糊自整定 PID 控制器的结构图

由图 9-9 可见，该方法由常规 PID 控制和模糊推理两部分组成。其实现思想是找出 PID 三个参数和 e 及 e_c 之间的模糊关系，在运行中通过不断检测 e 和 e_c，根据模糊控制原理来对三个参数进行在线修改，以满足不同 e 和 e_c 时对控制参数的不同要求，从而使被控对象具有良好的动、静态性能，且计算量小，易于用计算机实现。图 9-10 是在 Simulink 中创建的用模糊自整定 PID 控制算法控制电烤箱温度的仿真模型。

PID 参数整定口诀

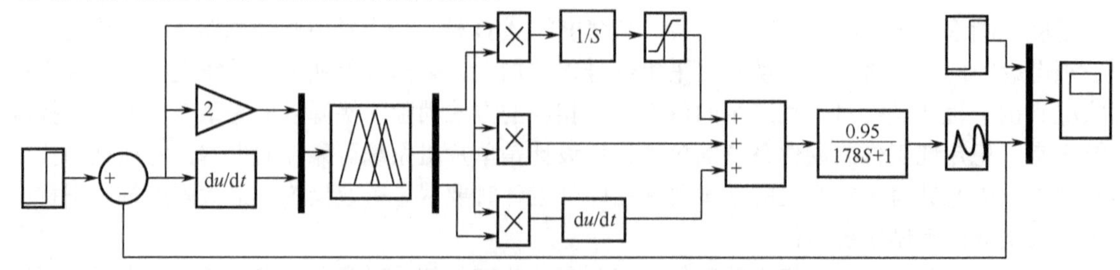

图 9-10　电烤箱模糊自整定 PID 控制系统仿真模型

9.1.2 系统下位机软件设计

系统能否正常工作，除了硬件的合理设计外，还与功能完善的软件设计是分不开的。下面对下位机软件程序模块的功能实现进行介绍和说明。

1. 主控模块

主控软件设计主要包括微处理器的初始化、温度数据的采集、数据显示，实际温度与键盘设定值进行比较并通过模糊自整定 PID 控制算法计算输出控制量，流程图如图 9-11 所示。

2. 数据采集子模块

数据采集部分采用 K 型热电偶转换器 MAX6675 完成，MAX6675 集冷端补偿、非线性校正、断线检测电路于一体，其内部元器件的参数进行过激光修正，保证了 MAX6675 的转换结果与对应温度值具有较好的线性关系。数据采集程序流程图如图 9-12 所示。

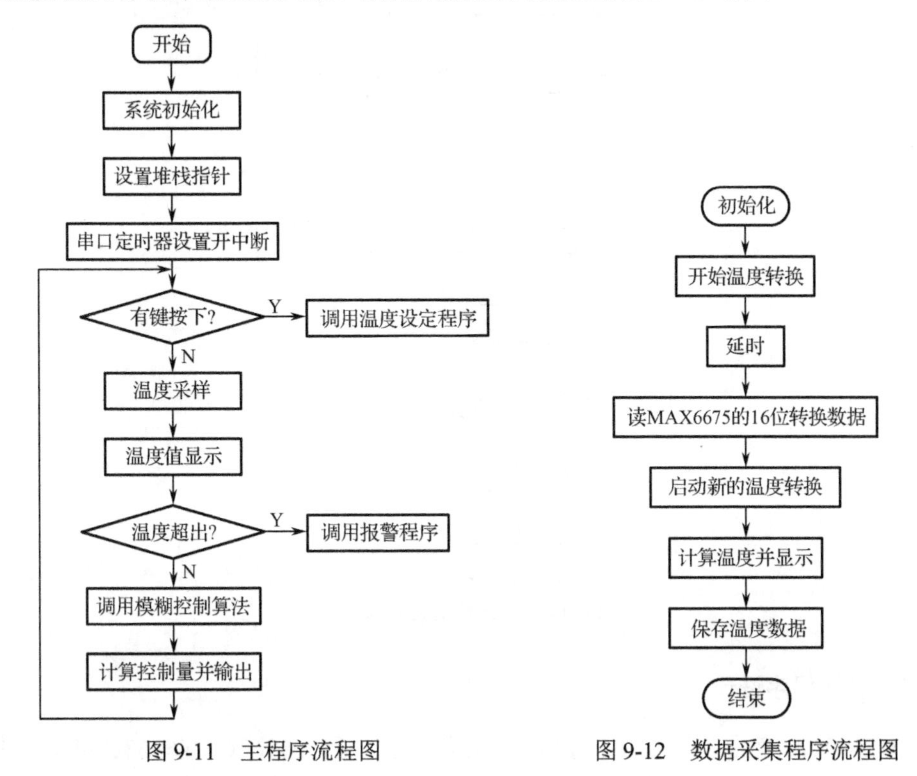

图 9-11 主程序流程图　　图 9-12 数据采集程序流程图

3. 键盘输入子模块

键盘输入程序的作用是通过行列式键盘扫描准确地判断按键是否按下并读出键值，按键功能的实现是在主模块里对所读键值做相应的处理来完成的。键盘输入程序要完成以下四个方面的工作，其流程图如图 9-13 所示。

（1）键盘扫描，判断是否有键被按下。置 P1 口的值为 0xf8，然后读 P1 口的状态，若 P1 端口仍为 0xf8，说明没有按键被按下；若 P1 端口值不为 0xf8，说明有按键被按下。

（2）去抖动处理。在按键被按下时，由于机械触点的弹性及电压突变等原因，在触点闭合或断开的瞬间会出现抖动，抖动会引起按键功能的实现出现失误。因此，当按键扫描表明有按键被按下之后，就应进行去抖动处理。可以采用时间延迟的方法来避开抖动，延时时间一般取10～20ms。

（3）键值的计算。去抖动之后再次进行键盘扫描，若仍有按键被按下就计算闭合键键值。计算方法是先依次置列线端口P1.0～P1.2状态为110、101、011，同时依次读行线端口P1.3～P1.5的状态，为"0"的端口对应按键的行号，由对应为"0"的列线端口得到按键的列号，闭合键的位置就由行号和列号确定，由此也可得到对应的键值。

（4）等待键释放。计算键值以后，要进行延时操作等待键释放，其目的是保证键的一次闭合仅进行一次处理。

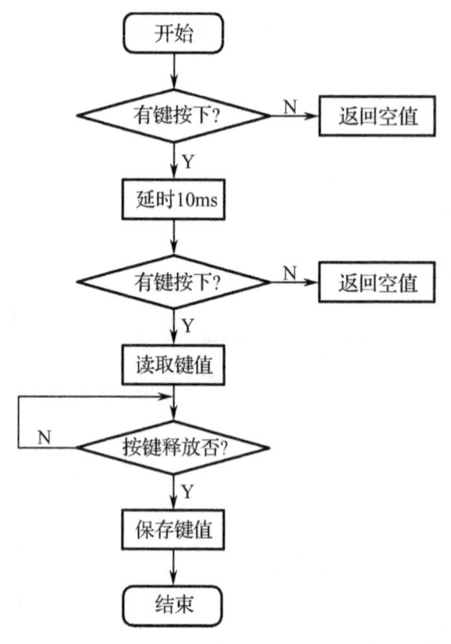

图9-13　键盘输入程序流程图

4．液晶显示程序设计

SG160128-01A液晶显示模块内置有液晶显示控制器T6963C，T6963C最大可控64KB显示存储器，SG160128-01A液晶显示模块中T6963C的存储空间是8KB。SG160128-01A与单片机的连接采用直接连接方式，根据连接方式数据的地址是0X3FFF，命令的地址是0XBFFF。T6963C可以管理2KB的CGRAM，根据需要，系统内设置有1KB的CGRAM。

5．串行通信中断子模块

在主程序中已对串口进行了初始化和设置，采用串口中断方式与上位机进行通信，其程序框图如图9-14所示。

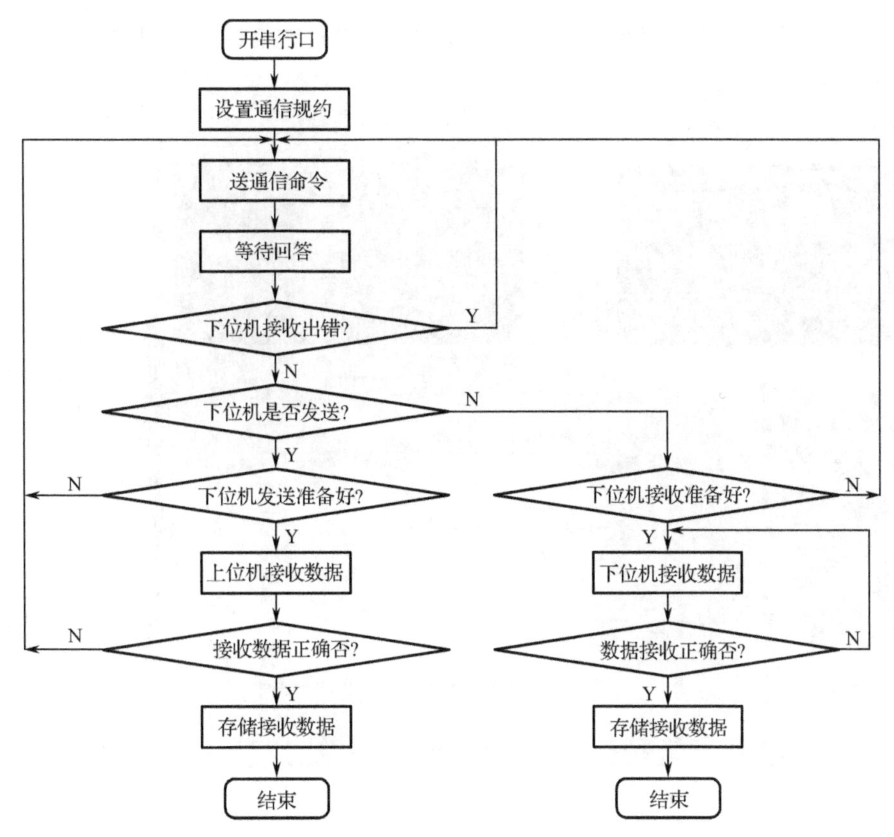

图 9-14　上位机通信程序框图

9.1.3　系统上位机软件设计

智能温度测量系统上位机通过串口采集数据，并对数据进行处理和显示，上位机软件采用 NI 公司的 LabVIEW。

LabVIEW 入门知识

1．监控界面

温度控制系统的主控程序采用的是模块化的设计方法，将系统划分成几个相互独立的功能模块，各模块内部分别完成确定的任务，模块之间相对独立而又通过系统的框架协议相互联系。为使各模块之间按照系统的框架协议协调动作和相互通信，以及实现人机交互，设计了提供用户接口的主控程序。

智能温度测控系统运行时的界面如图 9-15 所示，该界面主要包括温度历史趋势图显示、温度统计图显示、串口配置、各参数设置、温度数据表显示、数据保存路径等。系统通过串口对单片机中的温度数据进行实时采集，并由 LabVIEW 开发软件平台对采集的信号进行分析与处理，同时将采集的数据存盘，便于随时查阅、分析和打印。

2．串行通信模块

在主机通信程序设计中，采用 LabVIEW 图形化语言作为编程语言，把高级语言中的函数封装为图形功能模块，图标间的连线表示各个功能模块之间的数据传递。串口通信功能模块包括串口初始化模块、串口读模块及串口写模块，通过这些模块就可以实现对单片机的控制。调用 VISA Configure Serial Port 完成串口参数的设置，包括所用串口号、比特率、一帧信息中有效数据的位数、停止位、奇偶校验、数据流量控制等，串行通信程序框图如图 9-16 所示。

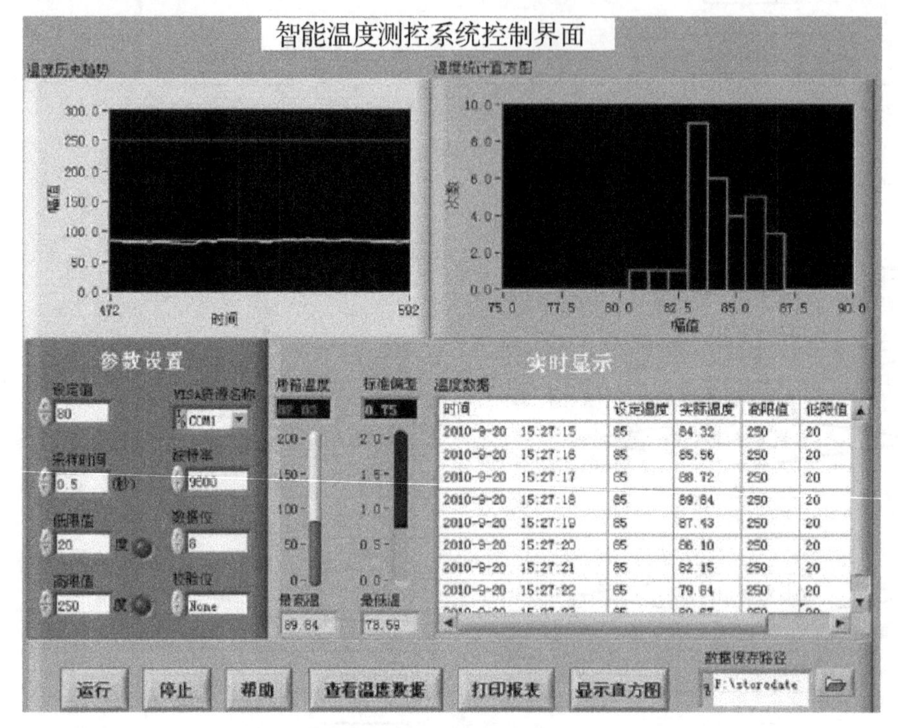

图 9-15　上位机监控界面

你所不知道的 LabVIEW

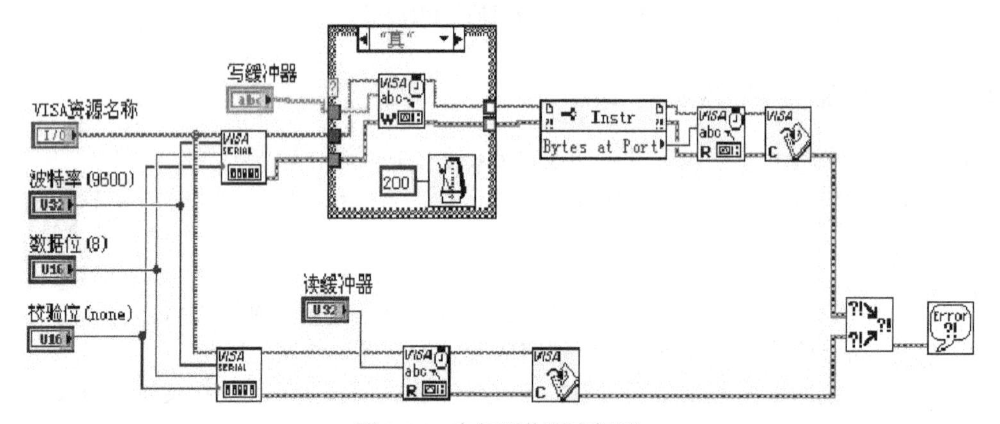

图 9-16　串行通信程序框图

3．信号处理模块

信号处理是指对信号进行某种加工变换或运算，来获取信息或变换为人们希望的另一类信号形式。信号处理包括时域和频域处理，其中频域处理更为重要。在测试领域中，信号的频域处理主要指滤波，即把信号中的有效信号提取出来，滤除干扰或噪声的一种处理。滤波器分为模拟滤波器和数字滤波器，分别处理模拟信号和数字信号。系统采用的是数字滤波器，其原理是利用离散系统特性去改变输入数字信号的波形或频谱，使有用信号频率分量通过，抑制无用信号分量输出。数字滤波器模块程序框图如图 9-17 所示。

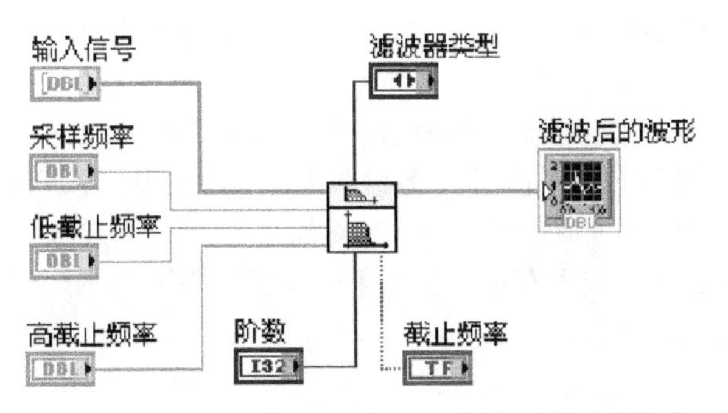

LabVIEW 中的多种编程方法

图 9-17　数字滤波器模块程序框图

4. 越限报警模块

当温度超过了环境或系统所允许的最大、最小值时，程序能实现声光报警。当超过上限时，超高限指示灯亮且发出蜂鸣声报警；当小于低限值时，超低限指示灯亮，同时也发出报警声。越限报警模块程序框图如图 9-18 所示。

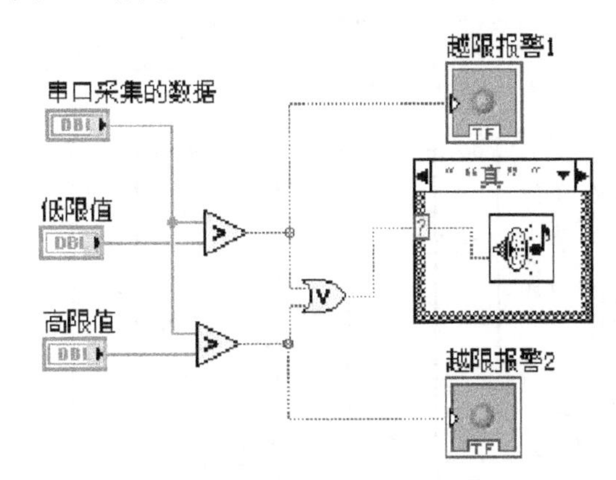

图 9-18　越限报警模块程序框图

用 LabVIEW 开发的上位机软件，通过相关协议与下位机相互沟通，实现了数据的采集处理、保存和与单片机的通信等功能。

9.2　智能工频电参数测量仪设计

随着科学技术和国民经济的发展，对电能的需求量日益增加，同时对电能质量的要求也越来越高。基于计算机、微处理器的用电设备和各种电力电子设备在电力系统中大量投入使用，它们对系统干扰比一般机电设备更加敏感，对供电质量的要求更苛刻。供电部门和电力用户都希望对电能质量指标有一个全面、准确的了解。该智能工频电参数测量仪采用虚拟仪器技术，基于 NI 公司的 LabVIEW 软件开发平台和硬件，研制出一种多功能的电能质量综合监测系统，利用计算机的高速处理能力，对电力系统进行实时监控，实时分析和计算电能质量指标，监控电网运行的状况。它具有结构简单、一机多用、高度智能化及精度高等特点，改变了传统仪器实时性差、检测指标少、测量误差大、工作量大及效率低，人机交互能力差、测量仪器升级难度大等局限性，并且可以对电网进行多点测试，保存大量重要的历史数据。

电能质量问题主要分为两大类：稳态情况和非稳态情况（扰动或暂态情况）。稳态情况下的电能质量问题主要包括电压偏移、电压波动、闪变、三相不平衡及谐波；扰动情况下的电能质量问题主要包括电压骤降、电压骤升、电压电流波形中出现振荡脉冲干扰及电源中断。根据电能质量的具体内容，对它用以下五个指标来进行评价：系统频率；电压偏移；电压波动值（包括电压偏差及其统计数据）及电压闪变值（包括短时间、长时间闪变严重度）；电压、电流的各次谐波分量、谐波总畸变率 THD 及各次谐波含有率；三相不平衡度。除了上述指标外，还需要能对电力系统运行状态进行长时间统计分析。

9.2.1 硬件设计

系统采用恩智浦（NXP）公司的微控制器 LPC2138、高精度三相电能专用计量芯片 ATT7022C 和 NI 公司 LabVIEW 软件结合的检测方案。其中，LPC2138 和 ATT7022C 组成下位机，主要用于电参数数据的采样。LabVIEW 作为上位机，主要用于数据通信，完成采样数据显示、分析和存储。系统总体框图如图 9-19 所示。下位机测量模块可以使用液晶实时显示数据，也可以把采集的电参数传输到上位机来对电网的状况进行实时监测。

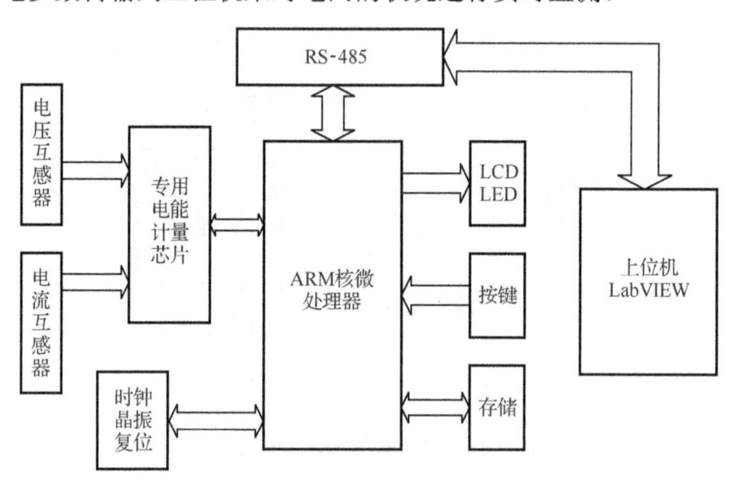

图 9-19 系统总体框图

LPC2138 芯片处理器以 Cortex-M3 为内核，具有运行速度快、功耗低的特点，最大操作频率可达 60MHz，它有两个 SPI、I^2C 接口，多达 47 个可承受 5V 电压的通用 I/O 口，以及带有独立电源与时钟源的实时时钟模块。

ATT7022C 芯片是钜泉光电科技（上海）有限公司推出的一款高精度三相电能专用计量芯片。它适用于三相三线和三相四线的接线方式。该芯片集成了 7 路二阶 Sigma-delta ADC、参考电压电路以及包括功率、有效值、功率因数、能量等的数字信号处理电路。芯片提供一个 SPI 接口与外部 MCU 进行数据传递，外部控制器只需要通过 SPI 总线对各寄存器进行读写操作，就可以得到三相电参数的值。

1. 模块外围电路设计

ATT7022C 外围电路如图 9-20 所示。在设计时，为使电源的纹波和噪声减小到最低，要在芯片的各个电源引脚使用 10LF 和 011LF 电容进行去耦。V1P/V1N、V3P/V3N、V5P/V5N 分别是 A、B、C 三相的电流采集通道；V2P/V2N、V4P/V4N、V6P/V6N 分别是 A、B、C 三相的电压采集通道。电路连接时，把 ATT7022C 的 SPI 口、SIG、CS、RESET 分别与 LPC2138 的 SPI

口、P0.28、P0.29、P0.30 相连进行通信。SIG 为握手信号，控制器通过该引脚监测芯片的运行状况。在硬件电路连接时必须要注意的是，电能计量芯片与 LPC2138 的电源要共地，否则控制器读写芯片将会出错。

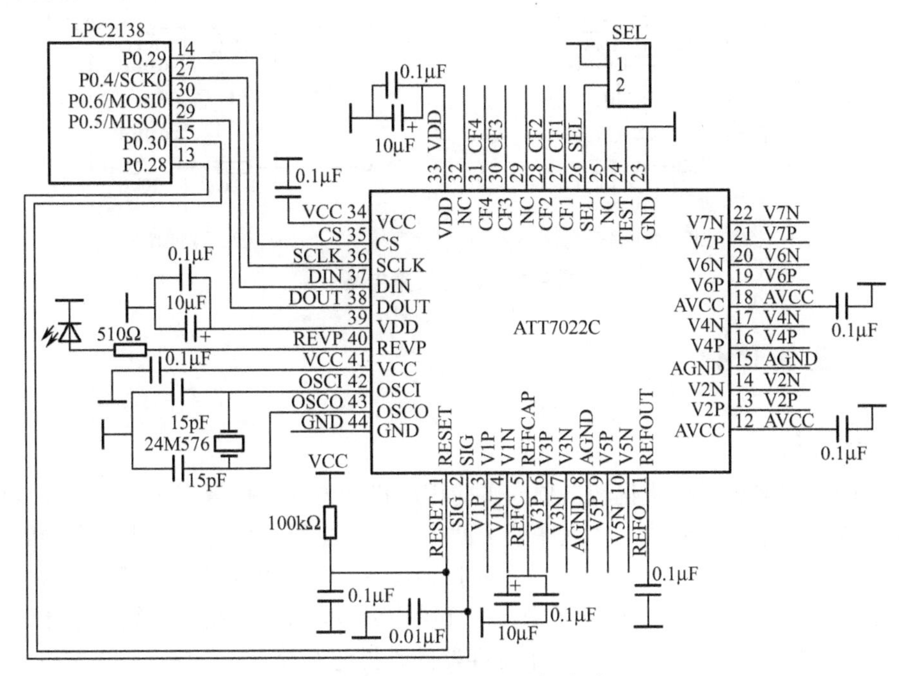

图 9-20　ATT7022C 外围电路

2. 信号采集模块设计

电压、电流采集采用双端差分信号输入的方式采集数据。正常工作时最大输入电压为±1.5V，两个引脚内部都有 ESD 保护电路，最大承受电压为±6V。系统采用互感器来采集信号。这样不仅起到了电气隔离的作用，还可防止电流过大烧毁芯片。由于电能计量芯片的电压通道在互感器的次级电压为 0.5V 时有较好的精确度和线性度，所以在设计时，选择 LCTV3JCF-220V/0.5V 规格的电压互感器作为电压信号的采集端。电压采集电路如图 9-21（a）所示。电路中的 1.2kΩ 电阻和 0.01μF 电容构成了抗混叠滤波器。REFO 信号连接电能计量芯片输出的 2.4V 参考电压，这个电压起到直流偏置的作用。

电流信号的采集是通过把电流互感器输出的电流信号并接一个适当的电阻，采集电阻两端电压的方式来间接测量电流值。电流通道在采集电压为 0.1V 时芯片有较好的精确度和线性度，因此在设计时选用 HTTA-5A/5mA 规格的电流互感器。在输入额定电流的情况下，输出的电流信号并接 20Ω 的电阻可以得到 0.1V 的电压信号。值得注意的是，电流互感器的选择应根据实际应用时初级电路中电流大小的范围而选择，电阻也要相应地变化，保证输入的信号在 0.1V 左右。电流采集电路如图 9-21（b）所示。

3. 存储及扩展

智能电表具有两级存储系统。第一级存储系统是指 LPC2238 的内部存储器，包括 256KB 的程序存储器 Flash 和 16KB 的随机存储器 SRAM；第二级存储系统采用非易失性存储器。LPC2214 提供了专门的外部存储器扩展接口。该设计采用 FRAM 铁电存储器和 Flash 存储器两种非易失性存储器作为外部存储器。铁电存储器读写速度快，可擦写次数几乎无限；Flash 存储器存储容量很大。

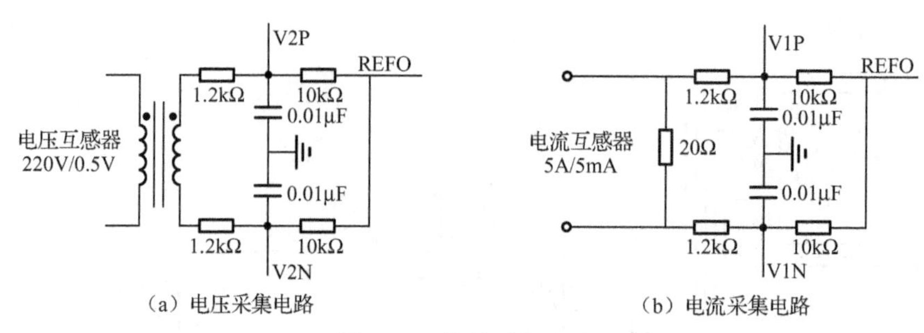

图 9-21 信号采集电路

9.2.2 软件设计

1. 下位机软件

监控软件的编制遵循了模块化和自顶向下的程序设计方法，使得程序结构清晰，便于维护和扩充功能，降低出错的可能性。主程序处于循环状态，主要完成各部分电路和中断系统的初始化，并不断扫描键盘，执行键盘功能处理，调用响应的模块处理函数，执行操作命令。最后，在主函数的循环语句中读取芯片各个寄存器的数据进行显示、存储、向上位机传输。其软件流程图如图 9-22 所示。

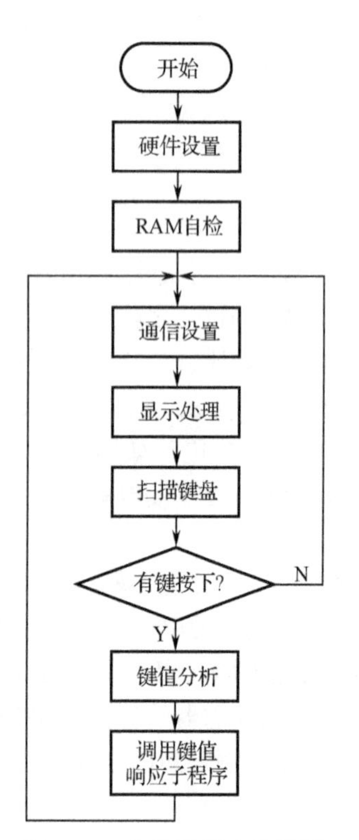

图 9-22 主监控程序流程图

2. 上位机程序

上层监控软件基于 LabVIEW（Laboratory Virtual Instrument Engineering Workbench）软件进行开发。LabVIEW 是面向最终用户的工具，采用易于编程的图形化语言——G 语言来代替传统的文本式编程语言，简化了科学计算、过程监控和测试软件的开发过程。监测装置上层管理软件主要包括管理功能、监控功能、数据分析与处理功能及数据库功能 4 个部分。

（1）管理功能：主要包括权限管理和用户管理。

（2）监控功能：可实时监测、存储和显示线路的频率、谐波、电压波动闪变、不平衡度、功率因数、电压暂态参数等指标信息。

（3）数据分析与处理功能：对各监测点的电能质量数据信息进行记录和统计，并做进一步的分析、处理，为电网运行和事故分析提供正确的历史数据和基础数据，可自动生成监测报告，并以波形、频谱、趋势图及报表等形式输出。

（4）数据库功能：主要实现多种数据的查询方式，如按时间查询、按时间段和电流参数查询、按时间段和电压参数查询、按时间段和功率及电能参数查询、按时间段和异常情况查询等。

1）通信模块

LabVIEW 提供了丰富的仪器控制功能，支持 VISA、SCIP 和 IVI 等程控软件标准。在串口通信方面，串口操作的功能节点均使用 VISA 节点。本设计使用了 4 个 VISA 函数，程序如图 9-23 所示。

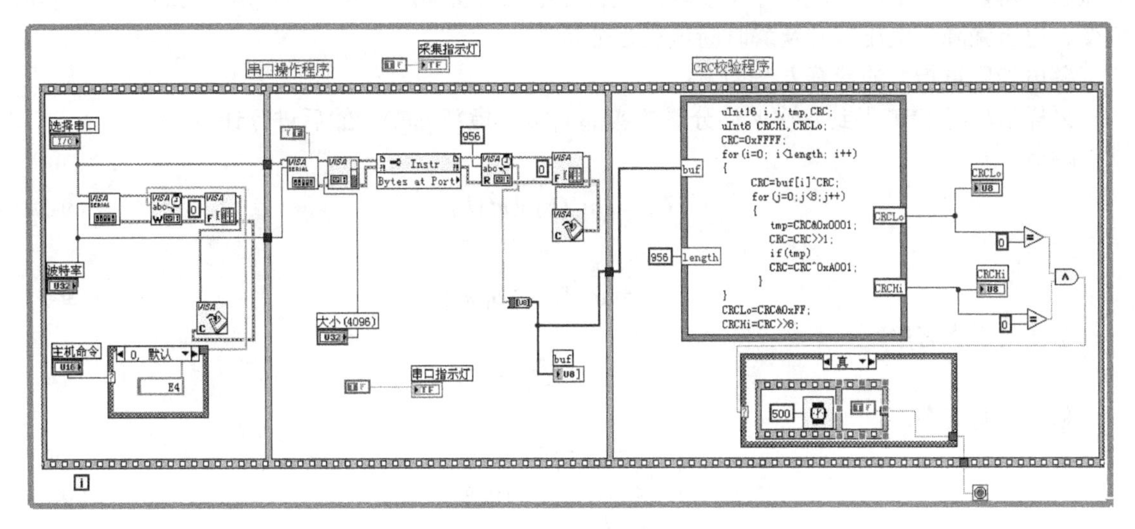

图 9-23　串口通信程序

VISA 配置函数（VISA Configure Serial Port）用于串口的初始化，选择串口，设置波特率、数据位、停止位和校验位，文中的串口波特率为 19200bps，8bit 数据位，1bit 停止位，无奇偶校验位。VISA 读取函数（VISA Read）将指定串口接收缓冲区中的数据按指定字节数读取到计算机内存中。VISA 串口字节数函数（VISA Bytes at Serial Port）返回指定串口接收缓冲区中的数据字节数。VISA 关闭函数（VISA Close）结束与指定的串口资源会话，关闭串口资源。

LabVIEW 通过 VISA 串口发送采集电参数信号命令给下位机 LPC2138，延时 500ms，等待下位机返回电参数数据，获得电参数数据后进行分析，使用示波器控件进行显示。

2）电能质量分析与计算

电能质量的分析和计算涉及对各种干扰源和电力系统的数学描述，需要开发相应的分析软件和工程方法来对各种电能质量问题进行系统的分析，为改善电能质量提供指导。可以采取基于变换方法，由于小波变换具有时频局部化的特点，特别适合于突变信号和不平稳信号的分析。对稳态谐波分析而言，FFT 是分析谐波特征量的最好算法之一，它可以直接得到波形所含的各频谱分量。因此，将小波变换和 FFT 分别应用于暂态过程和稳态过程。

对暂态电能质量进行监测分析，实质上就是对电能信号进行突变监测。傅里叶变换是研究函数奇异性的主要工具，但难以确定奇异点在空间的位置和分布情况。小波变换不仅具有由粗及精做多分辨率分析的能力，以及在尺度二进制情况下快速算法的特点，还具有在时、频两域突出信号局部特征的能力。对采集到的暂态信号经过低通滤波函数$\theta(t)$滤波，$\theta(t)$取高斯函数，即

$$\theta(t)=\frac{1}{\sqrt{2\pi}}\mathrm{e}^{-t^2/2} \tag{9-1}$$

然后利用小波变换的快速算法——Mallat 算法来确定暂态扰动的持续时间和扰动波形。

算法实现过程，利用 Mallat 塔式多分辨率分解算法对信号进行多分辨率分析，做两层分解，根据分解得到的第 1 层和第 2 层细节部分（d_1 和 d_2）中是否存在模极大值点来判断谐波信号是否含有暂态成分。若有，利用 Mallat 塔式多分辨率重构算法提取该扰动波形，确定突变发生的时刻，由于 Daubechies4（Db_4）小波在时域和频域上都具有良好的局限性，且对不规则信号较为敏感，所以选用 Db_4 小波作为小波基，对暂态电能质量问题，包括电压瞬时脉冲、电压瞬时突变、电压骤降、电压骤升及瞬时断电进行分析。

各电能质量指标的计算方法如下：

采样信号经 FFT 得到各次谐波分量的实部 $u_r(k)$、虚部 $u_i(k)$，然后进行计算。

幅值：

$$U_k = \sqrt{u_r^2(k) + u_i^2(k)} \tag{9-2}$$

相角：

$$\theta_k = \tan^{-1}[u_i(k)/u_r(k)] \tag{9-3}$$

谐波电压含有率：

$$\mathrm{HRU}_k = U_k/U_1 \times 100\% \tag{9-4}$$

总谐波畸变率：

$$\mathrm{THD}_u = \left(\frac{\sqrt{\sum_{k=2}^{N} U_k^2}}{U_1}\right) \times 100\% \tag{9-5}$$

电压波动：

$$d = \frac{U_{\max} - U_{\min}}{U_N} \times 100\% \tag{9-6}$$

式 9-6 中，$U_{\max}$、$U_{\min}$ 分别为工频电压调幅波的相邻两个极值电压（均方根值）；U_N 为检测装置额定输入电压。

三相不平衡度 ε 以系统中负序分量与正序分量的比值表示。交流采样后得到的数据进行数字处理得到各相基波电压 U_a、U_b、U_c，然后根据对称分量法分别求出负序、正序基波电压。

三相不平衡度：

$$\varepsilon = \sqrt{\frac{1 - \sqrt{3 - 6\beta}}{1 + \sqrt{3 + 6\beta}}} \tag{9-7}$$

其中，

$$\beta = \frac{U_a^4 + U_b^4 + U_c^4}{(U_a^2 + U_b^2 + U_c^2)^2}$$

电压闪变不仅与电压波动的大小有关，而且与波动的频率以及人的视感等有关。人眼对频率为 10Hz 的电压波动最为敏感，这种刺激的不适感宜用一段时间的平均值来衡量，国际上规定为 1min。

$$P_{st} = \sqrt{\sum \alpha_f^2 \Delta U_f^2} \tag{9-8}$$

式中，α_f 为电压调幅波中频率为 f 的正弦分量的视感度加权系数；ΔU_f 为电压调幅波中频率为 f 的正弦分量 1min 均方根值，以额定电压的百分数表示。本仪器运用电压的幅度和持续时间两个指标来衡量电压骤升和电压骤降，持续时间在 IEEE 标准中定义为 10ms～1min，电压的幅度是对获取的电压数据的有效值进行计算，然后通过设置一个门槛电压值跟电压幅度比较，并结合持续时间来判断是否发生电压骤升和电压骤降，IEEE 标准推荐电压骤升和电压骤降门槛值分别为 1.1p.u.和 0.9p.u.。

前面板电压、电流显示界面如图 9-24 所示。

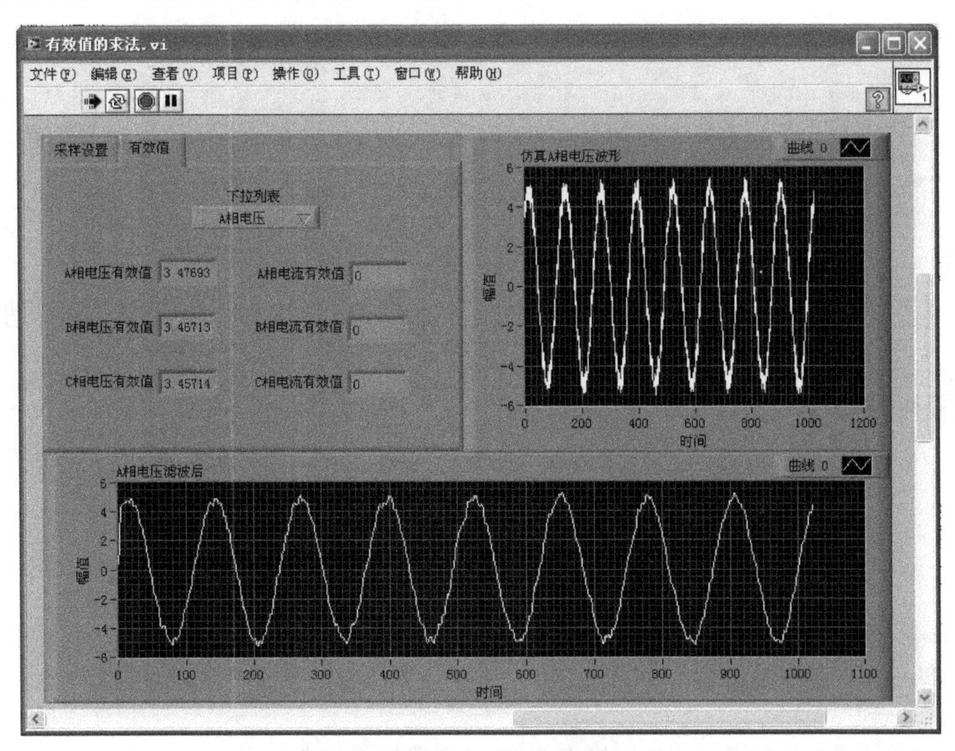

图 9-24　前面板电压、电流显示界面

采用离散求和的方法进行有效值的计算，将整周期采集到的电压波形数据逐个点进行平方，再进行叠加、平均、开平方得到其有效值。得到有效值后，再和标称电压值相比计算电压偏差。当电压偏差超出允许的限值范围时进行报警。电压偏差的测量程序框图如图 9-25 所示。

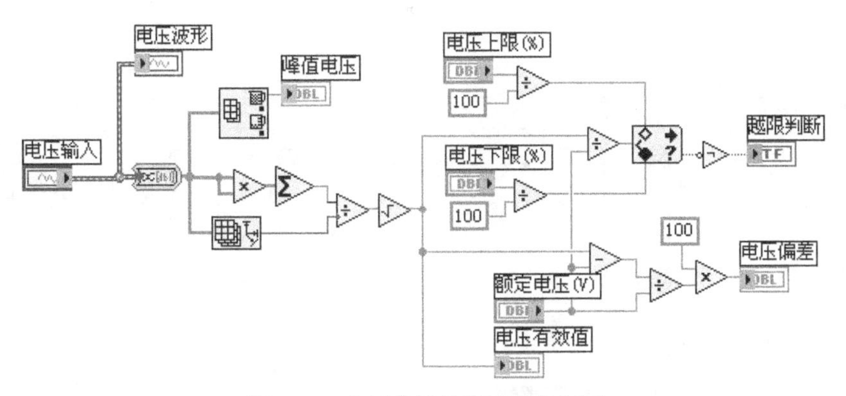

图 9-25　电压偏差的测量程序框图

测量电压波动，首先要测量得到每个电压周期的有效值，为了得到尽可能多的电压有效值，精确地计算电压波动，本文采用了对采样数据进行平滑移动的方法来计算有效值，取一个周期内的采样点数 1，求得第 i 个电压有效值，然后将数据框右移 d 个数据点，求得第 i+1 个电压有效值，以此类推，直到将采集到的数据全部计算完为止。与此同时，在电压波动的测量中使用了两个寄存器，分别用来存储电压有效值序列中相邻的峰值最大值和峰值最小值，再利用式（9-6）即可计算得到电压波动。电压波动测量程序框图如图 9-26 所示。

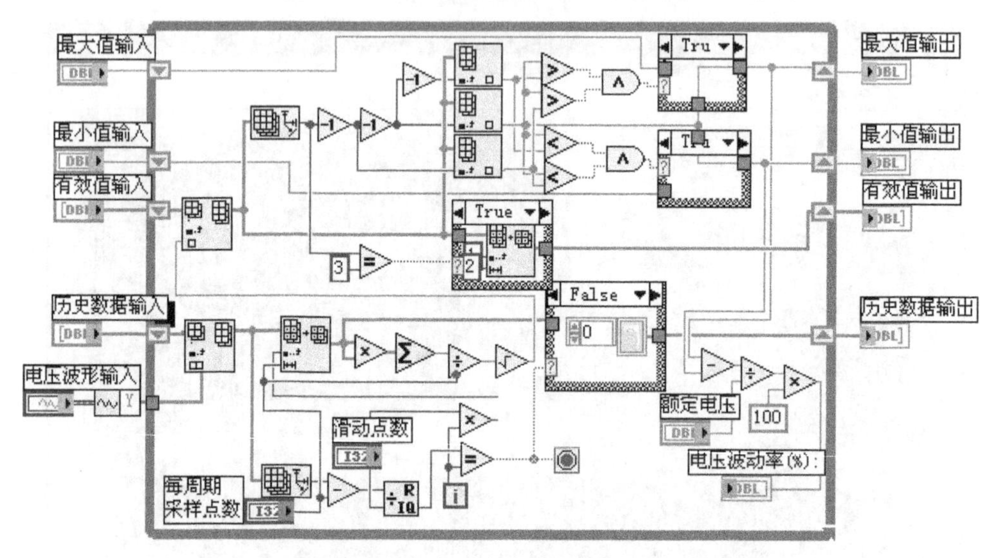

图 9-26　电压波动测量程序框图

工频采样完毕后，经过插值处理后的数据，进行波动信号的提取，再将提取到的波动信号送入带通滤波器、加权滤波器，再经平方、一阶平滑滤波器，最后由统计、分析、计算得到短时闪变值。

频率偏差测量首先需要获得实际频率值，为了准确地得到实际频率值，该部分采用基于 FFT 加窗插值算法的频率测量程序，并将其封装为一个子程序，该子程序的程序框图如图 9-27 所示。相对于传统的过零检测法，该算法具有更高的测量精度和抗干扰能力。在测得实际的频率值之后与频率标称值相减可求得频率偏差，同时将其和国标规定的频率限值进行比较，对超标的情况做出报警。频率偏差的测量程序框图如图 9-28 所示。

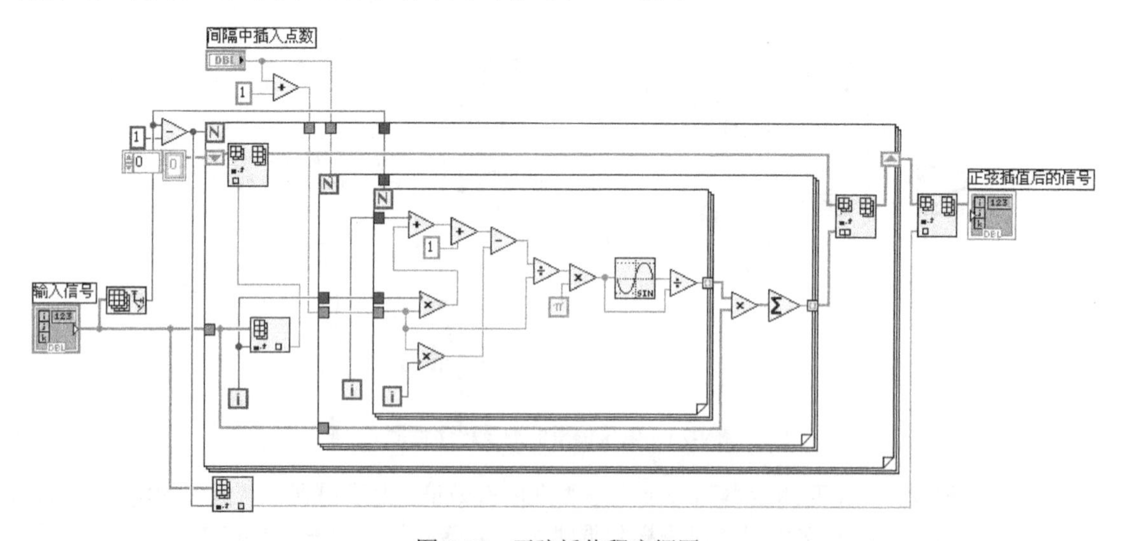

图 9-27　正弦插值程序框图

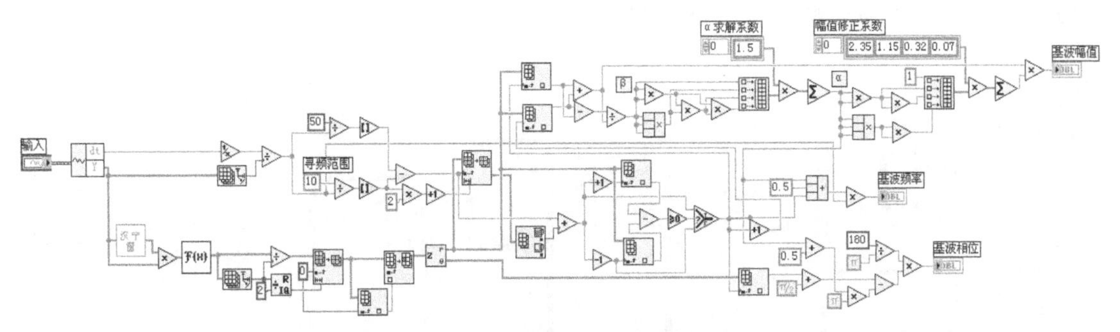

图 9-28　频率偏差的测量程序框图

基于 FFT 的谐波测量是应用最多也是最广泛的一种方法，它提高了频谱分析时的计算频率，精度较高，功能多，使用方便。为了减小泄漏误差，避免信号做谐波分析时发生混叠，首先要对信号进行加窗处理，LabVIEW 提供了各种各样的窗函数，使用起来非常方便。然后利用自功率谱函数（Auto PowerSpectrum.vi）用 FFT 求出采集时域信号的单边自功率谱。在此基础上谐波失真分析函数（Harmonic Distortion Analyzer.vi）对信号进行谐波成分分析，给出各次谐波的频率、幅值及谐波总畸变率。谐波数据程序框图如图 9-29 所示。其前面板框图如图 9-30 所示。

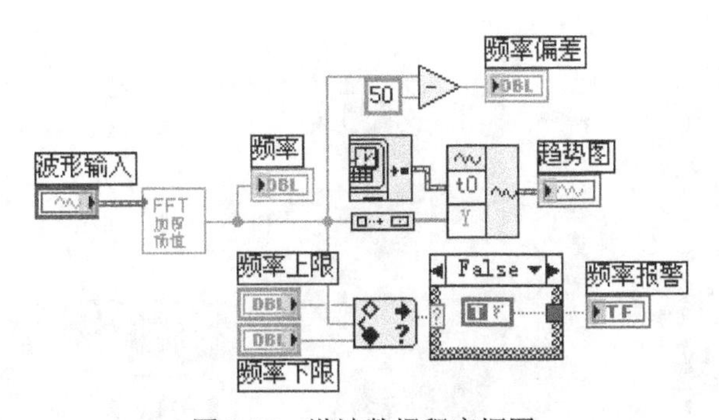

图 9-29　谐波数据程序框图

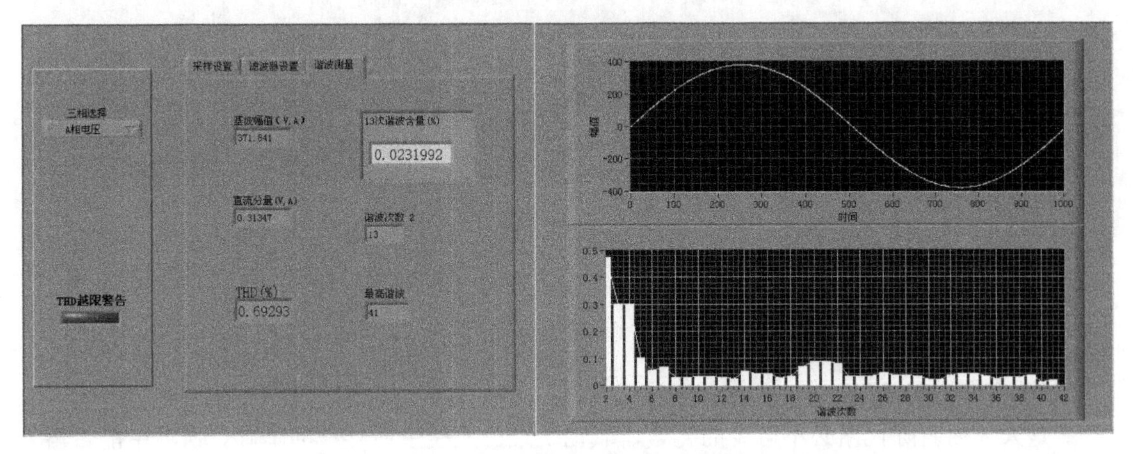

图 9-30　谐波测量前面板框图

在此计算环节，大量地用到公式节点及移位寄存器模块完成了对三相不平衡度的测量。其程序框图如图 9-31 所示。首先求出各单相的有效值，然后利用公式节点求出 β，代入式（9-8）

即可求出不平衡度。前面板如图 9-32 所示。

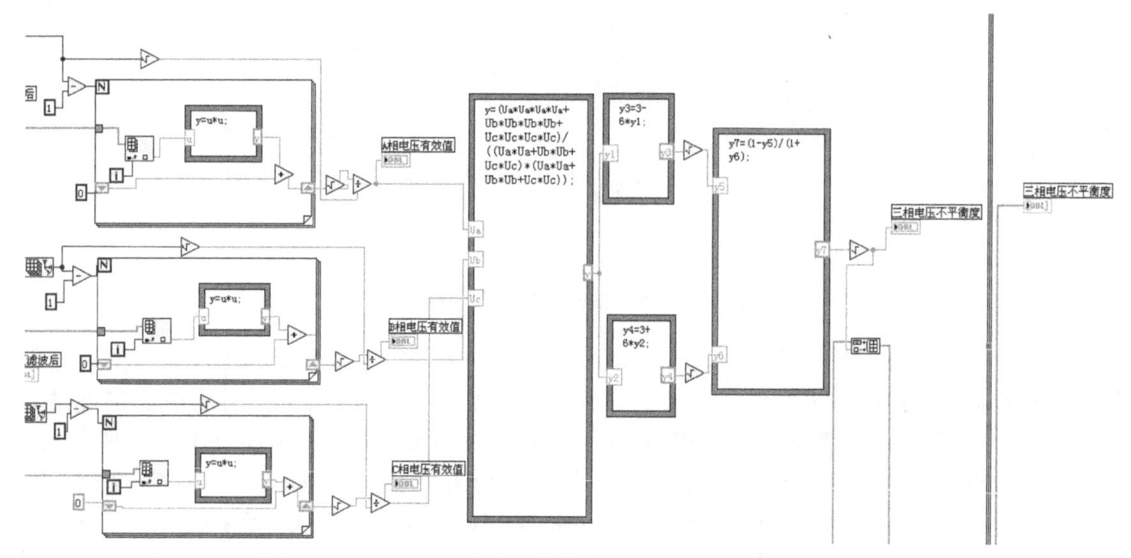

图 9-31 三相电压不平衡度数据处理框图

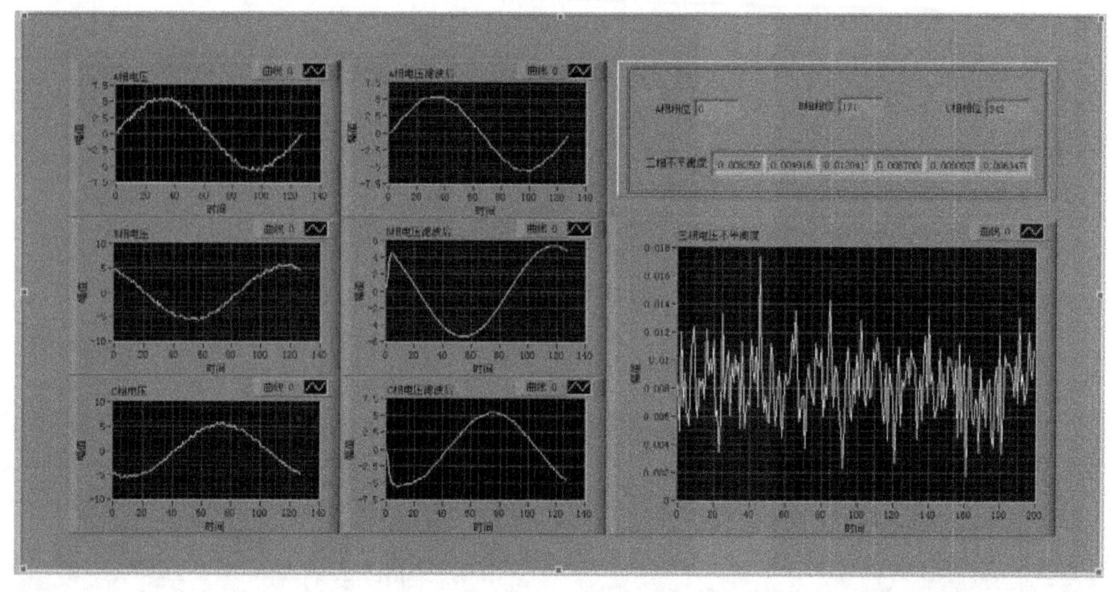

图 9-32 前面板

9.3 脉搏血氧仪设计

氧是人体内新陈代谢必不可少的元素，氧也是维持人类生命存在的基础。血液中能否溶入足够的氧，对维持生命至关重要。许多呼吸系统、循环系统疾病都能引起人体血液中血氧浓度的降低，严重时可能危及生命。几秒的脑缺氧即可导致昏迷，若时间再长将造成不可逆转的脑细胞死亡。

血氧饱和度是反映血液中氧含量的重要参数，是衡量人体代谢是否异常、血流动力学是否紊乱的重要生命体征指标。血氧饱和度（SaO_2）是血液中被氧结合的氧合血红蛋白（HbO_2）的容量占全部可结合的血红蛋白（Hb，hemoglobin）容量的百分比，即

$$SaO_2 = \frac{C_{HbO_2}}{C_{HbO_2} + C_{Hb}} \times 100\% \tag{9-9}$$

式中，C_{HbO_2} 表示氧合血红蛋白的浓度，C_{Hb} 表示还原血红蛋白的浓度，两者之和构成总的血红蛋白浓度。它是呼吸循环的重要生理参数。因此，监测动脉血氧饱和度（SaO_2）可以对肺的氧合和血红蛋白携氧能力进行估计。

9.3.1　脉搏血氧仪的设计原理

脉搏血氧仪是为了实现实时监测脉搏的频率和血液中的血氧饱和度。脉搏血氧饱和度检测仪的原理是基于血液中氧合血红蛋白和还原血红蛋白的吸收光谱的特性，运用朗伯-比尔定律，使用两个独立波长的光透射手指后获得脉搏信号，处理后获得血氧饱和度和心率。C_{HbO_2} 和 C_{Hb} 在不同波长下的消光系数是不同的，在波长为660nm处两种血红蛋白的消光系数差异最大，在波长为904nm处两种血红蛋白差异较小且变化趋势较缓。于是选用这两种波长（红光和红外光）的光作为入射光，由朗伯-比尔定律可以推导出血氧饱和度的计算公式：

$$SaO_2 = \frac{a_{Hb}^{660}}{a_{Hb}^{660} - a_{HbO_2}^{660}} - \frac{a_{Hb}^{904}}{a_{Hb}^{660} - a_{HbO_2}^{660}} \times \frac{I_{AC}^{R} / I_{AC}^{IR}}{I_{DC}^{R} / I_{DC}^{IR}} \tag{9-10}$$

式中，I_{AC}^{R} 和 I_{DC}^{R} 分别表示入射光为红光时透射光中的交流成分和直流成分；I_{AC}^{IR} 和 I_{DC}^{IR} 分别表示入射光为红外光时透射光中的交流成分和直流成分；a_{Hb}^{904} 和 a_{Hb}^{660} 分别代表 Hb 对波长为 904nm 和 660nm 光的消光系数；$a_{HbO_2}^{660}$ 代表 HbO_2 对波长为660nm光的消光系数。

9.3.2　硬件系统设计

脉搏血氧仪的系统设计主要包括硬件系统设计和软件系统设计。其中硬件系统基于C8051F020为核心的外围电路的搭建，主要功能模块分为传感器设计、恒流源驱动设计、电流至电压转换电路设计、滤波放大电路设计。软件系统以LabVIEW作为实时显示模块完成的功能包括信号的分离、信号的预处理、信号的去噪声、信号的拟合等。系统通信采用RS-485协议，抗干扰能力强，信号的传输距离远。在硬件电路中的软件编写采用C语言，编写程序相比汇编语言来讲通用且简单，可移植性好，调试也非常容易。采用Keil软件编写，Keil是专业的C语言编译环境，同时还可以提供模拟调试和在线调试两种选择。整个系统的设计是软硬件相互协作的过程，系统的设计框图如图9-33所示。

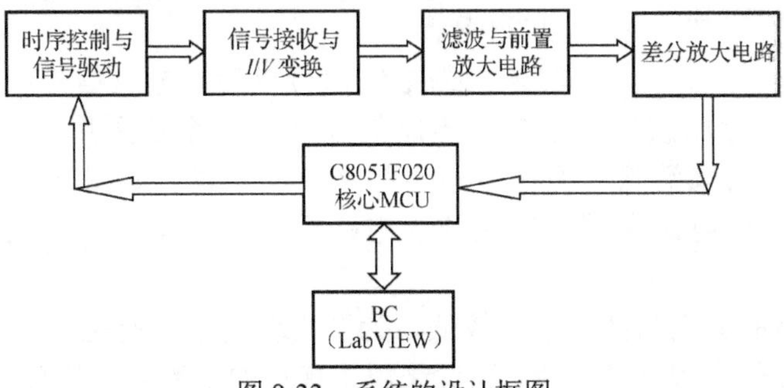

图9-33　系统的设计框图

光源的时序控制和驱动电路主要由 C8051F020 及外围的三极管搭建而成。其中，时序控制通过 C8051F020 的定时器中断产生。驱动电路由 NPN 型三极管 8050 和 PNP 型三极管 8550 组成。时序图的生成通过定时器的中断生成。其中 T 代表的是逻辑时序，即是否有灯光通过，R 与 IR 分别代表红光和红外光。从电路图 9-34 和时序图 9-35 中，可知 T 为高电平时，R 和 IR 才有可能点亮。当 T 为高电平时，若 R 为低电平，则红光二极管导通同时红外光二极管截止。同理，若 IR 为低电平，则红外光二极管导通同时红光二极管截止。

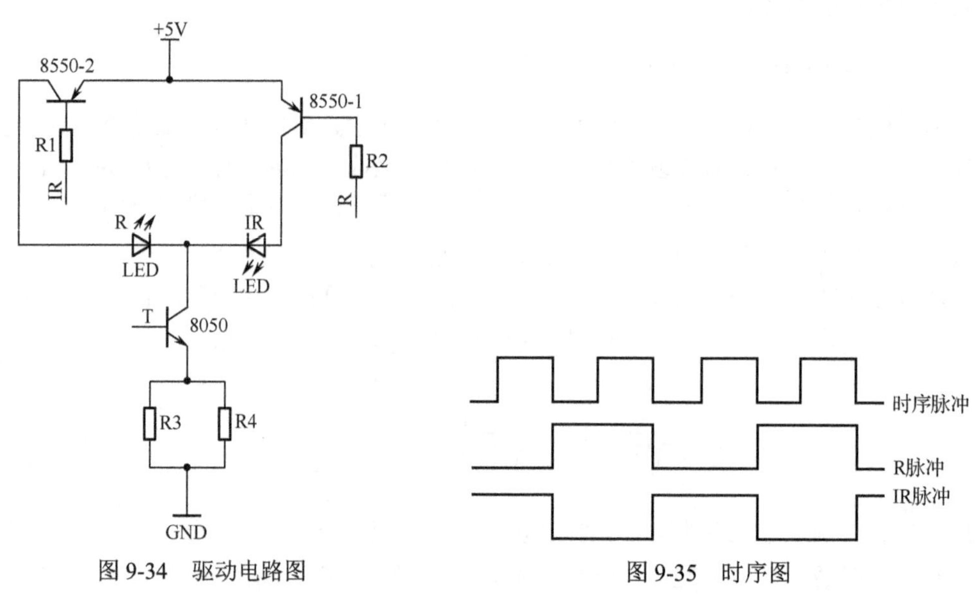

图 9-34 驱动电路图

图 9-35 时序图

由于人体脉搏血氧信号是变化缓慢且强度较弱的信号，容易受到背景光和暗电流的干扰，如果不经过变换调制处理而直接进行放大，则有用的脉搏血氧信号会被淹没在噪声之中，以至于检测不到。这种情况下，利用一定频率的光信号调制脉搏血氧信号，能够有效地解决此问题。

红光和红外光信号透过手指，经光电二极管转换后的电流信号极其微弱（μA 级），通过由电阻 R_1=1MΩ、电容 C_1=40pF 及运算放大器 OP07 构成的电流/电压转换电路后，电流信号转变为电压信号且被放大了。由于电流/电压转换电路处于系统的前端，直接影响到整个系统的信噪比。为此，选择高精度运算放大器 OP07，它具有极低的输入失调电压和失调电压温漂、较低的输入噪声电压幅度、较高的共模抑制比。电流/电压转换电路如图 9-36 所示。

图 9-36 电流/电压转换电路

转换成为电压信号以后，电压信号中既有交流分量又有直流分量，为此需进行滤波和前置放大电路的设计。本系统采用一个截止频率在 12Hz 左右的二阶低通滤波器来消除脉搏信号中高频噪声的干扰。如图 9-37 所示，该巴特沃斯低通滤波器由两节滤波电路和同相比例放大电路组成，具有输入阻抗高、输出阻抗低等特点。

由于前置放大器的放大倍数一般比较低，为了实现电平的变化采用了多级放大的方法，在多级放大电路中依然有很多的噪声，因此采用了优化的电路放大原理，将滤波电路融入运算放大器中可以起到很好的效果。为了使信号的电平放大到单片机支持的高低电平的程度，必须采用近一步放大。此次放大采用差分的方式，同相端直接经过一个电平提升电路进入，反向端经过一个低通滤波，差分电路可以更好地滤除信号的噪声。具体的电路图如图 9-38 所示。

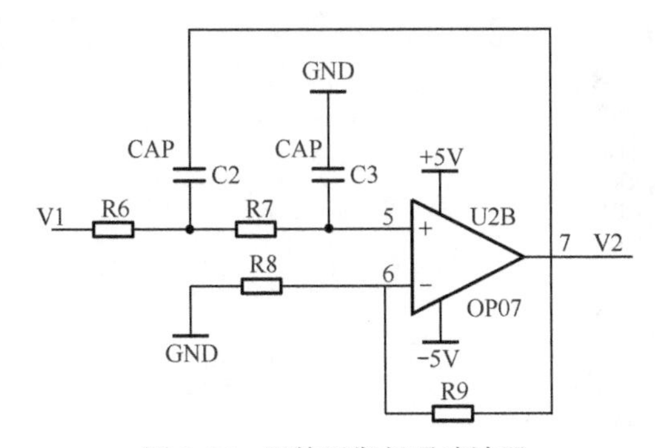

图 9-37　巴特沃斯低通滤波器

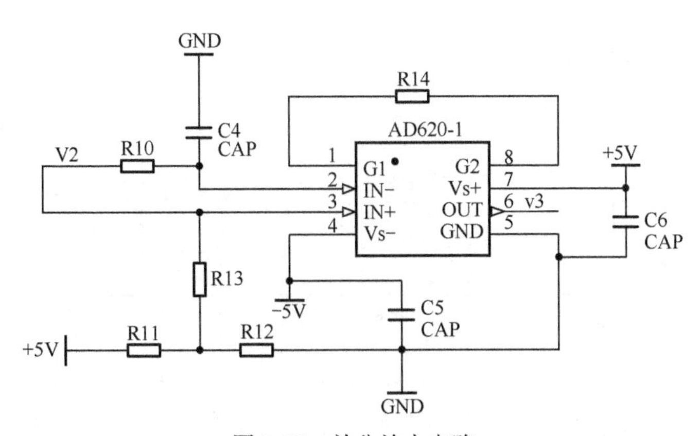

图 9-38　差分放大电路

通过以上电路的设计，脉搏信号的变化范围能够达到单片机接受的高低电平的范围：0～$0.3V_{DD}$为低电平，$0.7V_{DD}$～V_{DD}为高电平。C8051F020 片内有 1 个 12 位可编程转换效率为 100ksps 的 ADC，可编程放大器的增益最高为 16 倍。同时片内具有可同时使用的硬件的 UART 串口。C8051F020 可以支持 JTAG 调试和边界扫描，支持断点、单步、观察/修改存储器和寄存器，调试过程非常方便快捷。图 9-39 是基于数据采集系统的外围电路设计，包括了系统时钟电路、复位电路及最小系统电路的设计。

由于运放采用的是双电源供电，且 C8051F020 供电是 3.3V，选用 MAX660 和 AMS1117 做了电源驱动模块。电路图如图 9-40 所示。

人机接口采用数码管显示及开关独立按键。数码管显示的内容是从硬件下位机传给上位机的数据中红外和红光的原始信号的数据。每个数据是 4 位，所以需要用到 8 个数码管。独立按键需要一个 I/O 口，它的功能是实现数码管的显示与消失。P1 口是数码管的段选位，P3 口是数码管的位选位。同时独立按键设计在 P2.5 端口。

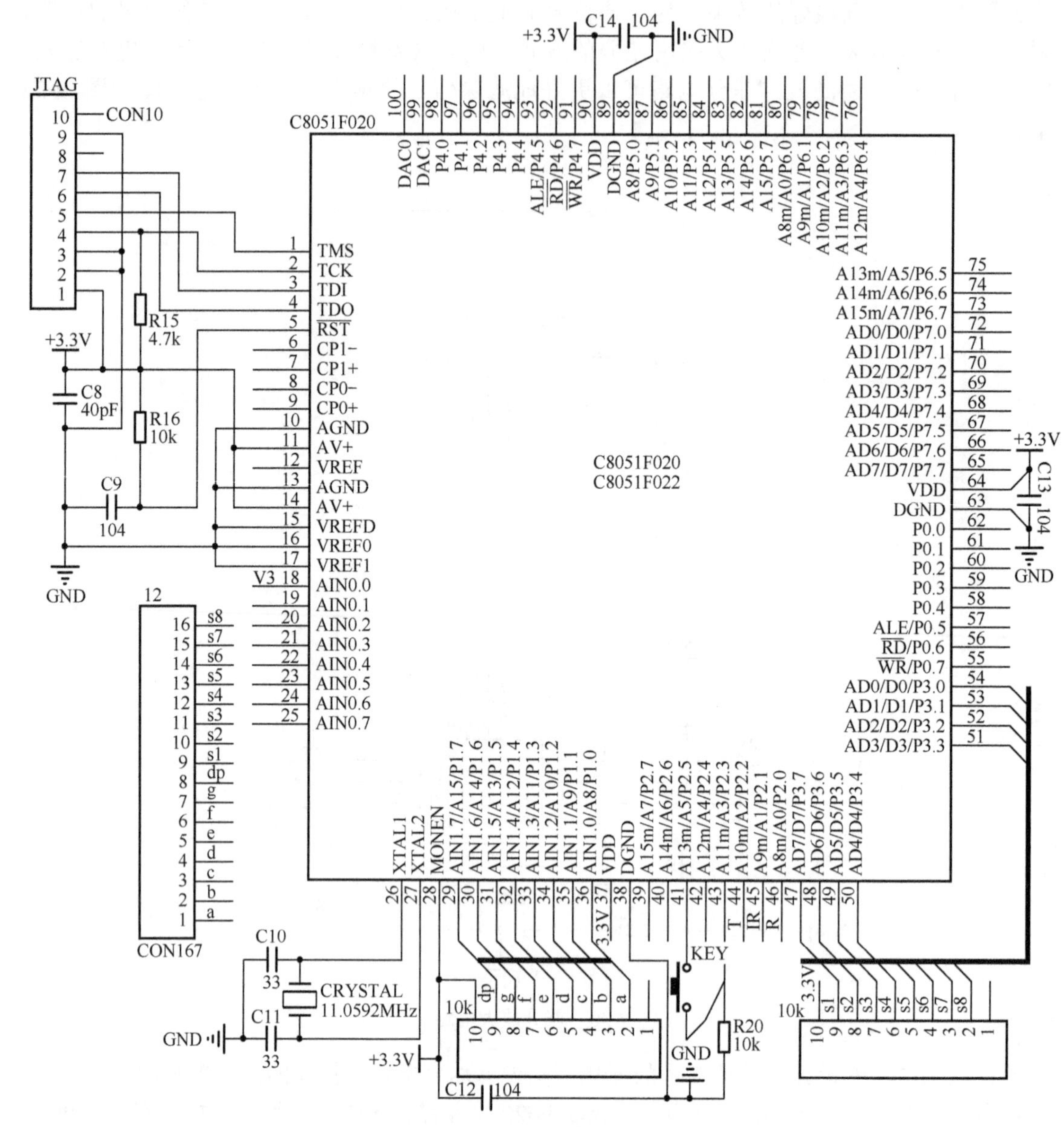

图 9-39 数据采集系统电路

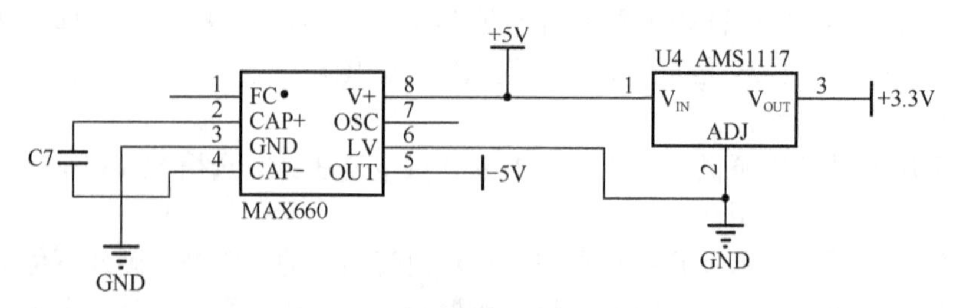

图 9-40 电源驱动模块电路图

9.3.3　软件系统设计

1. 信号的提取及分离

采用基于 RS-485 的串口协议。考虑到目前的 PC 几乎采用的都是 RS-232 通信，为此在 PC 的接口选择了 232 与 485 的转接头设计。

在 LabVIEW 中利用 VISA 来实现串口通信，称为虚拟仪器软件体系结构，VISA 作为驱动程序间相互通信的底层功能模块，可以连接不同标准的设备用于设备间通信。VISA 配置串口（VISA Configure Serial Port VI）用来设置指定串口的波特率、比特率、奇偶校验位等，VISA 读取是指在特定的串口读取字节数，VISA 写入是指在特定的串口写入字符串。VISA 设备清零（VISA Clear）可以清空接收与发送缓冲区。在串口使用结束后，使用 VISA 设备清零（VISA Clear）结束与指定的串口之间的通信。

规定单片机与上位机（LabVIEW）之间通信数据格式为：FDATA+R+LDATA+H，其中 FDATA 和 LDATA 都是由 A/D 转换过来的十进制四位数，分别代表着一个红光数据和一个红外光数据。R 和 H 只是单纯的字符串作为数据的结束符。红光和红外光的数据分离 VI 如图 9-41 所示。

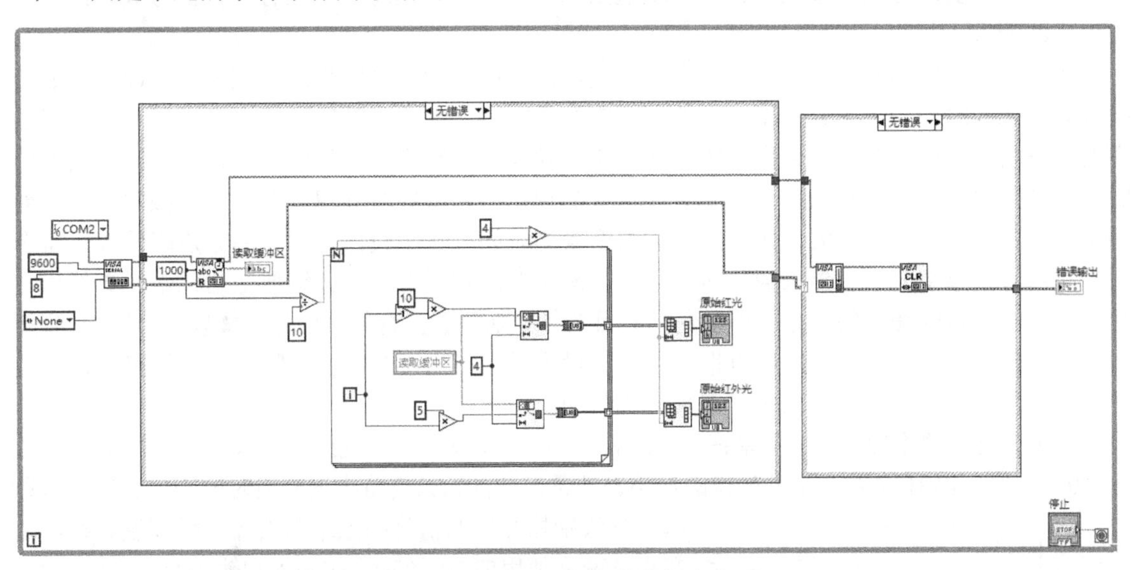

图 9-41　红光和红外光的数据分离 VI

在完成了信号分离之后，为了更好地还原信号本来的形状，必须采用滤波的方式和数字图像处理的方式对原信号进行预处理和处理。

2. 信号预处理

脉搏信号经过传感器和放大电路转化放大，模拟 2 阶巴特沃斯低通滤波，然后由 C8051F020 经过串口发送，因此携带有复杂的噪声成分，主要有以下几种：

（1）50Hz 工频干扰。其幅度和频率成分稳定，干扰幅度可达到数百毫伏至数伏，其低频段在脉搏信号频段内。

（2）基线漂移。元器件的温漂、放大电路的不稳定及呼吸波动是造成基线漂移的主要原因，频率为 0.15～0.3Hz，叠加于脉搏信号的低频段，形似正弦波。

（3）运动伪差。其产生是由于被测者身体运动造成血液充盈状况、光路径长度等发生变化，从而导致仪器测量结果错误，无法正确反映病人实际血氧浓度的情况。

（4）肌电干扰。肌肉收缩产生的微伏级高频噪声，可认为是0均值带限高斯噪声的瞬间突发。

（5）传感器接触噪声。传感器和皮肤之间接触不稳定可造成阶跃性的信号下降。

（6）电磁设备干扰。有电子仪器本身的噪声以及其他医疗仪器的干扰，频带范围很宽，幅度随环境而变。因此要想检出有用的脉搏信号，在经过简单的硬件滤波后，需借助上位机软件进一步滤波处理。

在信号的处理中，经常使用的滤波方法包括时域、频域、时域和频域。在时域的去噪方法中平滑滤波是使用频率很高也很有效的方式。平滑滤波包括均值滤波和中值滤波。均值滤波计算简单，数据处理快，适用于实时，可有效地降低信号的高频背景噪声，中值滤波则对由突然抖动等原因引起的高频毛刺抑制作用更强。但平滑滤波的缺点也很明显，主要是通频带过窄，消峰现象严重，导致有用信号衰减很大。简单整系数滤波既有严格的线性相位特性，又无须浮点运算，计算速度快，设计简便，既可以滤掉以下的基线漂移和工频干扰，也能有效地滤除高次谐波的干扰，但不足之处在于其延时很长。自适应滤波可以不必知道干扰信号的频率，而且能自动跟踪频率的漂移，具有非常好的适应性。其缺点是算法复杂，运算量大，需要一段自适应时间，因而实时性差，且在上位机实现起来比较困难。除此之外，还有一种信号处理的方法称为小波变换。

小波变换的时频窗口随着窗口中心的改变，窗口的时宽和频宽也随之变换。因此，小波变换具有变化的时间和频率分辨率。小波变换在高频时窗口的宽度随频率的增高而缩小，窗口的高度同时增大，所以此时小波变换的时间分辨率较高，而频率分辨率较低，符合对高频信号的时间分辨率要求较高而对频率分辨率要求较低的规律；在低频时其窗口的高度随频率的减小而减小，窗口的宽度同时增大，所以此时小波变换的时间分辨率较低，而频率分辨率较高，符合对低频信号的频率分辨率要求较高而对时间分辨率要求较低的规律。这便是它优于经典傅里叶变换和短时傅里叶变换的地方。小波变换的目的是“既要看到森林（信号的概貌），又要看到树木（信号的细节）”。小波变换可以根据不同的设定频率产生不同的滤波特性。总结来说，小波变换对于复杂频率的噪声去除是非常具有优势的。

由于传感器的原始信号的频率在50Hz左右，所以在设计小波变换的时候，时间间隔 dt 设置为0.02s。在LabVIEW中，小波变换的使用是非常简单的，只需将小波变换时间间隔、波形信息和趋势级别按照原始信号的频率和去噪声程度设计即可。在小波变换使用前，应该对它的输入和输出有一定的了解，并且针对本系统做一个仔细的测试，找到适用于系统的处理方法。其中主要是设置等级和波形使用函数的阶数。在本系统中小波变换具体的使用方法如图9-42所示。

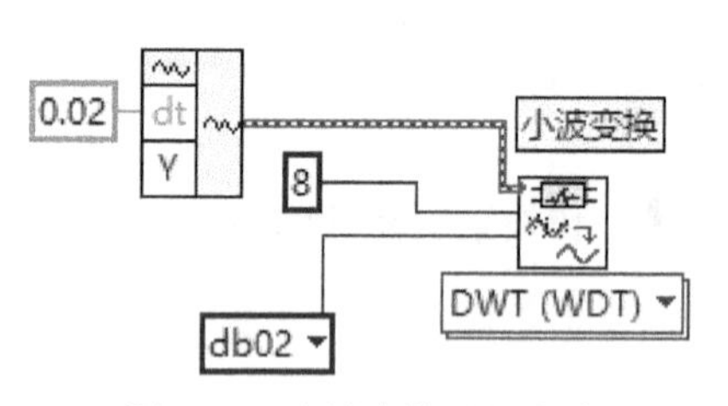

图9-42 小波变换处理程序

在进行完小波变换以后，波形变得非常平滑，可以有效地滤除信号中的一些“毛刺”，但是观察信号的时候可以明显地看出信号的最低点变化很大，这样的信号对于信号特征值的计算是毁灭性的破坏，严重影响信号的完整度。这些噪声的产生主要来源于以下几方面：①整个信号产生装置的测量误差和硬件设施不稳定性；②周围环境中光明亮程度的变换；③周围温湿度的变化。

上述误差的去除需要将信号的基底值趋于平衡，选用线性拟合的中直线拟合的方法。线性拟合是依据最小二乘法的原理设计出来的，最小二乘法是一种数学优化技术。它通过最小化误差的平方和寻找数据的最佳函数匹配。这种方法可以使信号的变化趋势变得平缓，可以更好地提取信号的峰值及转折点的信息。对信号处理过程中信号波形的变化如图 9-43 所示。

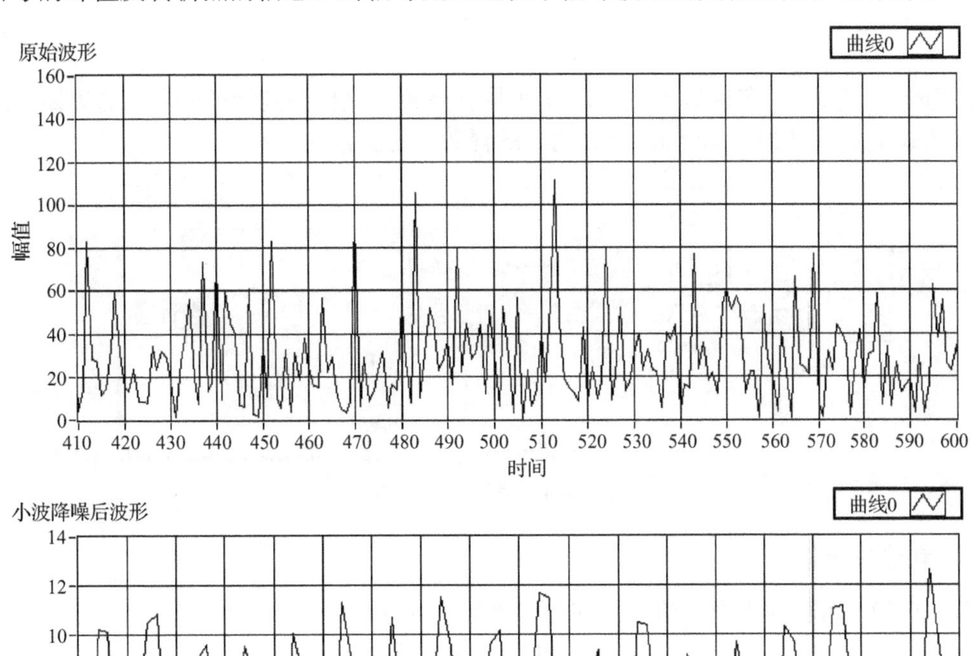

图 9-43　信号处理前后波形的变化

3．信号的处理及信息的提取

经过信号的预处理以后，信号变得规律性改变，信号的周期也非常明显。从波形图中可以清楚地得到信号阈值变化的发生点，进而得出在信号变化最大处可以反映脉搏信号的真实值。为了得到信号变化最大处的值，采用求导的方法，将变化量的大小体现出来，然后再用信号的最大值函数得到脉搏的电压值即可。整个信息提取部分的程序设计如图 9-44 所示。

在进行完信号的处理以后，可以分别得到红光下和红外光下信号的特征值即变化最大处的值。

4．脉搏和血氧值计算

1）脉搏次数的计算

人体脉搏的次数通常是用 1min 的变化量作为评定值。正常人安静时的脉率，成年男性为 60～80 次/min，女性为 70～90 次/min；入睡状态时脉率降低，男性为 50～70 次/min，女性为 60～70 次/min，有的人可低达 45～50 次/min，婴儿为 120～140 次/min，1～2 岁为 110 次左右/min，3～4 岁为 90～100 次/min，5～6 岁为 95 次左右/min，7～8 岁为 85 次左右/min，9～15 岁为 70～80 次/min，小儿在熟睡时脉率可减慢 10～40 次/min，站立、运动、饭后以及患某些

疾病时脉率可加快。本系统中脉搏值的计算公式为

$$P=\frac{60F}{T} \tag{9-11}$$

式中，F 为采集的频率，在这里 F=50Hz，T 为同样颜色的光检测到特征值之间的周期。经过对实验室 5 人做测试，结果在 58～65 次之间，脉搏数都是正常的。

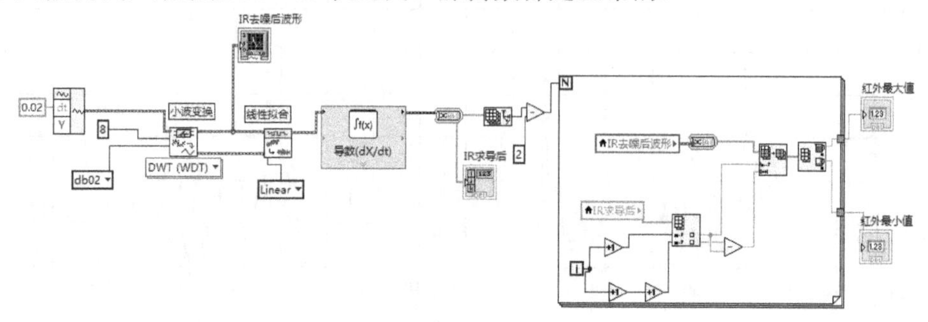

图 9-44　信息提取程序

2）血氧值的计算

由式（9-12）可计算出血氧浓度，同时可将其进行分解。

$$\mathrm{SaO_2}=M-NK \tag{9-12}$$

式中，$M=\dfrac{a_{\mathrm{Hb}}^{660}}{a_{\mathrm{Hb}}^{660}-a_{\mathrm{HbO_2}}^{660}}$，$N=\dfrac{a_{\mathrm{Hb}}^{904}}{a_{\mathrm{Hb}}^{660}-a_{\mathrm{HbO_2}}^{660}}$，$K=\dfrac{I_{\mathrm{AC}}^{\mathrm{R}}/I_{\mathrm{AC}}^{\mathrm{IR}}}{I_{\mathrm{DC}}^{\mathrm{R}}/I_{\mathrm{DC}}^{\mathrm{IR}}}$。

由实际实验数据得出，M≈130，N≈41。正常人的动脉血氧饱和度是 97%左右，混合的静脉血的血氧饱和度是 75%左右。一般认为血氧饱和度（$\mathrm{SaO_2}$）正常应不低于 94%，在 94%以下为供氧不足。在 LabVIEW 中主程序模块如图 9-45 所示。

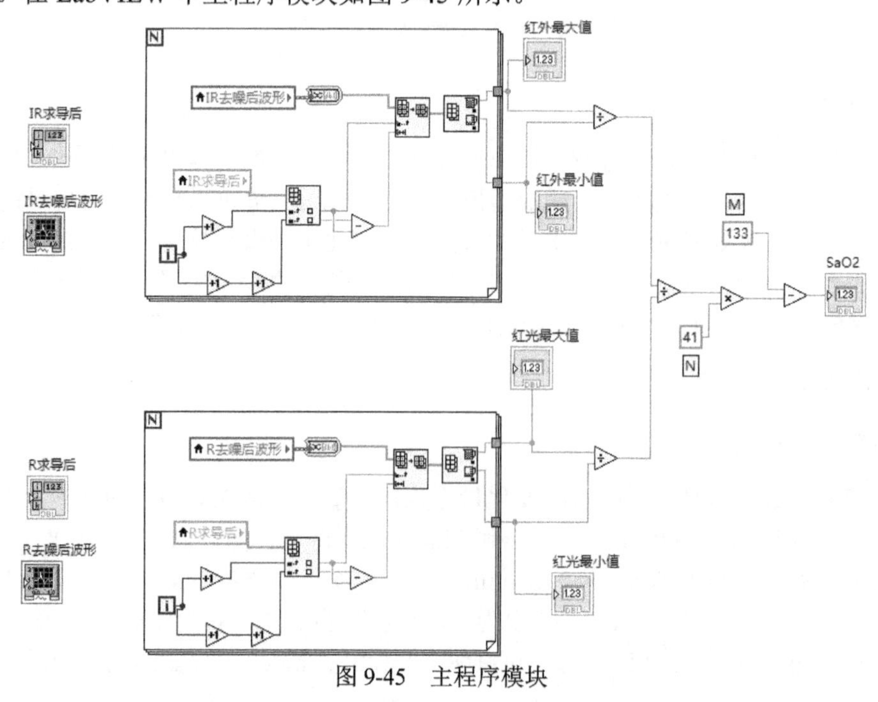

图 9-45　主程序模块

9.3.4　系统的抗干扰

由于脉搏信号是非常微弱的信号，在系统的设计中必须充分考虑到装置的抗干扰能力。在系统设计和实际应用中信号的误差来源及相应的处理方法分为以下几部分：

（1）环境光、暗电流。脉搏血氧饱和度检测以光电检测技术为基础，因此，周围杂散光、暗电流对系统影响比较大，尤其是在手术室中使用时。为了克服这一问题，目前主要采取两种措施，一方面改进血氧仪探头的结构、形状和制作材料（用不透明的材料制作）；另一方面在系统设计中采用光的调制技术。本系统中主要采用的是光的调制技术。从信息携带与检出要求看，调制光在传输和探测过程中比非调制光具有更高的探测能力和更优良的品质。采用调制光携带信息可使光信号自身具有与背景辐射不同的特征，有利于和背景辐射区分开。除了抑制背景光干扰外，调制对抑制系统中各环节的固有噪声和外部电磁场干扰也有一定作用。

（2）工频和其他电磁干扰。工频干扰通常采用低通滤波器或陷波器消除。本系统中采用的是 2 阶低通滤波器，并且在光敏管检测电路的信号输入放大级端加了屏蔽罩。这样可以很好地抑制工频和其他频率的干扰。

（3）运动干扰。在实际使用过程中人总是在运动的，运动会对血液的流动造成血液充盈状况、光路径长度等因素发生变化，从而使测量结果无法正确地反映人实际血氧饱和度的情况。为此采用的措施有多次测量求平均值，将手指放在固定的平面上，在手指的周围戴上加速度测量仪，根据加速度仪器数值的变化程度分别调整等。

（4）模拟电路之间相互的干扰。这类干扰在电路板设计的过程中需要充分地考虑，尤其体现在信号放大滤波电路。放大电路中会将少量干扰信号以有用信号的形式放大，直接导致增大部分干扰。尽管本设计中采用高精度的滤波电路，但是仍然可能会有一小部分的有用信号被滤除，导致有用信号的衰减丢失。为此可以在电路板模拟电路部分覆铜，在布线时将模拟电路之间的距离适当拉大。

习题

1．描述智能仪器的设计研制步骤。

2．在研制智能仪器时，如何选择微处理器？

3．在智能仪器设计时，如何实现下位机与上位机的通信？

4．设计一个超声波测距仪，测量距离小于等于 6m，精度要求优于 1%，显示方式为数码管显示，具有 RS-232 通信能力，具有较强的抗干扰能力。

5．设计一种采用热电偶为温度检测元件的单片机温度控制装置，给出硬件原理图及主程序流程图。

参 考 文 献

[1] 付华，徐耀松，王雨虹．智能仪器[M]．北京：电子工业出版社，2013．

[2] 付华，邵良杉．煤矿瓦斯灾害特征挖掘与融合预测[M]．北京：科学出版社，2012．

[3] 付华，徐耀松，王雨虹．煤矿瓦斯突出辨识技术[M]．沈阳：辽宁科学技术出版社，2016．

[4] 毕宏彦，徐光华，等．智能理论与智能仪器[M] ．西安：西安交通大学出版社，2010．

[5] 王祁．智能仪器设计基础[M]．北京：机械工业出版社，2010．

[6] 丁国清，等．智能仪器设计[M]．北京：机械工业出版社，2014．

[7] 付华，刘娜，周坤，等．基于 ATMEGA16 的便携式瓦斯检测仪[J]．传感技术学报，2012，25(9)：1322-1326．

[8] 付华，杨義葵，刘宇佳，等．双差分法检测瓦斯含量新技术的实验研究[J]．煤炭学报，2012，37（7）：1161-1164．

[9] 付华，乔德浩，池继辉，等．一种非线性系统参数辨识的耦合算法研究[J]．西安交通大学学报，2011，45（2）：49-53．

[10] 付华，谢森，等．光纤布拉格光栅传感技术在隧道火灾监测中的应用研究[J]．传感技术学报，2013，26（1）：133-137．

[11] 付华，顾东，等．矿用智能瓦斯安全信息监控装置及方法[P]．中国发明专利，2013．

举报电话：（010）88254396；（010）88258888
传　　真：（010）88254397
E-mail：　dbqq@phei.com.cn
通信地址：北京市海淀区万寿路 173 信箱
　　　　　电子工业出版社总编办公室
邮　　编：100036